휘어진
시대

3

휘어진 시대 3

1판 1쇄 펴냄 2023년 4월 25일
1판 2쇄 펴냄 2023년 11월 20일

지은이 남영

주간 김현숙 | **편집** 김주희, 이나연
디자인 이현정, 전미혜
영업·제작 백국현 | **관리** 오유나

펴낸곳 궁리출판 | **펴낸이** 이갑수

등록 1999년 3월 29일 제300-2004-162호
주소 10881 경기도 파주시 회동길 325-12
전화 031-955-9818 | **팩스** 031-955-9848
홈페이지 www.kungree.com
전자우편 kungree@kungree.com
페이스북 /kungreepress | **트위터** @kungreepress
인스타그램 /kungree_press

ⓒ 남영, 2023.

ISBN 978-89-5820-825-9   93400
ISBN 978-89-5820-826-6   (세트)

휘어진
시대

The Curved Period

3

원자폭탄의 출현과
거대과학의 시대

남 영 지음

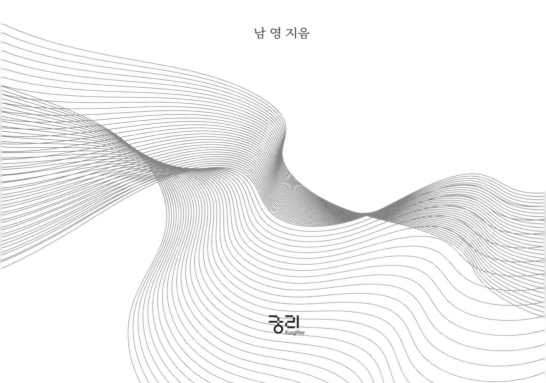

궁리
KungRee

이 저서는 2018년 대한민국 교육부와 한국연구재단의 지원을 받아 수행된 연구임
(NRF-2018S1A6A4A01035302)

저자의 말

||||||||||||

대학에서 과학의 역사와 과학자들의 이야기를 가르친 지도 어느덧 20년의 시간을 바라본다. 그간 맹렬한 열정과 사명감으로 과학도의 꿈을 꾸거나, 탐스러우나 너무 신 과일처럼 과학을 바라보는 학생들 수천 명을 가르쳤다. 그 과정 속에서 과학에 대한 호불호와 상관없이 얼마나 많은 학생들이 과학 자체를 오해하고 있는지 절실히 느껴왔다. 특히 아동용 위인전 속 박제되어 단순화된 과학자들의 이미지가 주는 해악은 상당하다. 그것은 아동용 위인전 탓이 아니다. 일정한 시점이 되어 어른을 위한 과학 이야기를 들어보는 것이 마땅할 터인데, 대부분의 사람들이 중등교육과정과 이후의 사회생활에서 그 기회 자체를 박탈당하고 있기 때문이다.

이런 상황 속에서 최소한 학생들에게 그들이 존경하는 과학자에게 진정 본받고 흉내 내야 할 것이 무엇인지만큼은 제대로 가르쳐주고 싶었다. 그래서 항상 입버릇처럼 충격요법으로 여러 오만한 말을 던졌다. "여러분은 자신이 과학자들을 잘 모른다고 생각할 것이다. 아니다. 전혀 모른다." 아리송한 말들도 일부러 던져보았다. "과학은 선하거나 악하지 않고 과학자가 선하거나 악할 것이라 생각할 것이다. 그런데 과학자는 선하거나 악하지 않다. 과학이 선하거나 악하다." 전혀 다르게 생각해보기를 바라기 때문이었다. 그렇게 말한 이유들이 이 책을 읽으며 좀 더 선명하게 드러나기를 기대한다. 그리고 "조금 더 깊게. 그러나 질리지는 않게."라는 전작의 슬로건을 지키기 위해서도 노력했다. 현대과학 자체의 난이도로 인해 이번 책에서는 훨씬 어려운 목표였다. 그러면서도 이 책이 감히 마중물이자 디딤돌이 되기 바란다. 컵에 물을 담아주기 위한 생각으로 쓴 책이 아니요, 독자를 업고 과학의 산으로 올라갈 자신도 없지만, 단지 스스로 물을 얻고자 하는 이에게 좀 더 명확한 길을 알려주며, 긴 산행을 시작하려는 이에게 작은 도움이 되길 바랄 뿐이다.

필자의 수업 〈혁신과 잡종의 과학사〉를 책으로 옮긴 『태양을 멈춘 사람들』을 출간한 이후 금방 6년의 시간이 흘렀다. 그간 후속편에 대한 질문을 꽤 받았는데, 이제야 이 책으로 그 답을 한 셈이다. 이번 책도 2013년부터 진행했던 필자의 〈과학자의 리더십〉이라는 수업이 모태가 된 원고다. 〈과학자의 리더십〉은 주로 현대물리학자들의 사례를 통해 현대과학기술을 이해하고 오늘날 새롭게 대두되는 올바른 과학기술자상을 고민해보기 위해 설계했던 교과목이다. 20세기 과학자들의 이야기에는 새로운 덕목들이 떠오른다. 과학이 집단화되고, 공공에의 봉사가 미덕이 되었지만, 동시에 큰돈이 필요해졌고, 비전문가는 더이상 과학의 구체적 내용에 접근하기가 힘들어졌다. 현대의 과학자들은 집단연구를 위한 고유의 리더십, 후원을 이끌어나가기 위한 다양한 노력이 필요해졌고, 경쟁상황에 대처하면서, 거대한 힘을 가지게 된 과학적 업적과 연구결과를 어떻게 사용하고 도덕적 딜레마들에 어떻게 대처할 것인가를 과거의 과학자들보다 훨씬 더 많이 고민해야 한다. 그래서 지동설 혁명을 다룬 『태양을 멈춘 사람들』과는 조금 다른 과학자의 모습들을 담기 위해 노력하며 수업을 진행했다. 다시 말해 가시밭길을 홀로 걸어가는 과학자들의 모습보다는, 충돌하고 어울리고 후회하면서 함께 움직여간 과학자 사회의 모습이 떠오르길 바라며 수업을 진행했고, 이 책 역시 그러한 목표를 염두에 두고 만들어졌다.

이 책의 배경은 20세기 전반 상대성이론과 양자역학, 그리고 원자물리학이 자리를 잡던 시기다. 하지만 이 책은 상대성이론, 양자역학, 현대원자이론 자체가 주인공이 아니다. 분명히 그것들을 만든 과학자들과 그들의 시대를 다루고자 한 책이다. 그래서 과학자가 더 잘 쓸 수 있는 내용에 분량을 많이 할애하지는 않았다. 과학이론 내부의 세부적이고 친절한 묘사는 다른 책들의 영역으로 맡겨두고 필자는 스스로 무리 없이 표현할 수 있는 부분을 다루고자 했다. 필자가 다루고자 하는 핵심은 과학자들의 업적보다는 그들이 답에 도달하는 과정과 난관과 고민들이다. 더불어 객관적 중요성에 따라 엄밀하게 배분된 공적 역사라기보다는 저자의 주관에 따라 시공의 밀도를 달리하며 버무려진 비빔밥 같은 것임도 알아두기 바란다. 이번에도 필자는 마음이 가는 대로 더 쓰고 싶었던 이야기를 주관에 따라—논문이나 교과서가 아니라—수필처럼 써나갔을 뿐이다. 좀 더 솔직히 표현하면 논문의 규칙적 엄밀성을 떠난 그 일탈을 참으로 즐겼음을 고백해둔다.

●　●　●

어떻게 구성했는가?

이 책의 배경인 20세기 전반기, 기록된 인류사에 일찍이 없었던 속도로 극소수의 사람들에 의해 빠르고 아름다운 과학의 발전이 전개되었다. 그리고 이 시기만큼 인류사적 비극으로 점철된 시기 또한 일찍이 없었다. 더구나 그 비극과 동시대의 과학발전은 밀접한 연관을 가지고 있었다. 이 책은 바로 그 몇 십 년간의 과학의 지적 모험과 야합을 다룬 글이다. 이런 이유로 『휘어진 시대』는 전작과 구성방법에서 중요한 차이를 보인다. 전작인 『태양을 멈춘 사람들』에서는 200여 년에 걸친 이야기들이 소수의 주요 등장인물들의 인생을 따라 독립적으로 배열될 수 있었다.

하지만 『휘어진 시대』에 등장하는 인물들은 모두가 동시대인들이다. 그뿐만 아니라 서로가 서로의 업적들에 밀접한 영향을 주고받았다. 실타래처럼 얽혀 있는 이야기들이기에 장의 구분에 많은 고민을 했다. 마냥 각 인물의 인생사 전체를 독립적으로 서술할 수는 없었다. 그것은 단지 여러 위인전의 묶음에 불과하다. 과학자들의 네트워크에 주목해 보기 위해서는 씨줄날줄로 얽힌 그들 간의 관계성이 선명하게 드러날 수 있어야 한다. 그렇다고 연대기 식의 이야기가 되어서도 안 된다. 매년 있었던 일들을 인물들을 오락가락하며 나열해 가는 것은 처음 이 이야기에 접하는 독자들의 혼란을 가중시킬 뿐이다. 연대기 식으로 다룰 수도 없지만, 과학자들 한 명씩의 전기적 서술도 옳은 방법은 아니니, 결국 방법을 절충하기로 했다. 그런 고민 끝에 나온 것이 이 책의 차례다. 총 6개로 시대를 구분했고, 각 장의 중심인물들을 설정해서 그들의 해당시기 스토리를 쫓아가는 형식을 취했다. 그래서 같은 사건이 다른 인물의 시각에서 다시 등장하는 경우가 꽤 있다. 결국 머릿속에 구상한 이야기는 세 권의 책 6부의 이야기로 정리되었다.

1권에서는 고전역학의 시대가 끝나고 양자(Quantum)와 방사능(Radioactivity)과 원자(Atom)와 상대성(Relativity)이 전면에 부상한 1896년에서 1919년까지의 시대를 다룬다. 이 시기는 독일의 역사에서 비스마르크 실각 후 호전적인 빌헬름 2세가 통치하던 독일제국 시기와 거의 일치한다. 그리고 이 아름다운 과학혁명의 시대는 제1차 세계대전이라는 미증유의 인류적 재난 속에 빛이 바랬다. 이 19세기 말에서 20세기 전반 20여 년 가량의 기간 퀴리 부부, 톰슨과 러더퍼드, 플랑크와 아인슈타인 등은 엄청난 약진을 이뤄냈다. 또한 이 시기는 프랑스에서 퀴리 부부의 방사능 연구, 영국에서 톰슨과 러더퍼드의 원자연구, 독일에서 괴팅겐과 카이저 빌헬름 연구소의 결과물 등 국가적 과학스타일의 토대가 분명히 자리 잡는 시기다. 더욱이 플랑크가 아인슈타인을 발굴하고, 피에르 퀴리가 랑주뱅을 찾아내고, 마리 퀴리는 이렌 퀴리를 양육했고, 톰슨은 러더퍼드를 키우고, 러더퍼드가 보어를 성장시키는 등 과학세대 간의 성공적 순환들도 자연스럽게 이루어졌다. 이 시기 플랑크, 퀴리 부부, 러더퍼드, 아인슈타인 등의 업적은 개별 발견으로도 뛰어났지만 뒤를 이은 거대한 흐름의 방아쇠이기도 했다. 그 결과로 1920년대에는 전혀 새로운 과학이 등장할 수 있었다.

2권에서는 새로운 세대에 의해 새로운 과학이 만개한 1920년대와 그 과학낙원이 붕괴하는 1930년대를 다룬다. 1권에서 다룬 엄청난 업적들은 또 한편 1920년대 양자역학의 대두라는 더 거대한 충격의 전주곡이기도 했다. 그리고 1900-1930년의 단 한 세대의 기간을 지나면서 과학은 더 이상 일반인이 상식으로 이해하기 힘든 형이상학적인 개념들로 가득 차게 되었다. 2권의 주인공은 사실상 양자역학이다. 불확정성, 상보성, 핵분열 등의 새로운 용어들이 과학에 나타났다. 보이지도, 느껴지지도, 설명되지도, 이해되지도 않는 양자역학의 시대는 독일 바이마르 공화국 시기와 겹쳐진다. 그리고 뒤이은 히틀러의 집권은 이 아름다운 과학의 국제네트워크를 붕괴시킨다. 유럽과학의 몰락이 가속화되고 세계과학이 미국을 중심으로 재편되던 1930년대를 지나는 암울한 과정과 그로 인해 잉태된 새로운 정치적 위기까지의 이야기로 2권은 마무리된다.

　3권은 1권과 2권의 결과물이라 할 수 있다. 제2차 세계대전과 그 이후 시간들의 짧은 정리로 긴 이야기를 마무리 지었다. 이 시기 가장 순수한 과학자들의 열정적 연구가 가장 끔찍한 결과물로 종합되며 대전쟁이 종결되었다. 이 야합과 몰락의 시기는 독일 제3제국 시절과 겹친다. 그리고 대재앙 이후의 세상은 더 이상 전과 같지 않았고 그렇게 바뀐 세계는 오늘날까지 지속되고 있다. 그래서 특히 3권의 구성은 과학 외적인 이야기의 비중이 크게 늘어났다. 『태양을 멈춘 사람들』의 경우까지는 아직 과학사가 사상사와 연계되는 시절이었고, 과학은 정치경제의 영역과는 거리를 두고 있었다. 그리고 『휘어진 시대』 1권과 2권에서도 아직까지 정치나 전쟁의 영역은 과학과 느슨하게 상호작용하고 있었다. 하지만 제2차 세계대전의 시기 과학과 정치의 영역은 완전히 혼재되어 야누스의 모습을 띤다. 전쟁이 과학을 삼키더니, 결국은 과학이 전쟁을 삼켜버렸다. 그래서 나타난 거대과학! 그 또한 과학의 모습이다. 이 시기의 뒤섞여 모호해진 과학을 확인하는 과정이야말로 과학의 본질을 이해하는 중요한 방법이라 필자는 확신한다. 그렇게 어제까지의 과학을 확인하고 나면, 우리는 이 시대를 반추할 힘을 얻고, 오늘 이후 과학의 얼개를 조심스럽게 설계해볼 수 있을 것이다.

인물명칭의 표기에 대하여 —

이 책에 나오는 등장인물들의 성과 이름은 기본적으로 외래어 표기법을 따른다. 하지만 성이 같거나 유사한 발음인 인물이 있는 경우, 기타 문맥상 필요한 경우 독자의 혼란을 줄이기 위해서 이름을 사용하거나 성과 이름을 함께 표기한 경우가 있다.

'톰슨'의 경우 전형적인 사례인데 가장 많이 등장할 조지프 톰슨 외에 그의 아들 조지 톰슨이 있고, 캘빈 경으로 유명한 윌리엄 톰슨이 있다. 이들은 여기저기서 계속 등장하기 때문에 조지프 톰슨만 '톰슨'으로 표기하고 다른 톰슨들은 성과 이름을 항상 함께 표기했다.

반면 수학자 에드문트 란다우와 물리학자 레프 란다우는 함께 등장하는 경우가 거의 없어 혼동의 여지가 별로 없기에 성이 같지만 처음 등장할 때만 빼고는 '란다우'로만 표기했다. 괴팅겐에서의 사건들만 에드문트 란다우의 이야기로 이해하면 된다.

막스 플랑크와 제임스 프랑크는 성이 비슷한 발음인 경우다. 프랑크로만 표기하면 플랑크의 오기라고 오해할 여지가 있을 듯해서 제임스 프랑크는 이름을 병기했고, 제임스 프랑크가 미국으로 망명 간 이후에는 혼동의 여지가 없어 '프랑크'로만 표기했다.

오토 한의 경우는 짧은 성인 '한'이라고만 표현하면 한국어의 문맥에 따라서 사람을 지칭하는 것인지 모호해지는 경우가 있을 수 있다. 그래서 혼동을 줄이기 위해 '오토 한'으로 전체 성명을 표기했다.

성을 쓰는 것이 원칙이나 어쩔 수 없이 이름으로 표기한 경우도 있다. 퀴리 가문의 경우는 전형적인 경우다. 피에르, 마리, 이렌, 이브가 모두 '퀴리'이기 때문에 이들은 이름을 사용해 표기했다. 단 퀴리 가의 사위 '프레데릭 졸리오퀴리'의 경우 관용적으로 졸리오로 부르기 때문에 '졸리오'로 표기했다.

· 일본 '천황'의 경우 '천황'과 '일왕' 중 어떤 표기를 쓸까도 고민했으나 대한민국 외교부의 공식명칭인 '천황'을 사용했다. 천황의 경우 한국에서 어떻게 칭할 것인가 논쟁적인 부분이 있다. 천황이라고 표기하는 것은 당사국 표기를 사용하는 것일 뿐 한자어 천황의 의미와는 당연히 아무런 상관이 없다.

· 책을 마무리하던 2022년 발발한 우크라이나 전쟁으로 인해 갑자기 지명 표기에도 약간의 개량이 필요해졌다. 하지만 2차 대전사에 흔히 등장하던 익숙한 지명들은 고민거렸다. 이 러시아 발음들을 우크라이나어로 고쳐야 하지 않을까 고민하다가 결국 두 명칭을 함께 표기하기로 했고 익숙한 과거의 러시아 발음 옆에 우크라이나 발음으로 병행표기했다.

예) '키예프(우크라이나어: 키이우)', '크림 반도(우크라이나어: 크름 반도)' 등이 대표적이다.

· 또 필자처럼 '후루쇼프'를 과거 '후르시초프'로 배워온 세대에게는 새로운 표준어 단어가 낯설 수도 있을 것이다. 외래어 표기법이 계속해서 바뀌어왔기에 이런 경우는 여러 세대를 아우를 수 있도록 감안해 병행표기했다.

예) 후루쇼프(구 표기법: 후르시초프)

각 부별 난이도에 대하여 —

필자가 판단하기에 1부와 2부의 비교적 평탄한 길을 지나 3부의 경사로를 담담하고 차분하게 오르고 나면, 4부와 5부는 롤러코스터를 타듯 쉽고 경쾌하게 미끄러질 수 있을 것이다. 긴 여행에 참조가 되기 바란다.

1941년, 강철 무지개를 찾는 사람들

||||||||||||||||||||||||||||||||||||||||

매운 계절의 채찍에 갈겨
마침내 북방으로 휩쓸려 오다

하늘도 그만 지쳐 끝난 고원
서릿발 칼날진 그 우에 서다

어데다 무릎을 꿇어야 하나?
한발 재겨 디딜 곳조차 없다

이러매 눈감아 생각해 볼밖엔
겨울은 강철로 된 무지갠가 보다.

―이육사, 〈절정(絶頂)〉

독일은 유대인의 육체를 소멸시키려 했고, 일본은 한국인의 영혼을 말살하고자 했다.

처음 독일은 유대인들을 공직에서 추방했다. 그다음 재산을 압류했다. 게토에 수용해 눈에 보이지 않게 만들었다. 그리고 눈에 띄지 않게 모든 것을 통제 안에 두자 목숨을 빼앗기 시작했다. 처형 효율을 위해 가스실을 만들고, 흔적조차 남기지 않으려고 화장장을 건설했다. 희생자들의 금니를 모았고 머리카락을 잘라 방수포로 썼다. 세계는 처음에 믿지 못했다.

처음 일본은 문화적 자치를 시행하겠다고 했다. 역사를 가르쳐주었다. 실증사학의 미명하에 단군 조선은 환상이 되었고, 교과서 속 한반도의 선조들은 모두가 못난 조상들뿐이었다. 일본은 대학도 만들어주었다. 그 대학에 이공계열 학과는 없었다. 고급과학기술은 식민지 청년들에게 주어져서는 안 됐다. 일본은 한국인들의 이름을 일본식으로 바꾸라고 했다. 모병에 응해 발언권을 강화하라고 했다. 뒤이어 징용을 시작했고 곧 징병도 시작했다. 학교에서 조선어 사용은 금지되었다. 신사참배를 시켰다. 산맥을 끊고 궁궐은 동물원으로 만들었다. 한반도에 본래 있던 것 중 위대한 것이 있어서는 안 됐다. 세계는 아직도 제대로 믿지 못한다. 당연하다. 믿어지지 않는 일들이다. 그런 시대였다.

이 잔인한 시대의 한복판에서 시인 이육사는 시를 썼다. 세계대전의 격랑 속에 일본의 탄압이 최고조에 달한 시점, 그는 목숨을 건 독립운동을 하고 있었다. 민족사적 위기, 풍전등화 속 개인의 운명, 그토록 급박한 상황 속에서 이토록 절제된 언어로 정제된 시를 쓴다는 것은 범접하기 힘든 정신력의 경지다. 나라 잃은 시인은 반신반의 속 가련한 모습으로 지푸라기를 잡은 것이 아니었다. 상황의 절박함 자체가 오히려 무릎 꿇지 않을 이유였다. 시인은 극단의 궁지에 몰린 엄혹함 속에 강철 무지개를 찾을 수 있었다. 최악의 정황을 역설적으로 해석할 수 있는 이런 거대한 정신들은 세계 곳곳에 적절히 위치해 있었다. 그랬기에 세계는 대전쟁의 와중에도 많은 것을 담아내고 지탱할 수 있었다.

1941년 말, 한국의 시인뿐만 아니라 전 세계의 많은 이들이 '북방으로 휩쓸려 온' 느낌을 맛보았다. 오스트리아와 체코슬로바키아를 총 한 방 쏘지 않고 합병했던 독일은, 곧 동부유럽에서 폴란드, 유고슬라비아, 그리스를 순식간에 점령해 나갔다. 북유럽에서는 덴마크, 노르웨이, 네덜란드, 벨기에가 같은 운명을 맞았다. 이탈리아, 헝가리, 불가리아, 루마니아, 핀란드는 사실상 독일의 위성국이 되었다. 독일은 세계 최대의 육군국이던 프랑스를 6주 만에 격파했고, 영국을 고립무원으로 몰아붙였다. 이 기세를 몰아 동부전선에서는 소련군을 파죽지세로 무너뜨리고 모스크바 점령을 목전에 두고 있었다. 북아프리카에서 롬멜이 이집트 점령을 눈앞에 두고 있는 것 정도는 사소한 이슈에 불과했다. 유럽대륙 안에서는 스위스와 스웨덴 정도가 불안한 중립을 유지하며 납작 엎드린 채 숨죽이고 있었다. 이 모든 무혈지적 승리가 단 2년 만에 이루어졌고, 히틀러의 위세는 가히 '유럽의 총통'이라 부를 만했다. 이런 시기, 아시아 유일의 제국주의 열강이던 일본이 진주만을 기습 공격하며 태평양과 신대륙으로 전쟁의 무대가 확장됐다. 유럽전쟁이 말 그대로의 세계대전이 되었다.

공포 속에서 사람들은 저마다의 무지개를 찾았다. 어떤 이들에게는 2년 전의 발견이 그 무지개일 수 있었다. 몇몇 사람들은 이제 핵분열에 기반한 궁극무기의 이상을 현실화할 작업을 시작했다. 시대상황은 암담했지만 몇 가지 기대를 걸어볼 만한 것이 있었다. 독일의 과학기술은 뛰어났지만 나치의 인종주의적 탄압으로 인해 핵심 과학자들이 독일을 떠났고 그들 중 대부분은 독일의 반대편에서 싸울 각오를 굳히고 있었다. 1941년의 상황에서 10년 전을 돌아보면 그간 과학 인력의 세계적 지형도가 완전히 바뀌었음을 느낄 수 있었다. 아인슈타인, 파울리, 괴델은 1931년에 각각 베를린, 취리히, 빈에 있었지만 이제는 대서양을 건너가 프린스턴 고등연구소에 자리 잡고 있었다. 베를린 그룹의 일원이던 슈뢰딩거도 지금은 아일랜드에 있었다. 마이트너도 베를린을 도망쳐 스웨덴에 자리를 잡았다. 괴팅겐의 보른은 영국으로 갔고, 프랑크는 미국행을 선택했다. 이들은 대부분 자유를 찾아 독일의 영향권에서 떠났던 사람들이고, 그들 중 일부는 더 나아가 분명한 사명감으로 독일을 격파하기 위해 힘을 모았다. 10년 전 함부르크에 있던 프리시는 영국에서, 이탈리아의 자랑이던 페르미는 미국에서 핵분열 연구에 중요한 힘을 보탰다. 실라드, 폰 노이만, 위그너, 텔러 등의 헝가리 4인방의 역할은 엄청났다. 그들은 결국 미국의 원자폭탄과 수소폭탄 보유에 결정적 역할을 했다. 1941년의 미국은 히틀러가 내팽개친 엄청난 인력들의 용광로가 되어 있었다. 그리고 신대륙이 전쟁에 휘말리게 되자 상상조차 못했던 화학반응이 시작되었다. 그 과정은 20세기 초반 물리과학자들의 업적의 총체와 세계사적 정치 격변이라는 배경하에, 수많은 필연적 우연의 누적으로 이루어진 운명의 길이었다.

5부

———

천 개의 태양

20세기에 들어 퀴리 부부의 연구에서 신비한 방사능을 뿜어내는 원소들이 발견됐다. 아인슈타인의 연구에서 그것은 질량에 내재한 엄청난 힘과 관련 있음이 예언되었다. 러더퍼드는 방사능을 따라간 연구과정에서 원자핵을 발견했고, 플랑크와 보어를 필두로 한 양자론 연구자들은 원자 내부에 깊숙이 숨겨진 힘들에 대해 많은 것들을 알아냈다. H. G. 웰스는 1914년에 이 최신 유행을 반영한 SF 소설을 썼다.『굴레에서 벗어난 세상』은 두 초강대국 사이의 대전쟁을 묘사했는데, 두 강대국이 보유한 엄청난 위력의 무기는 '원자'무기라고 이름 지었다. 그 무기의 동작구조에 대한 설명은 아무것도 없었지만 이 소설은 30여 년 뒤 원자무기에 기반을 둔 미소의 냉전시기를 그대로 예언한 셈이 됐다. 중성자는 1932년에야 발견되었지만 이 발견으로 이후 원자핵에 대한 연구는 급격히 빨라졌다. 전하를 가지지 않는 이 입자로 과학자들은 마음껏 원자핵을 때려댔다. 중성자를 탐침으로 사용한 원자 내부의 관찰이 6~7년 계속되었을 때 중성자는 핵을 보거나 핵에 흡수될 수 있을 뿐 아니라 심지어 핵을 부술 수 있음이 알려졌다. 뒤이어 이 분열이 연쇄적으로 진행될 수 있음도 알게 됐다. 여러 사람들이 당연히 강력한 무기를 떠올렸다. 하지만 기술의 한계와 경제적 이유로 당장은 불가능한 일로 보였다.

　마침 그때 두 번째 세계대전이 발발했다. 그래서 평시라면 전혀 불가능했을 거대 연구프로젝트가 시작될 수 있었다. 지금까지 인류는 화학반응에 의해 얻어진 에너지만 사용했었다. 화학반응은 원자 자체를 바꾸는 것은 불가능했고 원자의 배열만 바꾸는 작업이었다. 그러나 20세기 중반 인류는 드디어 원자 자체를 바꾸는 데 성공했다. 연금술의 꿈이 마침내 실현되었다. 하지만 아무도 기뻐할 수 없었다. 이미 중세 연금술사들은 자신들의 연구결과를 비밀로 하며 후학들에게 경고의 말들을 남겨놓았었다. "권력자들이 우리 작업장에 들어오지 못하게 하라. 그들은 신성한 비밀을 권력을 위해 악용할 것이다." 20세기 연금술사들은 놀라운 결과에 환호하다 이 경고에 귀 기울이지 못했다. 러더퍼드는 원자 속에 엄청난 에너지가 잠들어 있음을 보였다. 하지만 그 엄청난 힘을 인류가 이용하지는 못할 것이라고 여러 번 언급했다. 1921년 발터 네른스트는 러더퍼드의 연구결과를 언급하며 적절한 비유를 들었다. "우리는 솜화약으로 만든 섬에 살고 있는 셈이다. 하지만 다행히도 아직 점화할 성냥을 찾지는 못했다." 1937년 러더퍼드가 죽을 때까지는 분명히 그랬다. 하지만 불과 2년 뒤 상황이 전혀 달라졌다. 성냥을 만들어버린 것이다! 핵분열을 발견한 뒤 오토 프리시는 어머니—즉, 리제 마이트너의 언니—에게 이렇게 편지를 썼다. "전혀 의도치 않았는데 정글을 걷다가 코끼리 꼬리를 잡은 기분이네요. 이제 어떻게 해야 할지 모르겠습니다." 이 소식을 들은 모든 물리학자들의 느낌이 그랬을 것이다.

1막

과학을 삼킨
전쟁

1

원자폭탄 만들기 혹은 방해하기

1945년 지구상에서 원자폭탄이 처음 폭발한 이래 70년 이상의 시간이 흘렀다. 그 사이 핵무기를 제조하거나 제조 가능한 국가는 계속해서 늘어났고, 이제 원자폭탄의 기본구조와 위력은 물론, 구체적인 제조방법까지 공공연하게 알려져 비밀 아닌 비밀이 되어버렸다. 우리 세대는 제2차 세계대전 기간 원자폭탄 개발에 몰두했던 과학자들보다 결과 면에서 더 많은 정보를 알고 있다. 그래서 이미 잘 알려진 원폭에 대한 사실들을 먼저 정리해보면 우리는 그 시대 핵무기 개발과정의 고민과 난관을 훨씬 쉽게 상상해볼 수 있다.

핵분열을 이용한 원자폭탄은 우라늄이나 플루토늄으로 만들어진다. 핵분열은 크기가 너무 커서 충격이 가해지면 쉽게 부서질 수 있는 불안정한 원자핵에서만 일어날 수 있다. 자연계에 존재하는 90여 종의 원자핵 중 핵분열이 가능할 정도로 무겁고 불안정한 것은 우라늄과 토륨뿐이다. 하지만 토륨은 그 핵분열이 연쇄적으로 일어나지 않는다. 그래서 원자폭탄에는 연쇄반응이 가능한 우라늄만 사용가능하다.[1] 핵분열 연쇄반응은 적당한 속도의 중성자를 우라늄 원자핵과 충돌시켜 발생시킨다. 중성자와 충돌한 원자핵은 분열하면서 다시 적절한 속도의 중성자를 2개 이상 방출한다. 그리고 이 2개의 중성자들이 또다시 주위의 2개 원자핵과 충돌하여 핵을 분열시키고, 또 4개의 중성자가 튀어나와 주위의 원자핵들을 분열시키는 식의 과정이 반복된다. 순식간에 분열된 핵은 2, 4, 8, 16, 32, 64, 128, 256……개가 되는 식으로 기하급수적으로 늘어난다. 적당한 조건만 주어지면 이 단기간에 기하급수적으로 불어나는 핵분열의 연쇄반응이 끝없이 반복될 수 있는 원소가 바로 우라늄이다.

우라늄 원자번호는 92번이다. 즉 원자핵에 양성자가 92개 들어 있다. 자연계에서 발견되는 원자 중 가장 무겁다.[2] 우라늄은 두 가지가 있는데 원자핵 내에 중성자가 146개인 우라늄-238과 중성자가 143개인 우라늄-235로 나뉜다. 자연 상태에서 우라늄-235는 0.7% 정도이고, 우라늄-238이 99.3% 정도를 차지한다. 문제는 원자폭탄은 우라늄-235로 만들 수 있다는 것이다. 우라늄-235는 우라늄-238보다 훨씬 불안정해서 분열에 훨씬 작은 에너지가 소모되기 때문이다. 그래서 원자폭탄을 제조하기 위해서는 자연 상태의 천연우라늄에서 1/130

---

1 원자번호 90번인 토륨은 자연발생적으로 핵분열 연쇄반응을 일으키지 않는다. 인위적으로 계속 분열시켜줘야 한다. 그래서 원자폭탄 제조에 적합하지 않다. 하지만 토륨을 사용한 원자력 발전은 21세기에 들어 '안전한' 원자력 발전소를 만들기 위해 여러 국가에서 연구되고 있다.

2 넵투늄과 플루토늄도 자연계에 극미량 존재하지만 너무 드물어 인공원소로 분류한다. 원자번호 92번 우라늄, 93번 넵투늄, 94번 플루토늄은 각각 천왕성, 해왕성, 명왕성의 순서대로 이름을 붙인 것이다. 그런데 우라늄과 플루토늄만 너무 유명해져버렸다.

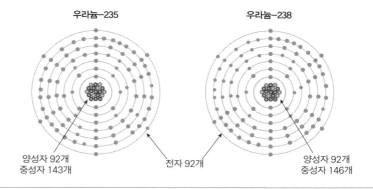

우라늄-235와 우라늄-238 개념도

자연상태 천연우라늄에서 우라늄-238은 99.3%, 우라늄-235는 0.7% 정도다. 원자폭탄은 우라늄-235로만 만들 수 있기 때문에 이를 따로 분리하는 과정이 필요하다. 이 과정이 바로 '우라늄 농축'이다.

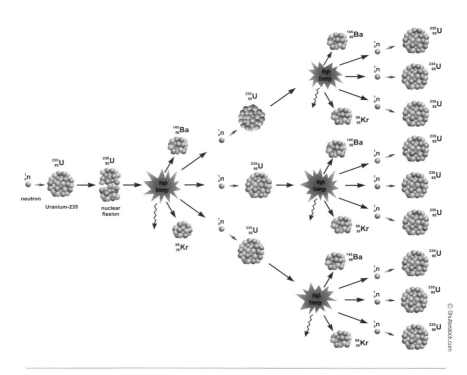

우라늄-235의 핵분열 과정

중성자로 우라늄-235를 타격하면 두 개의 훨씬 작은 원자로 나뉘면서 2~3개의 '남은' 중성자를 방출시킨다. 이 중성자들은 인접한 우라늄-235를 타격하게 되고 같은 상황이 계속 반복된다. 이 과정을 핵분열이라 부른다.

에 불과한 이 우라늄-235를 따로 모아야 한다. 이 과정을 이른바 '우라늄 농축'이라 부른다. 원심분리, 기체확산법 등 다양한 방법을 사용해서 우라늄을 농축하는데 모두 질량차를 이용해서 반복공정으로 분리해내는 것이다. 따라서 상당한 기술, 자원, 비용을 필요로 한다. 일반적으로 우라늄-235의 비율을 3~5% 정도로 높인 것을 농축우라늄이라고 부른다. 농축우라늄은 경수로형 원자력 발전소에서 사용한다. 이것보다 비율이 낮으면 연쇄반응을 일으키기 힘들고 그 이상으로 농축되면 핵분열 연쇄반응이 빨라져 폭발 가능성이 있어 이를 방지하기 위해서다. 같은 이유로 순간적으로 엄청난 연쇄반응을 일으키는 원자폭탄을 만들기 위해서라면 우라늄-235의 비율이 99% 이상 되도록 농축해야 한다.

핵분열 과정의 연구에는 핵연료 이외에 중성자 감속재(neutron moderator)가 필요하다. 중성자 감속재는 원자로의 핵분열반응 과정에서 생성되는 고속중성자를 감속시켜 핵분열이 더 잘 일어나도록 하는 물질이다. 저속중성자를 충돌시켜 방사능을 연구하는 방법은 앞에서 살펴본 것처럼 페르미의 연구에 의해 밝혀지고 확산되었다. 즉 감속재는 인위적으로 중성자의 속도를 늦추기 위한 물질이다. 감속재들은 중성자의 속도를 늦추기도 하지만 중성자를 흡수하기도 한다. 좋은 감속재는 중성자 감속효과는 크면서도 중성자를 흡수하는 '흡수 단면적'이 작아야 한다. 그래야만 저속의 중성자가 많이 발생시킬 수 있다. 감속재로는 주로 수소, 중수소, 탄소 등이 많이 포함된 물질을 사용해야 되는데 가장 흔한 물질로는 물이 있고, 조금 노력이 필요한 것으로 고순도의 흑연이 있으며, 가장 비싸고 귀한 감속재로는 중수가 있다. 원자력 발전소의 원자로는 바로 이 감속재의 종류에 따라 경수로, 중수로, 흑연 감속로로 나뉜다. 여기서 경수는 그냥 '물'을 의미한다. 중수는 말 그대로 '무거운 물'이다. 물은 수소와 산소로 구성되어 있지만 중수는 중수소와 산소로 구성되어 물보다 무겁다.[3] 천연우라늄을 핵분열 원료로 이용하는 경우 중성자를 아주 효율적으로 이용해야 하기 때문에 중성자 감속능력은 수소의 절반정도지만 중성자 흡수 단면적은 1/500 이하인 중수소와 산소로 이루어진 중수를 감속재로 사용하게 된다.[4] 그래서 천연우라늄을 사용하는 원자로는 중수로를 만들어 운용한다.

그러면 원자폭탄을 만들기 위해 모아야 할 우라늄-235는 어느 정도 양일까? 우라늄-235 원자핵은 핵분열 시 약 2억 전자볼트(200MeV)의 에너지를 방출하면서 평균 2.5개의 중성자를 방출한다. 핵분열 시 양성자 질량의 1/5정도인 극미량의 질량이 사라지는데 2억 전자볼트는 정확히 이 질량결손분이 만들어내는 에너지다. 아인슈타인의 방정식 $E=mc^2$이 그대로 증명되는 과정이기도 하다. 순수한 우라늄-235에서는 확률상 1그램당 매초 0.0003개의 원자핵이 자발적으로 핵분열을 일으킨다. 따라서 '일정량 이상을 일정한 영역에 일정시간 동안 모아두

---

3 원자번호 1번인 수소의 원자핵은 양성자 하나로 구성되어 있다. 하지만 드물게 원자핵이 중성자 하나와 양성자 하나로 수소핵이 구성되어 있으면 이것이 중수소다. 당연히 중수소 질량은 수소 질량의 두 배. 중성자 두 개와 양성자 하나로 구성된 원자핵을 가진 삼중수소도 있다. 화학적 성질은 모두 수소와 같은 동위원소들이지만 핵무기에 활용되면 전혀 다른 의미를 지니게 된다. 자연상태에서 중수소와 삼중수소는 극미량만 존재한다.

4 경수로를 쓰는 원자력 발전소에서는 중성자 감속능력이 우수한 수소와 산소로 이루어진 물을 감속재로 사용하면서 동시에 냉각재로도 이용한다. 경수로는 농축우라늄을 사용해야 한다. 반면 중수를 사용하는 중수로는 천연우라늄을 원료로 이용할 수 있다. 즉 중수로는 천연우라늄을 쓰는 대신 비싼 중수를 감속재로 사용해야 하는 것이고, 경수로는 감속재로는 물을 쓰면 되지만 대신 농축과정을 거친 핵원료를 사용해야 하는 장단점들을 가지고 있다. 덧붙여 중수로는 원자로를 동작시키면서 핵연료 교체가 가능하다는 이점 때문에 이를 활용해 인도와 파키스탄은 중수로형 원전에서 핵연료를 추출해 핵무기를 만들었다. 이후 강대국들은 핵확산 방지를 위한 감시 작업이 쉽도록 타국에 경수로형 원전 건설을 압박하곤 한다.

면' 적절한 연쇄반응이 자동적으로 발생해 핵폭발이 가능하다. 이것이 히로시마 원폭의 원리다. 그 '일정량'은 10킬로그램 정도다. 반응이 시작될 수 있는 이 최소량을 임계질량(critical mass)이라 부른다. 같은 과정은 플루토늄에 의해서도 가능하다. 원자번호 94번인 플루토늄은 자연 상태에서 발견되지 않기 때문에 인공적으로 만들어야 한다. 이 과정에는 우라늄-238을 사용한다. 우라늄-238에 중성자를 흡수시켜 우라늄-239로 바꾸면 베타붕괴를 거쳐 다시 플루토늄으로 바뀐다. 플루토늄 역시 10킬로그램 정도를 모으면 우라늄-235와 같은 원리로 동작하는 원자폭탄을 만들 수 있다.

자, 그러면 이 사실까지를 알았을 때 원자폭탄을 만들기 위해 필요한 과정은 어떻게 정리될 수 있을까? 먼저 자연 상태의 우라늄을 채취하는 과정이 필요하다. 이 과정은 일반적인 광물의 채취과정과 별다를 것이 없다. 하지만 우라늄은 그리 흔한 광물은 아니기 때문에 원자폭탄을 만들려고 계획한 국가가 우라늄을 확보할 수 있는 지리적, 경제적 여건을 갖추고 있어야 한다. 산술적으로 천연우라늄에 1/130밖에 없는 우라늄-235 10킬로그램을 모으려면 천연우라늄이 최소 1.3톤 이상 있어야 할 것이다. 물론 그 천연우라늄은 광석 속에 뒤섞여 있다. 몇 톤의 천연우라늄은 고순도의 우라늄 광산에서도 수천 톤의 광물을 채굴해야 얻을 수 있다.[5] 그 다음 우라늄 농축을 하거나 플루토늄을 인공적으

---

5 결코 쉽지 않은 일이다. 유럽 내에서라면 이 정도 우라늄을 얻을 곳은 퀴리 부부가 열심히 역청우라늄광을 공급받았던 요아힘스틸 광산이 사실상 유일하다. 아프리카에서는 콩고민주공화국(2차 대전 당시 벨기에령 콩고)에서 채굴된다. 대륙별로 공급지가 몇 곳 안 되니 넓은 국토를 소유한 미국, 러시아, 중국 등이라야 자국 영토 내에서 원활한 양질의 천연우라늄 확보가 가능하다. 이런 행운이 없는 국가는 원자력 발전소에서 핵연료 재처리 과정을 통해 원료를 빼돌려 원폭을 만들었다. 대표적인 경우가 인도와 파키스탄이다.

로 대량생산해야 한다. 이 원료의 순도를 끝없이 높여가는 과정에는 엄청난 돈과 인력이 필요하다. 특히 높은 정밀도의 산업적 기반이 갖춰지고, 상당량의 전력을 소모해야 하며, 농축과정에 발생하는 엄청난 열을 냉각시킬 수 있는 입지조건을 갖추어야 한다. 그것으로 충분할까? 충분한 양의 우라늄-235와 플루토늄을 모았다고 해도 원자폭탄으로 만들기 위해서는 마지막 기술적 난관이 있다. 이 폭탄원료들을 임계질량만큼 그냥 모아뒀다가는 자연발생적으로 연쇄반응이 일어나 폭발해버릴 것이다. 그러니 조각조각 소량씩 멀리 떨어뜨려놓아야 한다. 그런데 폭발을 위해 원료를 한 공간에 모으려고 시도하는 순간 연쇄반응은 시작된다. 그러면 초기 연쇄반응의 여파로 나머지 원료들은 제대로 반응도 하지 못하고 흩어져버릴 것이다. 이런 상황을 막기 위해서는 고도의 기술이 필요하다. 즉 원자폭탄을 원자폭탄답게 동작시키기 위해서는 10킬로그램 정도의 우라늄-235나 플루토늄을 반응이 일어나지 않을 정도로 조각조각 떨어뜨려놓았다가 '순간적으로' 모아서 전체 핵원료가 모두 핵분열반응할 때까지—100만분의 1초라는 어마어마하게 긴(?) 시간 동안—폭발압력을 견디며 '모인 상태로 유지'시킬 수 있어야 한다. 이 부분이 핵심적 기술이다. 그리고 이 모든 과정은 극비사항일 수밖에 없으니 전 과정에 걸쳐 고도의 보안을 유지해야 한다. 지금까지 설명한 이 모든 과정을 20세기 중반에 미국이라는 한 국가가 3년이 채 못 되는 시간 만에 성공시켰다.

하지만 여기서 끝나는 것이 아니다. 이 모든 과정은 한 가지 전제조건을 만족시켜야만 의미가 있었다. "적국보다 우선 개발해야 한다!" 즉 독일보다 빨리 원자폭탄을 만들어야만 했다. 이 조건을 만족시키기 위해서는 미국은 자신들의 원폭개발을 추진하면서, 독일의 원폭개발을 최대한 늦춰야 했다. 지금까지 살펴본 원폭의 개발과정에 필요한 것들을 나열해보면, 핵무기의 연구개발 시설과 과학자들, 양질의 우라늄 광산, 대규모의 우라늄 농축시설, 덧붙여 중수 등의 특수한 감속재를 쓸 경우 감속재의 공급이 필요하다. 그렇다면 제2차 세계대전 시기 독일의 핵연구를 늦추려면 이에 대응하는 네 가지 방법을 떠올릴 수 있을 것이다. 먼저 연구 자체를 방해하는—주요 인력의 암살이나 납치 혹은 연구소 공격—방법은 독일 내의 사정을 훤히 꿰뚫고 있지 않는 한 어려운 일이다. 소수의 연구진은 쉽게 숨기고 이동시킬 수 있다. 다음으로 우라늄 공급을 방해하는 것인데 보헤미아의 요아힘스틸 광산은 독일의 중심부에 근접해 있어서 우라늄 보급선을 차단하는 것은 사실상 불가능했다. 다음으로 우라늄 농축과정을 방해하는 것인데 사실 독일은 전쟁기간 동안 이 단계를 시작하지도 못했기 때문에 의미가 없었다. 또하나가 감속재 공급을 방해하는 것인데 이는 독일 연구자들이 중수를 감속재로 사용했기 때문에 의미 있는 방법이었다. 독일 점령지 내에서 중수를 생산하는 시설은 오직 노르웨이에만 있었다. 공장을 파괴하거나 중수수송을 방해하는 방법으로 독일의 핵개발을 늦출 수 있어 보였고 그래서 연합군은 전쟁기간 갖은 방법을 동원해서 이 작업을 수행했다. 이 모든 과정에서 미국은 성공적이었다. 이상의 상황들을 이해하면 이후의 내용들을 이해하는 데 무리가 없을 것이다.

2

1939년: 폭풍전야

1939년의 세계—세계대전의 시작

나치 독일은 팽창주의적 야욕을 숨기지 않았었지만, 1939년 8월까지의 과정은 철저하게 외교로만 이루어졌다. 오스트리아와 체코슬로바키아에 대한 독일의 병합은 강대국간 외교전으로만 전개되었다. 그리고 그때마다 또다시 전쟁을 치르기 싫었던 영국과 프랑스가 결정적인 순간 한발 물러섬으로써 불안정한 평화를 조금씩 연장시켰다. 그리고 그때까지 독일의 요구는 범게르만 세력권인 구 오스트리아-헝가리 제국 영토에 대한 것이었기에 어느 정도 외교적 후퇴를 용인할 명분도 되어주었다. 하지만 독일이 폴란드에게 구 독일제국 영토라며 동프로이센과 연결되는 단치히 회랑을 넘겨달라고 요구하자 상황은 한계에 도달했다. 폴란드는 독일의 요구를 단호히 거부했다. 폴란드는 영국과 프랑스와의 상호방위협정에 기대를 걸고 있었다. 폴란드가 전쟁에 돌입하면 영국과 프랑스가 자동으로 참전하게 될 것이다. 폴란드군이 몇 달만 버텨준다면 그 사이 영국과 프랑스 연합군이 서부전선에서 동원한 군대로 공격을 개시할 것이다. 그렇게 되면 독일은 다시 1차 세계대전 때처럼 양면에 전선이 형성되어 군사력을 나눠야 할 것이고 연합군은 충분히 승기를 잡을 수 있을 것으로 생각되었다. 설령 폴란드가 조기에 항복하더라도 직접 소련과 국경을 맞닿게 된 독일은 엄청난 병력을 동부방어에 묶어놓아야 할 것이다. 혹은 애초에 폴란드를 향한 독일의 공격을 소련이 용인하지 않고 무력개입할 수도 있었다.

독일의 지정학적 위치로 보아 이번에도 연합군이 유리했다. 독일은 쉽게 모험을 벌이지 못할 것이다. 많은 지식인들은 이번의 전쟁도 1차 세계대전처럼 길고 지루한 참호전의 연속이 될까를 두려워했다. 하지만 이런 추측들은 남김없이 모두 빗나갔다. 1939년 8월 말, 앙숙으로 보이던 독일과 소련은 불가침협정을 체결하며 세계를 놀라게 했다. 9월 1일 독일군이 폴란드를 침공하자 프랑스와 영국은 이틀 뒤 독일에 선전포고했다. 끔찍했던 대전쟁이 끝난 지 불과 20년 만에 또다시 세계대전이 시작된 것이다. 처음 폴란드군은 독일군의 공격을 어느 정도 방어해낼 수 있을 것으로 생각되었다. 하지만 폴란드군은 순식간에 무너졌다. 독일은 폭격기와 전차 부대를 입체적으로 조화시킨 새로운 공격기술, 전격전(Blitzkrieg)을 화려하게 선보였다. 폴란드 기병대는 독일 기갑사단의 상대가 되지 못했다. 더구나 곧 소련군이 폴란드를 동쪽에서 침공했다. 독일과 소련은 불가침조약을 맺으며 극비리에 폴란드 분할점령까지 약속했다. 양면전쟁을 해야 했던 것은 폴란드였다. 독일의 폴란드전은 불과 한 달 만에 끝났다.—더구나 폴란드군은 초반 2주간에 붕괴되었고, 마지막 2주간은 절망적인 바르샤바 방어전이었을 뿐이

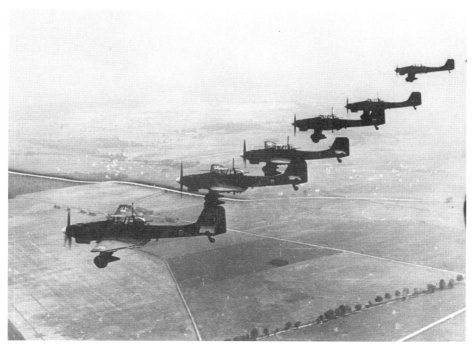

독일의 전격전

새로운 세계대전도 제1차 세계대전처럼 참호전으로 진행될 것이라는 추측은 완전히 빗나갔다. 독일은 오랜 기간 연구한 전차와 항공기 중심의 화려한 전술을 선보였다. 전쟁은 훨씬 거대해졌을 뿐만 아니라 전혀 다른 것이 되었다.

다. 소련과 폴란드를 사이좋게 분할한 독일은 이제 전 병력을 서부전선에 집중시킬 수 있게 되었다. 하지만 그 해 겨울을 지나 다음해 봄까지도 전쟁은 소강상태였다. 전쟁은 시작됐지만 영국과 프랑스 연합군이 독일군과 국경에서 대치만 하고 있었던 1939년 9월부터 1940년 5월까지의 상황을 사람들은 '가짜전쟁'이라 불렀다. 그리고 대서양 건너 미국에서는 아직 먼 유럽의 일이었을 뿐이다.

망명자들의 고민

오토 한의 핵분열 발견으로 떠들썩하던 1939년 초, 닐스 보어는 유진 위그너에게 핵분열의 실용화가 불가능한 이유를 15가지나 적시한 바 있다. 아인슈타인도 원자에너지를 이용할 수 있다고 믿지 않는다고 강하게 표현했다. 오토 한도 자신이 발견한 핵분열에너지의 실용화 가능성에 대해 "그건 신의 뜻에 어긋나는 거야!"라고 외쳤다. 핵분열을 발견한 1939년에는 최고수준의 과학자들에게조차 핵분열의 활용이라는 것은 탁상공론이나 동화 같은 이야기였다. 핵분열은 가능하지만 그것이 연쇄적으로 진행되려면 원자핵이 분열할 때마다 '추가적인 중성자들이 방출되어 이웃한 원자핵들을 쪼개는 과정이 반복'될 수 있어야 했다. 하지만 처음의 핵분열에서 나온 에너지가 그 뒤의 핵분열을 무질서하게 방해할 것이다. 이런 난관을 뚫고 고도의 수학적 과정을 계산해낼 수 있을까? 과연 인간이 그런 질서 있는 과정을 만들어내고 통제할 수 있을까? 핵분열 통제가 불가능하다는 생각은 지극히 합리적인 것이었다. 어떤 잔혹동화보다도 참혹했던 대전쟁이 없었더라면 정말 그랬을 것이다.

1933년부터 핵연쇄반응 개념을 떠올렸던 실라드는 '우연하게도' 페르미가 1939년에 오게 될 컬럼비아 대학에서 일하고 있었다. 컬럼비아 대학에 온 페르미는 실라드와 호흡이 잘 맞았다. 페르미는 철학적 사색은 별로 없는 편이지만, 실라드는 철학적 사색을 즐겼고 몽상가적 아이디어맨이었다. 둘은 만났을 때 단점을 잘 보완하며 최고의 궁합을 보여주며 친해졌다. 1939년 1월에 미국에 온 페르미는 바로 다음 달에 핵분열 발견 소식을 들었다. 그 결론은 자신에게 노벨상을 주고 미국에 자리 잡을 수 있게 해줬던 업적이 사실은 잘못된 실험이라는 의미였다. 페르미는 초우라늄 원소를 만들었던 것이 아니라 오토 한보다 먼저 핵분열을 일으켰던 것이고 그것을 전혀 깨닫지 못했었다. 그리고 그 업적으로 노벨상을 받고 미국으로 망명했다. 이 묘한 운명의 장난 때문에 페르미라는 인적자원을 미국이 확보하게 된 것이다. 핵분열 발견 소식을 듣고 실라드는 즉시 몇 년 전 자신의 머리를 스쳤던 아이디어가 가능할지도 모른다고 생각했다. 그리고 컬럼비아 대학 물리학 실험실에서 페르미의 도움을 받아 바로 그 '추가적 중성자 방출'이 일어났음을 함께 확인했다.

하지만 실라드는 이 물리학적 성취에 전혀 기쁘지 않았다. 자신뿐만 아니라 유럽, 특히 독일의 실험실에서 이런 작업들이 진행되고 있을 것이란 생각에 전율했다. 강대국 간의 핵무기 생산경쟁이라는 시나리오를 실라드는 세계 최초로 떠올렸다. 실라드는 핵분열 연구결과를 함부로 공개하면 안 된다는 것을 깨달았다. 뭔가 조치를 취해야 한다고 생각한 실라드는 당연히 먼저 페르미와 상의했다. 하지만 페르미는 연구결과를 '숨겨야' 한다는 말에 처음에는 동의할 수 없었다. 과학의 자유로운 발전보다 더 중요한 가치를 가지는 예외적인 경우가 있을 수 있다는 실라드의 주장에 대해서는 주요 과학자 중 위그너, 텔러, 바이스코프 정도만 동의했다.—이들은 모두 헝가리에서 전체주의 독재를 경험해본 사람들이었다. 그들로서는 히틀러가 원자폭탄을 먼저 가지게 된다는 것은 끔찍한 상상이었다. 독일의 자원과 인력의 열세에도 불구하고 모든 상황이 한 번에 반전되고 전 세계가 그에게 무릎 꿇게 될 것이다. 처음에 실라드는 자신이 가진 여러 네트워크를 통해 과학자들의 자발적 연구중지나 최소한 발표중지를 부탁했다. 1939년 2월 2일에 실라드는 졸리오에게 편지를 보냈다. '우라늄 분해 과정에서 중성자가 둘 이상 방출된다면, 연쇄반응이 분명히 가능하고', 나아가 '특정 정부의 손에 들어가면 아주 위험한 폭탄의 제조로 이어질 것'을 경고했다.[6] 하지만 졸리오는 이 내용을 무시했다. 실라드는 연쇄반응에 관한 연구가 여기저기서 진행되는 것을 자신의 힘으로 막을 수 없음을 느끼자 미국 정부에 이 상황을 알려야 한다고 생각했다. 그래서 실라드와 친구들은 1939년 4월부터 7월까지 미국 정부에 이 사실을 '인상적으로' 전달하는 방법을 고민했다. 하지만 쉽지 않았다. 마음이 맞는 네 명 중에서 위그너만 미국시민권을 겨우 얻은 상황이었다. 그들은 미국인들이 거의 알지 못하는 망명 이민자들이었을 뿐이었다.

아인슈타인의 편지

"재래식 폭약보다 수백, 수천 배 이상으로 강력한 폭탄을 만드는 것

6　1939년 2월이라면 핵분열 발견이 명확해진 지 한 달이 되지 않은 시점이었다. 실라드는 정말 빠르고 정확하게 전체적인 미래예측을 최초로 해낸 사람이다.

이 가능해 보입니다……그것을 처음 사용할 수 있는 국가는 타국보다 상상할 수 없을 만큼의 유리한 고지를 점할 수 있습니다." 1939년 4월 함부르크의 젊은 물리학자 파울 하르텍(Paul Harteck, 1902~1985)은 독일 육군성에 편지를 보냈다. 많은 인력을 잃었지만 독일에는 우라늄의 힘을 알고 이를 자국정부에 알리려는 과학자들이 아직 남아 있었다. 독일육군성은 이 정보에 의미를 두었다. 같은 달에 요아힘스틸 광산의 우라늄 수출이 전면 금지되었다. 1939년 4월 말에는 보어가 '우라늄-235'를 소량 포함한 폭탄을 '저속중성자'로 충돌시키면 엄청난 폭발이 일어날 수 있을 것이라고 공개적으로 밝혔다. 이제 원폭이 더 이상 비밀이 아니게 되었기에 실라드와 동료들은 마음이 바빠졌다. 다행스러운 것은 독일이 원자력 연구를 시작했다는 정보가 흘러온 것이었다. 정확하게는 우라늄에서 연쇄반응 가능성을 독일 정부가 타진해보고 있는 것으로 보이는 정보들이 있었다. 나치가 체코슬로바키아 요아힘스틸 광산의 우라늄 광석을 수출금지 조치했다. 이제 유럽 내에서 독일 이외에 우라늄 채굴이 가능한 나라는 나치와 중립조약을 맺고 있는 벨기에였다. 벨기에는 콩고에 세계최대의 우라늄 광맥을 보유하고 있었다. 이때 실라드는 벨기에 여왕과 안면이 있는 아인슈타인이 나서면 도움이 될 수 있을 것이라는 생각을 떠올렸다. 실라드는 마침 프린스턴대학에 자리 잡아서 아인슈타인과 연락이 닿는 위그너를 통해 약속을 잡았다.

같은 기간 페르미와 함께 실험하던 실라드는 페르미의 핵분열 연구 실험이 물을 감속재로 썼다는 점을 재검토하기 시작했다. 수소는 중성자를 감속시키는 데 가장 효과적이었다. 하지만 수소 자신이 저속중성자를 흡수해서 분열에 이용될 중성자 수를 감소시킨다. 천연우라늄에서 중성자를 충분히 발생시키려면 물보다 중성자를 적게 흡수하는 물질로 감속재를 대체할 필요가 있다고 생각했다. 중성자를 흡수할 확률이 수소보다 훨씬 작고―포획 단면적이 작고―값싸고 안정적인 것은 탄소가 있었다. 탄소덩어리인 물질은 바로 흑연이 있다. 연필심으로 쓰는 아주 값싼 물질이다. 단 탄소는 중성자를 감속시키지만 수소보다는 시간이 훨씬 많이 걸린다. 잘만 설계하면 이 차이는 장점이 될 수도 있을 터였다. 7월 3일 실라드는 페르미에게 편지했다. '탄소가 수소를 훌륭히 대체할 수 있을 것'으로 보인다며, 탄소와 산화우라늄 혼합물을 충분히 확보해 대규모 실험을 하자고 제안했다. 만일 탄소가 부적합한 것으로 판명된다면 다음으로 시도해볼 수 있는 것은 중수였다. 만약 그렇게 되면 너무 귀하고 너무 비싼 중수가 수 톤이나 필요하게 될 것이다. 실라드는 아인슈타인과 함께 루스벨트에게 편지를 쓸 때도 이 연구를 계속 병행했다. 페르미와 연구하면서 실라드는 저속중성자를 얻기 위한 감속재로 우라늄을 감싸는 기본적인 형태를 함께 생각했다. 그리고 결국 페르미는 저속중성자를 얻기 위한 감속재로 흑연을 선택할 수 있었다. 결과를 놓고 돌이켜볼 때 이후 독일과학자들이 '중수'를 감속재로 선택한 것은 큰 패착이었다. 이 순간 실라드와 페르미는 미국의 핵개발 속도를 극적으로 앞당기는 선택을 한 것이었다.

1939년 7월에 실라드와 위그너는 롱아일랜드 휴가지의 아인슈타인을 찾아갔다.[7] 아인슈타인은 실라드의 설명을 차분히 들은 뒤 상황의

---

7   하지만 불행히도 그들은 아인슈타인의 주소를 잘못 알고 있었다. 한참을 비슷한 주소지를 수소문하며 헤매다 그들은 아인슈타인이 유명인이라 어디 있는지 물어보면 사람들이 혹시 알지도 모른다고 생각했다. 그리고 일곱 살쯤 되어 보이는 어린아이에게 처음 질문하자마자 그들은 아인슈타인의 집을 즉시 찾을 수 있었다.

실라드와 아인슈타인
미국이 원자폭탄을 개발해야 한다고 조언한 유명한 아인슈타인의 편지는 실라드의 노력으로 만들어졌다. 이 사진은 전후에 기록영화를 만들기 위해 두 사람을 다시 불러 연출한 장면이다.

중요성을 즉시 인식했다. 기꺼이 도울 것이며 필요한 위험도 불사하겠다는 말까지 했다. 그리고 미국무부와 벨기에 정부에 동시에 편지를 보내기로 했다. 실라드는 비공식적인 경로로 루스벨트 대통령에게 편지를 전할 수 있는 인편도 알아냈다. 그래서 국무부로 편지를 보내기로 했던 계획을 수정해 백악관으로 바로 편지를 보내기로 했다. 그리고 이 편지에는 처음 아인슈타인과 협의했던 벨기에령 콩고의 우라늄 통제 문제보다 더 나아간 제안이 추가되었다. 원자무기 연구를 지원해야 한다는 부분이었다. "원자폭탄을 독일보다 선제 개발해야 한다."는 목표가 이 순간 제시된 것이다. 루스벨트 대통령을 수신인으로 하는 1939년 8월 2일자 '아인슈타인의 편지'가 '실라드와 위그너의 설득으로' 만들어졌다. 편지는 '페르미와 실라드의 최근 연구로 볼 때' 곧 우라늄이 새롭고 중요한 에너지원이 될 것이며, 필요한 경우 '신속한 행정조치'가 취해져야 한다고 했다. 최근 4개월간 졸리오, 페르미, 실라드 등의 연구결과에 의하면 '대규모 우라늄으로 핵연쇄반응을 일으키는 것이 가능'하고, 그것으로 '엄청난 에너지를 만들 수 있으며', 더구나 '빠른 시일 내에 실현될 수 있다'고 명시했다. 또 이것이 '폭탄제조로 이어진다면 극단적인 파괴력'을 가지게 될 것이라는 서늘한 문구가 이어진다. 제2차 세계대전 발발 불과 한 달 전 만들어진 운명의 편지였다.[8]

8월 2일 실라드는 완성된 편지를 가지고 이번에는 텔러와 함께 아인슈타인에게 갔고 그의 사인을 받았다. 하지만 그 편지 내용이 완성된 과정에 대해서는 두 가지 주장이 있다. 아인슈타인은 자신이 완성된 편지에 서명만 했다고 평생 동안 몇 번이고 강조했다. "나는 정말 우편함 역할만 했다." "독일이 원자폭탄을 만들지 못할 것을 알았더라면 나는 손가락 하나 까딱하지 않았을 것이다." 전기 작가에게조차 이 말을 계속 강조한 것은 아인슈타인이 이 편지에 대한 부채의식이 얼마나 컸는지를 잘 보여준다. 하지만 실라드는 '아인슈타인이 구술한 편지 내용을 바탕으로' 자신이 최종안을 만들었다고 했다. 어느 것이 사실인지는 아무도 모른다.[9] 아인슈타인은 당시 미국정부가 자국의 안전이 심각하게 위협받는 경우에만 그 무기를 사용할 것으로 믿었다. 그런데 후일 이미 항복 직전에 있는 일본에 원폭이 투하되었을 때 자신과 과학자들이 모

---

8 물론 정말 운명의 편지였는지도 다툼의 여지가 있다. 정말 이 편지만으로 미국이 원폭개발을 서둘렀을 것이며, 이 편지가 없었다고 원폭개발을 시작하지 않았을까? 학자들에 따라 다양한 판단이 있을 만한 부분이다.

9 이 편지의 초안은 아인슈타인이 영어가 서툴러 독일어로 구술했고, 텔러가 이를 받아 적었으며, 영어 번역 후 편지 발송까지는 모두 실라드가 했다는 점에서 좀 더 생각할 부분이 있다.

두 속았다고 느꼈고 두고두고 죄책감을 가졌다. 사실 그들 모두가 정말 속았던 것은 독일의 원폭제조라는 스토리가 환상에 불과한 것이었다는 점일 것이다. 원폭뿐만 아니라 독일이 획기적인 신무기에 관심을 제대로 기울인 것은 전황이 불리해진 1942년경부터였다. 하지만 '중립국' 미국은 이미 1939년경부터 잠재 적국인 독일을 어떻게 상대해야 할지 빠르게 연구해가고 있었다. 어쨌든 이후의 전개를 보면 실라드는 아인슈타인의 후광을 이용해야겠다는 목표를 어느 정도는 이루었던 것 같다.

1939년 독일의 우라늄 연구

9월 1일 전쟁이 시작되고 독일군은 불과 한 달 만에 폴란드를 소련과 분할 점령했다. 바로 그 시기 독일 육군성은 핵분열 연구를 자신들 관할하에 통합시켰다. 한스 가이거나 오토 한까지 불러 모은 9월 16일의 베를린 회의에서 독일정보기관은 외국에서 우라늄 연구 활동을 탐지했다는 소식을 듣는다. 양측은 이렇게 서로를 두려워했기 때문에 핵분열 연구를 시작했다. 그리고 특히 저속중성자에 의해 우라늄-235의 핵분열이 일어날 수 있다는 것에 대해 토의했다. 이때 오토 한은 보어처럼 우라늄-235를 천연우라늄에서 분리하는 것은 불가능에 가깝다고 지적했다. 보어가 사람들에게 말한 것과 오토 한이 독일군에게 얘기한 내용은 사실 똑같았다. 그들의 상상력으로는 그렇게 말도 안 되게 큰 시설을 짓는 것이 불가능하다고 본 것이다. 독일은 이것을 합리적인 생각으로 받아들였고, 미국은 그 말도 안 되게 큰 시설을 지어버렸다는 점에서 달랐다. 뒤이어 하이젠베르크의 의견을 들어보자는 제안이 나

1939년 9월 바르샤바 공방전
폴란드가 점령당하던 1939년 9월 한 달 사이 원자에너지 개발에 대한 각국의 시계도 빨라지고 있었다. 이때까지 독일과 미국에서 과학자들은 거의 비슷한 수준의 생각을 하고 있었다.

왔다. 하이젠베르크도 불려온 9월 26일의 회의에서 4월에 적극적으로 폭탄개발의 필요성을 주장하는 편지를 육군에 보냈던 하르텍은 방금 완성된 중요한 논문을 가지고 회의에 참석했다. 그 논문은 7월에 실라드와 페르미가 우라늄과 감속재를 서로 다른 층으로 교차하며 배치해야 한다고 제안했던 생각과 같은 내용이었다. 양쪽 모두 아직까지는 우라늄-235의 농축보다는 천연우라늄을 사용한 폭발을 생각하고 있었다는 점도 비슷했다. 이때까지 양대 세력의 과학자들은 거의 동기화된 수준으로 비슷한 생각들을 하고 있었다. 어쩌면 당연한 것이 사실 그들 모두 같은 공간에서 배웠던 사람들이었다. 나치가 어리석게 쫓아내지 않았다면 그들은 모두 독일의 영향력하에 있었을 인력들이었다. 단 하나의 차이점이 있었다. 실라드의 고민과 다르게 하르텍은 중수가 얼마나 귀한 물질인지 잘 알고 있었음에도 처음부터 감속재로 중수를 사용할 계획이었다. 전반적 상황에서 독일 원폭개발의 시작은 상대적으로 낙관적인 편이었다. 그리고 갑자기 독일은 '중수 확보'가 중요해졌다.

1939년 독일 바깥의 우라늄 연구

1939년 5월에 졸리오의 동료인 프랑스의 패랭(Francis Perrin, 1901~1992)이 파리에서 우라늄 임계질량, 즉 연쇄반응을 지속하는 데 필요한 최소 질량을 계산하는 공식을 발표했다. 즉 원자폭탄이 될 수 있는 우라늄의 최소량을 계산한 것이다. 패랭은 천연우라늄의 충돌, 포획, 분열 단면적을 고려한 복잡한 계산에서 임계질량은 44톤이라고 결론 내렸다. 우라늄 주위를 철이나 납으로 막아 중성자가 빠져나가지 못하도록 반사시키면 임계질량은 13톤까지 감소될 수 있었다. 이 정도 크

제임스 채드윅
캐번디시 연구소 부소장. 중성자의 발견
자. 1935년도 노벨 물리학상 수상자에
이어 이제 채드윅은 영국 원자폭탄 연
구의 총책임자 역할까지 맡게 되었다.

기의 폭탄이라면 어떤 비행기에도 실을 수
없을 것이다. 아마 큰 배 하나가 폭탄이 되어
야 할 텐데 만들어진다 해도 무사히 목표물
까지 그 배가 가 닿을 수 있을지는 의문이었
다. 1939년 10월이 되자 미국에서 우라늄 폭
탄을 상상하던 과학자들은 천연우라늄을 고
속중성자로 충돌시키는 방법은 폭탄의 크기
도 너무 커지고 여러 이유로 사실상 불가능
할 것이라는 평가에 이르렀다. 그렇다면 우
라늄-235를 '분리농축'해서 '저속중성자'로
충돌시키는 방법을 사용해야 한다. 생각은
여기까지 진전되었고 대통령과 정부기관, 군부도 상황은 인지했지만
아직까지는 정말 폭탄이 가능하다고 믿는 사람은 별로 없었다. 아주 긴
시간 동안 원자폭탄은 탁상공론 속 상상의 폭탄이었다.

1939년 9월 3일, 채드윅은 가족과 스웨덴 북부에서 휴가여행을 하
고 있었다. 그만큼 전쟁은 갑작스러웠다. 농부가 라디오에서 듣고 전쟁
발발 소식을 전해주었다. 그는 포로수용소 생활로 보낸 몇 년간의 1차
대전을 떠올리며 정신이 아득했을 것이다. 혼비백산해서 즉시 짐을 꾸
려 스톡홀름으로 갔지만 런던행 비행기는 모두 취소되어 있었다. 어렵
게 네덜란드행 항공편을 구했고, 네덜란드에 가서는 낡은 여객선으로
간신히 영국으로 돌아왔다. 곧 전쟁으로 모든 상황이 바뀌었다. 전쟁의
승리와 관련될 수 있는 어떤 과학기술적 지식이라도 성공확률과 상관
없이 집중적인 관심을 받았다. 한때 '러더퍼드의 오른팔'이었던 채드윅
은 곧 영국 원자폭탄 계획 전반의 책임자 역할을 맡았다.

3

1940년: 구대륙의 난파

1940년의 세계—프랑스의 패배

1940년 봄이 되자 독일은 영·프 연합군이 예상 못한 지역으로 전쟁을 확전시켰다. 4월에 덴마크와 노르웨이를 기습 점령한 것이다. 독일은 이번에도 공수부대 투입이라는 인상적인 방법을 사용해 노르웨이의 주요 목표들을 점령했다. 하지만 아직은 가장 위협적인 프랑스가 남아 있었다. 1940년 5월, 아르덴 삼림지대에 숨어 있던 거대한 규모의 독일기갑부대가 프랑스군의 마지노선을 우회해서 연합군의 후방으로 기습해 들어갔다. 독일의 구데리안 대장의 이 호쾌한 공격으로 포위당한 프랑스군은 몇 주 만에 붕괴됐다. 1차 세계대전에서 4년 동안이나 독일군이 시도했던 것이었지만 결국 실패했던 일이다. 영국원정군 총사령관 앨런 브루크는 "이제 기적만이 영국원정군을 구할 수 있다……의심의 여지없이 그들(독일군)은 가장 경이로운 군대다."라고 5월 23일

1940년 프랑스에서의 독일군 전격전(위), 파리에 진주하는 독일군(아래)

4월에 덴마크와 노르웨이를 평정한 독일은 5월 10일 '가짜전쟁'을 끝내고 본격적으로 서부전선에서 진격을 개시했다. 프랑스 침공의 준비단계로 77개 사단을 벨기에, 네덜란드, 룩셈부르크로 진격시켰다. 영국과 프랑스 연합군과 독일군의 병력은 비등했지만 전술과 사기 면에서 독일이 앞섰다. 그리고 곧 효과가 나타났다. 뒤이어 아르덴 숲에서 독일군은 역사상 최대 규모의 전차부대를 동원해 기습했고 전방의 연합군 병력 전체가 포위되어버렸다. 덩케르크에서 철수한 33만 명의 병사들을 제외하면 서부전선의 모든 연합군 병력이 무너졌다. 독일 최고의 라이벌 프랑스가 6월 22일 항복할 때까지 두 달이 채 걸리지 않았다.

의 일기에 기록했다. 5월 28일에 벨기에가 항복했고, 6월 4일에는 덩케르크 철수로 알려진 다이나모 작전이 진행됐다. 33만 8천 명이라는 엄청난 병력이 탈출했다. 작전 자체로서는 큰 성공이었지만 이는 역설적으로 연합군이 입은 끔찍한 타격의 강도를 보여주는 것이기도 했다.

프랑스가 그렇게 손쉽게 무너질 줄은 아무도 예상하지 못했다. "이제 우리는 홀로 독일에 대항하고 있습니다." 6월 10일 처칠은 각료들에게 침통하게 말했다. 잔존 프랑스군은 결국 항복했다. 그리고 처칠은 곧 가장 유명한 그의 대국민 연설을 한다. "우리는 끝까지 싸울 것입니다……해안에서, 상륙지에서, 들판에서, 도시에서, 언덕에서 싸울 것입니다. 우리는 결코 항복하지 않을 것입니다."[10] 실제 영국은 이후 1년여 기간 동안 홀로 전 유럽을 점령한 독일과 맞섰다. 전투개시 6주 만인 6월 22일에 프랑스는 공식 항복했다. 항복조건은 가혹했다. 파리와 북부의 모든 해안을 포함하는 전 국토의 60%를 독일군이 직접 통치하고 프랑스 정부는 남부의 도시 비시를 수도로 애처롭게 명맥을 유지해야 했다. 프랑스군은 10만 명으로 제한되었다.[11]

1940년 가을에 홀로 남은 영국은 독일의 11주에 걸친 연속 폭격에 시달렸다.[12] 공군사령관 헤르만 괴링이 공군력만으로 영국을 무릎 꿇

---

10 처칠은 언론 인터뷰에서는 한 술 더 떠서 최악의 상황이 오면 영국 해군과 공군은 캐나다로 옮겨 전쟁을 계속할 것이라고까지 얘기했다. 현실성 없어 보이는 얘기였지만 최소한 처칠의 각오는 충분히 전달되었다.

11 1차 대전 종전 시 독일에 강요된 것과 같은 병력수다. 독일은 항복 조인식도 1차 대전 때와 똑같은 장소, 똑같은 열차에서 진행할 것을 요구했다. 프랑스는 박물관에 전시되어 있던 독일의 항복 조인식이 열렸던 열차를 꺼내 와야 했다. 히틀러는 조인식 뒤 열차를 폭파시키라고 명령했다. 독일은 이 전쟁이 1차 대전의 복수임을 숨기지 않았다.

12 독일의 영국 폭격은 최악의 기간이었다. 이 폭격은 77일 동안 날씨가 나빴던 하루를 제외하고 76일간 계속되었다. 이 가장 치열했던 기간을 포함하는 1940년 9월 7일에서 1941년 5월 21일 사이 독일의 영국 대공습 기간을 버텨낸 영국은 이 기간을 'The Blitz'라고 부른다.

영국 항공전에 투입된 독일 폭격기들(왼쪽)과 처칠(오른쪽)
"인류 역사상 이렇게 많은 사람들이, 이토록 적은 사람들에게, 이렇게 큰 신세를 진 것은 처음이다." 처칠은 독일
공군을 물리친 영국공군 조종사들을 찬양하며 이런 말을 남겼다. 승승장구하던 나치 독일이 영국을 남겨둔 것은
결국 패전의 씨앗이 되었다. 이후 영국은 독일폭격을 위한 항공요새가 되었고, 대규모 유럽 상륙작전을 위한 병참
기지 역할을 수행했다. 영국은 세계 최강국의 지위를 미국에 넘겨주고라도 독일을 무너뜨리는 쪽을 선택했다.

릴 수 있다고 호언장담했기 때문에 시작된 작전이었다. 독일의 공군력
이 영국을 세 배로 압도했기 때문에 가능성이 있어 보였다. 어느 정도
영국공군을 괴멸시켰다고 본 독일은 특히 9월 7일부터는 56일간에 걸
친 런던 연속폭격을 감행했다. 수도폭격으로 영국인들의 사기가 저하
되기를 기대한 것이지만 이 런던을 포함한 대도시 폭격은 오히려 영국
공군에 공군력 재건의 기회를 주었다. 용맹한 조종사들과 레이더에 의
한 방공시스템의 적극적 활용으로 독일공군은 큰 피해를 입고 결국 작
전을 중지했다. 영국은 만신창이가 되었지만 독일은 영국을 무릎 꿇리
지 못했다. 프랑스의 패배 이후 전 유럽을 석권한 독일에 대해 영국은
이후 1년 가까운 시간 동안 홀로 버티며 저항을 계속했다.

1940년 영국의 보른

보른은 아인슈타인에게 보내는 1940년 4월 10일자 편지를 처음으로 영어로 써서 보냈다. 그리고 앞으로 영어로 편지를 쓰자고 제안했다. 덴마크와 노르웨이까지 독일에게 방금 침략당한 시점이었다. 이 두 독일 출신 유대인들은 이제 영어권 국가의 국민임을 받아들인 모양이다. 독일에서 나고 자란 두 사람이 환갑이 되어 타국에서 영어로 편지를 주고받는 사이가 되어버렸다. 보른은 1년 전에 보어가 영국왕립학회 훈장을 받기 위해 영국에 왔었고, 자신이 있는 에든버러에도 들러 강연을 했다고 전했다. 당시 보어는 곧 닥칠 전쟁에 영국인들이 보이는 무관심에 큰 충격을 받았고 만나는 모든 사람에게 경고하려고 했다. 그는 자신과 자신의 조국 덴마크가 영국보다 훨씬 큰 위험에 처할 것을 내다보고 있었다. "결국 그가 옳았습니다."라면서도 아직 보른은 영국과 프랑스만큼은 모두 강력하고 내부적으로 안정되어 있다고 생각했다. 순식간에 무너진 프랑스와 그해 말까지 진행된 독일의 팽창은 보른에게는 큰 충격이었을 것이다.

이때 보른은 후에 '원폭의 비밀을 소련에 넘긴 스파이'로 역사에 이름을 남길 클라우스 푹스의 스승이 되었다. 보른의 편지에서는 푹스와 공동연구 흔적들이 여기저기 발견된다. 자신들의 주요 관심이 '상보성' 연구에 집중되어 있다면서, "푹스와 저는 이 연구에서 진척을 이뤄냈는데, 극도로 비판적인 파울리도 '선생님이 올바른 길을 가고 있다고 생각합니다.'라는 편지를 보내왔습니다."라며 짐짓 자랑한다. 이처럼 보른은 매번 이 책에 등장하는 중요 사건들의 '근처'에 있었다. 또 보른에게는 정기적으로 슈뢰딩거의 편지도 오고 있었다.—후일 보른은 이 시기 받았던 슈뢰딩거의 편지들을 1954년 독일로 올 때 버렸던 것을 못내 아쉬워했다. 보른은 1940년 여름에 슈뢰딩거가 망명해 있는 더블린을 방문하고 싶다고 했다. 또 폰 노이만이 영국에 와 있고 다음 주에는 자신을 방문할 예정이라고도 알렸다. 유럽과학계는 난파된 배였으나 아직은 가느다란 과거 인연의 선들로 애처롭고 아슬아슬하게 동작하고 있었다.

프리시와 파이얼스의 작업

오토 프리시는 1939년 초까지만 해도 코펜하겐 연구소에 있으면서 스웨덴에 있는 이모 리제 마이트너에게 휴가를 갔었다. 그리고 이모와 함께 핵분열을 떠올렸었다. 하지만 전쟁이 발발하자 현명하게도 안전한 영국으로 이동했다. 탁월한 선택이었다. 1940년 4월이 되면 코펜하겐도 독일의 수중에 들어갔기 때문이다. '가짜전쟁' 기간이던 1940년 2월, 영국에 자리 잡은 프리시는 자신이 이모와 함께 알아낸 우라늄 연쇄반응에 대해 다시 한 번 생각을 정리했다. 우라늄-238, 즉 천연우라늄은 저속중성자로는 분열되지 않는다. 고속중성자를 사용해야 하는데 그 경우에는 앞선 계산들처럼 배에 실어야 하는 너무 크고 비효율적인 폭탄이 된다. 우라늄-235는 저속중성자로 분열되지만 반응속도가 너무 느려 전력생산에나 적합하지 역시 폭탄으로 동작할 것 같지는 않았다. 그렇다면 우라늄-235를 고속중성자로 분열시키는 것은 어떨까? 이 마지막 방법은 지금까지 아무도 생각해보지 않은 것이었다. 프리시는 동료인 루돌프 파이얼스(Rudolf Ernst Peierls, 1907~1995)와 상의하며 이 계산을 진행했다. 그 결과 놀랍게도 폭발에 필요한 임계질량이 극적

프리시와 파이얼스
이모 마이트너와 함께 핵분열을 떠올렸던 프리시는 이후 원폭개발과정에 직접적으로 관여했다. 1940년 파이얼스와 함께 생각한 아래쪽의 기본개념은 고속중성자로 우라늄−235를 타격하는 원폭의 표준형태를 결정했다.

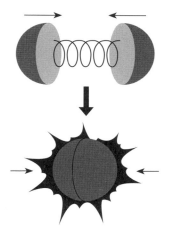

1940년 프리시와 파이얼스의 원폭 개념도
스프링으로 당겨져 떨어져 있던 두 개의 반구가 합쳐지면 핵분열이 일어나는 모습을 가정했다. 아직은 동화적인 아이디어 수준이지만 원폭의 기본개념은 모두 들어가 있다. 남아 있는 공학적인 현실화 작업은 인력과 돈이 집중되면 그리 오래 걸리지 않는다.

으로 줄어든다는 것을 발견했다. 톤 단위가 아니라 몇 킬로그램 정도면 될 것 같았다. 이렇게 작은 양이 과연 폭발할지 아니면 타다가 말 것인가 고민되었다. 핵물질이 기화해 팽창하면 핵분열은 멈춘다. 핵물질이 좁은 영역에 모여 있을 때 연쇄반응이 충분히 빠르게 진행되어야만 폭발은 가능하다. 저속중성자로 계산하면 1000분의 몇 초 정도가 필요했었다. 하지만 고속중성자를 쓰면 약 '100만분의 4초'면 충분했다. 이 정도 시간 동안만 핵물질을 붙잡아두면 되는 것이다. 그렇다면 불과 몇 킬로그램짜리 원자폭탄이 가능해 보였다. 그렇다면 그것이 충분히 파괴적일까? 신중히 계산한 결과로는 완전히 반응하기만 하면 프리시와 파이얼스가 모두 놀랐을 정도로 파괴력이 컸다. 그럼 이제 이 정도 양의 우라늄-235를 천연우라늄에서 분리 가능할 것이며 어느 정도의 시설이 필요할 것인가? 분리관 10만 개를 사용하면 상당한 순도의 우라늄-235를 몇 주 만에 분리 가능할 것 같았다. 두 사람은 마주 보며 결국 원자폭탄이 가능하다는 것을 깨달았다. "이런 공장은 전쟁의 비용에 비하면 아무것도 아니다." 프리시가 말했다. 불과 몇 년 전까지만 해도 독일 함부르크에 있던 '유대인' 학자에 의해 다음 단계의 요술램프가 영국에서 열려버렸다.[13]

프리시와 파이얼스는 흥분 속에 두 개의 글로 자신들의 생각을 나누어 정리했다. 이 문서는 〈프리시-파이얼스 보고서(Frisch – Peierls memorandum)〉라고 불린다. 1부는 「슈퍼 폭탄의 제작에 관하여—우라늄의 연쇄반응에 근거하여」였다. 이 글에서 프리시는 5킬로그램 정도의 우라늄 구를 두 부분으로 나누어놓았다가 폭발을 원할 때 이를 합치는 단순한 방법을 설명했다. 여기서 이들은 두 반구를 합치는 방법으로 스프링을 사용하는 것을 생각했다. 아직은 순진한 생각들도 함께 혼재되어 있었다. 하지만 이 두 부분을 합치는 과정이 아주 빨리 수행되어야 하고 그렇지 않으면 연쇄반응이 제대로 일어나기 전에 핵연료들이

---

13   덧붙여 파이얼스도 유대인이다. 히틀러 집권시 영국에 유학해 있던 파이얼스는 그대로 영국에 자리 잡았다가 프리시와 만난 것이다.

흩어져버릴 것임을 뚜렷이 언급했다. 또 폭발에 의해 생성되는 에너지의 1/5은 방사선이고, 폭발 후 오랜 기간 생명체들에 치명적 영향을 줄 수 있으며, 이 무기에 대한 방호는 사실상 불가능하다는 것까지 모두 언급되었다. 2부는 「방사성 슈퍼 폭탄의 성질에 대한 비망록」이다. 과학자가 아닌 사람들에게 제시할 목적으로 쓴 비기술적 문건이다. 1부가 설계와 제작에 관한 것이었다면 2부는 보유와 사용에 대한 전략적 문제를 다뤘다. 역시 1부처럼 천진함과 비범함이 혼재된 결론을 도출한다. 결론을 간단히 요약하면 다음과 같다. "슈퍼 폭탄은 매혹적인 무기며, 이 폭탄의 폭발에 저항 가능한 물질이나 구조는 없다. 방사능 확산 때문에 이 무기의 사용은 수많은 민간인들의 살상을 피할 수 없다. 그래서 미국이 무기로 사용하기에는 적합하지 않다. 하지만 독일도 이 무기를 개발하고 있을 것이다. 그래서 유사한 무기를 보유하여 위협에 대응하는 방법밖에 없다." 대량살상무기로서 핵무기의 특성과 상호 보유에 의한 억지효과를 언급했다. 프리시와 파이얼스는 미국이 혁신적 무기를 손에 넣고도 쓰지 않을 나라일 것이라고 굳게 믿고 있었던 것 같다. 그리고 독일은 반드시 이 연구를 시작할 것으로 생각했다. 사실 이것은 연합국의 원폭개발에 참여한 모든 인물들의 한결같은 원폭연구 참여 이유이기도 했다. 그만큼 '독일과학'은 모두에게 강한 인상을 미치고 있었다.

졸리오의 활약, 중수를 지켜내다

독일의 프랑스 침공이 시작된 1940년 6월, 전 세계에서 가장 많은 산화우라늄을 보유한 국가는 어디였을까? 의외로 느껴질 수 있지만 프랑스였다. 그 당시 유럽에서 생산된 중수 전체를 보유하고 있었던 국가는 어디였을까? 역시 프랑스였다. 이 결과에는 졸리오의 눈부신 활약이 개입되어 있었다. 전쟁의 시작시점에 이렌과 이브가 느낀 공포는 컸다. 처음 공격당한 나라가 바로 어머니의 고국 폴란드였기 때문이다. 그리고 소련이 독일과 폴란드를 분할 점령하자 이렌은 공산당에 대한 신뢰가 큰 불신으로 바뀌었다. 졸리오는 여전히 소련이 그나마 세계를 긍정적인 방향으로 이끌어줄 것이라 기대했다. 이때부터 이렌과 졸리오 부부는 거리감이 생겼다. 이 시기 졸리오의 핵연구 관련 보고서는 국가기밀이 되었다. 이후 프랑스는 곧 패배했고 프랑스는 4년간 관련 후속 연구가 불가능했다. 전후 졸리오가 작성한 보고서들의 수준이 연합군에 알려졌을 때 전쟁이 방해하지 않았다면 최초의 핵연쇄반응은 프랑스에서 실현되었을 것으로 판단되었다. 그만큼 졸리오는 앞서 있었다. 상상력에서는 뒤처지는 편이었지만 가능성이 명확해졌을 때면 퀴리 가는 언제나 앞서갔다.

1940년 2월 프랑스 군수장관은 군첩보부로부터 독일이 노르웨이에 있는 세계유일의 중수생산업체 노르스크 히드로(Norsk Hydro, 이하 노르스크로 표기)로부터 중수 5톤을 구입하려 한다는 첩보를 들었다. 독일이 중수의 용도를 알리지 않자 노르웨이 측은 의심스러워하는 중이었다. 그런데 바로 그 시점에 졸리오가 핵연구에 쓸 감속재가 필요하니 중수를 구입할 수 있게 해달라는 요구를 군수장관에게 전했다. 이 졸리오의 요구를 듣고서야 프랑스 측은 노르웨이에서 진행 중인 상황의 중대성을 알게 됐다. 독일의 노르웨이 침공이 임박한 듯했기에 군수장관과 졸리오는 빠르게 행동했다. 프랑스 수상의 중수대금 지불약속 편지를 지참하고 첩보원들이 노르웨이로 급파됐다. 첩보장교에게 졸리오는 카드뭄이 든 시험관을 주며 중수 운반 중 독일 측에 체포될 위기에 처하면 중수에 섞으라고 했다. 중수를 무용지물로 만들기 위한 방법이었다.

다행히 노르스크 사 대표는 민주국가들을 지지하던 인물이었고 그는 회사가 생산한 중수 전량을 프랑스에 제공하며 돈은 종전 후에 갚으라고 했다.[14] 3월 9일에 중수 185킬로그램을 26개의 통에 나누어 싣고 영국을 경유해 가져오는 위험한 수송 작전이 펼쳐졌다. 그렇게 1940년 3월 중순이 되면 사실상 '전 세계의 모든 중수'가 졸리오의 창고에 저장되었다. 그리고 1940년 4월에 독일군의 서부전선 공격이 시작되었다. 4월 9일 독일은 노르웨이와 덴마크를 침공했다. 수도 코펜하겐에 직접 특공작전을 펼친 독일군에 의해 덴마크는 5시간(!) 만에 항복했고, 노르웨이의 제대로 된 방어전투는 일주일을 넘기지 못했다. 간발의 차이로 당시까지 지구가 보유한 모든 중수가 프랑스로, 그리고 졸리오의 품에 넘어왔다. 4월에 노르웨이 전역을 확보한 독일은 5월 10일, 중립을 보호한다는 기만적 명분하에 네덜란드를 침공했다. 같은 날 처칠은 수상이 됐다. 네덜란드는 5일을 버텼다. 독일군은 5월 14일 벨기에를 침공하며 파죽지세로 진격해왔다. 5월 16일에 군수장관은 상황의 급박함을 느끼고 졸리오에게 중수를 숨기라고 지시한다. 졸리오의 연구팀은 권총 한 정으로 무장한 채 트럭 한 대에 모든 중수를 싣고 그날 밤 남쪽으로 달렸다. 지구상에 존재하는 '거의 모든' 중수들은 프랑

14 　프랑스는 본래 노르웨이의 중수 절반을 사오려고 했었다. 하지만 자초지종을 들은 노르스크 사측은 나머지 중수 전체를 돈도 받지 않고 모두 프랑스에 제공했다. 당시 노르스크 사 대표는 만약 프랑스가 지면 자신은 총살당하겠지만 이런 일을 할 수 있어 영광이라고 말했다. 프랑스 첩보원은 전쟁 후 핵에너지가 세계경제를 재편하게 되면 당신의 회사는 더 큰 보상을 얻을 것이라 약속했다. 실제 프랑스는 종전 후 중수 대금을 후하게 지불했다.

스 남부 은행의 지하저장고를 거쳐 리옹의 여자형무소 감방으로 옮겨졌다. 이후 전황은 최악의 급박함으로 진행되었다. 졸리오가 전쟁 초기 취한 조치들은 독일의 초기 원폭연구를 지연시키는 데 중요한 역할을 했다.[15]

졸리오의 선택, 프랑스에 남다

만신창이가 된 영국군이 가까스로 영국으로 탈출한 덩케르크 철수작전이 끝나자 누가 봐도 프랑스의 패배는 명확해 보였다. 6월 10일에 졸리오와 이렌은 거의 마지막 철수행렬에 끼여 핵실험과 관련된 모든 서류를 소각하고 파리를 떠나 남부로 중수를 향해 떠났다. 6월 12일에 독일군은 파리에 입성했다. 이브는 이 시기 영국으로 탈출했다. 6월에 프랑스가 항복하자 졸리오에게 고민의 시간이 지나갔다. 프랑스 남부에서 중수의 미래를 걱정하며 연구원들과 나눈 대화에서 졸리오는 소름끼치도록 정확한 예언을 남겼다. 독일은 '필요하다고 생각하는 곳에만 주둔'할 것이고, 점령한 해안 쪽에서 영국에 대한 공습을 시도하겠지만, '공습으로 영국을 제압하려는 시도는 실패할 것'이다. 그렇다면 해상공격(영국상륙작전)도 불가능하고 얼마간 영국은 홀로 저항해야 하겠지만 곧 '미국과 러시아가 참전'하고, 결국 '독일은 몇 년 정도 버티

---

15 프랑스 정부는 이때 졸리오가 핵폭탄을 만들기를 원했다고 한다. 프랑스는 원자폭탄 실험을 위해 사하라 사막 땅 일부의 임대협상까지 진행했었다. 전쟁 초반에 패전하지 않았다면 프랑스는 세계에서 가장 빨리 원폭 프로젝트를 진행시켰을지도 모른다. 1940년 당시 원폭제조에 이용될 수 있을 만한 중수 분량을 확보한 것은 프랑스가 유일했었다는 이 사실은 많이 알려져 있지 않다.

다가 패배할 것'까지 내다보았다. 그렇다면 그 기간을 어떻게 보낼 것인가? 졸리오의 목표도 명확했다. 영국으로 탈출하는 방법도 있었지만 졸리오는 프랑스에 남는 쪽을 선택했다. 그리고 4년여의 긴 독일 점령 기간을 버티며 자신과 가족과 핵실험 장비와 프랑스의 명예까지 모두 지켜내는 데 성공하게 된다.

1940년 6월 21일, 영국 석탄선 브룸파크 호는 프랑스 보르도를 출발한 지 36시간 만에 팰머스 항에 도착했다. 다른 호송선 한 대는 독일군 수뢰에 격침됐다. 브룸파크 호에는 졸리오가 실어 보낸 중수 26통이 실려 있었다. 프랑스의 중수 모두를 배편으로 영국으로 보내는 데 성공한 뒤, 8월에 졸리오는 가족은 남부에 남겨두고 홀로 독일군이 점령한 파리에 돌아갔다. 그리고 9월에 자신의 실험실에 복귀했다. 독일군의 에리히 슈만 장군이 졸리오를 찾아와 위협 대신 유화책을 사용했다. 슈만은 졸리오의 천재성을 칭찬한 뒤 중수와 우라늄의 행방을 물었다. 졸리오는 중수는 보르도에 있는 영국 배에 실렸다고 담담하게 대답했다. 하지만 영특하게 침몰한 엉뚱한 선박이름을 댔다. 우라늄은 군수국에서 자신이 모르고 있는 장소에 숨겼다고 했다. 중수를 실은 배 이름을 제외하면 나머지는 모두 사실이기도 했다. 독일군은 믿는 눈치였다. 이후 졸리오는 독일군과 협상을 벌였다. 먼저 프랑스의 사이클로트론을 독일인들이 사용할 수 있도록 했다. 독일은 일방적으로 장비를 독일로 빼앗아갈 힘이 있었기에 졸리오로서는 적절한 전략적 유화책을 쓴 셈이었다. 그렇게 졸리오는 전쟁기간 동안 자기 실험실 전반의 통제권을 유지할 수 있었다. 독일로서는 유명인을 정중히 대접하며 자신들의 협력자로 포섭해두려는 유화책을 선택했었기 때문에 가능했던 일이다. 어느 정도 안전이 확보되자 9월에는 이렌과 가족들도 파리로 돌아왔다. 하지만 이런 행동은 졸리오 개인으로서는 위험한 줄타기였다. 곧 졸리오가 나치에 협력하고 있다는 소문이 퍼졌다.

정리해보면 졸리오는 1940년까지 '지구에서 생산된 중수 전체'를 전쟁기간 내내 한 방울도 독일의 손에 들어가지 않게 지켜냈고, 사이클로트론을 포함한 프랑스의 핵 관련 실험설비들 또한 자신의 통제권 안에 두는 데도 성공했다. 만약 졸리오가 영국으로 떠났다면 독일은 이 장비 전체를 독일로 옮겨 전시 원자핵연구에 이용했을 것이다. 당시 사이클로트론은 미국과 영국에는 있었지만 유럽대륙 내에는 졸리오의 것이 유일했다는 점에서 더 큰 의미를 가진다.[16] 졸리오는 엄청난 일을 해냈고 여러 방면에서 2차 대전의 방향에 영향을 미쳤다.

보어의 선택, 덴마크에 남다

1940년 4월 보어는 노르웨이에 가서 강연을 했다. 4월 8일 저녁을 노르웨이 국왕과 함께했는데 모두가 임박한 독일의 침공을 느끼며 우울한 분위기였다. 보어는 코펜하겐행 페리를 타고 돌아오는 길에서 독일이 노르웨이와 덴마크를 동시 침공했다는 소식을 듣게 되었다. 4월 9일 새벽 4시 덴마크 외무장관은 덴마크 주재 독일대사의 전화를 받았다. "대단히 유감스럽지만, 지금 막 우리 독일군이 국경을 넘었다는 사실을 알려드립니다. 이것은 조만간 개시될 영불 연합군의 침공으로부터 덴마크를 지켜드리기 위한 독일의 우정 어린 조치라는 것을 명심해주셨으면 합니다." 뒤이어 독일군은 석탄운반선에 2000명의 병력을 숨

---

16 물론 후일 알려졌지만 일본의 니시나도 성능 좋은 사이클로트론을 가지고 있었다.

겨 수도 코펜하겐 항구에 과감하게 상륙시키는 특공작전을 펼쳤다. 전광석화 같은 독일군의 상륙에 자전거를 타고 집에 가던 야간근로자들은 영화촬영일 것으로 착각했을 정도다. 이미 수도 주요시설을 독일군이 장악해가던 오전 6시경 덴마크 국왕은 항복을 결정했다. 15000명의 덴마크군으로 독일군에 맞서는 것은 자살행위임을 잘 알았다. 독일의 덴마크 침공은 몇 시간 만에 끝나버렸다. 이 긴박했던 시간에 미국대사관은 재빠르게 보어에게 미국으로의 안전한 탈출을 보장하겠다는 뜻을 전했다. 하지만 보어는 덴마크에 남아 자신의 의무를 다하는 길을 선택했다. 보어는 신속하게 움직였다. 먼저 독일을 탈출한 수백 명의 이민자들을 도와준 난민위원회의 서류를 소각했다. 다음으로 독일군이 처형하거나 구금할 것으로 예상되는 연구소 직원들을 보호하기 위해 당국자들을 만났다. 그리고 덴마크에서 반유대 법률을 제정하려 할 것이 분명한 독일의 기도를 저지할 방법을 토의했다. 나아가 덴마크 내 유대인들을 안전하게 스웨덴으로 탈출시킬 방법들을 고민하기 시작했다.

MAUD

———

한편, 덴마크가 항복하던 1940년 4월 9일, 마이트너는 운 없게도 코펜하겐에 잠시 와 있었다. 다행히 덴마크의 빠른 항복에 대한 대가로 독일은 덴마크에 상당한 자치를 허용했고, 그 덕분에 마이트너는 무사할 수 있었다. 마이트너는 보어 가족을 만나고 무사히 스톡홀름으로 돌아가면서 영국으로 전보를 보냈다. "닐스와 마르그레테를 최근 만났음. 모두 잘 있지만 지금 상황에 불안해함. 부디 콕크로포트와 모드 레이 켄트(Maud Ray Kent)에게 알려주기 바람." 이해하기 힘든 마지막 세 단어가 아무래도 이상했다. 이 전보를 받아본 콕크로포트는 마이트너가 신중하게 메시지를 암호화한 것이라고 생각했다. 콕크로포트는 채드윅에게 편지를 보내며 마지막 세 단어 'Maud Ray Kent'는 '우라늄을 도난당했다(uranium taken)'는 의미라고 풀이했다. 다른 이들은 'Make Ur Day Nt'를 이리저리 섞어 쓴 것으로 보았다. '밤낮으로 우라늄을 만든다(Make Uranium Day and Night).'라는 의미라는 것이다. 교묘한 알파벳 뒤섞기의 암호라고 느껴져서, 모두가 고민에 고민을 거듭하게 만든 전보였다. 하지만 사실 별로 중요한 의미는 아니었다. 모드레이는 보어 자녀들의 가정교사였고 켄트에 살고 있었는데 켄트가 주소라는 의미가 전보에서 실수로 빠진 것이다. 이 정도 일에 이런 별스런 해프닝이 벌어질 정도로 모두가 핵분열과 관련된 정보에 예민해져 있었다.[17]

그런데 이 전보 해프닝 덕에 중요한 작명이 이루어졌다. 영국 정부가 우라늄 폭탄 제조 가능성을 타진하는 단체의 암호명을 모드(MAUD) 위원회로 부르기로 결정한 것이다. 이렇게 해서 어떤 여성의 이름 '절반'이 역사적 명칭에 남았다. 관련자들은 그 글자의 실제 의미가 '우라늄 붕괴의 군사적 응용(Military Application of Uranium Disintegration)'을 의미한다고 봤다. 의장은 조지프 톰슨의 아들 조지 톰슨이 맡았다. 그리고 이 위원회는 독일군이 소련을 파죽지세로 쳐들어가고 있던 다음 해인 1941년 7월에 영국 정부에 제출한 자료에서 '원자폭탄은 가능하다.'고 보고했다. 8월 30일에 처칠은 원폭 제조 안건을 재가했다. 이 결론은 곧 미국에서 벌어질 원자폭탄 개발의 든든한 기초가 되었다.

17　과학자들 모두가 'U'와 'r'만 보면 우라늄이 떠오를 정도였으니 병적 수준에 가까워 보인다.

노르웨이의 물

1939년 12월에 하이젠베르크는 적당한 감속재만 있으면 천연우라늄을 가지고도 에너지 생산이 가능할 것으로 봤다. "중수나 순도 높은 흑연이면 가능할 것이다." 요아힘스틸 광산의 산화우라늄도 1940년 1월 육군성에 공급됐다. 1940년의 독일은 기본적 상황을 파악하고 있었고 우라늄 연구는 잘 진행되고 있었지만 적당한 감속재를 구하는 일이 어려워 보였다. 1940년 1월에 하이델베르크의 발터 보테는 흑연을 가지고 중성자 흡수 단면적을 측정했는데 보통의 물처럼 중성자를 너무 많이 흡수해버릴 것이라는 실험결과를 얻었다. 물론 이것은 '잘못된' 실험결과거나 불순물이 너무 많이 들어간 흑연을 사용했을 것이다. 어쨌든 이 결론을 신뢰한 독일물리학자들에게 사용가능한 감속재는 중수만 남게 되었다.

반면 미국의 페르미는 이미 1939년 가을 제대로 실험을 했고 흑연을 감속재로 사용가능하다는 결론을 얻은 뒤였다. 이 정보는 비밀유지가 잘 되었다. 그 결과 독일은 훨씬 싸고 흔한 감속재를 사용할 기회가 사라졌다. 독일의 핵분열 연구는 더더욱 중수공급에 의존할 수밖에 없었다. 독일과학자들이 중수를 원했지만 독일에 중수생산공장은 없었다. 계산상으로는 1톤의 중수를 얻기 위해 10만 톤의 석탄이 필요했다. 전시상황에서 도저히 불가능한 공급량이었다. 하지만 다행히 독일의 침공 목표 내에 중수공장이 있었다. 바로 노르웨이 오슬로 서쪽에 있는 노르스크사의 베모르크 전기화학공장이었다. 이 공장은 큰 폭포가 있는 깎아지른 듯한 500미터 높이의 화강암 절벽 옆에 있었다. 노르스크사는 암모니아 생산을 위해 수소전기분해를 했고 이 과정의 '부산물'로 중수를 얻고 있었다. 노르스크는 한 달에 3갤런 정도 중수를 생산했는데 1940년 초 독일은 모든 재고와 달마다 30갤런씩을 사겠다고 했다. 노르스크가 이유를 알려고 했을 때 독일 측은 이유를 설명하지 않았다. 그러자 노르스크는 재고판매와 추가생산을 모두 거절했다. 그리고 졸리오의 접근이 있었고 앞서 살펴본 바대로 상황이 진행되었다. 그렇게 노르스크 사의 중수 재고분은 졸리오가 프랑스로 모두 빼돌렸지만 베모르크 공장시설은 그대로 남아 있었다.

독일의 침공 뒤 덴마크는 순식간에 항복했지만 노르웨이군은 최악의 정황에서 격렬하게 저항했다. 하지만 4개 군단으로 이루어진 노르웨이군은 개전 첫주 3개 군단이 궤멸됐다. 그럼에도 노르웨이 민병들이 가세하며 한 달 가까이 전투를 계속했다. 베모르크 수력발전소는 처음부터 독일의 주요 공격목표였다. 근처의 소도시 류칸에서의 전투는 5월 3일까지 계속됐다. 노르웨이는 압도적 열세 속에도 베모르크를 한 달 가까이 지켜냈다. 하지만 결국 베모르크는 독일의 수중에 들어갔다. 독일의 담당자에게 곧 중수생산은 연간 1.5톤이 가능하다는 보고가 올라갔다. 이제 독일은 사실상 세계 유일의 중수생산공장과 벨기에 령 콩고에서 확보한 우라늄 수천 톤, 세계 최고의 화학공장과 역시 최고수준의 과학자와 기술자들을 보유하고 있었다.

로렌스와 니시나의 사이클로트론

1940년 니시나는 일본 유일의 사이클로트론을 가지고 연구하고 있었지만, 미국의 로렌스가 만든 것에 비하면 턱없이 규모가 작았다. 미시세계를 제대로 연구하려면 사이클로트론의 크기가 커져야 했다. 니시나는 자신의 사이클로트론의 모양은 그대로 두고 크기만 두 배로 늘려보았다. 하지만 제대로 동작하지 않았다. 그러자 니시나는 미국의 로렌스에게 연구원을 보낼 테니 조언을 달라고 편지했다. 담담하면서도 절절하게 도움을 요청하는 편지를 받고 감동한 로렌스는 고민했다. 동료인 콤프턴에게 코펜하겐 시절 탁월한 역량을 보여줬던 이 동양인 과학자에 대해서는 들어 알고 있었다. 하지만 당시 미일관계는 최악으로 치닫고 있었다. 유럽의 전쟁은 확산일로에 있었고 미국의 참전 가능성은 높았다. 로렌스는 당시 원자무기에 대해 조언하는 우라늄자문위원회 위원이기도 했다. 대학 당국에서는 잠재적국의 연구자들을 연구실에 들이지 말라고 지시했다. 로렌스는 니시나를 도울 수 있는 가능한 한 방법을 찾아보았지만 결국 불가능하다고 판단했다. 미안하지만 도저히 도울 방법이 없다는 편지를 보냈다. 하지만 니시나가 편지를 받았을 때 일본 연구원들은 이미 태평양을 건너고 있었다.

니시나의 연구원 세 명이 자신의 연구소에 도착하자 로렌스는 난감했다. 일본의 중국침략에 강한 반감을 가지고 있었던 로렌스였지만 결국 그는 이 연구가 순수과학연구였기에 과학의 정신을 우선하고자 했다. 상부의 지시에도 불구하고 그는 일본인들에게 상세한 조언을 해주었다. 니시나가 만든 사이클로트론의 문제는 완전한 진공상태를 만들지 못했다는 것이었다. 진공상태에서 입자를 가속해야 하는데 공기가 흘러들어 가속중인 입자가 희박한 공기에 부딪쳐 흩어져버린 것이다. 또 하나 문제는 니시나가 상대성이론을 고려하지 않았다는 점이었다. 입자가 가속되어 광속에 가까워지면 입자가 뚜렷이 무거워져서 그만큼 속도가 느려진다. 이로 인해 가속 타이밍이 안 맞았다. 문제를 정확히 파악하고 3개월 후 미국에서 연구원들이 돌아왔을 때 니시나는 모든 문제를 해결할 수 있었다. 이 도움으로 니시나는 캐번디시 연구소보다 훨씬 큰 사이클로트론을 일본에서 제작할 수 있었다. 태평양 너머 일면식도 없던 잠재적국의 과학자에게 로렌스는 면면히 이어온 과학의 기본정신을 보여주었다. 로렌스와 니시나 사이에 있었던 1940년의 이 작은 일화는 그나마 남아 있었던 과학자들의 국제적 연대의 미미한 흔적이었다. 다음해가 되면 이런 일은 영영 불가능해졌다.

4

1941년: 신대륙의 참전

1941년의 세계 ─ 전쟁의 확산

1941년 6월 22일, 나폴레옹이 러시아를 침략한 지 꼭 129년이 되던 날에 맞춰, 나치 독일은 소련을 침공했다. 히틀러는 불과 2년 전에 맺은 소련과의 불가침조약을 간단히 무시했다. 1800킬로미터의 전선을 따라, 120여 개 보병사단과 19개 기갑사단으로 이루어진, 300만 명의 대군이 동쪽으로 진군했다. 2년 가까운 실전경험을 통해 독일군은 정교한 전쟁기계가 되어 있었다. 어느 정도 저항이 가능할 것으로 기대되던 소련군은 속절없이 무너졌다. 4개월 만에 독일은 소련 인구의 45%를 포함하는 거대한 영역을 점령하고, 레닌그라드와 모스크바의 코앞까지 진격했다. 소련군은 이 기간 동안 15000대의 장갑차량과 9000대의 비행기, 그리고 400만 명의 병력을 잃었다. 기록 자체를 믿기 힘들 정도였다. 그러나 더 놀라운 것은 그럼에도 소련이 무너지지 않았다는

독일의 러시아 침공

정치가 무엇이냐는 질문에 비스마르크는 "러시아와 친하게 지내는 것"이라 대답한 적 있다. 독일은 이 비스마르크의 탁월한 혜안을 무시한 결과 두 번의 세계대전에서 모두 패배했다. 눈부신 초반 승리에도 불구하고 1941년의 소련 침공은 독일패전의 씨앗이 되었다.

사실이다. 독일의 압도적 승리는 반년 간 지속되었을 뿐이다. 소련은 이 치열한 전쟁을 4년 동안 수행하며 조금씩 경험과 힘을 쌓아 나갔고, 결국 침략자들을 압도했다. 보수적으로 잡아도 소련은 독소전 기간 2000만 명이 넘는 인명을 잃었다.—냉전 후 최근 연구 자료들은 4000만 명 이상을 언급한다! 아마 먼 미래 사람들은 이 내용을 읽고 심하게 과장된 고대사의 일부로 치부해버릴지도 모른다. 소련은 나치 독일의 주력을 온몸으로 막아냈다. 이런 충격에도 국가체제가 유지되었다는 것 자체가 기적이라 할 만하다. 이제 몇년 뒤 소련은 유럽대륙의 절반을 손에 넣으며 2차 세계대전을 마무리할 것이다. 그리고 독일을 무너뜨리고 얻은 자산들로 반세기간 지속된 냉전시대에 세계의 절반을 호령하는 군사강국으로 군림하게 될 참이었다.

히로히토 천황
히로히토는 1926년 성탄절에 25세로 천황이 되었다. 쇼와(昭和)라는 그의 연호는 '빛나는 평화'라는 의미였지만 이후 20년 동안 일본은 정반대의 길을 걸었다. 메이지 유신 이후 청일 전쟁, 러일 전쟁, 한일병합을 거치며 팽창을 거듭하던 일본은 히로히토 시기 만주와 중국을 침략하며 국제관계의 균형을 무너뜨렸다. 결국 미국과의 자멸적 전쟁을 선택한 히로히토는 반세기간의 일본의 군사적 성취를 무위로 만든 군주로 역사에 남았다.

　　1937년 이후 중국본토에 대한 일본의 침공은 미국의 경제제재를 불렀다. 특히 석유금수조치는 일본으로서는 큰 타격이었다. 자존심을 접고 만주로 철군할 것인가? 일본군 내에 그런 선택지는 있을 수 없었다. 독일의 팽창에 고무되었는지 그들은 아무도 상상하지 못했던 결론을 내린다. 물자의 부족에도 불구하고 전선을 더 확장하기로 한 것이다. 이번 상대는 서구열강의 대표 격인 미국과 영국이었다. 동남아를 포함한 태평양 전체가 그들의 전략목표였다. 1941년 12월 7일 하와이 진주

진주만 공습

진주만 공습은 항공모함을 사용한 새롭고 놀라운 '전술적 성공'이었다. 하지만 핵심 목표물을 모두 놓쳐버린 '전략적 실수'였고, 선전포고 전의 기습공격은 미국인들의 분노를 극대화시킨 최악의 '대전략적 패배'였다.

만으로 몰래 다가간 일본 함대는 '선전포고 30분 전에' 미국의 태평양 함대를 기습 공격했다. 이 전투에서 역사상 최초로 항공모함 함재기에 의한 대전투가 시작되어 해전의 형태가 바뀌기 시작했다. 물론 기습의 효과는 대단히 컸다. 하지만 그것은 일본이 바라던 대로의 효과가 아니었다. 미국의 주요 항공모함은 모두 훈련 중이라 살아남았고, 하와이의 수리시설과 연료가 그대로 보존되었다. 비록 만신창이가 되었지만 침몰하지 않은 배들은 몇 달 후 모두 수리되었다. 바다 건너 유럽전쟁을 관망하며 국론이 분열되어 있던 미국의 여론은 순식간에 통일되었고, 기습공격에 대한 분노는 끓어올랐다. 1941년 일본 국민 총생산은 90억 달러로 미국의 1100억 달러에 비하면 8.2%에 불과했다. 일본은 12배 경제력을 가진 국가에 도전한 것이다. 20배의 철강, 10배의 석탄, 6배의 전력을 생산하는 국가에 선전포고한 것이고, 항공기 생산량 5배, 자동차 생산량 450배, 석유 비축량 700배인 국가를 상대로 싸움을 건 것이다. 처음부터 그것은 자멸적 전쟁이었다. 1941년의 일본은 브레이크가 고장 난 자동차였고, 전복만이 자동차를 멈출 유일한 방법이었다.

1940년 6월 프랑스의 항복으로부터 1년 가까운 기간 동안 영국은 적지 않은 희생을 치르며 홀로 전 유럽을 정복한 나치 독일을 상대하며 버텼다. 하지만 1941년 말에는 상황이 완전히 바뀌었다. 6월 22일과 12월 7일을 거치면서 이제 소련과 미국이라는 거대 강국이 전쟁에 뛰어들었다.

보어와 하이젠베르크의 만남—하이젠베르크의 입장

1933년 나치가 집권하자 레나르트는 "유대인들이 자연탐구에 미친 영향 중 가장 위험한 것은 아인슈타인의 수학적으로 누더기 같은 이론들이다."라고 기세등등하게 말했다. 사실 레나르트 본인의 수학적 이해력의 한계를 보여준 말이었다. 슈타르크는 레나르트보다 더 나아갔다. 플랑크, 라우에, 하이젠베르크까지 비난했다. '아인슈타인의 친구들'이 아직도 그의 생각을 따라 연구를 계속할 기회를 누리고 있다면서, '플랑크가 여전히 카이저 빌헬름 연구소장'이고, '아인슈타인의 해석자인 라우에도 여전히 베를린 과학아카데미의 물리학 자문위원'이며, '아인슈타인의 정신 그 자체라고 할 만한 이론가 하이젠베르크는 대학교수로 임명될 것으로 보인다.'며 각자의 지위를 언급하며 조목조목 불만을 표현했다. 이렇게 독일에서 상대성이론과 양자역학은 1945년 제3제국 멸망 때까지 '틀린 이론이어야' 했다. 이런 분위기의 결과는 명백하다.

이탈리아의 페르미, 헝가리의 텔러, 독일의 바이스코프는 모두 독일의 정치권력이 미치는 곳의 출신이었으면서도 미국의 원폭개발에 힘을 보탰다. 얼마나 어리석은가? 이런 슈타르크의 공격 때문에 하이젠베르크는 상당히 난감한 처지에 휘말렸고, 원자력—원자폭탄이 아니라—개발에 마지못해 뛰어든 것은 이런 불리한 정황을 타개하기 위한 방편이기도 했던 듯하다. 전쟁기간 하이젠베르크가 보인 미적지근한 태도는 플랑크와는 또 다른 형태의 것이었다. '백색 유대인'으로 몰리며 지칠 대로 지친 하이젠베르크는 아마도 조금 편한 길을 가고자 했을 것이다. 정부 프로젝트에 참여하면 슈타르크 같은 자들의 공격은 눈에 띄게 줄어들 것이다. 하이젠베르크는 1941년 7월 1일에 카이저 빌헬름 물리연구소장에 취임했다. 사명감보다는 일신상의 안위를 위한 이유가 훨씬 크지 않았을까. 하지만 전시상황에서는 그 지위 자체가 그가 전쟁에 무엇인가 기여하라는 압력으로 작용할 것은 뻔했다. 그리고 그 무엇인가는 하이젠베르크가 잘 알고 있는 '원자'에 관련된 연구가 될 확률이 높았다. 미묘하게 표현된 하이젠베르크의 말과 행동, 다른 이들의 판단을 종합해보면, 그는 아마도 양심의 죄책감을 면해보기 위해, 어쩌면 권위 있는 면죄부를 받기 위해 원자물리학의 교황을 만나고자 했다.

파죽지세로 독일군이 동부전선에서 진격하던 1941년 9월 말 하이젠베르크는 40갤런의 중수를 노르웨이에서 처음으로 공급받았다. "1941년 9월부터 원자폭탄에 이르는 길이 우리 앞에 열리는 것을 느끼기 시작했다."며 하이젠베르크는 그때의 기분을 기록했다. 하이젠베르크는 보어를 만나보기로 결심했다. "그는 독일에서 외로웠다. 닐스 보어는 그에게 아버지 같은 존재였다······그는 옛 친구의 조언이 절실히 필요했다." 하이젠베르크 부인은 훗날 이렇게 말했다. 하이젠베르크는 보어에게 독일이 원폭을 만들 의지와 능력이 없음을 알리고 싶었다. 그는 자신의 메시지가 원폭이 독일에 떨어지는 것을 막을 수 있기를 희망했다. 하지만 보어는 대화 결과에서 독일이 원폭을 개발하고 있는 것을 하이젠베르크가 알려주려 한다고 생각하고 말았다. 물론 이것은 하이젠베르크의 입장이다. 조금 더 심리학적 상상력을 발휘해본다면 하이젠베르크는 보어를 만나 자신이 앞으로 하게 될 일들이 상황상 '어쩔 수 없는 일'이라고 강변하고 싶었던 것 같다.

자치가 허용된 덴마크는 비교적 평온한 삶을 유지하고 있었다. 독일은 덴마크를 최대한 부드럽게 대우했고, 보어의 연구소도 표면적으로는 아무 변화도 없었다. 하지만 덴마크 전체에 '숨죽인 분노'가 가득 차 있는 상황이었다. 이 시기 '1/2 유대인'인 보어는 위험한 처지임에도 코펜하겐 연구소를 지키고 있었다. 자신의 연구소만이 히틀러의 힘이 미치는 영역 안에서 독일인들이 싫어할 '비 아리아인' 연구자들의 유일한 도피처임을 잘 알았기 때문이다. 전쟁 전부터 보어는 러더퍼드 못지않게 독일에서 실직한 과학자들을 도우려고 노력했다. 나치의 영향력 안에 있는 과학자들에게 먼저 적극적으로 초대장을 보내고, 코펜하겐에 머물게 하며 가능한 한 안전한 국가로의 취업을 주선했다. 한 망명객은 코펜하겐 연구소가 '일종의 직업소개소'였다고 표현했다. 제임스 프랑크가 코펜하겐을 거쳐 미국으로 갔고, 텔러도 코펜하겐을 거쳐 영국을 지나 미국으로 갔다. 프리시도 함부르크 대학에서 실직한 후 코펜하겐에 자리를 잡았고 전쟁 직전 영국으로 떠났다. 이 코펜하겐 시기가 있었기에 프리시는 이모인 마이트너와 핵분열을 해석해냈다. 그런 보어였기에, 그런 연구소였기에, 보어는 연합국 요원들의 탈출 제의를 계속 듣고 있으면서도 최대한 오래 코펜하겐의 자리를 지키고자 했다.

1941년 9월, 하이젠베르크는 코펜하겐에서 강연할 기회를 얻었다. 독일은 소련에서 승리하고 있었고 미국은 아직 중립국일 시점이었다. 독일은 아직 승자의 여유가 있었다. 강연 뒤 하이젠베르크는 자연스럽게 스승이자 친구인 보어를 찾아갔다. 하지만 둘의 관계는 돌이킬 수 없이 어색해져 있었다. 거기다 둘 다 도청 가능성을 의식해 말에 주의를 기울였다. 그래서 의사소통은 자연스럽지 못했다. "나는 목숨이 위험하게 되지 않는 방식으로 대화를 진행시키려고 애썼다." 이 말은 과장으로 보이지도 않고 당시 하이젠베르크의 고민은 충분히 짐작할 만하다. 하지만 그 다음 상황은 하이젠베르크의 기억으로도 애매해지기 시작한다. '아마도' 그 대화가 '물리학자들이 전시에 우라늄 문제에 몰두하는 것이 옳은가?'라는 자신의 질문으로 시작'되었을 것'이라며 한 발을 뺀다. 뒤의 대화도 그런 애매한 기억에 의존하고 있음을 넌지시

암시하는 형태다.

하이젠베르크는 보어의 초조한 반응에서 그가 질문의 의미를 즉시 이해했다고 판단했다. 보어는 "당신은 정말 우라늄 분열이 무기 제조에 이용될 수 있다고 생각합니까?"라고 반문했다. 하이젠베르크는 '이론적으로는 가능'하지만 그것이 '엄청난 기술적 투자를 필요로 하고, 그것이 이 전쟁에서 실현되지 않을 것을 희망할 뿐'이라고 대답했다고 '기억했다.' 하이젠베르크의 판단으로 보어는 그 대답을 오해하며 놀랐고, 자신이 그에게 독일이 원자탄 개발과정에 중요한 발전을 이룩했음을 알리려 한다고 보았다는 것이다.─사실 하이젠베르크의 증언은 자신이 한 말은 모호하게 기억하는데 비해, 보어의 대응은 정확히 기억하는 선택적 기억력을 보여준다. "보어에게 물은 것은 나의 잘못이었다……적국의 몇몇 친한 물리학자들에게 조언을 한다는 것은 그의 마음을 아주 불편하게 만드는 일이었다." 요약할 때, 하이젠베르크는 원자무기가 가능하지만 독일이 만들어낼 확률은 없으니 자신이 이런 작업을 진행하는 의미가 크지 않다는 뜻을 전하고자 했고, 보어는 독일과학자들이 원자폭탄 제조에 큰 진전을 이룬 것으로 이해했다. 결국 하이젠베르크는 보어와 화해하지도 못했고 자신의 의도를 제대로 전달하지도 못했다. 반면 보어는 이 충격적인 상황을 빨리 연합군 측에 알려야 한다고 생각했다. 어쨌든 이것은 하이젠베르크의 주장이다. 이 일에 대한 하이젠베르크의 기본 입장은 1950년대에 작가 로베르트 융크에게 보낸 편지에서 정리된 것이고, 융크는 자신의 책 『천개의 태양보다 밝은』에서 이를 활용했다. 물론 이후 하이젠베르크의 자서전 『부분과 전체』에도 비슷하게 정리되었다.

둘은 게슈타포의 감시를 피하기 위해 산책을 한 것은 분명하다. 하이젠베르크 주장의 강조점을 잡아본다면, 두 사람은 도청을 대비해 극도로 조심스러운 대화를 이어나갔기에 보어가 자신의 말을 오해했다는 요지가 숨어 있다. 보어는 자신의 말을 독일이 원폭제조에 상당한 진전을 보이고 있음을 알리고자 한다는 아주 엉뚱한 내용으로 이해했다는 것이고, 그때 그것을 느낀 하이젠베르크는 이를 바로잡으려고 노력했지만 아무 소용이 없었다는 것이다. 코펜하겐을 떠나며 목숨을 걱정해 지나치게 조심스럽게 얘기한 것을 자책했다는 말도 덧붙였다. 냉정한 심리학적 분석을 해본다면 하이젠베르크는 보어가 '내 말을 잘못 이해했다'는 말에 방점을 두고 싶었던 듯하다. 이는 자기변호에 흔히 써먹는 수사인 것도 분명 사실이다.

이 대화를 문서로 남기는 것은 너무 위험했기에 두 사람은 모두 당시에 대해 아무런 기록을 남기지 않았다. 따라서 그날의 일은 모두 전쟁 후에 각자의 기억에 의해 재구성된 것이다. 그때는 독일이 이미 패전했고, 나치의 잔학상이 밝혀졌으며, 원자폭탄이 사용된 뒤다. 물론 냉전이라는 시대상황이 보어의 기억에도 영향을 미칠 수 있었다. 그렇기에 다양한 설명과 해석이 있을 수밖에 없는 사건이다. 어쨌든 이 방문에 대한 보어 쪽의 기억은 완전히 달랐다.

보어와 하이젠베르크의 만남—다른 이들의 입장

폴란드 이민자 출신으로 보어의 조수였던 슈테판 로젠탈은 당시 하이젠베르크의 말들을 분명하게 기억했다. 하이젠베르크는 소련에서의 독일군 공세에 대해 자신만만해하며 이야기했고, 독일이 전쟁에 이기는 것이 얼마나 중요한지를 역설했다. 덴마크나 네덜란드 등의 서유럽

국가들이 점령된 것에는 유감을 표했지만, 독일의 지배가 동유럽에는 좋은 것이라고 했다. 왜냐하면 "이 나라들은 스스로를 다스릴 능력이 없기 때문"이었다. 물론 이 말들은 폴란드 출신 로젠탈에게 특히 기억에 남았을 부분이고 하이젠베르크가 공개된 장소에서 한 말이라면 어느 정도는 정권의 비위를 맞추기 위한 행동들이었을 수 있다는 점은 감안해볼 수 있다.

보어의 아내 마르그레테는 그 방문이 '적대적'이었다고 단호하게 표현했다. 융크의 책을 읽어보고 보어는 화를 냈다고 한다. 그 책을 읽고 보어는 하이젠베르크에게 편지를 썼지만 보내지는 않았다. 그 편지는 보어가 1962년 사망했을 때 융크의 책 안에 곱게 끼워진 채로 발견되었다. "당신의 기억이 얼마나 스스로를 기만했는지를 보고 크게 놀랐습니다." '독일이 승리할 것이라는 확고한 믿음'을 피력하며 '독일의 협조요청에 마음을 열지 않는 것은 지극히 어리석은 것'이라고 하지 않았냐며 꾸짖었다. 더구나 하이젠베르크의 지휘 아래 원자무기를 개발하는 일이 진행 중이라는 인상을 강조하는 형태로 그가 말했음을 '또렷하게' 기억하고 있다고도 했다. 그 이후에 쓴 편지도 있다. 이때 보어의 태도는 한층 누그러져 있고 옛 우정이 남아 있기에 야박하게 말할 생각은 버린 것 같다. '다정한 축하와 앞으로의 행복을 기원하는 따뜻한 바람을 담아'로 끝나는 하이젠베르크 60세 생일 축하 편지 초고였다. "그토록 엄중한 비밀이자 엄청난 위험성을 지닌 문제를 내게 말해도 된다고 허락한 기관이 도대체 무엇인지 궁금할 때가 많았습니다." 그러니 '도대체 어떤 목적으로' 자신을 방문했는지 말해달라고 했다. 당신이 어떻게 '원자폭탄을 저지하기 위해 어떤 일이든 하겠다는 의도를 암시했다'고 주장할 수 있는지 '도무지 납득할 수 없다.'며 오히려 그 반대였다고 다시 한 번 강조했다. "당신이 내게 알려준 것은 전쟁이 충분히 오래 지속된다면, 전쟁은 원자무기로 판가름 나게 될 것이라는 당신의 확신이었습니다……당신의 말 속에서 당신과 당신 친구들이 다른 방향으로 노력을 기울이고 있다는 그 어떤 힌트도 느끼지 못했습니다." 보어는 이 편지 또한 보내지 않았다. 보어의 마음속 양가적 감정의 갈등들을 짐작해볼 만하다. 이 말들은 전달되지 않았으니 역사는 하이젠베르크의 다음 대답은 영영 듣지 못했다.

후일 보어는 오펜하이머에게 그가 찾아온 것은 '자신이 알고 있는 것을 말해주기 위해서라기보다는, 자신들이 알지 못하는 것을 내가 알고 있는지 확인하기 위해서'였던 것 같다고도 했다. 실제로 하이젠베르크와 함께 코펜하겐을 방문했던 폰 바이츠체커는 독일로 돌아가 "기술적인 문제들에 대해서는 보어가 알고 있는 것이 우리보다 훨씬 적다."고 나치당국에 보고했다. 하지만 2002년에도 폰 바이츠체커는 "우리는 보어가 영국과 미국에 있는 자기 동료들에게 우리가 더 이상 폭탄연구를 하지 않고 있다는 점을 전해줄 수 있기 바랐다."고 했다.

하이젠베르크의 부인 엘리자베트 역시 계속해서 바이츠체커와 같은 주장을 했다. "그는 보어에게 독일이 폭탄을 만들지도 않을 것이고 만들 수도 없음을 전하고자 했어요. 그것이 (그가 코펜하겐에 간) 가장 중요한 동기였습니다……미국인들에게 이 말을 전할 수 있다면, 남편은 미국인들도 엄청난 비용이 들어가는 이 계획을 포기할 것으로 기대했습니다. 그는 언젠가 원자폭탄이 독일을 향해 사용되는 것을 막을 수 있으리라는 생각도 가지고 있었습니다. 이런 생각들이 밤낮없이 그를 괴롭히고 있었지요." "보어는 대화에서 한 문장만 들은 겁니다. '독일인들이 원폭개발 가능성을 알고 있다.'는 것에 깜짝 놀라고 너무 당황해서 다른 말은 모두 잊어버렸던 겁니다."

닐스 보어의 아들 아게 보어(Aage Niels Bohr, 1922~2009, 1975년도 노벨 물리학상)는 자신의 자서전에 "그날 대화에 대한 하이젠베르크의 설명은 실제 일어났던 일과 전혀 다르다."며 이날의 이야기를 간단히 요약했다. 아게 보어의 기억으로는 닐스 보어가 기술적 어려움에 근거한 원폭개발 회의론을 피력하자 하이젠베르크는 시간이 충분히 주어지면 원폭이 개발될 수 있다는 입장에 있었다는 것이다. 하지만 아게 보어는 아버지의 해석에 동의하면서도 하이젠베르크를 두둔하는 말을 남겼다. "(여러 이유가 있겠지만) 하

아게 보어
아버지가 노벨상을 받던 해에 태어났다. 그리고 자신도 노벨상을 받아 부자 노벨상 수상의 기록을 세웠고 후일 아버지가 있던 연구소의 소장이 되었다. 전쟁 시기 아버지와 함께 움직이며 많은 사건의 관찰자가 됐다.

이젠베르크가 코펜하겐을 찾아온 이유 중 하나는 분명하다. (자신의 조국에) 점령된 덴마크의 친구를 위해 자신이 할 수 있는 일은 없을까 알아보기 위해서였다." 보어에 대한 애정과 존경과 의리 그 자체가 방문의 목적에 분명히 포함되어 있다는 것이다. 그리고 도청될지도 모른다는 불안 때문이었다고 하이젠베르크의 논쟁적인 표현들을 어느 정도 보아 넘길 수도 있을 것이다. 하지만 그는 결코 '나치에게 조국이 점령된 1/2 유대인' 보어의 마음에 감정이입하지는 못했던 것은 분명하다. 그러기에 그는 교묘히 자신의 양심을 왜곡시키고 현실에 눈감은 진술을 할 수 있었음을 부인할 수 없다.

한스 베테에 따르면 하이젠베르크는 독일이 전쟁에 이기기를 열망했다. 그 이유는 기묘했다. 하이젠베르크는 동부전선에서 독일군의 만

행을 알고 있었다. '연합국이 결코 그 일을 용서하지 않을 것'이니 '독일은 철저하게 파괴될 것'이라고 보았다. 로마가 카르타고를 다뤘던 것처럼 독일을 다룰 것이라고 결론 내리며 이런 일이 일어나서는 안 되기에 독일이 전쟁에서 이겨야 한다는 것이었다. 베테는 '현대물리학에 위대한 공헌을 해낸 사람이 그토록 순진할 수 있다는 것은 믿기지 않는 일'이라고 말했다.

덴마크 물리학자 크리스티안 뮐러는 하이젠베르크의 방문 몇 달 뒤에 스톡홀름을 방문해서 마이트너에게 하이젠베르크는 독일의 승리를 바라는 마음으로 가득 차 있었다고 얘기했다. 이 말을 들은 마이트너는 베를린의 폰 라우에에게 하이젠베르크와 폰 바이츠체커를 조심하라고 경고하는 편지를 보냈다. 그 두 사람을 대단히 훌륭한 인물로 생각했으나 '그것은 실수였다.'고 했다.[18] 그랬더니 마이트너와 동갑나기인 고귀한 인품의 라우에는 별로 놀라워하지도 않고 이렇게 통찰력 있게 답신했다. "많은 사람들, 특히 젊은이들은 스스로를 현실의 거대한 비합리성과 화해시키지 못합니다. 그래서 상상 속에서 공중누각을 짓곤 합니다. 자신들이 아무것도 할 수 없는 현실 속에서 좋은 면만을 찾아내려는 터무니없는 행동을 한답니다. 그들은 특별한 경우가 아니지요." 하이젠베르크의 행동에 대해 필자가 읽은 가장 설득력 있는 통찰이었다.

하이젠베르크의 의도가 무엇이었건 그는 보어에게 독일이 적극적으로 원폭 연구를 하고 있다고 확신시켰을 뿐이다. 보어에 의하면 하이젠베르크는 전쟁이 충분히 오래 지속된다면 원자폭탄이 독일에게 승리

18　전시에도 스웨덴의 마이트너와 베를린의 폰 라우에는 편지를 주고받을 수 있었다. 물론 두 사람은 중간에 편지가 가로채지는 것을 알 수 있도록 모든 편지에 일련번호를 매기는 주의를 기울였다.

를 안겨줄 것이라는 희망만을 표현했기 때문이다. 그날의 정확한 진실은 영원히 알기 힘들 것이다. 아마 하이젠베르크 자신조차 모를 확률이 높다. 보어에게 어떤 면죄부를 받고 싶은 절박한 감정만이 있었고, 그의 머릿속 생각들은 앞서 나온 모든 생각들이 뒤섞인 뒤죽박죽이었을 확률이 높다. 자신도 정리가 되지 않았던 것이니, 시간이 흐른 뒤에는 자신에게 편리한 쪽으로 해석되는 것이 인지상정이다. 결국 이 만남의 결과는 독일이 핵분열 연구를 하고 있다는 분명한 경고를 연합군에게 주어 미국과 영국이 원폭개발에 박차를 가하게 했다. 1941년 9월의 보어와의 만남에 대한 하이젠베르크의 회고는 이후 수없이 재해석되었다.—이 날의 일을 다룬 연극 〈코펜하겐〉도 가끔씩 공연되곤 한다.

보어는 후일 하이젠베르크의 이야기가 정확하지 않고 왜곡이 있다며 곧 자신의 기억을 정리해 발표하겠다고 했었다. 하지만 보어는 그전에 사망했다. 그래서 현재 남은 당시 상황에 대한 회고는 하이젠베르크의 것이 유일하다. 보어는 그가 '변했다'고 느꼈었다. 보른은 후일 입장을 철회하긴 했지만 전후 하이젠베르크와 대화하고는 그가 '나치화'되었다고 느꼈었다. 바뀐 것이 어느 쪽인지는 모르지만 전쟁이 갈라놓은 공간적 분리는 그토록 절친하던 학자들의 마음도 갈라놓았던 것은 분명하다. 보어와 하이젠베르크의 사이는 결코 완전히 회복될 수 없었다. 전쟁이 끝났을 때 학술모임에서 만나면 그들은 머쓱한 인사만 주고받았다. 죽을 때까지 하이젠베르크가 괴로워했던 일이었다고 그의 부인은 회고했다. 정확한 진실이 무엇이건 전쟁이 갈라놓은 우정을 이처럼 차갑게 보여주는 일화도 드물 것이다. 실패로 끝난 두 사람의 대화는 역사의 소용돌이 속에 물리학자들의 국제적 네트워크가 파괴되었음을 상징적으로 보여주었다.

1941년까지 영국과 미국의 원자폭탄 연구

1941년 3월 28일 롬멜은 아프리카에서 영국군에 대한 대공세를 시작했다. 이즈음에도 독일 물리학자들은 여전히 중수생산이 시급한 일이라고 봤다. 초기의 실라드와 페르미처럼 천연우라늄을 저속중성자로 타격하는 연쇄반응을 선택했기 때문이다. 프리시와 파이얼스가 해낸 작업이 없었다면 영국의 물리학자들도 같은 상황이었을 것이다. 본격적인 시작에서는 늦고 있었지만 국가적 지원만 얻는다면 영국 물리학자들은 훨씬 좋은 카드를 가지고 있었다. 5월경에—아직 플루토늄이라 이름 지어지지 않은—94번 원소의 분열 단면적이 우라늄-235보다 1.7배인 것을 확인했다. 이 원소는 우라늄보다 좀 더 이상적인 폭탄이 될 수 있을 것으로 보였다. 이제 원자폭탄의 후보물질도 두 가지로 늘어났다. 6월 22일 독일의 소련 침공이라는 큰 뉴스가 지나고 난 뒤인 7월에 영국인들은 비로소 미국에 우라늄-235로 폭탄이 가능하다는 프리시와 파이얼스의 연구결과를 몰래 알렸다. 1941년 7월 15일 영국과 미국의 연구결과가 '합쳐진' 최종보고서가 미 정부에 제출됐다. "우리는 이제 효과적인 우라늄 폭탄을 만드는 일이 가능하다는 결론에 도달했다—첫 폭탄을 만들 우라늄은 1943년 말까지 준비될 수 있다. 폭탄이 준비되기 전에 전쟁이 끝난다 하더라도 앞으로 전 세계의 비무장화가 이루어지지 않는다면 노력은 헛되지 않을 것이다. 어떤 국가도 이런 파괴 능력을 갖는 무기 없이는 전쟁의 위협을 감수하려 들지 않을 것이기 때문이다."

아인슈타인의 편지를 비롯해서 핵분열 연구의 중요성을 알리고자 했던 망명과학자들의 여러 가지 노력에도 불구하고, 당시까지 미 정부와 군의 반응은 시큰둥했었다. 루스벨트 대통령은 아인슈타인의 편지에 관심을 보이기는 했다. 하지만 그렇게 급박한 문제로 보지는 않았다. 1939년 자문위원회를 형식적으로 만들고 첫 연구비로 6000달러를 할당했을 뿐이다. 우라늄 관련 자문위원회는 기밀유지를 위해 우라늄이라는 말을 빼고 'S-1' 프로젝트 팀으로 개명하는 정도의 조치만 이루어졌다. 두 해가 지나는 동안 이 과제는 사실상 답보상태였다. 미국은 가능성에 대한 연구만 조금씩 지속했다. 그럴만했던 것이 만약 원폭제조가 시도된다면 어마어마한 예산이 확보되어야만 의미가 있었다. 1941년 7월에 보고서를 받고 난 뒤에야 미군 수뇌부는 전쟁이 끝나기 전 원자폭탄이 제조될 가능성이 매우 높다고 판단했다. 그리고 진주만 공습 하루 전인 1941년 12월 6일 원자폭탄 제조에 대규모 재정 투입 결정이 내려졌다. 사실 2년 가까이 이 문제는 탁상공론에 그쳤지만 1941년 12월 일본의 진주만 기습으로 상황은 완전히 바뀌었다. 12월 7일 진주만 기습 다음날인 12월 8일 오후에 루스벨트는 상하양원 합동회의에서 연설했고, 일본뿐 아니라 독일과 이탈리아에 대한 전쟁 선언도 요구해 승인받았다. 거대한 자본이 전쟁에 투입되기 시작했다.

1941년 내내 미국 정부가 아직 고민에 빠져 있는 동안에도 컬럼비아 대학의 페르미 팀은 열심히 연구를 진행시켰다. 실라드는 정제된 우라늄과 흑연 획득을 위해 제조업자들과 수많은 서신을 주고받았다. 제조업자들이 순수한 흑연이라고 생각했던 것들이 확인해보면 물리학적 기준에서는 너무 많은 붕소(원자번호 5번)를 함유하고 있었다. 실라드는 납품받은 흑연에서 붕소함량을 줄이기 위해 악착같이 노력했다. 붕소는 흡수 단면적이 너무 커서 핵분열 연구에는 독약과 같았다. 이런 노력으로 8월이 지날 때쯤 컬럼비아 팀은 흑연감속재와 우라늄을 격자로 쌓아 올리기 시작할 수 있었다. 연쇄반응의 실험은 위험할 수 있었다. 반응을 통제하기 위한 이중삼중의 제어장치를 페르미는 고민하고 계획해 나갔다. 30톤의 흑연과 8톤의 산화우라늄을 벽돌을 쌓듯 교차배치해 나갔다. 실험을 거듭하며 우라늄을 담은 철로 된 깡통을 제거하거나 실라드가 더 고순도의 흑연을 확보하거나 하는 지난한 작업이 1941년 내내 반복되었다. 생각보다 늦게 시작되었지만 1941년 말 막상 미국이 참전국이 되자 '독일을 따라잡아야 한다.'는 명분이 모든 양심의 가책을 물리쳤다. 망명과학자들은 독일이 이미 핵무기 개발에서 위험한 수준의 진보를 보이고 있을 것이라고 확신하며 스스로를 채찍질하기 시작했다.

5

1942년: 전환점

1942년의 세계—미드웨이와 스탈린그라드

"미드웨이 해전의 승리는 정보전의 승리였다. 기습을 노리던 일본군은 오히려 우리에게 기습당했다……미드웨이 해전은 일본으로서는 16세기 말 조선의 이순신 장군에게 당한 패배 이후 최초의 대패배로 끝났다. 미국은 항공모함 요크타운과 구축함 핸맨을 잃은 반면, 일본은 항공모함 4척 모두와 1척의 중순양함을 잃었다. 미국은 150대의 전투기가 격추되었으나 일본은 항공모함과 함께 모든 승조원을 잃었다. 상실된 전투기는 300기를 훨씬 넘었다. 미국 전사자는 307명이었지만 일본 전사자는 3500명에 달했다. 그중에는 일급 조종사 100명이 포함된다." —체스터 니미츠 제독의 회고

1941년 12월의 진주만 기습에서 항구에 정박해 있던 미국군함들은

엄청난 피해를 입었고 일본함대는 공격의 대성공을 축하하며 물러갔다. 이제 태평양에 발생한 군사적 공백을 최대한 빠른 속도로 일본이 채워나가면 되는 것이었다. 이후 반년 간 일본은 순식간에 필리핀과 싱가포르를 점령하고 호주를 공격하기 시작했다. 하지만 일본은 진주만에서 미국의 항공모함들을 침몰시키지 못한 것을 두고두고 후회하게 된다. 비등한 항공전력을 투입했던 산호해전에서 양군은 비긴다. 일본의 팽창이 소강 국면에 들어갔다. 그리고 여러 섬들에서 소모전이 전개되기 시작했다. 시간을 끌수록 미국의 물량적 우세가 효과를 보이기 시작할 것임을 잘 알기에 일본해군은 태평양에서 승부수를 던졌다. 요충지 미드웨이를 점령하기로 목표를 정했다. 이를 교두보로 이후 하와이 점령에 성공하면 미 해군은 태평양상의 전략요충을 잃고 순식간에 샌프란시스코로 밀려가게 될 것이다. 그렇게 전쟁수행에 어려움을 겪게 되면 미국은 결국 평화협정을 제안해 올 것이라는 막연한 기대가 일본군 수뇌부의 생각을 지배했다. 일본은 항모 4척, 전함 2척, 중순양함 2척, 경순양함 1척, 구축함 12척에 수송선단과 잠수함 부대를 포함 350척의 함정을 동원했다. 10만 명에 달하는 대부대였다. 일전을 각오하고 태평양의 가용한 모든 병력을 집결시킨 것이다.

미국 역시 항모 3척, 구축함 14척, 중순양함 7척을 모아 기다렸다. 1942년 6월 5일에서 6월 7일 사이 미드웨이에서 운명의 일전이 벌어졌다. 미국의 항모들이 건재해 있다는 것을 눈치채지 못한 것이 일본의 불운이었다. 초기에 항모 아카기, 히류, 소류, 가가 4척이 모두 격침됨으로써 승패는 쉽게 갈려버렸다.—특히 '운명의 5분'간 일본은 항모 3척을 동시에 잃었다. 6개월간 승승장구하던 일본의 예봉이 완전히 꺾여버렸다. 역사를 통틀어 그렇게 짧은 시간에 전쟁의 풍향이 바뀐 예는 매우 드물었다. 이 전투로 일본의 해상 기동력은 사실상 소진되었다. 이제 일본은 점령지를 방어하며 기다리는 것 외에는 특별한 방법이 없었다. 이 전투로 위기를 반전시킨 미국은 전선을 안정화시킨 뒤 서둘지 않았다. 차분히 물량전을 준비했다. 다음 해 1943년 가을, 당당히 전장에 복귀한 미 태평양 함대는 19척의 항공모함과 1000대의 함재기를 보유한 거대 함대가 되어 있었다. 이 전력차 자체만으로 일본이 이길 가능성은 영원히 사라졌다.

1년 뒤인 1944년 10월 레이테만 해전에서 전함 무사시와 남은 항공모함들 전체가 격침되며 수세에 몰리던 일본 연합함대는 사실상 궤멸했다. 제해권과 제공권을 완전히 잃은 일본은 이후 대한해협조차 제대로 방어할 수 없었다. 냉정하게 돌이켜볼 때 일본은 미드웨이 패전 이후 어떤 방식으로든지 미국과 종전협상을 진행시켜야 옳았다. 그리고 실제 많은 정치가들이 그런 생각을 가지고 있었다. 하지만 일본군부의 전쟁의지는 확고했다.—요시다 시게루는 지속적으로 종전협상을 주장하다 군부에 의해 투옥되기도 했다. 만주사변 이후의 일본은 수상과 내각에 의해 정상적으로 운영되는 국가가 아니었다. 일본군부는 하극상과 공포정치로 국정을 농단하고 있었다. 수상의 정책은 육군과 해군에서 수시로 무시되었고, 본토에서의 명령은 관동군 사령부에 의해 무시되면 그만이었다. 복잡한 인맥으로 얽혀 있는 일본군부는 외관상의 조직체계가 아니라 보이지 않는 파벌들에 의해 이리저리 휩쓸리기 마련이었다. '머리가 여러 개이거나 아니면 머리가 없는' 일본은 결과가 자명해 보이는 전쟁을 아무런 대책도 없이 관성적으로 수행해갔다.

한편 지구 반대편의 전쟁도 치열하게 전개되었다. 1942년 봄 얼음이 녹아 전쟁터가 진흙 수렁으로 변한 덕에 독일과 소련 양측은 8개월에

미드웨이 전투

호기롭게 미드웨이 공격을 진행하던 일본은 '운명의 5분간' 세 척의 항모를 잃었고, 곧 나머지 한 척까지 잃어 진주만 공격에 투입했던 항모 네 척을 모두 잃었다. 미국은 진주만의 복수와 함께 결정적인 반전을 이루어냈다.

걸친 전투 후의 휴지기를 맞았다. 상황을 정리했을 때, 모스크바와 레닌그라드를 지켜낸 것 외에 소련의 나머지 상황은 모두 심각했다. 군인 310만 명이 사망했고, 300만 명 이상이 포로로 잡혔다. 독일군에게 우크라이나의 가장 풍요한 곡창지대를 빼앗겼다. 절반으로 줄어든 빵과 고기의 공급량을 가지고 1억 3000만 명의 인민이 연명해야 했다. 돈바스 공업지역을 잃어 소련 중공업 생산량은 1/4로 줄어들었다. 숙련 노동자 수백만 명이 죽거나 적의 점령지 내에 있었다. 독일의 공업생산력은 소련의 네 배를 넘었다. 1942년 봄의 상황에서 소련이 이길 것에 내기를 걸 사람은 별로 없었다. 그런데 소련군은 놀랍게 되살아났다. 현대인의 관점에서 독소전쟁을 바라보면, 거대한 영토와 혹한이라는 이점과 병력수의 우위를 점한 소련에 대해, 정예화되고 과학화된 독일군이 맞서는 이미지를 흔히 떠올리기 쉽다.

하지만 그것은 사실이 아니다. 만약 독일의 '질'에 대해 소련이 '양'으로 상대했다면 소련은 결코 승리하지 못했을 것이다. 소련이 물량 면에서 우월했을 것이라는 추측들은 지도상의 소련의 크기를 강하게 의식하고, 1941년 소련이 당한 피해를 상상하지 못하기 때문에 나온다. 하지만 기록된 역사는 개전 초 소련의 피해가 얼마나 가혹했는지, 그리고 소련인들이 자신들의 적을 극복하기 위해 얼마나 철저히 독일군을 연구해갔는지를 보여준다. 소련이 동부의 무한한 공간에서 인력을 빨아들여 승리했다는 식의 이야기는 신화에 불과하다. 소련은 소련 여성 2/3를 동원해 공장과 농장을 운영했고, 그만큼의 남자들을 징병으로 군에 추가시켰고, 남은 병력만큼은 손실을 줄여 지켜내기 위해 군을 악착같이 현대화시켰다. 그것이 1942년에 소련군이 무너지지 않은 이유다. 독소전쟁은 과학기술과 수량의 싸움이 아니라 과학기술과 과학기

스탈린그라드 전투

스탈린그라드 전투에서 소련은 군대와 시민이 혼연일체가 되어 싸웠으며, 정예 병력이었던 독일 제6군 30만 명을 전멸시키며 세계인을 놀라게 했다. 무패의 독일군 신화가 붕괴된 것이다.

술의 싸움이었다.

1942년 가을이 오자 독일 제6군 사령관 파울루스 대장은 스탈린그라드로 진격하라는 히틀러의 명령을 받는다. 30만 명의 대병력으로 구성된 제6군은 독일의 최정예병력이었다. 이것은 소련 남부의 유전과 곡창지대를 확보하기 위한 전략이기도 했지만, 무엇보다 '스탈린'의 이름이 붙은 도시를 점령한다는 것은 히틀러에게 상징적인 일이었다. 스탈린 역시 자신의 이름이 붙은 도시를 독일군에게 내줄 마음이 없었다. 무슨 수를 써서라도 스탈린그라드를 사수하라는 명령을 내렸다. 소련군은 악착같은 방어전에 임했다. 이후 몇 달간 스탈린그라드는 끝없이 물자와 인력이 녹아 사라지는 지옥이었다. 두 독재자의 자존심 대결은 정상적인 전술행동을 방해했다. 전세가 불리해졌음에도 히틀러는 독일 제6군의 후퇴를 허락하지 않았다. 최종적으로 승기를 쥔 것은 소련군이었다. 스탈린그라드에서 소련군은 비록 47만 명의 희생을 치렀지만 침략군을 물리치는 데 성공했다. 겨울에 스탈린그라드에서 포위된 독일 제6군은 결국 1943년 2월 전멸했다. 12만 명 이상이 전사했고 잔존병력 9만 명은 포로가 되었다. 이들 중 전후에 살아 돌아온 이들은 6000명에 불과했다. 이렇게 역사상 최강의 전쟁기구라 불리던 독일의 기세가 꺾였다. 1942년이 지날 무렵 전쟁의 풍향은 연합군에 분명하게 유리해졌다.

독일 점령기의 졸리오

1940년 11월, 폴 랑주뱅이 '유대인들을 도운' 혐의로 게슈타포에 체포됐다. 랑주뱅의 체포에 항의하기 위해 학생들이 콜레주 드 프랑스의 강당에 집결했고 독일군은 이에 대응병력을 보냈다. 일촉즉발의 상황에 졸리오가 나타나 강단에 올라서서 '프랑스의 자랑이자 영광인 랑주뱅이 석방될 때까지' 자신의 실험실을 폐쇄하고 강의는 무기한 연기한다고 외쳤다. 투옥 이상의 상황을 각오하고 벌인 일이었다. 하지만 게슈타포는 랑주뱅의 구금을 풀고 남부 소도시에 가택 연금하는 형태로 타협했다. 그리고 게슈타포는 전혀 몰랐지만 졸리오는 이미 이때 레지스탕스 활동에 가담하고 있었다. 자신의 집과 여러 장소에서 비밀리에 회합을 계속했고 이렌은 남편에게 아무것도 묻지 않았다. 이렌은 이런 것은 가급적 자기 자신도 모르는 것이 좋다는 것—언제나 고문 받을 수 있을 것이므로—을 잘 알고 있었다.

1941년 6월 29일에는 졸리오가 게슈타포에 체포되어 가기도 했다. 하지만 온정적인 독일인 동조자들 덕분에 무사히 풀려났다. 그리고 1941년 6월 22일 독일의 소련침공 여파로 파리의 상황은 또 한 번 바뀌었다. 독일의 침공을 받자 소련은 전 세계 공산당 조직에게 독일에 저항하라고 독려했다. 이제 프랑스 레지스탕스 조직에서 가장 적극적으로 독일과 싸우는 집단은 프랑스 공산당이 됐다. 또 이때부터 프랑스에서는 레지스탕스의 적극적인 무장공격이 행해지기 시작했다. 1941년 말에는 라듐 연구소의 조교수 페르낭 홀벡이 추락한 영국군 조종사들을 스페인 국경 너머로 탈출하는 것을 돕다가 체포되어 고문을 받던 중 숨졌다. 졸리오는 주변인들에게 이런 일이 일어나던 와중에도 프랑스에 남겠다는 생각을 바꾸지 않았다. 졸리오는 국외탈출 기회가 몇 번이나 있었다. 하지만 언제나 선택은 동료들 곁에 머무는 것이었다. 연구소의 과학자들을 흩어지지 않게 하고 연구소의 방사성 원소들을 지켜내기 위해서.

1942년 5월에는 랑주뱅의 사위 자크 솔로몽과 동료 세 명이 체포됐다. 그들은 유인물 발간이라는 비폭력적 방법으로만 독일에 저항했던 사람들이었다. 하지만 게슈타포는 솔로몽의 어머니, 솔로몽의 아내이자 랑주뱅의 딸인 엘렌까지 체포했다. 엘렌은 남편을 처형 전날에야 간신히 만날 수 있었다. 고문의 고통 속에서 솔로몽은 "당신을 안아줄 수 없어 미안해. 팔이 안 움직이거든."이라고 얘기했다. 체포된 남자 네 명은 모두 총살당했다. 엘렌과 시어머니는 아우슈비츠로 보내졌고 시어머니는 그곳에서 사망했다. 엘렌만이 소련군이 올 때까지 간신히 살아남았다. 한 달 뒤에는 16세인 랑주뱅의 두 손자 미셸 랑주뱅—후에 엘렌 졸리오퀴리와 결혼해서 졸리오의 사위가 된다—과 베르나르가 불온 유인물 배포로 체포되어 3개월을 복역했다. 랑주뱅 가문 전체가 독일로서는 눈엣가시였다. 이 솔로몽 가족의 비극은 졸리오가 1942년 프랑스 공산당에 입당한 결정적 이유였다. 솔로몽과 그 가족, 처형당한 동료들은 모두 공산당원이었다. 프랑스 우파는 비시 정권을 세워 독일과 야합 중이었고, 독일과 싸우는 드골의 자유프랑스군은 프랑스 밖에 있었다. 레지스탕스의 주력은 공산당이었고 가장 적극적으로 독일과 싸우고 있었다. 졸리오는 입당하는 것이 프랑스를 위해 싸우는 데 적절하다고 판단했다. 그리고 공산당 입당 후 졸리오는 상징적인 프랑스 레지스탕스 사령관의 지위를 받아들였다. 이 사실이 독일군에 알려진다면 졸리오는 처형 이외의 형벌은 기대할 수 없었다. 이때부터 졸리오는 런던에서 온 밀사들을 만나고, 지하신문에 실을 성명서를 쓰면서 바쁘게 살아갔다. 이후 2년여의 기간 동안 독일은 졸리오의 활동을 전혀 눈치채지 못했다.

플루토늄의 가능성

1941년 12월 7일 진주만의 비극이 지나면서 핵분열과 관련된 연구를 진행하던 연구자들은 연구의 미래를 낙관하는 분위기가 된다. 이미 진행 중이던 모든 군사적 연구는 폭발적 연구비 팽창이 뻔해 보였기 때문이다. 1942년에 어니스트 로렌스(Ernest Orlando Lawrence, 1901~1958, 1939년도 노벨 물리학상)와 아서 콤프턴(Arthur Holly Compton, 1892~1962, 1927년도 노벨 물리학상)의 노력으로 원자폭탄의 선택지가 하나 더 나타났다. 막 플루토늄(Plutonium)이라 이름붙인 원자량 239의 원소94로도 원폭개발이 가능하다는 결론이 나온 것이다. 고무적인 결과였다. 그렇다면 원자폭탄의 원료는 우라늄-235를 농축하거나 우라늄-238을 플루토늄으로 바꾸는 공정을 통해 얻을 수 있다. 최대치의 핵원료를 얻기 위해서는 두 가지 방법을 모두 사용해보자는 쪽으로 결론이 모아졌다. 전쟁이 시작되자 프로젝트에서는 비공식 암호를 사용하는 것이 일반화됐다. 플루토늄은 '구리', 우라늄-235는 '마그네슘'이라 불렀다. "현재 자료에 의하면 구리 폭발장치는 마그네슘을 사용하는 폭발장치의 반 정도 크기다."와 같은 형태로 말하고 보고했다. 그리고 '구리' 생산이 '마그네슘' 생산보다 시간이 훨씬 많

플루토늄
암호명 '구리'로 불렸던 플루토늄. "플루토늄 덩어리를 손으로 들어 올리면 따뜻해서 마치 살아 있는 토끼처럼 느껴진다." 물리학자들의 증언처럼 알파입자와 방사능을 쉴 새 없이 방출하는 죽음의 물질은 역설적으로 살아 있는 듯 온기를 가지고 있었다.

이 걸릴 것으로 보았다. 사용가능한 양의 '구리' 생산은 목표를 1944년 말로 잡았다.

원자폭탄의 또 다른 개척자 로렌스

1932년 로렌스는 사이클로트론의 제작으로 원자연구의 중심지를 캐번디시에서 미국으로 가져왔다. 로렌스의 실험실은 이후 중요한 발견들을 진행하기는 했지만, 과학적인 연구보다는 사이클로트론의 발전 자체에 더 초점을 맞추었다. 이런 노력으로 로렌스는 고에너지 물리학에 필요한 가장 중요한 장치를 미국에 퍼뜨렸다. 바로 그 로렌스가 1942년에는 플루토늄으로도 원폭이 가능하다는 발견까지 해낸다. 이로써 미국의 핵무장 가능성은 뚜렷하게 높아졌다. 일반적으로 이 두 가지가 로렌스의 가장 큰 업적으로 꼽힌다.

1940년 말 플루토늄-238의 발견은 그 동위원소인 플루토늄-239가 원자 폭탄에 사용될 수 있을 것이라는 '추측'하에 처음부터 비밀에 부쳐졌다. 그래서 독일은 플루토늄의 응용 가능성은 전혀 생각하지 못했다. 그리고 1942년에 와서는 로렌스가 플루토늄의 무기화 가능성을 명확하게 밝힌 것이다. 로렌스가 원폭연구에 끼친 영향은 이외에도 많다. 맨해튼 프로젝트 책임자인 그로브스 준장에게 오펜하이머를 로스앨러모스 연구소 소장으로 추천한 것도 로렌스였다. 그리고 로스앨러모스 연구소가 원자폭탄을 설계할 때, 로렌스의 방사능 연구소는 우라늄 농축 과정을 발전시켰다. '원폭 제조 과정'에 대해서는 로렌스의 업적은 오펜하이머 못지않다고 볼 여지도 있다. 1941년부터 로렌스는 이미 우라늄 농축, 즉 우라늄-238로부터 우라늄-235를 분리해내는 문제를 생각하고 있었고, 두 원소가 매우 유사한 화학적 성질을 가지고 있었기 때문에 분리해내려면 극히 작은 질량 차를 이용하여 서서히 분리해내는 방법뿐이라고 보았다. 로렌스가 설계한 전자기적인 우라늄 농축 장치를 칼루트론이라고 부르는데, 질량 분석기와

어니스트 로렌스

사이클로트론이 합쳐진 형태였다. 이 장치는 입자의 질량에 따라 자기장 내에서 굴절되는 정도가 달라지는 것을 이용했다. 이 장치는 완성도나 효율성 면에서는 품질이 좋지 않았지만 위험성이 낮았다. 그리고 단계별 건설이 가능했기 때문에 오크리지에 Y-12라 불리는 주요 시설로 건설되었다. 로렌스에 의해 설계된 시설에서 정제된 농축우라늄으로 결국 원폭은 완성되었다. 로렌스는 불필요한 일본본토 결전 없이 전쟁을 끝낼 수 있었다는 측면에서 원폭사용에 적극 찬성했다. 니시나에게는 최대한의 온정을 베풀었던 그였지만 일본에 자비심을 보일 생각은 없었다. 히로시마 소식을 듣고는 자부심을 느끼며 기뻐했다. 전후에 로렌스는 거대과학 프로그램들에 대한 정부의 지원을 얻어내는 데에도 많은 노력을 기울였고 냉전기 호전적 외교정책을 적극 지지한 인물 중 하나였다.

페르미의 시카고 파일

미국이 전쟁에 뛰어든 1942년이 되자 원폭 연구자들은 중복투자를 막고 속도를 내기 위해 관련 연구를 하고 있는 컬럼비아, 프린스턴, 시카고, 버클리 등에 흩어져 있는 연구팀들을 통합해야 한다고 생각했다. 하지만 아무도 자기 근거지를 옮기고 싶지 않았다. 결국 '비민주적' 방법으로 시카고로 결정했다. 컬럼비아 대학교의 페르미는 이 변화에 동의는 했지만 약간의 부담을 느꼈다. 현 연구소와 거주지에는 마음에 드는 연구진과 자택이 있었고, 노벨상 상금 일부를 납 파이프 속에 넣어 지하실 콘크리트 바닥에 감춰두고 있었다. 미국이 전쟁에 참여하자 페르미는 이탈리아인으로 '적국사람'으로 신분이 분류되었다. 미국 귀화는 5년이 걸리기 때문에 1944년에야 페르미는 미국 시민권을 얻을 수 있었던 것이다. 적국 국적자는 사진기와 단파 라디오 소유가 금지되었고, 비행기 탑승금지, 신분증 소지 등의 제약이 있었다. 장거리 여행 시는 반드시 허가증이 필요했다. 이 부분은 1942년 10월에 미 정부가 이탈리아인은 적국인이 아니라는 규정을 만들고서야 자유로워질 수 있었다.[19] 그래서 당시 페르미의 신분은 놀랍게도 '적국인'이었으므로 혹시 모를 자산동결에 대비했던 것이다. 망명객들의 마음 한구석은 그렇게 언제나 불안하고 불편했다. 페르미는 1942년 여름에도 자신의 우편물이 뜯어져 있는 것을 경험했다. 항의하자 눈에 띄는 검열은 중단했지만 훨씬 기술적으로 검열하기 시작했다. 이런 차별에도 불구하고 페르미는 보안수칙을 엄격히 지키며 자신의 작업을 계속했다. 페르미 부인

19　반무솔리니 운동이 상당히 존재하던 이탈리아의 상황을 인정해준 결과였다.

로라조차도 전쟁이 끝나고서야 남편이 하는 일이 무엇인지 알았다.

어찌됐건 페르미는 1942년 5월경부터는 시카고에서 작업하기 시작했다. 이제 시카고에는 '지구상에 존재하지 않는 금속으로 만든 야구공 크기의 폭발물'을 만들어보려는 사람들이 모두 모여들었다. 1942년 8월까지 거듭된 개량으로 페르미와 실라드 등의 시카고 팀은 연쇄반응이 가능한 단계의 우라늄과 흑연감속재 구조물의 기초단계를 만드는 데 성공했다. 페르미는 이 구조물을 그냥 '파일(pile)'이라고 불렀다. 이 명칭은 지금도 원자로에서 그대로 사용한다. 마침내 1942년 12월 2일 사고가 발생하지 않게끔 페르미가 세심하게 선택한 방법론으로 최종적인 실험을 진행했다. 장비의 제어봉을 올리자 예상대로의 연쇄반응 동작을 보여주었고, 제어봉을 내리자 핵반응은 성공적으로 멈췄다.[20] 수년간의 실험이 결실을 맺었다. 인간이 원자핵에서 에너지의 방출을 자유자재로 통제하는 데 성공했다. 처음부터 이 연쇄반응을 지속시킬 만큼 우라늄 원자들을 좁은 영역에 일정 시간 동안 모아둘 수 있느냐가 핵심적 기술 난제였다. 1942년 시카고 대학 축구경기장 관람석 아래의 스쿼시 경기장에 실험실을 급조해서 이루어진 페르미와 실라드의 협업으로 세계 최초의 핵분열 연쇄반응기가 만들어졌고, 연쇄반응의 가능성을 엄중한 안전장치하에 실험을 끝냈다. "오늘은 인류 역사상 비운의 날로 기록될 것입니다." 연구팀이 모두 떠난 후 페르미와 악수하며 실라드가 남긴 말이다. "우리는 거인을 풀어주려는 일을 하고

---

20 1942년에는 아직 멜트다운(meltdown, 노심용융)이라는 단어가 생기지도 않았다. 과열로 원자로 노심이 녹아버리는 멜트다운 현상은 원자력발전소 사고에서 흔히 듣게 되는 단어다. 페르미가 만든 최초의 장비도 같은 위험을 당연히 가지고 있었다. 만약 이때 '제어봉을 내리는 데 실패했다면' 시카고가 40년 앞서 체르노빌의 운명을 맞았을 것이다.

있다는 것을 잘 알고 있었다. 그리고 이제 거인을 풀어주고야 말았다는 사실을 느꼈을 때⋯⋯섬뜩한 두려움을 떨쳐버릴 수 없었다." 위그너는 이렇게 당시를 회고했다. '야금연구소(암호명)' 소장 아서 콤프턴이 정부 책임자 제임스 코넌트에게 암호 보고문을 보냈다. "이탈리아 항해자가 방금 신세계에 도착했습니다." 핵분열 실험 성공을 알리는 암호이자 이탈리아 출신 페르미의 상황에 대한 설명으로는 정말 정확한 표현이었다. 원폭으로 가는 첫 단계가 끝났다. 2년 이상의 시간 동안 이들이 해낸 일은 맨해튼 프로젝트의 중요한 기초가 됐다. 하지만 이제 중심지가 옮겨갈 시점이 되었다. 거대기술의 영역이 동작하기 시작했다.

1942년 독일의 원폭 포기

일본이 진주만을 기습하던 시점 크렘린 궁전 첨탑이 보이는 지점까지 진격했던 독일군은 소련의 겨울역습을 당한다. 소련은 일본의 협공이 없을 것을 확신하고 극동에 배치된 병력들을 아슬아슬한 타이밍에 모스크바 전선으로 불러오는 데 성공했다. 주코프 원수는 겨울전투에 익숙한 100개 사단을 동원해 추위에 얼이 빠진 독일군을 겨울 내내 밀어붙였다. 1942년 3월 봄이 왔을 때까지 동부전선 독일군의 사상자 수는 120만 명을 넘어섰다. 독일군은 자신들 눈앞에 지금까지와는 전혀 다른 적이 나타났음을 인정해야 했다. 베를린의 군수책임자들은 이제 독일 전시경제가 한계에 봉착하고 있음을 느꼈다. 군수산업의 우선순위를 철저히 정해야 했다. "가까운 장래에 도움이 될 것이 확실한 연구에 우선지원"한다는 대원칙이 적용됐다. 당연히 우라늄 연구의 우선순위는 크게 낮아져 지리멸렬한 상태가 되어갔다. 하지만 반전의 기회가 있었다. 우라늄 연구자들은 제3제국 최고위급 지도자들에게 직접 지원을 호소하려고 1942년 2월 26일의 회의 초청장을 보냈다. 초청대상은 부총통이자 공군상 헤르만 괴링, 히틀러를 근접 보좌하는 마르틴 보르만, 친위대장 하인리히 히믈러, 해군참모총장 에리히 라에더 제독, 총참모본부 빌헬름 카이텔 원수, 군수 장관 알베르트 슈페어까지 화려하게 포진해 있었다. 과학자들도 하이젠베르크, 오토 한, 보테, 가이거, 하르텍 등이 총출동하기로 예정되었다. 하이젠베르크의 발표를 들었으면 그들 중 누군가를 놀라게 했을 수 있고 독일의 우라늄 연구는 전혀 다른 우선순위를 가졌을 수도 있다.

이후 독일이 V-2 로켓 개발에 쏟아부은 돈은 실제 원자폭탄 연구에 못지않았다는 점에서 독일의 원폭개발은 충분한 가능성이 있었던 시점이다. 그런데 운명의 장난처럼 초청장 발송을 담당한 비서는 다른 강의프로그램을 보내버렸다! 같은 날 육군 병기국이 주관하는 비밀과학회의 프로그램을 보낸 것이다. 그 프로그램에는 고도로 기술적인 과학 논문들의 제목이 빼곡히 들어가 있었다. 히믈러는 당일 베를린에 있지 않을 예정이라며 사양했고, 카이텔은 너무 바쁘다며 참석하지 않았으며, 라에더 해군제독은 대리인을 보냈다. 프로그램의 제목들에 압도된 것인지 분명치 않지만 결국 핵심 지도자들은 아무도 참석하지 않았다. 전시행정의 귀재로 역사에 이름이 남은 슈페어 정도만 참석했어도 상황은 조금 달랐을지 모른다. 원폭개발에 필요한 규모의 지원을 할 수 있고 그 중요성을 간파할 만한 권력자는 슈페어 정도였다. 하지만 슈페어는 전후 연합군에게 취조를 당할 때 1942년 2월의 회의 초청 자체를 기억하지 못했다. 이 회의에서 하이젠베르크는 동력원으로서의 우라늄을 강조했지만 군사적 사용도 어느 정도 토의했다. 순수한 우라늄-235는 상상 이상의 폭약이라는 것과 미국인들이 이 연구에 우선순위를 두어 최우선으로 수행하는 것으로 보인다는 점까지 모두 언급되었고, 기본지식은 모두 갖추고 있으니 필요한 것은 돈과 물자라는 것을 명확히 했다. 회의 결과 물론 연구비는 증액되었지만 독일의 우라늄 연구는 미국이 시도하는 규모의 거대과학과는 비교할 수 없는 규모로 진행되게 되었다.

1942년 4월에 하이젠베르크는 카이저 빌헬름 물리연구소장과 베를린대학 이론물리학 교수로 임명되었다. 계속 그를 공격하고자 하는 나치 과학자들이 있었지만 나치 수뇌부는 더 이상 그에게 '백색 유대인'의 혐의를 씌우지 않았다. 이후 하이젠베르크의 운신은 훨씬 편해졌다. 하이젠베르크는 이 상황을 어리석은 '독일물리학'에 대한 '현대물리학'의 승리로 간주했다. 하지만 그것은 나치의 군사적 핵연구를 시작시킨 대가이기도 했다. 그리고 그 과정은 어느 정도 하이젠베르크 스스로에 의해 유도된 측면이 있어 보인다. 하지만 후일 하이젠베르크는 그 특유의 스타일로 자신의 작업을 더 미화시켜 표현했다. "결과적으로 우리 연구는 전후 평화적 핵기술을 시작하는 데 도움이 되었다." 모든 인생은 논쟁적인 법이다.

1942년 6월에 한 번 더 기회가 있었다. 새롭게 회의가 열렸고 이번 회의에는 슈페어가 참석했다. 그리고 이번에는 하이젠베르크가 군사적 측면을 좀 더 강조해 설명했다. 6월 4일 군수장관 슈페어가 참석한 회의 속기록도 흥미로운 내용을 전하고 있다. 에르하르트 밀히 원수가 런던 같은 대도시를 폐허로 만들 만한 폭탄의 크기는 어느 정도인지 묻자 하이젠베르크는 손으로 작은 공 모양을 그리며 "파인애플 정도의 크기입니다."라고 대답했다. 슈페어가 그 작업이 경제적으로 가능한

알베르트 슈페어
"슈페어 때문에 독일은 1년은 더 버틸 수 있었다." 독일의 군수산업을 총괄했던 슈페어에 대한 과장 섞인 찬사다. 이 천재적 행정전문가에게 핵연구는 비효율적이거나 환상적인 것으로 판단되었다. 상당 부분은 하이젠베르크의 태도 때문이었지만 사실 정확한 판단이기도 했다. 독일의 입장에서는 성공확률과 투입자원 규모의 불균형이 너무나 컸다.

것인지 질문하자 하이젠베르크는 수십억 제국마르크가 필요한데다가 인력부족으로 아마 전혀 불가능할 것이라고 잘라 말했다. 이 대화는 독일원수가 얼마나 황당했을지 말고도 많은 정보를 알려준다. 갓 마흔을 넘긴 노벨상 수상자 하이젠베르크는 이 회의에서 대놓고 원자폭탄에 반대하거나 하지 않았다. 하지만 하이젠베르크는 원폭에 대해 틀리지는 않지만 비현실적으로 느껴지는 표현을 사용했다.[21] 실제 그는 원자폭탄이 '원리적으로 가능하지만 현실적으로 불가능하다'는 입장을 고관들과의 대화에서 고수했다. 이것이 실제 그의 믿음이었는지 고의적인 방해였는지 분간하기는 힘들다. 분명한 것은 하이젠베르크는 원자폭탄 계획을 저지하지도 않았고 진척시키지도 않았다는 것이다. 전쟁이 끝났을 때 하이젠베르크는 자신이 망명을 떠나거나 반체제운동에 투신하는 대신 훨씬 효율적인 저항을 했다고 주장했다. 카이저 빌헬름 물리연구소를 장악함으로써 독일의 원자무기 연구를 통제하고 고의적으로 연구를 늦추는 태업을 시도했다는 것이

---

21 우라늄-235의 양만 놓고 볼 때 파인애플 크기라는 것은 적절한 표현이다. 하지만 '런던을 멸망시킬 파인애플'을 이야기하는 젊은이가 노벨상 수상자만 아니었다면 아마 밀히 원수는 하이젠베르크를 내쫓았을지도 모를 일이다. 이런 단순하고 불친절한 설명은 의도적이었을까? 아니면 과학자들 특유의 우직함이었을까?

다. 하이젠베르크의 마음속 진실은 하이젠베르크만 알겠지만 결과적으로는 그랬다. 독일은 원폭개발을 결국 포기했다.

슈페어는 회의 후 하이젠베르크에게 직접 이것저것 물어보았으나 "그의 대답은 결코 고무적인 것이 아니었다."고 기억했다. 하이젠베르크는 과학적 해답은 찾았지만 기술적 문제는 훨씬 복잡해서 최대한의 지원이 있어도 '빨라야 2년'은 걸린다고 한 것이다. '반년 내로 효과를 볼' 무기를 강조하는 히틀러에게 매일같이 시달리는 슈페어로서는 이미 머릿속에 호기심이 많이 사라져버렸을 것이다. 독일에는 사이클로트론이 없어 연구가 힘들다는 하이젠베르크의 푸념에 슈페어는 '미국에 있는 것과 같은 것이나 더 큰 것을 만들라'고 제안했다. 그러자 하이젠베르크는 미적지근하게 독일 물리학자들이 큰 사이클로트론을 제작한 경험이 없어서 작은 것부터 만들어야 한다고 말했다. 슈페어는 김이 빠졌지만 그래도 핵연구에 필요한 수단, 원자재, 예산을 알려달라고 했다. 몇 주 뒤 과학자들이 보내온 내역은 슈페어가 보기에 너무 보잘것없이 작은 금액이었다. '문제의 중요성에 비해 너무 겸손한 요구에 난처해져서' 더 많은 양의 소재를 요구하라고 답신했다. 하이젠베르크는 성공적인 핵분열이 확실히 통제될 수 있는지, 연쇄반응이 계속 진행될 수 있는지에 대한 슈페어의 질문에 정확한 답변을 주지도 않았다. "어쨌든 나는 원자폭탄이 전쟁진행에 아무 의미가 없다는 인상을 받았다." 심지어 슈페어는 히틀러를 만나 이 회의의 내용을 보고하기도 했었다. 그 상황에 대해 슈페어는 히틀러의 지적 능력으로는 이해하기 힘들었던 문제였다고 회고했다. "나와 히틀러의 회의는 2200회나 있었지만, 핵분열 문제는 단 한 번 아주 간단히 언급됐다." 히틀러는 핵 관련 연구에서 얻을 것이 별로 없을 것이라고 봤다. "(히틀러는) 과학자들이 지구에 불을 지를지도 모른다며 농담했다. 하지만 오랜 시간이 걸릴 것이고 자신은 그것을 볼 때까지 살지 못할 것이라고 했다."

결국 슈페어는 하이젠베르크와 독일의 원자연구 방향을 결정했다. 하이젠베르크는 언제까지 완성이 가능하겠냐는 슈페어의 질문에 3~4년 안으로는 불가능하다고 했다. "물리학자들의 제안으로 우리는 1942년 가을 원폭개발을 단념했다." 그래서 슈페어는 해군이 흥미를 가졌던 잠수함 동력원으로서 우라늄 연구를 허가했다. 이제 독일은 원폭개발계획을 사실상 포기하고 에너지원 정도로 제한적인 연구의 대상으로 원자력을 사용하게 되었다. 그래서 하이젠베르크는 천연우라늄과 중수를 이용해 연구용 원자로를 만들기 시작했다. 하이젠베르크의 독일 팀은 1942년을 보내며 핵을 에너지로 이용하는 것으로만 연구목표가 한정된 것이다. 하지만 연합국은 이 사실을 모르고 있었다. 1942년 3월 9일 루스벨트에게 올라간 서면보고는 섬뜩한 것이었다. "우리는 이미 경쟁 상태에 돌입했는지 모릅니다." 희망적 전망도 있었다. "적절한 노력을 기울이면 1944년까지 완성할 수 있을 것으로 봅니다."[22] 루스벨트가 들은 것은 슈페어가 들었던 것과는 전혀 다른 분위기의 보고였다. 루스벨트는 어쩌면 당연해 보이는 답신을 했다. "나는 모든 일을……시간의 관점에서 진행해야 한다고 봅니다." 제한요소는 돈이 아니라 시간이다! 최고사령관으로부터 이 대원칙이 제시된 것이다. 이제부터 경쟁하는 방법론들의 우선순위를 결정하는 것에 특별히 고민할 필요가 없어졌다. 5가지 방법이 있으면 5가지를 모두 밀어붙이면 되는

---

22 자신의 계획을 성사시키려고 회사 상급자에게 협박과 미끼를 함께 넣은 보고서를 올린다고 상상해보면 이 보고서가 전형적이라는 것을 알 것이다.

것이다! 아마도 1942년 봄까지가 독일과 미국이 비등한 수준의 가능성을 가졌던 마지막 시점일 것이다. 이후 양국의 상황은 완전히 다르게 진행됐다.

거대과학의 군인 관리자, 그로브스

1942년 8월 13일부터 원폭개발에 관한 전체 계획은 '맨해튼 계획 (Manhattan project)'이라는 암호명으로 불리게 됐다. 이 암호명은 새로 프로젝트를 맡은 인물이 지은 것이다. 46세의 레슬리 그로브스(Leslie Richard Groves, 1896~1970) 준장은 1942년 9월 17일 공식적으로 맨해튼 계획의 책임자가 되었다. 아인슈타인의 편지 이후 3년이 지나고 있었지만 이 계획은 지지부진한 상태였다. 위원회 체제의 'S-1' 팀은 사공이 너무 많았다. 새롭게 이 일을 맡은 사람은 이전과는 다르다는 것을 보여줄 수 있어야 했다. 그리고 새롭게 많은 예산이 투입되기 시작하면 기밀유지를 어떻게 할 것인지가 문제가 되었다. 상하원의원들이 예산심사에 접근 못하게 하려면 '군 기밀'이어야 했다. 그래서 원폭 프로젝트를 육군 공병대 소관으로 하자는 아이디어가 나왔다. 그리고 이제 프로젝트는 실라드나 페르미 같은 과학자들이 아니라 군의 감독하에 전혀 다른 형태로 진행될 것이다. 그로브스는 그런 과정 속에서 원폭개발계획의 총 책임자로 낙점되었다. 그로브스 준장이 전체 계획의 책임자로 선택됨으로써 맨해튼 프로젝트는 비로소 본격적인 궤도에 들어설 수 있었다. 공병대 출신인 그로브스 준장의 업무처리 능력은 무협지적 수준이었다. 냉소적이고 권위적인 군인이었지만 '거대과제를 예산 내에서 일정을 지켜' 마치는 것으로 유명했다. 특히 미 국방성 건물인 펜타곤 건축을 감독하며 이름을 알렸다. 복잡하고 거대한 프로젝트를 조직적, 위계적으로 수행하는 데 탁월한 재능이 있다고 평가되었고 역할별 분류, 비밀유지, 모듈화에는 천부적 소질이 있었다. 펜타곤 건축을 끝내고 그로브스는 이제 해외에서 전쟁에 직접 도움이 되는 일을 맡고 싶었다. 그런데 상관인 육군공병감이 워싱턴에서 일하라는 말을 하자 대놓고 워싱턴에 있기 싫다고 했다. 하지만 이 일이 잘 수행되면 승리에 큰 기여를 할 수 있다고 공병감이 말하자 "오!" 하는 감탄사를 내뱉었다. 곧바로 대령에서 준장으로 승진한 그로브스에게 동기부여는 잘 되어 있었다.[23] 이후 그로브스의 전설적인 일화들은 많이 있다. 프로젝트를 맡은 후 그가 제일 먼저 한 일은 전임자들이 처리하지 못하고 책상에 6개월 가량이나 쌓인 각종 문서들을 하루 만에 모두 결재해버린 것이다. 그리고 전시생산국을 찾아가 맨해튼 계획에 필요한 연구 부지를 최우선 순위로 지정해주기를 요청했다. 전시생산국장이 거부하자 "루스벨트 대통령에게 전시생산국의 비협조로 국가 기밀 프로젝트를 포기할 수밖에 없다는 보고서를 올리겠다."라고 협박해 승인을 받아냈다. 오크리지와 핸퍼드에서 우라늄-235와 플루토늄을 제조하고 로스앨러모스에서 폭탄을 연구하는 분업 체제와, 연 인원 12만 명 이상 노동자들을 투입하며 20억 달러[24] 이상이 소요된 거대과학으로 유명한 맨해튼 프로젝트는 그로브스라는 천부적 관리자가 있었기에 가능했다. 그로브스는 책임자가 된 뒤 자신의 집요한 성격을 유감없이 발휘했다. 관료들과 싸워가며 건축 승인 건들을 처리하고 거대 작업

23　맨해튼 계획 2년차인 1944년, 그로브스는 소장으로 진급한다.
24　21세기 초 현재 가치로 300억 달러(36조 원 정도) 이상이다.

에 필요한 부지선정을 일사천리로 밀어붙였
다. 순식간에 미 전역에서 수억 평의 땅을 구
매했다. 그리고 워싱턴 주 핸포드, 테네시 주
오클랜드, 시카고 대학, 캘리포니아 주립대
학 버클리 캠퍼스의 네 곳에서 우라늄 농축
의 최적화된 방법을 찾기 시작했다. 이후 원
폭의 실제 개발은 오크리지, 핸퍼드, 로스앨
러모스의 세 개 비밀도시를 중심으로 이루
어졌다. 오크리지에서는 우라늄-235를 농축
했고, 핸퍼드에서는 플루토늄을 만들었으며,
로스앨러모스는 원자폭탄 연구를 담당했다.

그로브스의 원폭개발 전략들은 간단히 정
리해볼 수 있다. 폭탄 원료인 우라늄-235를
농축하는 방법은 과학자들에 의해 네 가지
가 제시되었다. 그로브스의 선택은 무엇이
었을까? 네 가지를 동시에 다 해보는 것이었
다. 원자폭탄은 우라늄-235와 플루토늄으
로 만들 수 있었다. 어느 것으로 만들 것인

레슬리 그로브스
맨해튼 프로젝트의 총책임자 레슬리
그로브스 장군. 그로브스의 능력은 행
정적 업무에만 있지 않았다. 비록 핵
물리학 자체를 배우지는 않았지만,
그로브스는 웨스트포인트 입학 전에
MIT에 적을 둔 적도 있을 만큼 과학과
공학 분야의 수재였다. 그래서 핵물리
학의 기본맥락들을 쉽게 습득했다. 맨
해튼 계획의 과학자들과 첫 면담을 한
뒤 '플루토늄 추출은 충분히 가능하
고, 플루토늄을 무기화하는 것이 오히
려 나을 수 있다.'는 기록을 남겼을 정
도였다. 플루토늄 추출과 무기화에 당
대 과학자들도 부정적으로 보던 때에
그로브스는 이미 계획 초부터 플루토
늄 폭탄의 가능성까지 꿰뚫어 보았다.

가? 그로브스의 선택은 두 가지 다 만드는 것이었다. 원폭의 폭발 방식
은 두 가지―리틀보이 방식과 팻맨 방식―가 제시되었다. 어떤 방식의
원자폭탄을 만들 것인가? 그로브스의 명령은 물론 두 가지 모두를 연
구하라는 것이었다. 원폭연구가 성공한 뒤 엄청난 예산이 투입되는 핵
원료의 대량생산에 들어가야 하는 것이 아닐까? 그로브스의 판단은 우
라늄-235와 플루토늄을 대량생산하면서 동시에 원폭개발도 병행하는

것이었다. 원폭연구에 실패하면? 물론 그로브스는 그런 경우는 아예 염두에 두지 않았다. 우라늄 농축을 위해 엄청난 규모의 전자석을 만들려면 상당량의 구리가 필요했는데, 당시는 전시라 구리 품귀현상이 빚어지고 있었다. 그로브스는 이 전선 부족 문제를 손쉽게 해결했다. 구리보다 훨씬 전기 전도도가 좋은 금속을 찾아낸 것이다. 그로브스는 재무성에 가서 미국의 보유 은을 모조리 빌렸다. 그리고 은으로 전자석을 둘러쌀 전선코일을 만들었다. 당시 재무성 관료는 은을 '톤' 단위로 빌려 달라는 그로브스에게 경악했다. 결국 13540톤 정도의 은을 '대출'받아 전자석 코일로 사용했다. 이런 방법들이 그로브스가 그토록 짧은 시간에 프로젝트를 성공시킬 수 있었던 비결이었다. 물론 전시라는 특수한 상황에서 그로브스가 사실상 무제한의 예산편성이 가능한 전권을 가졌기에 가능한 일이기도 했다.

또한 그로브스는 자신의 군대적 기질을 적절한 시점, 적절한 부분, 적당한 수준까지 정확하게 사용할 줄 알았다. 그리고 그 선을 절대로 넘지 않았다. 과학자들의 연구를 통제하는 일은 철저히 새로운 과학전문가에게 맡겨야 한다는 것을 쉽게 인정했다는 점에서 그는 군인 이상의 모습 또한 보여주었다. 공장, 노동인력, 작업 스케일의 문제에서 그로브스는 탁월했다. 하지만 막상 폭탄을 가능하게 할 과학자들의 관리 문제는 그로브스가 익숙한 분야가 아니었다. 오펜하이머는 그런 면에서 적절한 파트너였고, 후일 그로브스는 오펜하이머를 만났을 때 그의 재능 또한 바로 알아보았다. 1942년 10월 5일 그로브스는 과학자들 앞에 나타나 자신의 정책을 정리했다. "육군은 이 프로그램을 중요하게 생각한다. 잘못된 결정이었어도 빠른 결과만 나오면 아무런 이의가 없다. 만약 두 가지 방법 중 선택해야 되는 경우, 각각이 완전히 가능성이 없는 것만 아니면 두 가지를 다 선택한다." 이후 맨해튼 프로젝트는 철저히 이 원칙하에 움직였다.

1942년의 노르웨이 중수공장

그로브스는 맨해튼 프로젝트 책임자로 임명된 뒤 미국의 원폭개발 계획을 빠르게 진행하는 것과 똑같은 의미를 가진 작업이 있음을 깨달았다. 경쟁자인 독일의 원폭개발을 늦추는 것이었다. 그로브스는 영국 측에 독일의 중수생산을 방해해줄 것을 구체적으로 요청했다. 그래서 노르웨이 베모르크 중수공장은 1942년 겨울부터 영국의 집요한 파괴 공작의 대상이 되었다. 영국은 10월 18일 노르웨이인 특공대 4명을 류칸 지역에 선제적으로 잠입시킨 뒤 11월 19일 두 대의 글라이더에 나눠 탄 특공대를 보냈지만 이들은 악천후로 추락하고 말았다. 생존자 14명은 그날 독일군에게 모두 처형당했다. 하지만 영국은 이미 두 번째 팀을 준비하고 있었다. "중수공장은 반드시 파괴되어야 한다. 전쟁에서 손실은 있게 마련이다. 처음 공격이 옳았다면 그것을 반복해 요구하는 것도 옳은 일이다." 냉정한 인터뷰들이 남아 당시 상황을 전해준다. 1943년 2월 16일이 되었을 때 6명의 노르웨이인들을 2차 공격의 선발대로 낙하시켰다. 특공대는 작년 10월 투입했던 굶주린 4명의 동료와 만나 팀을 이뤘다. 무전병 1명만 남겨둔 채 9명의 특공대는 중수공장으로 떠났다. 체포되어 고문 받고 동료를 배반하지 않도록 전원 자살용 청산가리 캡슐을 소지했다. 공장은 강과 절벽으로 둘러싸인 천혜의 요새였다. 독일이 15명밖에 안 되는 소수 경비 병력만 배치한 이유가 충분히 있었다. 하지만 특공대는 한밤에 절벽을 기어올라 독일군의 눈을 피해 공장안으로 잠입하는 데 성공했고 중수생산시설에 폭약을 설치했다. 작은 폭발이 일어났을 때 독일군 보초는 잠긴 공장 문을 확인하고 작은 눈사태가 지뢰를 폭발시킨 것이라 생각했는지 잠시 살펴보고 초소로 돌아갔다. 특공대는 덕택에 전원 안전하게 탈출했다. 양측은 조우한 적도 없기 때문에 사상자는 한 명도 없었다. 18개의 전기 분해통 모두가 폭파됐고, 0.5톤의 중수가 흘러나와 못 쓰게 됐다. 수리에는 수주일 걸릴 것이고 18개의 통을 사용해 단계적으로 중수를 농축하는 공정이었으므로 정상적인 생산수준을 복구하는 데는 1년 이상이 필요하게 되었다. 1년은 어마어마한 시간이다. 작전은 대성공이었다. 독일의 우라늄 연구가 어떤 상태에 있건 그 진행은 심각하게 느려질 것이었다.

1942년 일본의 원폭 연구

원자폭탄이라는 압도적 무기는 태평양 전쟁 당시 일본과 미국의 과학기술 수준의 격차를 상징하는 이미지로 남아 있다. 하지만, 일본은 결코 원자폭탄이라는 무기를 상상조차 하지 못한 채 1945년 8월 6일을 맞은 것은 아니다. 2차 대전에 참전한 주요 국가들 중 원자폭탄을 떠올리지 못한 나라는 사실상 없었고 일본도 예외는 아니었다. 일본은 원자폭탄의 동작구조와 파괴력을 정확히 인지하고 있었을 뿐만 아니라, 실제로 원자폭탄 개발을 추진했다. 더구나 그 진지함의 정도에 있어서는 독일을 훨씬 능가했다. 일본의 기이한 원폭개발 스토리는 여러 측면에서 맨해튼 프로젝트와 대비해볼 수 있을 것이다. 전쟁이 시작되었을 때 전세를 단번에 역전시킬 '결전병기'는 모든 나라들이 생각하고 있었다.

독일의 경우 원자폭탄의 가능성을 높게 보지 않았고, 로켓과 비행기의 개발에 집중적인 투자를 했다. 비효율적인 부분은 많았지만 그래도 독일 기술의 특성을 어느 정도 고려한 투자였다. 반면 일본은 사실상 '가능한 모든' 결전병기를 염두에 두고 있었고 일본에게 원자폭탄은 그 수많은 시도 중 하나였다. 일본은 왜 악착같이 결전병기의 개발에 몰두했을까? 그 답은 상당히 역설적이다. 압도적인 결전병기 없이 미국을 이길 가능성이 전혀 없다는 것을 잘 알고 있었기 때문이다. 일본군이 태평양에서 시간을 끄는 사이 결전병기를 만들어 전황을 역전시킨다는 막연한 희망은 일본군 내 다양한 조직들에게 원폭개발의 동력이 되었다.

일본에서는 1941년 미국과의 전쟁 전부터 육군항공대와 해군이 별개의 원자폭탄 연구를 추진했다. 니시나의 리켄은 육군을 위해 일했다. 이 연구는 니시나의 이름을 따서 '니호(二號) 연구'로 불렸다. 그래서 니시나는 해군의 핵계획에서는 제외되었다. 일본 육군이 우라늄 폭탄에 관심을 가진 것은 1940년 3월부터였으니 상당히 빠른 셈이다. 1942년 봄이 되자 일본해군에서는 따로 원자력을 활용한 동력원 개발을 검토하기로 했다. 여름의 회의에서 미국이 아마도 원자폭탄 연구를 하고 있을 것이라는 점이 지적됐고, 일본이 언제쯤 이런 무기를 만들 수 있을 것인지는 알 수 없다는 얘기를 했다.

1942년 6월의 미드웨이 해전 이후 전황이 크게 불리해지자 참모총장을 겸임하고 있던 도조 히데키 수상 역시 궁극무기에 의한 전황의 만회를 목표로 다양한 팀을 동작시켰다. 9개나 되는(!) 육군기술연구소에는 똑같은 말들이 오갔다. "단숨에 전황을 뒤바꿀 결전병기를 만들어라." 여러 아이디어들이 제시되었다. 아마도 이중 훗날 성공에 가장 가까이 간 것은 풍선 폭탄이었을 것이다. 그들은 풍선을 로키산맥까지 날려 보내 산불을 일으키는 데 일정 단계까지는 성공했다. 최종적으로는 풍선에 페스트와 콜레라균을 넣어 미국까지 날려 보내는 것이 목표였다. 다행히 이 끔찍한 세균전 계획은 실행되기 전에 종전이 이루어졌다. 이 연구들 중 당연히 가장 큰 기대를 받는 것은 원자폭탄이었다. 전쟁 전인 1940년부터 이미 원폭개발을 검토했었고, 천연우라늄에서 우라늄-235를 분리해서 일정량을 모아 폭발시키면 한 도시를 파괴할 정도의 파괴력이 나올 수 있음은 일본 물리학자들도 잘 알고 있었다. 하지만 방대한 설비와 엄청난 전력이 필요한데 일본 산업생산력으로 이를 감당하기는 힘들었다. 원폭의 이론적 가능성이 언급되었을 때 니시나의 반응들을 보면 그는 일본에게 이 연구는 무리라고 처음부터 판단했던 것 같다. 니시나 주변 물리학자들은 일본에서는 불가능하지만 미국에서는 혹 해낼지도 모른다는 의견을 나누기도 했다. 후일 1945년 7월 27일에 미국 방송이 포츠담 선언 결과를 발표하면서 '신형폭탄'의 존재를 언급하며 항복을 권고했을 때, 일본 물리학자들 중에는 방송만 듣고 미국이 원폭개발에 성공했다고 예측한 경우도 있었다. 당대 일본 과학은 시대흐름에 크게 뒤떨어지지 않았다. 시대에 뒤처진 것은 다른 것들이었다.

6

1943년: 총력전

1943년의 세계 — 쿨스크 전투

제2차 세계대전이 절정으로 치닫던 1943년 여름, 독일은 독소전쟁의 운명을 건 마지막 대도박을 벌인다. 현재의 관점에서 바라보면 스탈린그라드 전투라는 독소전쟁의 전환점이 명확히 떠오르지만 1943년의 상황에서는 아직 전쟁의 승패를 예측하기 힘들었다. 1943년 초 독일군은 하르코프(우크라이나어: 하르키우)를 둘러싼 전투의 기적적인 승리로 스탈린그라드의 실패를 어느 정도 만회했다. 이 승리로 독일군은 다시 공세로 전환할 수 있었다. 1943년 여름, 독소전선은 가운데가 독일 쪽으로 튀어나와 돌출부를 형성하고 있었다. 히틀러는 모든 물자를 이 전선 중앙의 역 돌출부에 집중시켜 삼면에서 대공세를 취함으로써 소련군의 주력을 일거에 괴멸시킬 계획을 짰다. 신중에 신중을 기하며 독일은 최신 무기와 병력을 계속해서 증원했다. 하지만 시간을 소모해

쿨스크 전투

인류의 전쟁기록을 대부분 갱신한 이 전투에서 독일은 마지막 반전의 가능성을 잃었다.

기습의 이점은 없어졌고 상황을 파악한 소련도 이에 맞서 돌출부의 병력을 증강했다. 1943년 7월 초, 둘레길이 400킬로미터, 기저부의 폭은 110킬로미터에 불과한 이 좁은 돌출부 주위에 착실히 증강된 양군 병력은 최종적으로 독일군 90만 명, 소련군 130만 명이었다. 덧붙이자면 독일은 화포 1만 문, 전차 2700대, 항공기 2700대를 동원했고, 소련은 화포 2만 문, 전차 3300대, 항공기 2650대를 집결시켰다.

7월 5일 독일군은 '성채 작전(Operation Citadel)'이라 이름 붙인 대공세를 시작했다. 220만 명이라는 전대미문의 대병력이 경기도 크기의 땅에서 격돌했다. 통계상 하루에 2개 사단씩 사라져간 미증유의 전투가 벌어지며 젊은이들은 소모품이 되어 사라져갔다. 독일군은 전우들의 피로 물들어 끈적끈적해진 언덕의 수풀 때문에 미끄러지며 진격에 차질을 빚을 정도였다. 전투의 절정이었던 7월 12일에는 역사상 최대 규모의 전차전이 벌어졌다. 최신의 티거 전차 100여 대를 포함한 최정예 독일전차 600대가 소련 제5친위전차군 소속 850대의 전차부대와 프로호로프카라는 이름의 작은 마을에서 조우했다. 1450대의 전차들은 외부 지원 없이 8시간 동안 강철의 사투를 벌였다. 이 전차전에서 양군은 각각 300대 이상씩의 전차를 잃었다. 그렇게 철로 철을 부수고, 피를 피로 막으며, 하루하루 사단들이 녹아내렸다. 그리고 7월 13일, 공세를 지속할 동력을 잃은 독일군은 결국 작전을 중지했다.

독일과 소련은 마치 나라 전체를 베팅한 듯, 수천 대의 전차와 항공기를 이 전투에 투입했다. 최신예 전차로 공격한 독일의 창과 역사상 유례를 찾을 길 없는 촘촘한 방어선을 구축한 소련의 방패가 충돌했다. 쿨스크 전투라 불린 이 대전투는 물량공세 속에 어느 쪽도 압도적 승리를 거두지 못한 무시무시한 소모전이었을 뿐이다. 독소전이 개전한 지도 만 2년을 지나고 있었기 때문에 독일도 소련도 상대에게 충분히 익숙해져 있었다. 그래서 명확히 승패가 갈릴 확률은 처음부터 별로 없었다. 하지만 소련은 끝없이 전차를 공급하며 곧 피해를 복구할 것이었지만, 독일은 다시는 이런 기갑전력을 집결시키지 못했다. 소련군은 전차 전력의 절반을 잃었지만 분명하게 독일의 예봉을 꺾었다. 쿨스크 전투는 사실상 동부전선에서 독일의 마지막 대공세가 되었다. 이후 소련군은 느리지만 조금씩 전진했다. 하지만 국지적 승패를 주고받으며 1945년 5월 베를린에서 전쟁이 끝날 때까지는 아직도 2년에 걸친 지루하고 암담한 전투가 남아 있었다.

1943년 7월 초 쿨스크 전투 직전 병적에 기록된 소련군은 1644만 명에 달했다. 이제 현대과학기술의 힘은 이 정도의 병력을 먹이고 입히고 무장시키고 수송하며 몇 년의 시간 동안 춘하추동의 끝없는 전투에 투입시키는 것을 가능하게 했다. 이런 가공할 힘을 서로를 파괴하는 데 쓰지 않았다면 인류는 지금쯤 어디에 도달했을까? 쿨스크 전투가 한창이던 1943년, 지구 반대편에서는 또 다른 유형의 거대한 전쟁기계가 동작하고 있었다.

오크리지와 핸퍼드

맨해튼 프로젝트에 개입된 도시 중 가장 많은 예산이 소요되었던 도시는 우라늄-235를 농축했던 테네시 주 오크리지(Oak Ridge)였다. 1942년 9월 그로브스는 산맥으로 둘러싸인 오크리지 계곡에 우라늄-235를 분리하는 공장을 짓기 적합하다고 봤다. 공장보다 먼저 마을을 지어야 했고 처음에는 13000명을 수용할 수 있는 마을을 만들었다.

오크리지와 핸퍼드의 공장들

원자폭탄을 만들려면 미국 전체를 공장으로 바꿔야 한다고 했던 보어의 말을 그대로 체현시킨 것이 오크리지와 핸퍼드의 시설들이었다.

그리고 전 지역에 철조망이 쳐졌고 7개의 출입문을 통해서만 드나들 수 있었다. 1943년 4월 1일부터 일반인 출입을 금지하며 세계에서 가장 거대한 공장이 가동하기 시작했다. 오크리지에서는 세 단계의 농축 과정이 진행되었고 각 단계에 수억 달러씩이 사용되었다. 1단계 농축은 S-50이라는 암호명이 붙은 건물에서 이루어졌는데 천연우라늄을 액체 형태로 바꾸어 긴 구리봉 내부에서 가열해 우라늄-235 비율을 증가시켰다. 2단계 농축은 K-25건물에서 진행되었고 1단계에서 얻은 액화 우라늄을 기체로 바꾸어 몇 킬로미터 길이의 필터를 통과시켜 더 농축시켰다. 3단계 농축은 2단계까지에서 어느 정도 농축된 우라늄을 칼루트론(엄청난 전자석들로 이루어진 로렌스가 고안한 질량분석기)에 넣어 아직 남아 있던 우라늄-238 대부분을 분리했다.—이 과정을 몇 달간 계속 반복하자 무기제작이 가능한 우라늄 64킬로그램이 얻어졌다. 테네시 주 오크리지 기체 확산 공장은 인류가 만든 역사상 가장 큰 건물로 기록되었고 절정기에 8만 명의 노동자가 일했다. 건물설계에서 생산까지 전 과정이 군대식 스피드로 진행되었고 15분마다 한 채씩 집을 지었다는 기록들이 전해진다.

이와 동시에 워싱턴 주의 동부사막에 또 다른 비밀도시 핸퍼드가 건설되었다. 핸퍼드는 또 하나의 핵무기의 원료인 원자번호 94번 원자량 244인 플루토늄을 만들기 위해 건설된 도시였다. 앞서 살펴본 것처럼 그로브스는 우라늄-235와 플루토늄 두 가지 물질 중 어느 것으로 핵무기를 만들 것인가 하는 문제에 그답게 반응했었다. 둘 다 만들기로 했고 이를 위해 각각의 생산도시를 따로 만든 것이었다. 오크리지는 우라늄-235 추출공장이 이미 들어서 있어 입지조건은 좋았지만 대서양 연안에 가까워 독일의 파괴공작의 대상이 쉽다고 판단했다. 그래서 플루

휘어진 시대 3

토늄 생산공장은 내륙 깊숙이 있는 핸퍼드에 신축했던 것이다. 핸퍼드에서는 세계 최초로 산업용 규모의 거대 원자로가 만들어졌다. 시카고에서 페르미가 한 작업의 거대화 버전이라 할 수 있었다. 요즈음이라면 이 원자로에서 발생하는 열로 발전을 하고 이를 원자력 발전소라 부를 것이다. 그리고 '부산물'로 플루토늄이 생성될 것이다. 하지만 당시는 이 거대 원자로가 플루토늄 생산이라는 유일한 목적에만 사용되었다. 플루토늄은 부산물이 아니라 목표였다. 원자로에서 발생하는 열을 식히기 위해 엄청난 냉각수가 공급되었다.

결국 이것이 후일 핵발전소 아이디어의 씨앗이 되었다. 핸퍼드에서는 플루토늄 공장 진입로를 8차선으로 건설하자 건설인부들이 돈 낭비라며 반대했다. 무리가 따랐음에도 그로브스는 '전시비밀'이라는 권능의 단어로 무마해버렸다. 그로브스는 이 예산낭비로 보이는 8차선 진입로가 방사능을 동반한 폭발사고가 발생할 때 대탈출을 위한 것이라고 설명해줄 수는 없었다. 핸퍼드 공장은 플루토늄을 폭탄으로 쓸 수 있다는 '가정'하에 '무작정' 건설되었고 성공가능성이 정밀하게 타진되지도 않은 상태에서 폭탄 원료물질의 대량생산에 들어갔다. 전시가 아니었다면 이런 작업방식은 엄청난 비난에 직면했을 것이다. 이런 식으로 진행된 계획이었기에 10년 이상은 필요했을 개발기간은 2년 반에 끝났고, 세 개의 원폭이 만들어지고, 모두 사용될 수 있었다. 보어는 1939년에 전국을 거대한 공장으로 바꿔야 우라늄-235 농축이 가능하다고 말했었다. 몇 년 후 보어가 로스앨러모스에 왔을 때, 텔러가 공장들의 규모와 상황을 설명해주려 하자 보어는 텔러의 말을 끊으며 얘기했다. "내가 전국을 공장으로 만들지 않고는 불가능하다고 말했었지. 바로 그렇게 한 거야!" 『원자폭탄 만들기』의 저자 리처드 로즈는 이 두 도시의 기념비적 규모는 당시 미국이 갖고 있던 '절박감의 다른 표현'이었다고 묘사했다.

거대과학의 과학 관리자, 오펜하이머

> "자네는 물리학을 하면서 시도 쓴다는데 어떻게 그게 가능한가? 과학은 아무도 알지 못했던 것을 모두가 이해할 수 있도록 하지만 시는 정반대 아닌가?"—디랙이 오펜하이머에게 했다는 말

오펜하이머는 뉴욕 시에서 부유한 독일 유대계 이민 2세로 태어났다. 어려서부터 총명하고 조숙했으며 암석수집과 셰익스피어 등의 문학에 관심이 많았다고 알려져 있다. 물리, 화학을 공부하며 하버드를 3년 만에 졸업했고 물리학 박사학위를 받았다는 정도로는 이 책에 등장하는 많은 과학자들의 경력에 비해 특별할 것이 없어 보인다. 하지만 그는 과학을 공부하며 함께 산스크리트어를 공부했고 고대 문헌들을 탐독했다. 그는 인도의 베다문학을 원어로 읽을 수 있었고 심지어 스스로 번역본을 만들기도 했다. 상당히 섬세하고 불안정한 성격으로 신경쇠약 증세를 겪었다. 1925년 하버드를 졸업한 후 캐번디시 연구소로 갔다.

"이름에 나타나듯 오펜하이머는 유대인입니다. 하지만 유대인종의 보편적 기질은 전혀 찾아볼 수 없습니다……당신이 이 학생의 합격을 고려하는데……망설일 필요가 없다고 봅니다." 오펜하이머가 캐번디시에 지원했을 때, 하버드의 지도교수는 러더퍼드에게 이렇게 추천서를 보냈다. 오펜하이머에 대한 추천서는 취리히 대학에 임용되던 해 아인슈타인에 대한 추천글과 판박이처럼 닮아 있다. 반유대주의는 취리

히 대학에 아인슈타인이 임용되던 때에 비해 별반 달라진 것도 없어 보인다. 그리고 독일만의 것도 아니었던 듯하다. 어쨌든 러더퍼드는 오펜하이머를 받아들였다. 하지만 오펜하이머는 실험의 전통이 강한 캐번디시의 분위기에는 잘 적응하지 못했다. 이 시기 오펜하이머는 친구와 다투다가 격분한 나머지 목을 조르려 하기도 했고, (사실인지 알 수 없지만) 캐번디시 동료의 책상 위에 독이 든 사과를 두고 왔다고 말하기도 했다. 친구에게 '뛰어나야 한다는 끔찍한 현실'에 부응하지 못하는 무능함 때문에 괴롭다고 토로했다. 어쨌든 오펜하이머는 캐번디시 연구소와 궁합이 맞지 않았던 것 같다.

오펜하이머
"오펜하이머가 이끌 때는 뭔가가 실제 이루어졌고, 그것도 아주 놀라운 속도로 이루어졌다." 아서 콤프턴의 회고다. 오펜하이머는 쾌속으로 큰 규모의 일을 진행시키는 데 재능이 있다는 점에서 그로브스와 공통점이 있었다. 오펜하이머는 1943~1945년 사이 원자폭탄 개발기간 동안 로스앨러모스 연구소 소장으로 재직하며 성공적으로 맨해튼 계획을 마무리 지었다.

1926년 괴팅겐의 막스 보른 밑으로 옮기고 나서는 자신의 재능을 발휘하기 시작했다. 뛰어난 연구소에 뛰어난 연구자가 갔음에도 결과는 좋지 못할 수 있다. 그리고 그것은 누구의 잘못도 아니다. 연구소와 연구자 간의 조화문제는 언제나 발생할 수밖에 없는 것이고 아주 중요한 부분이다. 보른의 초청으로 괴팅겐에 간 오펜하이머는 그곳에서 보어와 디랙 같은 저명한 물리학자들과 교류했고, 1927년 괴팅겐에서 박사학위를 취득했다. 때론 거만해서 괴팅겐에서는 교수의 말을 가로채 떠드는 것으로 유명했다. 묘한 카리스마가 있어서 학생과 친구들 사이에서 인기가 높고 달변가였다. 과학자보다는 때론 심약하고 때론 고결한 문학가를 떠올리는 인물이었다. 그리고 이 오펜하이머 역시 결정적 시기였던 1926~1927년 사이 괴팅겐에 있었다는 사실은 한 번쯤 더 음미할 필요가 있을 것이다.

1927년 막스 보른을 지도교수로 괴팅겐에서 박사학위를 받고 레이든과 취리히에서 2년 더 보내고 돌아온 1929년 즈음에 오펜하이머는 이미 유명했다. 캘리포니아 버클리 캠퍼스에 자리 잡았고 패서디나 칼텍(캘리포니아 공대)에서도 가르쳤다. 이때 사이클로트론의 개발자 로렌스와 만나 친구가 되었다. 이런 인연으로 로렌스는 그로브스에게 오펜하이머를 로스앨러모스의 책임자로 추천할 수 있었다. 그리고 결국 로렌스의 사이클로트론도 원폭개발의 핵심 도구가 되었다. 오펜하이머의 매력에 이끌려 학기마다 그를 따라 다른 학교로 가서 강의를 듣는 학생들이 많았다. 그를 물리학의 영웅으로 인식하며 학생들은 그의 버릇들을 따라하기도 했다. 오펜하이머는 '오피(Oppie)'라는 애칭으로 불리며 후학들을 이끌고 현대물리학의 안정에도 큰 기여를 했다. 하지만 뚜렷하게 떠오를 획기적인 발견을 해내지는 못했다. 물리학자로서는 새로운 무엇을 만들어보기에는 훌쩍 나이가 들어버리자 본인도 이 부분에서 큰 상실감을 느낄 만한 무렵이었다. 그런데 그 순간 역사적인 신무기를 만드는 계획을 총괄하게 되었다. 1903년생인 오펜하이머는 1943년 7월 40세의 나이로 로스앨러모스 연구소 책임자로 임명되었다.

오펜하이머가 그로브스의 낙점으로 원폭의 창조자 운명이 주어진 것은 자연스럽지만은 않아 보인다. 사실 이 과정은 그로브스가 동물적 본능으로 사람을 알아봤다고 밖에는 표현할 수 없다. 그의 세부 이력을 보고 이런 거대프로젝트를 맡기고 싶은 관료는 거의 없을 것이기 때문이다. 제2차 세계대전이 시작되었을 때,—물론 1945년 이후와는 비교할 수도 없겠지만—오펜하이머는 이미 어느 정도 유명인이기는 했다.

하지만 중요기밀 프로젝트의 관리자로서는 단점이 너무 많았다. 오펜하이머가 '유대인'이라 독일에 대한 증오심은 믿을 만했지만 젊은 시절 '사회주의자'였다는 점은 가장 의심스런 부분이었다. 미 정부는 그의 정치노선을 조사해보고 회의적 반응을 보였다. 하지만 1942년 10월 그로브스는 오펜하이머를 만나보고 마음에 들었다. 무엇보다 '과학자답지 않게' 개발과 사용, 보안문제에 대한 생각이 그로브스와 일치했다. 실라드나 페르미 같은 인물들은 과학자들의 자치적 조직이 원폭의 개발과 사용정책을 주도해야 된다는 생각을 가지고 있었다. 그로브스 같은 군인들이 결코 선호할 수 없는 인물들이었다. 선구적으로 상당한 작업을 수행한 것이 실라드와 페르미였음에도 로스앨러모스의 책임자로 오펜하이머를 낙점한 것은 그런 면에서 이루어졌다고도 볼 수 있다. 작업은 철저히 고립된 곳에서 수행되어야 한다는 데 의기투합한 두 사람은 그곳에 과학자와 그 가족들까지 모두 데려와 자급자족적 도시를 건설한다는 야심찬 계획을 세부사항까지 의논했다.[25]

그로브스가 오펜하이머를 고려한다는 소식에 주변관료와 군인들은 모두가 놀랐다. 공산당 가입은 안 했지만 친한 친구들 중에는 공산당원이 상당수였고 좌파 정치인을 위한 기금모금에도 적극 나선 적이 있었

---

25 오펜하이머는 1941년 가을부터 미국 과학원 특별위원회에서 원자력의 군사적 이용에 대한 조언을 하기 위해 개최한 회의에 참석했다. 이후 대학에서도 핵폭발을 일으키려면 필요한 최소한의 우라늄-235의 양을 계산했고 천연우라늄에서 우라늄-235를 추출하는 실험도 진행했다. 그리고 그 비용을 절반 이상 줄이는 방법도 발견했다. 1942년 여름에는 수소폭탄이라는 용어와 그 동작구조까지 언급되고 있었다. 하지만 변수가 너무 많아 수소폭탄의 실현가능성 검토는 보류되었다. 이런 일을 진행하면서 오펜하이머는 다양한 연구소들이 중복된 투자를 하지 않도록 단 하나의 연구소로 연구인력의 집중이 필요하다고 보았다. 이 생각은 그로브스의 지지를 받았고, 그로브스가 보기에 카리스마 있는 리더로서 자질도 충분했기에 그가 책임자가 되는 것도 한편으론 자연스러웠다.

다. 시시콜콜한 것까지 조사하는 FBI가 보기에 그는 정부 프로젝트를 맡을 자격이 없는 사람이었다. 더구나 그때까지 관리직 경력이 없었고, 노벨상조차(!) 수상하지 못했다. 그가 감독해야 할 사람들 상당수가 노벨상 수상자였다. 성격, 이념 성향, 경력, 지명도 면에서 모두 낙제점이었다. 하지만 그로브스는 오펜하이머를 만나고 그의 과학자로서 야망을 단번에 알아봤다. 어떻게든 불가능해 보이는 프로젝트를 성공시키려고 달려들 사람이었다. 몽상가적 기질은 넘쳐흐르는 자원이 투입될 때는 종종 유리하게 작용하기 마련이다. 물론 그로브스는 그다운 조치를 잊지는 않았다. 전쟁 끝까지 FBI 감시팀 하나가 오펜하이머에게 따라붙었다. 오펜하이머는 후일 자신이 청문회에 불려 다니는 시절이 오기까지 이 상황을 짐작하기만 했다.

오펜하이머에 대한 감시와 반대들

오펜하이머의 '좌익전력'은 오랜 시간이 흐른 뒤에도 그에게 많은 모욕과 고통을 주었지만, 맨해튼 프로젝트의 시작 전부터도 이미 여러 반대에 부딪히게 만들었다. 사실 여러 반대를 무릅쓰고 그로브스가 결국 오펜하이머를 낙점했던 것이 탁월한 혜안이었다고 할 만하다. 상식선에서 오펜하이머가 맨해튼 계획의 담당자가 되기는 힘들었다. 그로브스가 오펜하이머를 책임자로 임명하려 하자 "프로젝트에 투입되는 인력들의 경력으로 볼 때, 나이가 더 많은, 노벨상 수상자 정도가 책임자가 되어야 지휘가 가능할 것이다."는 매우 상식적인 반대가 이어졌다. 하지만 조금 시간이 지나자 훨씬 엄중한 문제들이 불거졌다. 30세 이전 물리학,

철학, 문학 이외의 시사 분야에 전혀 관심이 없었던 오펜하이머는 1933년 세계사의 흐름과 개인적 인간관계로 정치적 관심이 높아졌다. 흔히 그렇듯 당시 젊은이들에게 스페인 내전은 좌파 공화정부에 대한 강한 연민과 동정을 불러일으켰다. 거기에 1936년 정신의학을 전공한 진 태틀록(Jean Tatlock)이라는 여자 친구를 사귀었는데 진의 아버지는 버클리 영문학 교수로서 열렬한 공산주의자였다. 오펜하이머는 진을 통해 캘리포니아의 유명 공산주의자들을 만나고 교류했다. 1937년 부친이 사망하며 거액을 상속받자 좌파의 대의에 정기적으로 많은 돈을 기부했고 가끔씩 짧은 팜플렛을 스스로 써서 자비로 배포하기도 했다. 2~3년 사이에 진과는 결혼을 계획했다가 여의치 않아 연기하기를 반복했다.

그런데 1939년 물리학자의 인생에서 흔치 않은 반전이 일어났다. 오펜하이머가 캐서린 퓌닝이라는 여성과 열애에 빠진 것이다.[26] 캐서린도 결혼하기로 약속했던 영국인 의사가 있었다. 그럼에도 두 사람은 이전의 모든 관계를 청산했다. 주변사람들 사이에 퍼진 스캔들을 무시하고 1940년 11월 두 사람은 결혼했다. 오펜하이머는 이 결혼으로 진과 결별했을 뿐 아니라 공산주의와도 결별했다. 여기에는 동료였던 바이스코프 같은 이들이 1930년대 소련에서의 경험담을 들려준 것도 큰 인상을 줬다. 오펜하이머로서는 이상과 현실의 격차가 어떤 것인지를 절실히 느꼈을 것이다. 문제는 오펜하이머가 과거와 단절하는 것이 쉽지 않다는 것이었다. 오펜하이머 때문에 좌파 사상에 관심을 가지고 공산당에 가입한 사람도 꽤 있었다. 그들에게 오펜하이머는 배신자였다. 더구

---

26 독일계 여성으로 독일식 이름은 카타리나였고, 14세까지 독일에서 살다가 미국에 온 여성이었다. 그래서 독일계인 오펜하이머와 공통점이 있다.

나 진은 오펜하이머를 계속 사랑했다. 옛사랑을 잊지 못한 진은 오펜하이머가 결혼한 뒤에도 편지를 쓰고, 전화를 걸어 통화를 시도했다. 동정심인지 미련인지 알 수 없지만 오펜하이머도 진을 몇 차례 만나주었다. 그리고 1943년 6월, 로스앨러모스로 가기 직전 오펜하이머는 진과 마지막으로 만났다.—결혼한 지 이미 3년 뒤였다. 이때 오펜하이머는 진에게 정부 일을 하게 되어 몇 달 혹은 몇 년 동안 만날 수 없을 것이고 임무의 성격상 연락처를 알려줄 수 없다고 말했다. 이 마지막 만남 7개월 후, 진은 자살했다.

이 슬픈 이야기에 덧붙일 것은 이 모든 사실을 육군방첩대가 알고 있었다는 것이다. 1943년 6월 12일과 13일의 오펜하이머의 동선은 빠짐없이 실시간으로 추적당했다. 오펜하이머가 저녁에 '공산주의자인' 젊은 여성의 집으로 들어갔고, 밤을 함께 보낸 뒤, 아침에 그녀가 공항으로 데려다 주는 과정은 세세하게 기록되었다.[27] 오펜하이머는 전혀 눈치 채지 못했을 때였다. 육군 방첩대는 '특별감시대상'이 로스앨러모스에서 얻은 기밀들을 미국 정부보다 공산주의자들에게 먼저 넘겨줄지 모른다고 보았다. 오펜하이머를 빨리 '해임'해야 한다는 결론을 담은 보고서가 만들어졌다. 한 달도 안 되어 이 보고서는 그로브스에게 전달되었다. 그로브스는 오펜하이머를 불러 단도직입적으로 물어보았다. 오펜

---

27   당시 FBI 문서의 내용은 치밀하다. 오펜하이머가 버클리에서 샌프란시스코까지 저녁 기차를 탄 것, 태틀록을 만났을 때 그녀가 오펜하이머에게 키스한 것, 샌프란시스코 브로드웨이가 787번지에 있는 카페에서 저녁을 먹고 밤 10시 50분에 떠난 것, 몽고메리가 1405번지 아파트 맨 꼭대기 층으로 간 것, 저녁에 불이 꺼진 뒤 다음날 아침 8시 30분에 둘이 함께 아파트를 나온 것까지 보고되어 있다. 아파트 안의 일은 기록되지 않아서 그나마 다행일까? 직접 당하게 된다면 온몸에 소름이 돋을 것 같다.

하이머는 자신이 공산주의와 결별한 지 오래되었다고 확언했다. 고민하던 그로브스는 반공보수의 색채가 뚜렷한 군 장성으로는 특이하고 영감에 찬 결정을 했다. 과학자 조직의 관리자로서 오펜하이머 이상의 인물이 없다고 직감한 그로브스는 전쟁부가 자신에게 부여한 특권—여러 규정들을 무시할 수 있는 전권—을 사용했다. "7월 15일에 내린 나의 구두지시대로 오펜하이머에 대해 '수집된 정보와 상관없이' 줄리어스 로버트 오펜하이머의 고용 승인을 지체 없이 해줄 것을 희망함. 그는 이 계획에 절대 없어서는 안 될 인물임." (7월 20일 전문) 맨해튼 프로젝트 진행에 걸림돌이 될 뻔했던 사건은 이렇게 마무리되었다. 정확히 2년 뒤 오펜하이머는 트리니티의 폭발로 이 믿음에 보답을 했다. 하지만 이런 기록들은 십수 년이 지나 다시 나타나 오펜하이머를 괴롭히게 된다.

로스앨러모스

아직까지는 페르미가 연쇄반응이 가능하다는 것만 보여준 상태였다. 이렇게 핵무기가 실제 가능한지도 결론이 나지 않은 상황에서 그로브스는 원폭용 우라늄-235와 플루토늄을 착실히 모으기 시작했다. 이 기술이 완성되어 핵무기가 실제 가능할지는 새로 만들 연구소의 연구에 달려 있었다. 앞서 살펴봤듯이 원폭개발의 핵심적 기술 장벽은 기하급수적 연쇄반응을 일으키기 적당한 이상적 조건을 만드는 것이었다. '모든 핵이 분열할 때까지' 그 엄청난 압력을 이기고 우라늄들이 끝까지 분열가능 하도록 좁은 공간에 모아둘 수 있어야 했다. "반응하지 않도록 멀리 떨어뜨려놓은 핵연료를 반응 가능하도록 순간적으로 모을 수 있어야 하고, 기하급수적으로 늘어나는 분열반응을 체계적으로 통제해야 하며, 핵연료 모두가 반응하도록 일정시간 흩어지지 않도록 하는 것!" 이 명확한 목표를 가진 폭탄은 수학적으로 가능해 보이기는 했다. 그렇다면 실제 개발과 실험을 진행할 연구소가 필요했다. 보안과 안전의 측면에서 민간 거주지역에서 아주 멀어야 했다.

의기투합한 그로브스와 오펜하이머는 뉴멕시코 주 산타페이 북서쪽 56킬로미터에 있는 로스앨러모스로 답사를 가서 그들의 상상을 실현할 적절한 곳을 찾아냈다. 오펜하이머가 떠올린 것은 본인이 소년시절에 다니던 뉴멕시코 로스앨러모스 기숙학교 부지였다. 가파른 흙먼지길 하나만이 유일한 통로라 보안에 용이했다. 일단 결정이 되자 먼저 해당 장소의 로스앨러모스 청소년 농장학교를 '쫓아냈다.' 전시비상입법으로 전쟁 목적이라면 사유재산들은 보상금만 쥐어주면서 얼마든지 즉시 징발이 가능했다. 모든 것이 이런 식의 국민기본권 제한 속에서 빠르게 이루어졌다. 1942년 11월 25일에 로스앨러모스 구입 지시 직후 불과 며칠 만에 공사가 시작되었다. 1943년 3월경 최초 거주자들이 도착했고 6월경이 되어 장비들이 설치되면서 작업이 진행되었다. 이 놀라운 연구소는 단 2년여 동작하고 결국 원자폭탄을 만들어냈다.—사실 처음에 오펜하이머는 1년 안에 원자폭탄을 만들 수 있을 것으로 보았다. 그리고 100여 명 정도가 거주하면 될 것으로 보았으나, 1년 후인 1944년에 3500명, 그 다음해인 1945년에는 6000명으로 규모가 늘어났다. 연구가 한창이던 시기 거대한 철조망 속 로스앨러모스 연구소는 작은 도시 규모로 커졌다. 엄중한 감시시설 속에 고립된 안락한 마을에는 학교와 탁아소, 영화관까지 있었다. 로스앨러모스에서의 연구과정은 엄청나게 정교하고 복잡한 계산이 필요했고, 미국 전역의 입자가속

로스앨러모스

기를 임의로―사실상의 강제 징발해서―가져다 쓰곤 했다. 독일의 선제개발에 대한 두려움 때문에 로스앨러모스 연구자들은 엄청난 스트레스와 강박 속에 일했다. 그들의 생각 속에서는 많은 우수한 학자들이 독일을 떠났음에도 독일은 여전히 세계과학의 중심지였다. 프로젝트 책임자인 오펜하이머조차도 괴팅겐 출신이니 그들의 걱정은 기우가 아니었다.

그로브스가 진시황과 파라오를 능가하는 권력을 사용하며 만리장성과 피라미드보다 훨씬 큰 건축사업들을 진행하는 사이, 오펜하이머는 그사이 까다로운 과학자들을 하나하나 설득해 불러 모았다. 대학에서의 연구와 교육을 중단하고 알 수 없는 곳에 가족과 함께 가서 알지도 못하는 비밀 프로젝트를 진행해야 한다는 요구에 의외로 많은 이들이 동참했다. '독일을 이길 방법'을 만든다는 슬로건은 충분한 동기가 되어주었다. 특히 미국으로 뜻하지 않은 망명을 와야 했던 유럽 출신 과학자들에게는 숭고한 사명처럼 느껴졌다. 오펜하이머는 이 시기 열정적으로 사업을 진행했다. 미국 여기저기를 돌아다니며 사막 한가운데 비밀연구소로 가자고 동료들을 설득하고 다녔다. 보안 때문에 전쟁이 끝날 때까지 그곳에 머물러야 할 것이라는 점, 어떤 논문도 외부에 발표할 수 없어 그 기간 동안 사라진 사람이 될 것이라는 점을 모두 정확히 밝혔다. 그럼에도 성공적이었다. '독일을 막자!'라는 슬로건은 여러 과학자들에게 경력의 단절과 외로운 사막에 속에서의 생활을 각오할 명분을 주었다. 그리고 오펜하이머 특유의 어법으로 전혀 새로운 선구적인 연구에 참여하며 짜릿한 경험을 얻을 수 있을 것이라고 주지시킨 것도 주효했다. 그리고 자신들의 지도자가 오펜하이머라는 사실에 요청에 응한 사람도 많았다. 어떤 물리학자는 이렇게 표현했다. "그는 '지성의 성적 매력'을 가지고 있다." 그만큼 그는 물리학자들에게 활력을 불러일으키는 매력적인 리더였다.

　그로브스와 오펜하이머가 첨예하게 부딪힌 부분은 과학자들의 신분상 처우문제였다. 그로브스는 과학자들을 모두 군에 입대시켜 일정기간 훈련을 받게 한 뒤 장교임관 시키고 군율에 따르며 연구를 진행시켜야 한다고 봤다. 하지만 오펜하이머는 과학자들은 이런 식으로 대우해서는 안 된다고 주장했고 그런 시도는 과학자들의 창의성을 얼어붙게 만들 것이라고 했다. 자유주의적, 수평적, 개방적 사고에 익숙한 집단이라 군인들과 조우하면서 긴장과 갈등이 생길 것이기에 전체 프로젝트에서 그들의 독립성을 유지시켜야만 한다고 강하게 주장했다. 결국 그로브스가 양보해서 과학자들은 민간인 신분을 유지하는 데 합의했다. 그리고 '육군주둔지(Army Post)' 내에 민간의 '기술지역(Tech Area)'을 두는 독특한 방식을 취했다. 또한 과학자들 간에는 다른 부서에서 무슨 일을 하는지 '알 수 있게' 했다. 로스앨러모스 내에서는 철저한 '공유의 정신'을 지키되 로스앨러모스 바깥으로는 어떠한 정보도 빠져나가지 못하게 한다는 절충안이었다. 그 결과 맨해튼 프로젝트 기간 내내 기술지역은 군문화와 과학문화가 공존하는 기묘한 지역이 되었다. 각 조직의 독자성을 유지하면서 협업을 추진했고 여러 사안에서 오펜하이머는 그로브스와 끊임없이 협상을 벌였다.

리틀보이와 팻맨

　로스앨러모스 연구소가 2년 동안 해낸 것은 무엇인가? 한 문장으로 요약한다면 원자폭탄의 두 가지 동작형태인 리틀보이(little boy)와 팻맨

(fat man)을 설계해낸 것이다. 동작 가능한 원자폭탄의 핵심과정은 앞서 언급되었지만 너무 중요한 과정이기에 다시 한 번 정리해본다. 우라늄-235와 플루토늄-239는 엄청나게 불안정하다. 실수로 연쇄반응이 시작되면 쉽게 재앙으로 연결될 수 있다. 동작 가능한 양을 폭탄 안에 빽빽하게 채워 넣어야 하되, 이들이 쉽게 가까워져 폭발 가능한 임계질량에 도달하지 않도록 해야 했다. 그리고 원할 때 순식간에 이들을 한데 모으고 반응이 진행될 동안 강한 압력으로 이들이 흩어지지 않도록 해야 한다. 맨해튼 프로젝트는 이 모든 연구가 1945년 7월 트리니티에서 단 한 번 실험하기 전까지 오직 종이 위에서만 진행되었다는 점에서도 참으로 기이한 연구다.

리틀보이의 구조는 간단하고 가장 쉽게 상상될 수 있는 형태다. 총탄을 거대한 총신 안으로 쏘아 넣는 형태로 설계되었다. 그래서 '포신결합방식'이라고 불린다. 두 개의 우라늄 덩어리가 합쳐지는 순간 임계질량에 도달하고 연쇄반응이 시작된다. 총신 형태로 만들기 위해 폭탄은 길쭉해졌고 전쟁기간 단 한 발이 만들어진 이 형태의 원폭을 '리틀보이'라 부르며 히로시마에 투하되었다.

반면 팻맨은 훨씬 복잡한 장치다. 구체적 아이디어의 시작은 1943년 4월 회의에서였다. 오펜하이머의 제자이고, 미국 표준국에서 일하던 36세의 실험물리학자 세스 네더마이어(Seth Neddermeyer, 1907~1988)가 지금까지와는 전혀 다른 방법을 생각해냈다. "그때 나는 두 개의 탄환을 발사하여 충돌시키는 문제에 대한 논문을 읽은 기억이 났다." 폭탄의 중심부가 충돌로 터지기 시작하면 둘러싸고 있는 물질을 향해 팽창하기 시작하고 충격파로 주변물질을 압축시킨다. 중심부의 이 팽창이 효과적 폭발에 가장 큰 장애라는 것이 핵심이었다. 만약 팽창에 대항해 반대로 밀어내는 힘이 있다면 폭탄 효율은 훨씬 증가될 것이었다. 그렇다면 구형의 폭탄 주위에 빙 둘러 폭약을 설치하고 그 아래 핵원료를 배치하면 되겠다는 아이디어가 나왔다. 폭약을 동시에 기폭 시키면 폭발은 내부를 향해 터져 내려갈 것이다. 폭탄의 폭발력이 '안쪽'을 향하도록 설계된 것이라 '내폭방식'이라고 부른다.[28] 가운데 모인 핵원료는 반응하며 폭발하고 팽창하려 하겠지만 폭약의 밀어붙이는 힘의 관성이 중심부에서 일어나는 급격한 팽창을 얼마간 막아줄 것이다.

이렇게 답이 나왔지만 처음에는 오펜하이머의 강한 반대에 직면했다. 페르미와 베테도 반대했다. 내폭방식은 폭발을 폭탄의 겉에서 안쪽으로 일으키는 것이고 모든 방향에서 동일한 압력으로 공을 압축시키는 것과 같다. 하지만 만약 불균형하게 내파가 일어난다면 모든 것이 무의미해질 것이다. 어떻게 충격파를 깔끔한 구 대칭으로 만들 수가 있는가? 중심부의 핵물질이 사방으로 흩어지지 않게 모든 부분이 완전히 동일한 압력으로 폭발해 내려가는 것이 과연 가능한가? 천문학적 계산으로도 쉽지 않은 설계였다. 아무도 이 아이디어를 진지하게 생각하지 않았다. 하지만 조사는 계속해봐야겠다는 결론이 났고 네더마이어는 '내폭연구팀장'이 됐다. 아주 중요한 결정이었다. 이 아이디어는 많은 난관이 있었지만 결국 이론적으로 성공했고 다음과 같이 정리된다. 폭탄의 바깥쪽에 플루토늄 조각들을 분산해 나눠놓는다. 폭탄 바깥의 정교하게 배치된 TNT가 일시에 폭발하면 플루토늄 조각들은 '안쪽을 향해' 폭발해 내려간다. 수학적으로 치밀하게 계산된 과정을 통해 플루

28　(밖으로의) 폭발이라는 의미의 explosion에 대응하는 단어로서 '안으로의 폭발'이라는 의미로 implosion(내폭)이라 부른다.

토늄 조각들이 가운데로 모이면 초임계질량이 되고 원자폭탄은 연쇄
반응을 일으키며 폭발한다. 포신형식보다 압축속도 면에서 훨씬 뛰어
나고 효율적이다. 이 동작구조 때문에 폭탄은 구형의 모습을 띠게 되어
'뚱뚱이(팻맨)'이라는 암호명이 지어졌다. 거듭해서 재설계되던 팻맨의
설계확정은 1945년 2월에야 끝났다. 그 난이도를 생각해볼 때 최고도
의 수학적, 공학적 승리였다. 역사상 가장 잔인한 폭탄이 최고의 지성
들에 의해 완성되었다. 결국 나가사키에서 이 내폭형 플루토늄 원폭은
사용되었다.

홀쭉이(thin-man), 뚱뚱이(fat-man), 작은아이(little boy)

처음 프리시의 아이디어에 잘 나타난 대로 원자폭탄을 폭발시키려면 핵
물질을 임계질량보다 낮은 두 조각으로 분리해뒀다가 갑작스럽고 '빠
르게' 합쳐 임계질량 이상의 덩어리로 만들면 된다. 그러면 다음은 저절
로 연쇄반응이 시작된다. 과학자들은 핵물질을 빠르게 합치는 공학적
방법으로 직관적으로 대포형식을 떠올렸다. 그래서 처음에는 우라늄 폭
탄과 플루토늄 폭탄 모두 이 방법을 사용해 개발했다.

　연쇄반응을 일으킬 수 있는 임계질량은 잘 계산되어 있었다. 우라
늄-235의 임계질량은 45.9킬로그램정도이고 반지름 8.5센티미터정도
크기의 구다. 플루토늄-239의 임계질량은 그보다 훨씬 작아서 16.7킬
로그램정도이고 6.35센티미터정도 크기의 구를 이룬다. 사실 그래서 처
음 개발되었던 것은―훨씬 적은 양이 필요한데다 원료를 모으기도 쉬
운―플루토늄을 원료로 한 포신형 원자폭탄이었다. 이 원자폭탄의 암

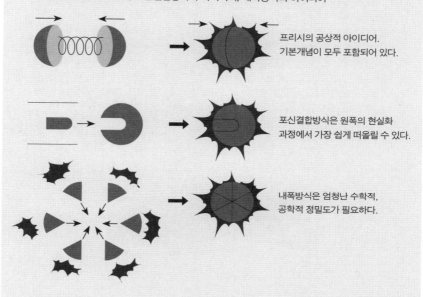

원폭폭발방식
프리시의 초기 아이디어, 포신결합방식의 아이디어, 내폭방식의 아이디어

프리시의 공상적 아이디어.
기본개념이 모두 포함되어 있다.

포신결합방식은 원폭의 현실화
과정에서 가장 쉽게 떠올릴 수 있다.

내폭방식은 엄청난 수학적,
공학적 정밀도가 필요하다.

호명은 '홀쭉이(thin-man)'였다. 하지만 포신형 방식으로 개발하기 시작한 홀쭉이는 여러 문제가 발생했다. 플루토늄 폭탄의 경우 우라늄 폭탄보다 결합속도가 훨씬 빨라야 해서 포신이 훨씬 길어야 했다. (자그마치 시속 3292킬로미터, 마하 2.68정도의 속도가 필요했다.) 계산상 5.2미터 길이의 포신이 필요해져 폭탄의 크기는 폭격기에 실을 수 없는 규모였다. 어찌어찌 폭격기의 설계를 이리저리 바꿔 이 문제는 간신히 해결되었다. 하지만 거기다 플루토늄은 불순물이 포함되어 있어 훨씬 더 큰 크기의 포신이 필요하다는 사실이 추가로 밝혀지자 결국 홀쭉이(thin-man)는 포기되었다.

이렇게 불순물이 많은 플루토늄 탄은 포신형 결합방법으로는 실패했기 때문에 훨씬 복잡하지만 효율적인 내폭방식이 새롭게 연구되었던 것

· 원폭폭발 과정 ·

연쇄반응이 시작되면 원폭 공 모양 우라늄-235 또는 플루토늄-239에서 처음 2.5개의 고속중성자가 나온다. 이 중성자는 10억분의 1초 안에 다른 핵들을 때린다. 각 핵들은 또 분열하며 평균 2.5개의 중성자를 내놓고 그 중성자들은 또 다른 핵과 충돌한다. 이런 식으로 분열하는 핵이 늘어난다. 10킬로그램의 원폭 안에 있는 원자핵이 (거의) 모두 분열하는 과정은 80세대에 걸치며 100만분의 1초를 넘지 않는다. 물론 이 시간 동안 우라늄 원료는 반응이 가능하도록 앞의 반응에서 생긴 폭발력을 버티며 '모여 있어야' 한다. 성공하면 중심온도는 수천만 도에 이르고 엄청난 에너지로 인해 발생한 열로 덮혀진 공기는 빠르게 위로 솟구치면서 우리가 알고 있는 버섯구름을 만들어낸다.

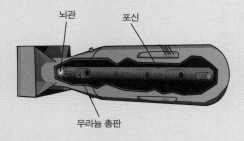

(cc) Dake

(포신형) 리틀보이 동작구조

임계질량이 되지 않도록 총신처럼 오목하게 만들어진 우라늄 덩어리에 더 작은 우라늄 덩어리를 총탄처럼 쏘아 넣는 형식으로 설계되었다. 총탄부가 총신부 안으로 들어가면 초임계질량에 도달해 원자폭탄은 연쇄반응을 일으키며 폭발한다.

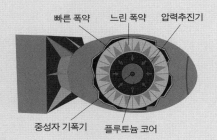

(내폭형) 팻맨 동작구조

폭탄 바깥쪽에 배치된 플루토늄 조각들이 가운데로 모이면 원자폭탄은 폭발한다. 개념은 간단하지만, 폭발력만으로 각 플루토늄 조각이 '동시에' 가운데로 정확히 모여야 하고 일정 시간 흩어지면 안 된다. 고도의 수학적 재능을 요구하는 부분이다.

이다. 내폭방식으로 플루토늄을 압축시켜 밀도를 높이는 방식을 쓰면 플루토늄은 4.6센티미터 반지름의 구 정도 크기로 원자폭탄을 만드는 것이 가능해진다. 하지만 앞서 살펴본 것처럼 정확한 방향들에서 일정한 속도로 내폭을 발생시키는 것이 너무 어려운 계산과 설계가 필요했고 오랜 시간에 걸친 연구가 필요했다는 문제가 있었다.

그리고 포신형 플루토늄 폭탄 '홀쭉이'에서 연구된 포신결합방식은 우라늄 폭탄에 사용하기로 했다. 우라늄-235를 사용하는 경우 3미터 정도의 포신길이면 충분한 속도를 얻을 수 있을 듯했다. 그래서 포신형 우라늄 폭탄은 폭격기에 충분히 실을 수 있었다. 아마도 똑같은 방식이었지만 '홀쭉이'보다 더 작았기 때문에 '리틀보이'라 부르지 않았을까? 포신방식의 우라늄 폭탄은 난이도가 낮아 가능은 했지만 문제는 우라늄-235의 생산속도가 너무 느렸다는 문제가 있었다. 1945년이 되었는데도 단 한 발을 만들 만한 양밖에 얻지 못했다. 오죽 했으면 우라늄탄은 한 번의 실험도 없이 바로 히로시마에 투하했겠는가?

한 마디로 플루토늄을 쓰는 팻맨은 원료생산은 비교적 쉬웠지만 기술적 난이도가 너무 높았고, 우라늄을 쓰는 리틀보이는 설계는 비교적 쉬웠으나 원료가 너무 부족했다.[29] 홀쭉이가 실패한 후에도 갈 길은 멀었다.

---

29 물론 플루토늄 생산은 우라늄-235에 비해 '비교적' 쉬웠을 뿐이다. 1945년에 우라늄 원자폭탄은 단 한 발이 만들어졌고, 플루토늄 원자폭탄은 전쟁종료까지 단 두 발, 플루토늄 생산이 어느 정도 궤도에 오른 후 1945년 11월까지 겨우 4발이 생산되었을 뿐이다.

리틀보이(위)와 팻맨(아래)

미국은 1945년 종전 때까지 리틀 보이 하나와 팻 맨 두 개를 생산했다. 1945년 7월 16일 트리니티에서 팻 맨 하나를 실험에 사용했고, 하나뿐이었던 리틀 보이는 8월 6일 히로시마에, 두 번째 팻 맨은 8월 9일 나가사키에 투하되었다.

맨해튼 계획의 보안

원자폭탄은 출현만이 놀라운 것이 아니다. 이토록 거대한 계획의 기밀이 끝까지 유지되었다는 점에서 더욱 놀라운 일이다. 맨해튼 프로젝트의 기밀유지는 완벽했다. 상하원 의원들조차 아무도 알지 못했다. '기밀'이라는 이름하에 이 엄청난 예산은 아무도 심사할 수 없었다.— 사실 그로브스 마음대로 사용하면 되는 돈이었다. 프로젝트를 철저하게 분할해 여러 기관에 나눠줘서 어떤 단일기관이나 인물도 전체 그림을 그릴 수 없었다. 원자폭탄이 완성될 때까지 맨해튼 계획에 동원된 10만 명이 넘는 인원 중 전체 계획을 알고 있는 사람은 10여 명에 불과했다. 원자폭탄을 개발하고 있다는 사실을 아는 사람조차 수백 명에 불과했다. 우라늄과 플루토늄의 생산과정에서 일한 노동자들 대부분은 자신들이 '무엇'을 다루고 있는지도 알지 못했다.

오크리지, 핸퍼드, 로스앨러모스 같은 도시들에서 모든 주민의 서신은 검열 받았다. 로스앨러모스에 모인 과학자들의 우편주소는 "미육군 사서함 1663"이 되었다. 물론 왕래되는 우편물은 모두 검열 당했다. 전화통화는 일상적으로 도청했고, 도시의 호텔수위들은 사실 방첩요원들이었다. 핵심인력에게는 경호원 겸 감시자가 24시간 따라붙었고 모두 가명을

오펜하이머와 그로브스(위), 루스벨트와 처칠(아래)

리틀보이와 팻맨은 각 원폭의 형태 때문에 이름 지어졌다. 하지만 리틀보이와 팻맨은 원폭개발의 총책임자인 오펜하이머와 그로브스와도 닮았고, 연합군의 수뇌인 루스벨트와 처칠의 모습과도 닮았다. 그래서 여러 면에서 상징적인 이름이 되었다.

오크리지 시설에 출근하는 여성들

써야 했다. 예를 들어 닐스 보어의 가명은 니콜라스 베이커였고, 엔리코 페르미는 유진 파머였다. 그런 식으로 모두가 이니셜을 맞춰 가명을 지었다.[30] 과학자들은 연구에 대해 침묵하고 제3자와 만났을 때 자신의 일과 주거지에 대해 거짓말을 하는 것이 의무사항이었다.

오크리지 공장의 기기를 조종하고 눈금을 읽고 기록하는 오퍼레이터들은 주로 여성들이었다. 그런데 모든 기기들은 숫자가 아니라 기호로 되어 있었다. 그래서 기록하거나 외워도 아무 소용없었다. 그들은 무슨 의미인지 전혀 알 수 없는 기호들을 끝없이 기록해야 했다. 그런데도 이들은 감독관과 비밀스파이들에 의해 계속 감시당했고, 비밀스파이를 감시하는 스파이까지 있었다. 식사시간이나 휴식시간에 자신이 하는 일을 궁금해하는 작업자들은 바로 이런저런 이유를 들어가며 해고시켰다. 해고당한 사람들은 끝끝내 자신들의 해고사유가 '호기심'이었다는 것을 눈치채지 못했다. 파이프가 새지 않게 관리하고, 계기판의 눈금을 읽어 옮겨 적고, 그들이 쓸데없는 질문을 하지 않는지 감시하는 사람조차 왜 그 일을 하는지 몰랐다. 종전 시까지 그들 모두는 자신들이 원폭을 만들고 있다는 사실 자체를 몰랐다. 이렇게 많은 인력을 상대로 이런 일이 가능했다는 것은 참으로 인상적이다.[31]

하지만 로스앨러모스에서의 보안만큼은 쉬운 문제가 아니었다. 과학자들은 누구보다 '공유'의 정신이 투철한 사람들이었다. 오늘날에는 너무나 퇴색되어버렸지만, 그것은 과학의 기본정신이었다. 오펜하이

---

30   그래서 심지어 페르미 논문 중 한 편은 저자가 유진 파머로 되어 있다.

31   맨해튼 계획에서 사용한 감시방법은 아직까지도 모두 공개된 바 없다. 이 기밀관리기법이 얼마나 효과적이었던지 CIA 등의 기관에서는 모범적인 감시 시스템의 사례로 계속 응용한다고 한다.

머와 그로브스의 논쟁에서 이 부분도 그로브스가 양보한 부분이었다. 연구라는 특수한 작업의 성격상 무작정 분업은 좋지 않았기에 과학자 간 대화는 금지되지 않았다. 단 연구소—T섹션이라 불렸다—에서만 정보 공유가 허용되었고 연구소 담장을 나가 가족들에게 가는 순간 어떤 정보도 발설해서는 안 된다는 조건이었다. 하지만 이 역시 과학자들의 자율에 맡겼다. 물론 그 가족들이 로스앨러모스 밖으로 나가는 것이 거의 불가능하니 허용가능한 일이었다.

보안감시에 대한 과학자들의 유쾌한 반항

과학자들은 나름대로의 방법으로 익숙하지 않은 군의 감시에 유쾌하게 반항했다. 후일 보어가 덴마크를 탈출해 스웨덴과 영국을 거쳐 미국에 도착한 뒤에는 영국경찰 두 명, FBI 요원 두 명, 맨해튼 계획에서 파견된 요원 두 명이 따라붙었다. 여섯 명이나 되는 감시자들을 골려 주기 위해 보어는 수시로 보행 금지된 장소에서 길을 건넜고, 요원들은 할 수 없이 교통법규를 위반하며 눈에 띄며 보어를 쫓을 수밖에 없었다. 이런 태도는 군 관료들에게는 큰 골칫거리였다. 보어가 미국에 와 로스앨러모스로 가는 길에는 그로브스가 직접 만나러 왔다. 열차를 타고 로스앨러모스로 오며 그로브스는 해서는 안 되는 말과 해도 되는 말에 대해 12시간 동안 설교했고 보어는 계속해서 고개를 끄덕거렸다고 한다. "그는 도착한 지 5분도 안 되어 함구하겠다고 약속한 것들을 모조리 떠들었다." 후일 그로브스는 감정 실린 증언을 남겼다. 리처드 파인만(Richard Phillips Feynman, 1918~1988)의 아이디어가 가장 일품이었다. 파인만은 서신 검열관들을 골려주려고 아내에게 편지를 수백 조각으로 갈기갈기 찢어 보내라고 했다. 편지를 사전에 모두 읽을 의무가 있는 불쌍한 검열관들은 이 퍼즐을 다 맞춰야 했다.

닐스의 모험

1943년 초 보어는 덴마크 지하조직원의 방문을 받았다. 두 사람은 도청을 피하려고 온실로 갔다. 영국에서 보내온 숨겨진 마이크로필름에 영국의 원폭연구의 책임자가 된 채드윅이 보낸 편지가 들어 있었다.[32] 자유로운 연구가 가능한 영국으로 보어를 초청하며 보어의 협조가 큰 도움이 될 수 있는 특별한 연구프로젝트가 있다고 언급되어 있었다. 보어는 채드윅에게 답장했다. "내가 정말 도움이 된다면 덴마크에 머물지 않겠다……하지만 내 생각으로는 최근의 원자물리학의 발전이 즉시 (전쟁에) 사용될 수는 없다고 확신한다……우리나라의 자유에 대한 위협에 저항하고, 이곳으로 망명한 과학자들을 보호하기 위해 나는 이곳에 남아 있어야 한다." 보어는 여전히 원폭이 불가능하다고 생각하고 있었다.

독일은 덴마크 농업에 전시경제의 상당 부분을 의존하고 있었다. 1942년에만 360만 명의 독일인들이 소비한 고기와 버터가 덴마크에서 공급됐다. 독일은 저항 없이 덴마크를 통치하기 위해 덴마크 헌법에 따

32　채드윅의 행정능력을 높이 산 것이겠지만 중성자의 발견자가 원폭연구를 지휘한다는 것은 참으로 상징적이다.

라 기존의 왕정을 유지하는 자치권을 허용했다. 덴마크는 협조의 대가로 덴마크 유대인들의 안전을 얻었다. 독일이 이를 보장해야 하는 것은 일종의 묵계였다. 덴마크 유대인은 8000명 정도였고, 95%가 코펜하겐에 거주했다. 1943년 스탈린그라드 전투 패배 이후 전쟁이 점차 독일에 불리해지고 더 많은 자원을 수탈하려고 하자 덴마크의 파업과 태업이 증가했다. 1943년 7월에 무솔리니는 실각 뒤 체포되었고 이탈리아의 항복이 임박해 보이자 덴마크인들은 전환점이 온 것으로 보았다. 하지만 8월 28일 독일은 덴마크에 국가비상사태 선포를 요구했다. 파업과 집회 금지, 통금실시, 무장 금지, 언론검열, 형법 강화 등의 뻔한 조항들을 강제하자 덴마크 정부는 이를 거절했다. 그러자 8월 29일 독일은 코펜하겐을 재점령했다. 왕궁을 포위해 폐쇄하고 덴마크 육군을 무장해제 시켰다. 그 후 나치는 더 나아가 덴마크 유대인들을 제거하기로 결정했다.

보어는 이 엄중한 기간 용기 있는 행동을 이어나갔다. 보어는 자신도 체포될 위기면서도—앞서 살펴봤듯이 보어는 '1/2 유대인'이다—지하조직과 접촉해 보호하던 이민자 유대인들을 스웨덴으로 탈출시켰다. 이 일을 어느 정도 마무리한 9월 28일 스웨덴 대사가 보어 집을 방문해 보어가 며칠 내로 체포될 것이라는 암시를 주었다. 보어는 덴마크를 탈출하기 전 주요 문서들을 소각하고, 제임스 프랑크, 막스 폰 라우에가 맡겼던 노벨상 메달을 산에 담가 녹였다. 독일군에 빼앗길 위험이 있었기 때문이다.[33] 다음날인 9월 29일 보어는 스웨덴으로 탈출했다. 많은

---

[33] 실제 보어의 탈출 후 연구소를 수색하던 독일군은 금이 녹아 있는 허름한 약품 병을 그냥 지나쳤다. 놀랍게도 그 병 속의 금은 전후 다시 노벨상 메달로 주조되어 주인에게 되돌아갔다.

2차 대전기의 보어
스웨덴 동화 『닐스의 모험』에 나오는 주인공과 같은 이름의 보어는 1943년 정말 동화처럼 파란만
장한 모험의 시간을 보냈다.

사람들이 배를 준비해주는 등 보어 가족을 도왔다. 스웨덴의 말뫼 항구
에서 나치가 덴마크 유대인 전원을 다음날 체포해서 독일로 이송할 것
이라는 정보를 들었다. 급박한 상황에서 보어는 홀로 스톡홀름으로 가
서 스웨덴 정부의 도움을 요청했다. 스웨덴은 자신들이 덴마크 유대인
들을 받아들이겠다고 제안했지만 독일은 거절했다. 다음날부터 독일
군은 덴마크 유대인들을 체포하기 시작했다. 하지만 성공적이지 못했
다. 덴마크인들은 위험을 무릅쓰고 유대인들을 숨겨주었다. 대규모 수
색에도 불구하고 양로원의 노인 284명을 체포한 것이 전부였다. 덴마
크인들은 놀랍게도 7000명 이상의 유대인을 숨겨줬던 것이다. 하지만
그들은 덴마크 내에서 여전히 위험한 상태였다. 스웨덴으로 탈출한다
해도 그들을 받아들일지 불분명했다.

9월 30일 보어는 스웨덴 외무차관에게 독일에 '공개적으로' 항의하라고 주장했다. 하지만 외무차관은 비밀리에 항의 문건을 보내는 것 이상으로 끼어들 수 없다고 잘라 말했다. 스웨덴은 중립국이었지만 스웨덴을 둘러싼 모든 영역—덴마크, 노르웨이, 핀란드, 독일, 폴란드, 소련의 독일 점령지들—에 독일군이 가득 차 있다고 해도 과언이 아니었다. 외교관의 냉정한 판단으로는 적당한 선에서 독일의 눈치를 볼 수밖에 없었다. 그러자 보어는 스웨덴 국왕의 알현을 신청했다. 보어는 국왕에게 연합군의 승리로 상황이 많이 바뀌었으므로 스웨덴 정부가 덴마크 유대인들에 대해 책임을 지겠다는 제안을 공개해야 한다고 주장했다. 왕은 어려운 일이지만 외무장관과 이야기해보겠다고 했다. 이 행동의 결과는 성공적이었다. 10월 2일, 스웨덴 라디오가 스웨덴의 항의를 공개 발표하고 자국은 피난처를 제공할 준비가 되어 있다고 방송했다. 이 방송은 덴마크 유대인들에게 스웨덴을 향할 수 있는 분명한 이정표가 되어 주었다.

이후 두 달 간 7200명의 덴마크 유대인들이 스웨덴 해양경비대의 도움 속에 무사히 바다를 건넜다. 독일은 차마 스웨덴 해양경비대와의 충돌까지 각오하며 바다에서 유대인들을 잡아들일 생각은 없었다. 보어는 큰일을 해냈다. 반면 더 위험해졌다. 스톡홀름은 독일 스파이들이 우글거리는 공간이라 보어는 암살당할 위험이 컸다. 곧 영국에서 비무장 쌍발폭격기 모스키토를 보냈다. 10월 6일 보어는 '외교행랑'이 되어 모스키토 폭격기의 폭탄 적재실에 앉아 영국으로 갔다. 보어가 폭탄 적재실에 앉은 이유는 공간상 문제 외에 하나가 더 있었다. 비행기가 공격받아 위험해지면 보어라는 '중요 화물'을 즉시 바다에 버리기(?) 위해서였다. 그는 빼앗겨서는 안 되는 존재였다.[34] 숨 가쁘게 진행된 몇 달간의 모험이었다. 보어는 과학 분야를 넘어선 인간성의 모범을 보여주며 3년의 기간 동안 동포들과 독일 점령기간을 보냈고 이제 연합국의 영역으로 넘어왔다. 그리고 건강을 추스르며 채드윅에게 현재 신대륙에서 무슨 일이 진행되고 있는지를 들었다. 영국은 로스앨러모스의 폭탄설계를 도울 팀을 파견할 준비를 하고 있었다. 그들은 보어를 일원으로 파견하면 영향력과 권위가 강화될 것으로 봤다. 1943년 겨울, 보어는 맨해튼 프로젝트에 합류하기 위해 떠나는 영국팀과 같이 미국으로 갔다. 미국과 영국의 연구는 보어가 예상했던 것보다 훨씬 진전되어 있었고 오크리지, 핸퍼드, 로스앨러모스 등을 돌아보며 보어는 큰 감명을 받았다.

1943년 영국팀의 미국행

1943년 8월 처칠은 퀘벡에서 미국과 핵연구 협력 재개에 합의했다. 영국과 미국 상호간에 세 가지 조건이 제시되었다. "상대에 대해 결코 이것을 사용하지 않는다. 상대의 동의 없이 제3자에게 사용하지 않는다. 상대의 동의 없이 이것에 대한 정보를 제3자에게 제공하지 않는다." 1943년 11월에 채드윅은 프리시에게 미국에서 일해볼 생각이 없

34　이 이동과정에는 재미있는(?) 에피소드가 하나 더 있다. 조종사는 조종석과 교신할 수 있는 헬멧을 보어에게 제공했고 산소마스크를 연결하는 장소를 가르쳐주었다. 노르웨이 서해안의 독일 대공포를 피해 고공비행하는 사이 조종사는 보어와 교신이 되지 않자 이상한 낌새를 느끼고 방공망을 빠져 나온 뒤 바로 급강하했다. 실제 보어는 저산소증으로 정신을 잃고 있었고 위험한 상태였다. 보어는 산소마스크를 쓸 수가 없었다. 조종사가 보어의 '큰 머리'를 감안하지 못했던 것이다. 보어는 스코틀랜드에 착륙할 때에야 간신히 의식을 되찾았다.

클라우스 푹스

영국에서 보른의 제자였던 클라우스 푹스는 채드윅 등의 영국팀에 합류해 로스앨러모스에 왔고, 전후 영국으로 돌아가지 않고 로스앨러모스 연구팀에 잔류했다. 푹스는 후일 체포되어 미국의 핵 기밀을 고스란히 소련에 넘긴 것이 밝혀져 14년형을 선고받았고, 9년 후 석방되어 동독으로 가서 여생을 마쳤다. 푹스는 맨해튼 계획의 핵심정보를 소련 측에 지속적으로 전달했다. 그래서 스탈린은 미국의 원폭계획을 정확히 알고 있었다.

는지 물었다. 당연히 그러고 싶다고 했다. 4년 전 이모 마이트너와 알아냈던 핵분열이 이제 세계사적 영향을 미치게 되는 과정을 직접 경험할 생각이었다. 이미 원폭연구에 엄청난 도움을 준 프리시였다.[35] "그러면 영국시민이 되어야 합니다." "그렇다면 더욱 좋습니다." 불과 일주일도 되지 않아 프리시는 영국시민권을 받았다. 미국대사관에서 비자발급까지 일사천리로 받은 다음 파이얼스 등과 팀을 이뤄 미국으로 떠났다. 보어와 그의 아들 아게 보어는 영국팀 고문역으로 따라갔다. 영국팀은 워싱턴에서 그로브스를 만나고 로스앨러모스에 가서 오펜하이머의 환영을 받았다. 처칠의 입장에서 원폭은 영국이 먼저 생각했던 것이다. 그런데 미국이 앞서 나가고 있으니 몇 사람 보내 도와주고 기

술을 가지고 돌아오라는 의미였다. 처음부터 미국과 영국은 이 기술을 공유할 생각이었기에 발생할 문제점은 거의 없었다. 하지만 영국팀에는 클라우스 푹스(Klaus Fuchs, 1911~1988)가 있었다. 푹스는 후일 원폭의 정보를 영국에 제공한 것이 아니라 소련에 제공했다. 푹스의 스파이 활동으로 소련은 3~4년 일찍 원폭을 개발할 수 있었던 것으로 보인다.

---

35 원자폭탄이 수 톤이 아니라 수 킬로그램으로 가능하다는 것을 프리시가 제시하지 않았다면 프로젝트는 전혀 다른 길에서 헤매고 있었을 것이다.

2차 세계대전 시기 소련의 원폭연구

영국과 미국은 독일 이외에는 신경조차 쓰고 있지 않았지만 소련의 원폭연구는 1939년에 이미 시작되었다. 당시 36세의 핵물리학자 이고르 쿠르차토프(Igor Kurchatov, 1903~1960)가 소련정부에 핵분열의 군사적 중요성을 알렸다. 쿠르차토프도 이미 핵분열 연구가 나치 독일에서 진행되고 있을 수 있다고 보았다. 이후 1940년 소련 물리학자들은 미국의 저명한 물리학자, 화학자, 수학자, 금속공학자들의 논문이 국제 학술지에서 사라지고 있음을 알았다. 미국이 어떤 계획을 추진 중인 것은 분명했다. 핵 관련 기술을 비밀에 부친 순간 그로 인해 비밀이 폭로된 셈이다. 1941년 6월 독일이 침공해오자 핵분열 연구는 시작도 하기 전에 중지되어버렸다. 소련은 급한 불부터 꺼야 했다. 독일군의 침공으로 연구 우선순위는 레이더, 기뢰탐지기가 우선했고 원폭 연구는 후순위가 됐다. 쿠르차토프는 카잔으로 가서 기뢰에 대한 방어기술을 연구했다. 1942년에야 숨을 돌린 소련은 원폭연구에 자원을 배분하기 시작했다. 소련에서는 1943년부터 쿠르차토프의 주도로 핵분열 연구가 시작됐다. 1944년경 핵무기와 핵반응에 대한 이론적 계산과 실험을 먼저 시작했다. 사실 이런 식으로 핵무기가 완성될 수 있는 기술을 개발하고 우라늄 농축을 하는 것이 정상적인 순서다. 맨해튼 계획이야말로 '정상적이지 않은' 연구개발이었다. 다행히 쿠르차토프 외에도 소련은 비밀병기가 하나 더 있었다. 운 좋게도 로스앨러모스에서 만들어지는 핵심 정보들을 전해줄 클라우스 푹스가 있었던 것이다. 물론 쿠르차토프 등의 작업이 없었다면 푹스가 전해주는 정보는 읽지 못할 암호문에 불과했을 것이다. 푹스의 정보를 바탕으로 소련 원폭 연구팀은 미국과 격차를 빠르게 줄여나갔다.

1943년까지 일본의 원자폭탄 연구

태평양 전쟁 발발 전이던 1941년 4월에 이미 육군항공기술연구소에서 이화학연구소에 '원자폭탄 제조에 관한 연구'를 의뢰했었다. 앞서 살펴본 것처럼 이 연구는 니시나 팀이 담당했다. 당시 일본은 이미 서구의 과학기술저널조차 손에 넣기 힘들어졌고, 세계물리학계로부터 고립되어 가던 중이었다. 이런 와중에도 니시나는 사이클로트론을 건설했고 1942년 12월부터는 우라늄 농축기술 개발을 진행했다. 그리고 1943년 초가 되었을 때, 니시나 연구팀은 일본육군에 이렇게 보고했다. "기술적 가능성을 검토한 결과, 원자폭탄 제조는 가능한 것으로 판단된다. 우라늄-235 1킬로그램을 농축하면 화약 18000톤의 폭발력을 얻을 수 있다. 우라늄 분리에는 열확산법이 적당하다. 분리통은 금이나 백금도금이 필요한데, (더 저렴한) 구리가 사용가능한지는 더 연구가 필요하다. 이후, 우라늄-235를 분리하는 것이 가장 중요한 문제인데, 과연 순조롭게 진행될지는 모르겠다. 분리가 되더라도 폭탄이 될지 원자연료를 사용한 연동기로 사용할 수 있을지는 해보지 않고 뭐라 말할 수 없다."

같은 시기 일본해군은 해군대로 별개의 원폭개발계획을 추진했다. 해군의 제2화약창 기술연구소는 교토제국대학과 연결되어 있었고, 교토대는 유가와 히데키 등의 소장파 물리학자들이 원폭의 기초연구를 수행했다. 이처럼 일본의 핵연구는 전혀 통합되어 있지 않았다. 일본 특유의 파벌주의는 각 조직간 불협화음을 만들며 중복투자를 만들었다. 1942년 일본해군에서는 '물리간담회'를 열어 원자폭탄에 대한 논의를 했다. 이토 요지 기술 대령은 상황을 다음과 같이 분석했다. "독일 및 영미에서는……우라늄 핵분열을 이용한 연구가 추진 중이다……이 연구가 성공하면, 한줌의 우라늄만 있으면 사이판이나 파라오의 기지는 한 번에 날아가버린다. 현재, 기술적으로나 이론적으로나 독일이 이 연구에 앞서 있기 때문에, 병기로서의 개발 및 사용도 독일이 먼저 해낼 것으로 예상되므로 걱정할 바는 아니지만, 앞으로 연구과제로서 주목하고 경계해야 할 것은 틀림없다."

1942년 12월부터 1943년 3월까지 해군은 원자무기의 가능성에 대한 10회에 걸친 집중적인 학술토론을 개최했다. 이 토론에서는 수백 톤의 우라늄 광석을 찾아내고, 채굴하고, 가공해야 한다는 것과 우라늄-235 분리를 위해서는 일본의 연간 전력 생산량 10%(!)와 구리 생산량 절반(!!)이 필요하다는 결론이 나왔다. 정확한 수학적 판단이었다. 마지막 토론에서 원자폭탄 제조는 확실히 가능하나, 일본이 만들기 위해서는 10년은 걸릴 것이라는 결론을 내렸다. 그리고 독일이나 미국도 전쟁기간에 이런 폭탄을 만들어내기에는 산업적 한계가 있을 것이라고 생각했다. "원자폭탄의 제조는 분명히 가능하다고 생각되지만, 너무 장시간이 필요하고 전쟁기간 중에는 힘들 것이다. 미국도 전쟁기간 중에는 불가능할 것이다." 최종토론회에 참석한 해군장교는 "토의하면 할수록 더욱 비관적인 분위기가 지배적이 되었다."고 당시를 회고했다. 그래서 해군은 좀 더 시급한 레이더 연구 등에 자원을 배정했다. 하지만 이런 결론에도 불구하고 육군과 해군 모두에서 원폭연구는 미약하게나마 계속 진행되었다.

일본이 이렇게 현재 전쟁에서 어떤 국가도 원폭개발은 불가능하다는 결론을 내리고 있을 때, 미국은 2년 내로 원폭개발이 가능하다는 결론을 내렸다. 일본은 우라늄 농축의 어려움을 과대평가하고 미국의 산업역량은 과소평가한 셈이다. 하지만 사실 일본의 결론은 1939년에 보어 등 핵심 과학자들의 생각과 같은 것이었다는 점에서 분명 나름의 합리성을 가지고 있었다. 미국의 원폭개발 추진은 자명한 결론이 아니었다. 3~4년의 기간 동안 미국의 분위기가 독일이나 일본과는 다르게 반전되어 간 것은 실라드나 페르미 같은 집요한 열정과 역량의 소유자들이 대거 미국으로 몰려들었기 때문이며, 그들이 독일의 과학수준을 과대평가한 결과 가지게 된 공포감이 추진력으로 작용했기 때문이다. "혹시나, 혹시나 독일이?"라는 이 생각 하나가 결국 원자폭탄이 동작 가능한 방법을 찾게 했던 것이다.

1943년의 노르웨이 중수공장

1943년 중반은 연합국 원자과학자들의 우려가 가장 컸던 시기다. 독일이 절망적인 상황으로 몰리기 시작했기 때문이다. 맨해튼 프로젝트는 1945년에나 폭탄을 만들 수 있을 것인데 독일이 1939년부터 비슷한 규모의 연구를 시작했다면 이미 폭탄을 손에 넣었을 것이라고 추론했다.[36] 이런 식의 계산은 아이러니하게도 미국의 원폭개발이 빨라지면 빨라질수록 공포심을 더 조장시키고 작업을 독려하게 되어 있었다. 비슷한 경우는 또 있었다. 1943년 8월 처칠은 영국과학자들이 중수생산을 다섯 배 빠르게 할 수 있는 방법을 개발하자 독일도 그럴 것이라

---

36 미국은 1943년 12월 최초의 연쇄반응에 성공하고 1945년 7월의 폭탄완성까지 1년 7개월이 필요했다.

고 믿으며 걱정했다. 돌이켜보면 우스꽝스런 일화들이지만 당시 영국과 미국의 상상 속 독일은 언제나 무자비한 최고의 과학강국이었다. 그래서 영국은 노르웨이 중수공장에 계속해서 관심을 가졌다. 완전히 파괴된 것은 아니었기 때문에 1943년 4월부터 독일은 어떻게든 다시 중수생산을 시작했다. 조바심이 난 영국은 베모르크 공장 생산이 재개되었으니 이 공장을 긴급히 재공격해야 한다고 생각했다. 한번 공격당한 독일이 경비를 강화했기 때문에 이제 특공대 공격은 불가능했다. 이번에는 영국이 미국에 부탁했다. 미군은 이 공장에 대한 정밀폭격을 시도했다. 지난번 실패한 글라이더 공격으로부터 1년 정도 지난 1943년 11월 16일 미군의 B-17 폭격기들이 베모르크로 날아갔다. 노르웨이인들의 피해를 최소화하기 위해 공격은 점심시간인 11시 30분부터 12시 사이에 폭격하기로 계획되었다. 겨우 작은 공장 하나를 목표로 140대의 폭격기가 700개의 폭탄을 투하했다. 공장에는 한 개도 명중되지 못했지만 발전소에 4발, 수소공급 설비에 2발이 떨어졌다. 공장은 가동이 불가능해져서 폭격은 목표를 달성했다.

그러자 독일은 이제 노르웨이 공장을 해체해서 독일로 옮겨오기로 했다. 노르웨이 저항세력은 이 정보를 런던에 알렸다. 독일의 전력사정이 좋지 않고 공장 자체의 규모가 있기에 공장 이주 자체는 걱정되지 않았다. 문제는 전기분해통에 남아 있는 중수였다. 1944년 2월 9일, 중수를 2주일 이내에 독일로 수송한다는 정보가 들어왔다. 새로운 특공대를 파견하기에는 시간이 부족했다. 지난번 특공작전 후 복귀하지 않고 계속 노르웨이에 숨어 지낸 호클리드(Knut Haukelid)와 무전병, 이 두 명이 가용인력 전부였다. 호클리드는 이번에는 홀로 중수를 파괴해야 했다. 수송 도중에 공격하는 것이 유일한 방법이었다. 정보망을 통해 농축도 1.1%에서 97.6%에 이르는 중수가 39개의 통에 넣어져 수송된다는 것을 알았다. 류칸에서 틴쇼 호수까지 기차로 운반되고 승객과 화물을 함께 싣는 페리 선으로 호수를 건너게 된다. 호클리드는 이 배를 침몰시키기로 했다. 배를 침몰시키면 노르웨이 민간인 익사자가 있을 수도 있고, 독일 경비병들이 죽으면 독일군은 이 지역의 노르웨이인들에게 보복할 것이 분명했다.

고민 속에 호클리드는 런던에 꼭 실행해야만 하는 것인지 확인했다. 뻔한 답신이 왔다. "중수는 너무 중요하기 때문에 반드시 파괴되어야 한다." 배는 한 시간 정도면 호수를 건넌다. 호클리드는 호수 가운데 배가 도달했을 때 폭발되도록 시한폭탄을 제조했다. 호수 폭이 좁으므로 배가 5분 내로 침몰 가능한 크기의 구멍을 만들 수 있어야 했다. 호클리드는 거사 전날 한 바이올린 연주자를 만났다. 내일 배편으로 이곳을 떠날 예정이라는 말을 듣고 이곳에서 하루 더 스키를 즐기라고 권유했다. 하지만 소용없었다. 의심받을 수도 있으니 더 강권할 수도 없었다. 그날 밤 동료들과 배에 잠입해 선수 쪽에 폭약을 설치했다. 폭발하면 배가 앞으로 기울어져 선미의 방향타와 프로펠러가 공중으로 떠올라 움직이지 못할 것을 노린 것이다. 전날 만났던 바이올린 연주자 포함 53명의 승객을 태우고 페리는 정시에 출발했고, 45분 후 폭약이 폭발했다. 중수를 실은 배는 호수 속으로 가라앉았고 26명이 이 사고에 휘말려 익사했다. 호클리드는 작전에 성공했지만 기쁠 수는 없었다. 이렇게 독일의 중수공급은 확인에 확인을 거듭하며 끝끝내 방해받았다. 종전 시까지 독일의 중수 저장량은 조금도 증가하지 못했다. 독일의 원자폭탄 개발의 실낱같은 가능성마저 1944년 2월 작은 페리호의 침몰로 완전히 끝났다.

7

1944년: 무너지는 추축국

1944년의 세계—서유럽의 해방

1944년에 접어들 무렵, 추축국에 남은 희망은 거의 사라졌다. 독소전쟁의 경우 여름에는 독일이, 겨울에는 소련이 승기를 잡는 일이 3년 동안 공식처럼 반복되었다. 하지만 1944년부터 그런 일은 일어나지 않았다. 쿨스크 전투 이후 독일군의 전략은 적에게 최대한의 피해를 입히며 천천히 후퇴하는 것에 불과했다. 기적적인 승리가 없었던 것은 아니었지만 독일군은 이제 역사 속으로 사라지고 있었다. 일본의 경우 대부분의 태평양상 점령지들을 잃었다. 미국의 전시 생산이 어느 정도 궤도에 오르자 해군력의 압도적 격차를 메울 어떠한 방법도 찾을 수 없었다. 그나마 일본이 버틸 수 있었던 것은 미국이 '독일 우선격파'라는 목표하에 움직이고 있었기 때문이다. 1943년 이탈리아에 상륙한 연합군은 이후 1년 가까운 지루한 전투를 치른 끝에 1944년 6월 5일 마침내

노르망디 상륙작전

사상 최대의 작전으로 불린 노르망디 상륙작전은 20세기 전쟁을 상징하는 사건 중 하나다. 노르망디 상륙작전의 성공으로 서유럽에 제2전선이 형성됐다. 독일이 그렇게 피하고자 하던 양면전쟁이 재현됐다. 자원부족이 심화되며 독일의 붕괴는 가속화했다.

로마를 점령했다. 하지만 다음날의 뉴스로 이 소식은 주목받지 못했다. 1944년 6월 6일 노르망디 상륙작전이 개시되었다. 인류역사상 최대 규모의 물리력이 동원된 육해공 입체전이 동작했다. 3만 명에 달하는 공수부대가 하늘에서 낙하했다. 단 하루 만에 연합군 18만 명이 바다를 건넜다. 독일군은 항구가 없어 보급이 어려운 노르망디에 연합군이 상륙하지 않을 것으로 판단했다. 하지만 연합군은 미국에서 '항구를 만들어' 프랑스 해안에 가지고 왔다. 조립형의 이동형 멀버리 부두는 이름 없는 프랑스 해안을 순식간에 큰 배가 정박할 수 있는 항구로 만들었다. 허를 찔린 독일군은 연합군이 거대한 교두보를 만드는 것을 막지 못했다. 하지만 독일군이 결사적으로 반격해오자 치열한 전투는 3개월을 끌었다. 그리고 결국 전력을 소진한 독일군이 8월 말 후퇴를 시작하면서 서유럽의 해방이 시작되었다. 서유럽에 제2전선이 형성되자 독일은 그렇게 피하고자 했던 양면전쟁의 악몽에 직면했다. 노르망디 전선에서의 패배와 거의 같은 시기, 독일은 동부전선에서도 참패를 당했다. 소련군은 독일의 소련침공 3주년인 1944년 6월 22일에 맞춰 대반격을 시작했다. 바그라티온 작전이라 불린 이 대공세로 독일 중부집단군이 궤멸됐고, 독일은 소련내 점령지 대부분을 잃고 폴란드로 패주했다. 연합군은 크리스마스 이전에 종전까지 꿈꿔봤지만 겨울이 가까워오자 독일군은 다시 발악적인 반격을 시작했다. 종전은 다음 해를 기다려야 했다.

늙은 망명객들의 삶

전쟁이 5년을 끌고 새로운 젊은 세대들이 물리학적 지식을 전쟁에 투입하던 시절, 조용히 은거하며 살아가던 노 망명객들은 어떤 심정이었을까? 그들의 복잡했을 심중은 간간이 주고받던 편지들 속에 그대로 남아 있다. 노르망디에서 치열한 교전이 계속되던 1944년 7월, 아인슈타인에게 보낸 편지에서 보른은 지난겨울의 신경쇠약 증세에서 회복 못했다며 과로와 유대인 학살 뉴스로 인한 스트레스, 인도로 간 아들 걱정 등을 이야기하고 있다. "하지만 저를 가장 침울하게 만드는 것은 그 자체로서 너무나 아름답고 나아가 인류 사회에 공헌할 수 있는 우리들의 과학이 파괴와 죽음을 위한 수단으로 전락했다는 것입니다." 대부분의 독일 과학자들이 나치에 협력해 왔고, 심지어 믿을 만한 소식통으로부터 들었다며 "하이젠베르크마저 그런 악당들을 위해 전력을 다해 일해 왔습니다."라며 고통스러워했다. '폰 라우에와 오토 한 같은 예외는 있다.'고 자위하면서도 정확한 상황을 알 수 없었던 보른은 하이젠베르크에 대한 풍문에서 큰 실망을 느꼈다.—자신의 가장 아끼던 애제자였다. 그리고 영, 미, 러의 과학자들도 당연한 일이라는 듯 동원되고 있다며, 우리가 국제적인 조직을 만들어야 하고, 국제적인 윤리강령을 만들어 과학을 산업체와 정부의 도구가 아니라 세계 권력을 제어하고 안정화시킬 수 있는 힘으로써 활용해야 한다고 했다.

보른은 실라드나 보어와 비슷한 이야기들을 하고 있다. 과학의 국제 통제에 대한 논의는 당시 꽤 여러 사람들이 공유한 듯하다. 보른은 전쟁 전에 오토 한의 핵분열에서 실라드의 원자무기에 대한 언급으로 이어지는 정보들을 알았고 놀랐었지만, 무기개발은 여전히 먼 이야기라고 판단했다. 보른은 전쟁 발발 겨우 몇 주 전에야 영국 시민권을 받을 수 있었다. 그나마 다행이었다. 시민권을 받지 못했다면 '적국사람'으로 분류되어 생활에 상당한 제약이 따랐을 것이다. 실제 보른의 제자인 클라우스 푹스는 캐나다 수용소로 가서 조사를 받았고 몇 달 뒤에야 돌아올 수 있었다. 영국의 입장에서 독일 공산당 출신 유대인으로 영국에 망명 온 푹스는 독일과의 관계보다 소련과의 관계에 대한 의심이 강했을 수 있다. 만약 그렇다면 그 의심은 그리 잘못된 것이 아니었다. 얼마 뒤 푹스는 버밍햄의 파이얼스에게 미 정부를 위해 일해보자는 전보를 받았다. 어떤 연구인지 뻔했기에 보른은 말렸다. 하지만 나치에 대한 증오심으로 푹스는 미국에 가서 맨해튼 프로젝트에 가담했고 결국 소련에 기밀을 넘기는 스파이가 되었다. 보른은 히로시마의 비극 1년 전이 편지를 보냈다. 이때는 아인슈타인도 보른도 맨해튼 계획에 대해서는 전혀 몰랐다. 보른은 이때까지 아인슈타인이 절대적 반전론자일 것이라고 보았다. 그것이 그가 기억하고 있는 아인슈타인이었다. 하지만 아인슈타인은 나치를 공격하는 전쟁에는 긍정적 주전론자로 돌아서 있었다. 유대인인 보른조차도 시대흐름 속에서 '유대인일 수밖에 없는' 아인슈타인의 인생을 전혀 읽지 못했던 것이다.

방어선이 무너진 독일군이 프랑스에서 대대적인 후퇴를 하고 있던 1944년 9월 초, 아인슈타인은 보른에게 편지했다. 25년 전 두 사람이 함께 전차를 타고 제국의회 건물로 가면서, 그곳 사람들을 민주주의자로 전향시킬 수 있다고 확신했던 일을 기억하는지 물었다. "지난 40년 간 우리는 얼마나 순진했습니까? 생각하면 웃음이 나옵니다."라며 허탈해한다. 하지만 치열한 전쟁의 와중에도 아인슈타인은 양자역학에 대한 자신의 입장을 다시 한 번 확인한다. "우리는 과학적 목표에 있어서 대척점에 위치한 사람이 되었습니다." 양자역학에 대한 반대로 젊은 학자들이 자신의 태도를 '늙은이의 노망'으로 받아들인다는 것을 잘 알고 있다면서 "하지만 누구의 본능적 태도가 옳았는지 확인할 수 있는 날은 분명히 올 겁니다."라는 확신을 피력한다. 1944년 10월에는 재미있게도 보른 부부가 함께 아인슈타인에게 편지를 보냈다. 보른의 부인 헤디는 이 편지에서 '주사위 놀이를 하는 신'에 동의하지는 않지만, 아인슈타인의 결정론적 관점은 받아들일 수 없다고 표현한다. 그리고 "결정되어 있다면, 인간의 윤리와 노력이 필요한가?"라는 의문을 피력한다.―사실 헤디는 결정론과 비결정론에 대해 들었을 때 대부분의 사람들이 흔히 떠올리는 질문을 했다. 그리고 재치 있게 덧붙인다. "저는 제 편지에 당신이 답장을 쓰도록 미리 결정되어 있기를 바랍니다." 헤디도 철학적 문제의 핵심을 잘 간파하고 있었다. "막스와 함께 에든버러로 온 이후 제가 얻었던 병, 그리고 수술목록을 작성해 보여드릴 수 있습니다. 늑막염, 망막제거수술……모든 창조력의 근원(당신의 표현입니다.)의 제거. 당신이 예전에 이렇게 말한 적이 있습니다. '당신들 여성에 대해 말하자면, 창조력이 머리에 위치해 있지 않습니다.' 수치스러운 당신의 이 말이 제 기억 속에 어떻게 새겨졌는지 이제 아시겠지요!" 과거 아인슈타인의 성차별적 발언에 대한 헤디의 일침도 있다. 그러면서도 편지는 따뜻하게 끝맺는다. "당신의 편지는 제게 힘을 주었습니다……" 당차고 멋진 여성의 이 편지는 남편 보른의 답장과 함께 발송됐다. "물리학에 대해 아무것도 모르는 헤디도 당신께 함께 보낸 편지에서 저와 동일한 생각을 표현했습니다. 저에게 결정론적 세계란 견딜 수 없는 것입니다. 이것이 제 원초적인 감정입니다." 아인슈타인으로서는 보른의 짧은 문장에 훨씬 기운이 빠졌을 것이다. 전쟁 중에도, 서로의 깊은 우정에도 불구하고, 그들의 물리학적 확신에 대한 격차는 여전히 변함없었다.

알소스 부대

1942년 말 페르미가 설계한 세계 최초의 원자로가 시카고에서 가동되어 연쇄반응을 성공적으로 일으킬 수 있음을 보여주었다. 그러자 연합국 과학자들은 오히려 공포심을 느꼈다. 원자무기계획의 늦은 출발에도 불구하고 미국이 이 정도의 원자로를 만들었다면 독일은 이미 오래전에 이 정도의 원자로를 만들고 다음 단계로 진행되고 있을 것이라고 생각한 것이다. 하지만 막상 당시 독일의 현실은 초라했다. 도시 공습이 심해진 1943년 여름 이후, 하이젠베르크의 연구소는 슈바벤 지방 헷힝겐(Hechingen)이라는 소도시로 옮겼고, 원자로 가동을 위해 중수를 사용하려 했던 시도는 노르웨이 중수공장의 파괴로 큰 차질이 빚어졌다. 결국 종전 시까지 하이젠베르크의 연구는 초기단계 원자로 개발에 머물렀다. 하지만 연합국 입장에서는 독일의 원폭 선제개발에 대한 두려움이 너무나 강했다. 많은 과학자가 독일을 떠났음에도, 연합국의 눈에 원폭개발에 필요한 독일 과학자의 수는 충분해 보였다.

실제로 1940~41년 사이의 런던 대공습 시기에 영국 물리학자들은 혹시 독일이 폭탄에 방사능 물질을 섞지는 않았는지 가이거 계수기로 폭격지점을 검사하기도 했다. 노르망디 상륙 작전 때는 과학자들은 아이젠하워 사령관에게 독일이 방사능 폭탄을 사용할 가능성이 크다며 경고했다. 이때까지도 연합국 과학자들은 조바심 속에 독일의 방사능 연구에 극도로 예민하게 반응했다. 히틀러의 핵무장에 대한 이런 공포감은 독일이 항복할 때까지 계속되었다. 미국은 전쟁기간 내내 독일의 핵무장 능력을 과대평가했고, 소련의 능력은 과소평가했다. 그래서 미국 최고 사령부는 독일 핵무장 상태에 대한 정보 수집을 목적으로 한

사무엘 하우드스미트
인자한 스승 에렌페스트의 지도 아래
스핀을 발견했던 하우드스미트는 얄
궃은 역사의 흐름 속에 전혀 예상치
못한 일을 맡았다. 그는 알소스 부대
와 함께 '독일과학 사냥'을 독일의 몰
락까지 계속했다.

특수부대를 출범시킨다. 이 부대는 최전선의 연합군을 바짝 뒤따르며 주로 독일의 연구소를 접수하고 연구자들을 억류하는 작업을 진행했다. 한 마디로 '독일과학 사냥' 전문부대였다. 일급기밀이었던 이 특수부대는 그로브스 직할로 움직였고 '알소스(Alsos)'라는 명칭이 붙었다.[37] 1943년부터 유럽에 상륙한 연합군을 따라 육군대령이 지휘하는 알소스 부대가 이동해갔다. 하지만 이탈리아에서 거둔 성과가 너무 초라하자, 다음에는 원자과학자가 함께 공동지휘를 하라는 결정이 내려졌다. 이때 낙점된 원자과학자는 바로 에렌페스트의 제자이자 스핀의 발견자였던 네덜란드 출신의 실험물리학자 사무엘 하우드스미트였다. 레이든 대학에서 에렌페스트에게 배웠고 1920년대에 코펜하겐으로 가서 보어 연구소에서 일했었다. 그는 맨해튼 계획에 참가하지 않아 독일군에게 잡히더라도 기밀이 새어나갈 염려가 없었고, 프랑스와 독일어에 유창하다는 장점이 있었다. 물론 유대인이라 동기부여도 충분했다. 하우드스미트가 합류한 알소스 부대는 1944년 8월 연합군의 파리 입성에 따라붙었다. 그들의 핵심목표

---

37 '알소스'는 '그로브스'를 그리스어로 직역한 것이다. 그리스어 알소스(Alsos)는 그로브(Grove, 작은 숲)라는 뜻이다. 총지휘권자의 이름이 암시된 명칭이었다. 또 부대원들 모두 독특한 배지를 착용했는데 흰색 알파 기호를 붉은 색 번개가 뚫고 지나가는 문양이었다. 당연히 원자력을 상징한 것이었다. 전혀 비밀특수부대답지 않게 그들은 자신들이 누구인지 광고하고 다녔다. 다행히 이로 인해 불상사가 벌어지지는 않았다.

는 퀴리 연구소를 '점령'하고 졸리오를 '확보'하는 것이었다. 졸리오는 독일의 파리 점령 후에도 파리를 떠나지 않았고, 중요한 연구소를 독일에 넘겨준 부역자로 의심되었다. 졸리오는 앞서 살펴본 것처럼 레지스탕스 활동에 적극 참여하고 있었지만 알소스 부대는 이를 알지 못했고, 미군은 이 사실을 안 이후에도 의심을 버리지 않았다. 미국인들 입장에서 '공산당원 레지스탕스' 졸리오는 더욱 의심스러웠을 뿐이다.

하우드스미트는 자신이 맡은 이 일로 인해 유럽 과학계가 겪은 비극들을 숱하게 확인해야 했다. 유명 과학자 중에도 나치에 의해 학대 받은 이들은 많았다. 프랑스 물리학자 조르주 브뤼아는 제자가 탈출한 미군 파일럿들을 숨겨준 것을 끝까지 함구하여 강제수용소로 끌려가서 결국 기아로 사망했다. 프랑스 물리학자 페르낭 홀백이 그가 발명한 고속 기관총의 비밀을 실토하라는 게슈타포의 고문 속에 죽었다는 것도 확인했다. 하우드스미트는 개인사적 비극도 목도해야 했다. 네덜란드 해방 직후 그는 부모가 살던 헤이그로 급히 찾아갔다. 1943년 3월 이후 부모와 연락이 끊긴 상태였다. 그는 텅 비어 폐허가 된 자신의 옛집을 확인하고는 감당하기 힘든 죄책감에 시달려야 했다. 당시 부모님은 이미 미국 비자를 받은 상태였기에 자신이 조금만 서둘렀다면 제때 부모를 구출할 수 있지 않았을까 하는 통한의 후회였다. 그리고 독일의 우라늄 계획 문서들을 조사하다 우연히 친위대가 처형한 사람들의 명단을 입수했다. 그 자료더미 속에서 하우드스미트는 자신의 부모 이름을 찾아냈다. 그리고 자신의 부모가 아버지의 칠순 생일날 가스실에서 함께 죽었다는 비참한 사실을 확인했다.

연합군이 독일로 진격하자 스트라스부르 대학이 알소스 부대의 주 표적이 되었다. 이때 독일 물리학자 4명을 체포했지만 바이츠체커는 찾지 못했다. 알소스 부대는 이곳에서 바이츠체커를 체포하리라 기대했지만 그는 몇 달 전부터 스트라스부르 대학에 나오지 않았다. 하지만 그가 남겨둔 문서는 많이 있었다. 그리고 그 속에서 독일의 우라늄 계획 문서가 통째로 발견되었다! 문서의 내용들은 독일의 우라늄계획이 연합국보다 적어도 2년 이상 뒤처져 있음을 명백히 보여주었다. 독일에는 우라늄-235나 플루토늄을 제조할 공장도 없었고, 우라늄 원자로도 미국의 것과 비교되지 못할 실험용 수준에 머물러 있었다. 하지만 알소스 부대는 이 '월척'에 만족하지 못했다. 독일의 술수일지도 모른다고 생각한 미 정부는 핵심 물리학자를 모두 체포하고 독일 내 연구소들을 남김없이 점령하기 전까지는 독일의 원자무기 존재를 계속 의심해봐야 한다고 보았다. 그래서 이후에도 독일과학자 사냥은 계속해서 진행되었다. 하우드스미트는 항상 하이젠베르크 빼고는 독일의 원폭개발을 이끌 인재는 없다고 주장했다. 그래서 하이젠베르크는 일순위로 확보해야 하는 '군사적 목표'였다.

노르망디 상륙 이후의 졸리오

1944년 연합군의 프랑스 상륙이 다가올 시점 파리의 생활수준은 최악으로 떨어졌다. 난방용 석탄과 식량이 거의 없었다. 춥고 배고픈 시절이었다. 지고 있는 독일은 더 악랄하게 나왔다. 통행금지는 강화됐고, 체포와 처형이 증가했다. 그 와중에 연합군이 곧 올 것이라는 희망적인 풍문들도 떠돌았다. 600명의 파리 레지스탕스 대원들은 전투를 준비했다. 졸리오는 먼저 연금 상태의 랑주뱅을 독일이 볼모로 삼을 것을 우려해 국외로 탈출시켰다. 허위 교통사고를 낸 뒤 랑주뱅의 온몸을

휘어진 시대 3

붕대로 둘둘 감은 뒤 스위스 국경을 넘게 한 것이다. 졸리오는 다시 체포되었고 심문받았다. 하지만 그의 권위가 너무 높았고 심증이 약했던지라 고문 없이 일단 석방되었다. 이때까지 항상 아슬아슬한 행운이 함께했지만 또 체포된다면 언제든지 죽을 수 있었다. 졸리오는 결심을 굳혔다.

1944년 5월이 되자 졸리오는 이렌과 자녀들을 스위스로 피신시킨 뒤 목숨을 건 무장투쟁에 직접 동참했다. 이렌과 자녀들이 스위스 국경을 넘을 때는 운 좋게도 검문소에 독일군이 한 명도 없었다. 나중에 알게 된 사실이지만 그날은 6월 6일로 노르망디 상륙일이었다. 전선에서는 먼 곳이었지만 프랑스 주둔 독일군 전체가 대혼란에 빠진 날이었다. 이렌 가족과 랑주뱅은 스위스에서 재회해서 3개월 동안 안전하게 머물렀다. 이렇게 모든 상황을 정리한 졸리오는 장-피에르 고몽이라는 가명을 쓰면서 파리 변방의 노동자 구역에 숨었다. 원자폭탄을 만들 수도 있었던 노벨상 수상자는 자신의 연구실에 무기를 비축하고 파리봉기 후에는 손수 화염병을 만들었다. 8월 19일 파리의 레지스탕스는 봉기했다. 몇 달 전 600명이던 레지스탕스는 15000명 수준으로 늘어나 있었다. 하지만 중무장한 파리주둔 독일군 2만 명을 상대하기에는 분명 역부족이었다.

치열한 시가전 일주일째인 8월 25일, 미군은 자유프랑스군을 앞세우고 황급히 파리로 진입했다. 다행히 독일 파리주둔군 사령관 숄티츠는 파리를 아끼는 사람이었고, 파리를 빼앗길 위기에 처하면 도시 전체를 파괴하라는 히틀러의 명령을 무시했다. 군인으로서 명예를 위해 조금 버티던 그는 순순히 파리를 넘겨주고 투항하는 쪽을 선택했다. 격분한 히틀러는 슈파이델 장군에게 파리로 로켓을 발사해 노트르담 성당,

드골의 파리 입성(위), 개선문을 통과하는 연합군(아래)

숄비츠와 슈파이델 장군
이 두 장성은 파리를 파괴하라는 히틀러의 명백한 명령을 거부했다. 예술의 도
시는 그렇게 간신히 지켜졌다.

튈르리 궁전, 개선문, 에펠탑 등을 하나하나 거명하며 모두 파괴하라고
지시했다고 한다. 하지만 슈파이델은 히틀러 암살을 계획하던 주모자
중 한 명이었고 그 역시 명령을 따르지 않았다. 이렇게 파리는 거의 파
괴되지 않은 채 해방될 수 있었다. 프랑스인은 연합군의 진입 전에 파
리에 해방구를 만듦으로써 국가적 명예를 일정 부분 회복했다. 졸리오
는 이때의 일로 후일 군인에게만 주는 무공십자훈장을 받았다.

목숨을 걸고 독일군과 교전했던 졸리오였지만 미군에게 그는 수상
한 인물이었다. 그로브스는 줄곧 졸리오가 독일의 원폭개발을 돕고 있
지 않은지 의심의 눈초리로 보고 있었다. 그래서 알소스 특수부대에게
졸리오는 핵심적인 요주의 인물이었고, 빠르고 특별하게 확보해야 할
대상이었다. 더구나 공산당원이었기 때문에 더더욱 소련 쪽에는 빼앗
기지 않아야 했다. 그들은 졸리오를 잘 구슬려서 런던으로 옮겨 보호하

겠다고 했다. 그리고 즉시 런던에 보냈고 그간의 활동에 대해 심문을 받았다. 심문에는 채드윅도 참여해서 둘은 오랜만에 서로를 볼 수 있었다. 이것이 9년 전 같은 해에 노벨 물리학상과 노벨 화학상을 받은 사람들의 만남이었다. 전쟁이 아니었다면 절대 없었을 슬픈 장면이었다. 졸리오는 미국 쪽 핵연구 상황을 물었지만 채드윅은 그 정보가 미국정부 것이라 자신이 공개할 처지는 아니라고 말했다. 조사를 마친 뒤 9월에 졸리오와 이렌 가족은 다시 파리에서 재회했다. 첫 원폭이 폭발할 때까지 졸리오는 미국의 원폭연구에 대해서는 아무것도 들을 수 없었다. 당연한 것이 미국 부통령 트루먼(Harry S. Truman, 1884~1972)조차 몰랐던 사항이었다. 이후 졸리오는 미국이 원폭개발에 어느 정도의 자원을 집중시켰는지를 듣고 놀랐다. 파나마 운하 건설비보다 더 많은 자금을 쏟아부었다는 얘기는 경악스런 것이었다. 졸리오퀴리 부부는 이후 핵분열로 폭탄을 만든 것은 과학과 인류에 대한 배신행위라는 관점을 유지했다.

보어의 경고

보어는 1943년 덴마크를 떠난 이후 스웨덴, 영국, 미국을 돌며 최고 통수권자들을 모두 만나는 경험을 했다. 스웨덴 국왕과의 만남은 덴마크 유대인들을 구출하는 데 큰 효과가 있었다. 하지만 영국과 미국에서는 피할 수 없는 결론을 처칠과 루스벨트에게 들려줬지만 반응은 없었다. "이것은 무기가 아니라 완전히 새로운 무엇입니다. 우리는 전쟁으로 해결할 수 없는 완전히 새로운 상황에 직면해 있습니다." 로스앨러모스에 왔을 때 보어는 상황을 간파하고 있었다. 핵무기는 미래의 전쟁

양상을 완전히 바꿔놓을 것이다. 결국 비밀은 지킬 수 없게 될 것이고, 다른 나라들도 원자폭탄을 제조하려 들 것이다. 그러면 각국은 더 많은 원자폭탄을 만들려는 경쟁이 발생할 것이다. 그렇게 된다면 전쟁은 너무 위험한 일이 된다. 핵무기가 확산하면 상호파괴만 가능할 뿐 아무도 승리할 수 없다. 그것은 우리가 들어온 전쟁이라고 말할 수 없다. 지금까지 인류가 경험해보지 못한 상황이 도래한 것이다. 지금까지 국가 간의 마지막 협상 방법은 전쟁이었다. 하지만 궁극적 힘이 나타난다면? 처음에는 만든 이들에게 안전을 담보하는 듯 보이지만 결국 모든 국가들이 총체적 불안에 이르게 된다. 평화와 국제적 자멸, 평화와 대 멸망의 양자택일 외에는 없다. 보어는 이런 상황을 내다보며 정치가들이 이것을 막을 준비를 해야 한다고 했다. 공존의 해법을 모색할 수밖에 없는 상황이 도래할 것이며, 상호신뢰에 기초한 세계의 개방만이 이 역설적 공포의 시대를 해결할 수 있다는 것이 보어의 생각이었다. 이 판단은 적중했다. 하지만 처칠이 듣기에는 천진한 소리였다. 1944년 8월 26일 보어는 백악관에서 루스벨트를 만났다. 그는 핵무기는 사용되어서는 안 되며 특정국가가 비밀스럽게 소유할 수 없는 무엇이라는 주장을 반복했다. 정치인들의 수사법에 익숙하지 않은 보어가 보기에 루스벨트는 말이 통하는 것 같았다. 하지만 다음달 9월 루스벨트와 처칠이 만났을 때, 보어의 주장은 철저하게 거부되었다. "원폭은 극비로 간주되어야 하며 신중히 고려하여 일본에 사용할 수 있다. 종전 후에도 미국과 영국은 군사적 상업적 목적의 우라늄 개발협력은 계속한다." 특히 처칠은 보어를 입막음해야 한다고 생각한 것 같다. "그는 공개주의의 옹호자다……보어는 감금되어야 할 것 같지만, 어쨌든 그는 중대 범죄를 저지르는 것이란 걸 알아야 한다." 다행히 감금되지는 않았지만, 이후 보어는 루스벨트도 처칠도 다시는 만나지 못했다.

로스앨러모스의 일상

텔러는 오펜하이머의 관리기법을 여러 번 극찬한 바 있다. 텔러에 의하면 오펜하이머는 연구소의 모든 부문에 무슨 일이 일어나고 있는지 자세히 알고 있었으며 기술적 문제는 물론 '인간을 분석하는 데 믿을 수 없이 빠른 통찰력'을 가지고 있었다. "(오펜하이머는) 조직방법, 구워삶는 일, 농담, 마음을 달래주는 법 등을 잘 알고 있었고, 강하게 끌고 나가면서도 그렇게 보이지 않는 방법도 알고 있었다……그를 실망시키는 것은 잘못된 일이라는 느낌이 드는 분위기였다." 로스앨러모스의 성공은 오펜하이머의 카리스마에서 비롯된 것이라는 시각은 큰 과장은 아닌 듯하다. 최소한 로스앨러모스는 매우 '오펜하이머적'이었다고 할 수 있을 것이다.

위스콘신 대학 수학교수가 된 폴란드 수학자 스타니슬라프 울람 (Stanisław Marcin Ulam, 1909~1984)은 옛 친구 폰 노이만의 소개로 1943년 겨울부터 로스앨러모스에서 일하기 시작했다. 도착하던 날 텔러를 만났고 둘은 함께 일하게 됐다. 둘은 '슈퍼'(수소폭탄)에 대한 얘기를 자주 나누게 됐다. 1944년 2월쯤이면 슈퍼에는 삼중수소가 필요하다는 것이 거의 확실해졌다. 아직 원자폭탄 개발이 완료되지도 않았을 때 텔러와 울람은 미래전쟁에 사용될 무기를 생각하고 있었다. 결국

스타니슬라프 울람

그들은 수소폭탄을 만들게 된다. 내폭방식도 큰 진전을 봤다. 폰 노이만의 조언과 울람의 아이디어 등이 모두 도움이 되었다. 1944년 9월에 페르미 가족이 로스앨러모스로 이사했다. 7월에 이제 미국시민이 되었기 때문이다.[38] 조금 늦게 이 이상한 과학 독립국에 도착했던 페르미의 회고를 보면 얼마나 열정적이고 낙천적인 젊은이들에 의해 새로우면서도 괴기스런 과학이 만들어져 갔는지 느낄 수 있다. 분명 육군기지인데 산속 휴양림 같은 생활영역에서 토요일 저녁에 스퀘어 댄스를 추고 폰 노이만이나 울람 등의 수학천재들은 새로 배운 포커를 즐겼다. 독신이건 기혼이건 '사서함 1663호'의 거주자들은 젊고 건강했다. 너무 많은 아이들이 출생하자 그로브스는 아이를 그만 낳으라고 명령(?)했다. "나는 다시는 그렇게 많은 '두뇌'들이 한곳에 모여 살지는 못할 것이라고 생각했다." "우리는 전화도 없었고 전등불도 밝지 못했다. 하지만 이렇게 깊은 협조와 우정이 흐르는 마을에는 다시 살아보지 못할 것이다." 일요일에는 평범하게 교회를 가고 어떤 이들은 등산과 승마, 낚시를 했다. 하이킹을 가는 계곡에는 조심해야 할 스컹크와 곰도 있었다. 1943년 크리스마스부터는 저출력 라디오로 로스앨러모스에 지역방송도 시작했다. 오펜하이머 등 몇 명이 방송국에 자신의 고전 레코드판을 빌려주었다. 때때로 '오토'가 실황연주도 했다. 이름만 말해 주민들은 그가 누군지 몰랐지만 그 연주자는 오토 프리시였다.

오펜하이머는 과학부문뿐만 아니라 생활영역까지도 침착하고 유능하게 관리했다. 그는 지구상에 없었던 천재들의 마을 속 존경받는 촌

---

38 법이란 것이 참으로 묘한 것이다. 이미 페르미가 미국에 해준 일이 어마어마했지만 그는 1944년 여름까지도 '이탈리아인'이었다.

장이었다. "비범한 심리적 통찰력으로 남을 이해하는 일은 물리학자에게는 드문 일이다."(텔러) "그가 우리들보다 지적으로 우수하다는 것은 명백했다."(베테) "그는 지식뿐 아니라 인간적 따뜻함도 가지고 있었다. 모든 사람들이 오펜하이머가 자신들이 하는 일에 관심을 갖고 있다고 느꼈다." "어떤 사람과 이야기하면 그 사람의 일이 전체 프로젝트에 중요한 부분임을 강조했다. 나는 그가 누구에게 못되게 구는 것을 본 적이 없다. 전쟁 전이나 전쟁 후에도 똑같았다." "로스앨러모스에서 그는 어느 누구에게도 열등감을 갖게 하지 않았다." 모두의 증언이 유사하다. 참으로 놀라운 능력이다. 그런데 막상 오펜하이머는 뛰어나면서도 단호한 가치관을 가진 사람들 틈에서 열등감을 가지고 있었다. 남들의 가슴을 뛰게 만들어주는 재능을 가졌으면서 정작 자신의 의기소침함은 해결할 수 없었다는 점에서 오펜하이머는 에렌페스트와 꽤 닮아 있다. 오펜하이머는 개인적 고통도 감수하고 있었다. 그의 사무실과 전화는 언제나 도청 당했고, 지극히 개인적인 시간까지 낯선 이들이 들여다보았다. 모를 리 없었고 가정생활은 행복할 수 없었다.

1944년 오펜하이머는 내폭무기 시험의 암호명을 제안했다. '트리니티(Trinity, 삼위일체, 三位一體)!' 그는 이 지극히 종교적인 이름이 인류 역사상 최초의 핵무기 실험과 실험장의 이름으로 적합하다고 봤다. 후일 오펜하이머는 '나의 심장을 때리는 삼위일체의 하나님'이라는 시를 읽던 중 이 암호명을 떠올렸다고 했다. "새로 이 세상에 태어나는 태고의 힘에 대한 최초의 비밀실험을 칭하는 암호명으로 적절한, 충분히 용감하고, 충분히 열렬하며, 충분히 역설로 가득 찬 시어였다." 원자폭탄은 죽음의 무기이지만 그것은 전쟁을 끝낼 수도 있고, 인류를 멸망시킬 수도 있지만 인류애를 되찾을 수도 있는 것이었다. 오펜하이머는 자신들이 한 일이 인류사에 오래 기억되리라는 것을 잘 알고 있었다. 그것이 그에게 그나마 위로가 되었을 것이다.

내폭방식의 성공

리틀보이와 팻맨의 두 가지 원폭제조 방법은 사실 오펜하이머가 1942년 버클리 교정에서 합의를 본 결론이었다. 임계질량이 모이면 연쇄반응 시작될 것인데 그렇게 만드는 두 가지 방식이 있다는 것을 아이디어 스케치 과정에서 떠올린 것이었다. 상식적으로 생각해도 포신결합 방식으로 만들면 훨씬 쉬울 것이다. 그래서 로스앨러모스의 처음 연구는 이때 필요한 임계질량을 알아내는 데 초점을 맞춰 시작했다. 여러 개의 핵원료 조각들이 중심을 향해 정확하게 모여야 하는 내폭방식은 훨씬 복잡해서 정말 만들 수 있을지 훨씬 불확실했다. 그런데도 오펜하이머는 5명에게 내폭방식 연구를 계속시켰다. 네더마이어 지휘 아래 연구가 진행되었고 곧 연구진은 50명 수준까지 늘어났다. 수학적으로 난해한 문제들은 폰 노이만이 여러 조언을 줬지만 난관이 너무 많아 1년 가까이 지지부진했다.

그런데 1944년 4월에 플루토늄에는 불순물이 너무 많아서 포신결합 방식으로는 불발된다는 결론이 나왔다. 플루토늄 폭탄은 '무조건' 내폭방식으로만 만들어져야 했다. 1944년 러시아 출신 폭약 전문가 조지 키스챠콥스키를 합류시켜 팀장으로 임명했다. 결국 이로 인해 내폭방식은 성공했다. 1945년까지 내폭방식의 플루토늄 탄 2개가 만들어졌다. 우라늄-235 폭탄 1발만 포신결합방식으로 만들어졌다. 한정된 자원에도 불구하고 내폭방식 연구를 지속시킨 오펜하이머의 불확실성에 대한 대처 방식은 빛을 발했다. 1945년 7월, 미국은 우라늄-235 폭탄 1발, 플루토늄 폭탄 2발을 보유할 수 있었다. 내폭방식이 없었다면 1발뿐인 리틀보이를 시험해보고 나면 미국은 일본에 투하할 원폭이 없었을 것이다. 미국은 손에 넣은 3발의 원자폭탄을 1945년 8월까지 모두 '알뜰하게' 사용했다. 4번째 원자폭탄은 전쟁이 끝난 후에야 만들어졌다. 수많은 불확실성들의 난이도와 다양성을 생각해볼 때 아슬아슬한 기적이라 말할 수 있다.

1944년의 니시나

제2차 세계대전 기간 일본에서 진행된 원폭연구, 특히 니시나의 연구 수준은 어느 정도로 추정해볼 수 있을까? 사실 니시나가 진행했던 연구의 수준은 그가 사용한 사이클로트론의 규모로 볼 때 대부분 하이젠베르크 이상에 도달해 있었다. 미국은 원폭개발 경쟁에서 독일에 뒤처지지 않도록 많은 주의를 기울였지만, 일본의 원폭연구는 크게 우려하지 않았었다. 하지만 후일 막상 전쟁이 끝났을 때, 미군은 일본의 연구 진척 상황을 알고 충격을 받았다. 일본의 물리학 수준을 얕잡아 보던 미국은 먼저 니시나가 만든 사이클로트론 규모에 놀랐다. 그것은 미국 바깥에서 만들어진 최대 규모의 사이클로트론이었다. 미군은 미국에만 있을 것으로 본 사이클로트론이 일본에 이미 4개나 설치되어 있다는 사실에 당황하며 이들 모두를 남김없이 파괴시켰다. 미국을 제외하면 2차 세계대전 기간 니시나의 원폭연구는 세계최고 수준에 근접해 있었다고 볼 수도 있다. 하지만 니시나는 최선을 다해 원폭연구를 진행시켰던 것 같지는 않다. 그의 대응은 하이젠베르크만큼이나 미적지근했다.

니시나는 일본이 미국에 도전해 재앙을 불렀다고 생각했다. 하지만 우라늄 폭탄에 관한 애국적 연구는 분명히 계속했다. 1943년 7월에는 육군중장 노부지를 만나 대성공을 예상한다고 말하기도 했다. 이 말의 의도는 불명확하다. 여러 정황으로 볼 때 니시나 본인도 믿기 힘든 내용이었다. 니시나는 순도 50% 우라늄 10킬로그램이면 폭탄을 만들 수 있을 것 같으나 정확한 것은 사이클로트론을 이용한 실험에서 확인할 수 있다고 했다. 그래서 1.5미터짜리 작은 사이클로트론은 만들어졌지만 일본의 산업상황으로 인해 저에너지 상태로만 운용 가능했다. 1944년 11월에 노부지 중장을 만났을 때는 금년에는 큰 진전이 없다고 말했다. 사실 니시나의 연구원들은 모두 니시나의 행동에서 그가 전쟁기간 내에 원자폭탄을 만들 수 있을 것으로 생각하지 않는 것 같다고 짐작했다. 그가 왜 육군의 연구를 지속했는지는 직접 밝힌 바 없기 때문에 그의 의도는 알 길이 없다. 전후 물리학의 발전에 이런 연구가 쓸모 있다고 생각했을 수도 있다. 혹은 연구소가 전시에 상당한 연구비 지원을 받을 수 있고, 우수한 젊은 연구원들의 징집을 막기 위해서였을 수도 있다. 물론 일본식의 단순한 충성심도 약간 개입했을 수 있다. 실제 니시나는 연구원들이 징병검사에서 탈락하도록 조치하기도 했고, 유가와와 도모나가의 연구가 방해되지 않는 선에서만 그들을 군사연구에 참여시키고자 했다. 그의 작업은 전후 일본에 필요한 인재를 보호하고 순수과학의 역량을 보존하는 쪽을 교묘히 선택한 셈이다. 어쩌면 니시나는 자신의 방법으로 일본을 사랑했던 것이 아닐까.

1944년 11월 17일 회의록에는 니시나의 당시 활동을 추정할 만한 내용이 남아 있다. 그리고 그때까지 일본 육군 중장의 핵물리학에 대한 이해력도 고스란히 남아 있다. 노부지 중장이 "만약 우라늄이 폭약으로 사용될 거라면, 그리고 10킬로그램이 필요하면, 왜 보통 폭약 10킬로그램을 쓰면 안 됩니까?"라고 묻자 니시나는 "그건 안 됩니다."라고만 간단히 답했다. 대화내용으로 볼 때 노부지 중장은 몇 년간 자신이 후원한 일이 무엇인지 자체를 제대로 모르고 있는 것 같다. 니시나 역시 그간 별다른 세부적 설명을 장성에게 전혀 하지 않았음이 여실히 드러난다. 군에 뭔가를 더 알려줬다면 도움이 되었을 법도 한데, 니시나는 하이젠베르크 이상의 태업을 했던 것일까? 혹은 일본식의 비밀주의일까? 아니면 상대하는 장성이 수준이 안 된다고 얕잡아본 행동일까? 니시나에게 물을 순 없으니 상상만 가능하다.

어느 욱일기 병사의 원폭개발

1944년 7월 사이판이 함락당하자 다급해진 도조 수상은 기초연구 단계에 있는 우라늄 폭탄의 개발 속행을 강하게 지시했다. 물리학자들의 합리적인 생각들은 모두 무시당했고 군 연구조직들은 연구자들을 몰아붙였다. 하지만 그 명령 직후 도조는 실각했다. 그의 실각 이유 중에도 '사이판을 잃을 때까지도 결전병기를 만들지 못했다.'는 질책이 포함되어 있었다. 정치적 변화와 상관없이 일단 시작된 결전병기 프로젝트들은 관성을 가지고 계속 가동했다. 1944년 7월 17일 수상의 직접 명령이라며 육군 병기국 장교 야마모토 요이치는 '무슨 수를 써서라도 우라늄 10킬로그램을 급히 모으라.'는 명령을 받았다. 전쟁 전부터 어느 정도의 물리학적 수련을 쌓은 야마모토는 명령의 의미를 정확히 이해했다. 군 상층부는 이제 지푸라기라도 잡고 싶어져서 원자폭탄의 기술적 성공 가능성 여부와 상관없이 일단 그 원료부터 모아보라고 한 것이었다. 그리고 그들은 일본에서 천연우라늄 10킬로그램이라도 모으는 것이 얼마나 어려운 일인지도 알지 못했다. 이때부터 야마모토는 이 난제를 어떻게든 해결해보려고 동분서주했다. 야마모토는 먼저 육군 내부에서 어느 정도 연구가 진행되었는지 확인하러 니시나를 찾아갔다. 니시나는 1943년 3월부터 육군항공본부에서 연구비를 받아 우라늄 폭탄 연구를 진행했다. 니시나 스스로도 가능성이 있다고 생각하고 연구하는 것이 아니었다.[39] 이 화학연구소 연구자들은 사실 이 연구가 전쟁

도조 히데키

1944년까지 일본 수상을 역임한 태평양 전쟁의 핵심 전범. 살아 포로가 되는 치욕을 당하지 말라며 수많은 병사들에게 자결을 강요했던 도조 히데키는 아이러니하게도 일본항복 후인 1945년 9월 11일, 미 헌병이 체포하러 왔을 때, 막상 자신의 권총자결에 실패했다. 도조는 도쿄전범재판에서 사형을 언도받고 처형당했다.

에 직접 도움이 될지에 별 관심이 없었다. 연구는 지지부진했다. 그리고 야마모토의 분석으로도 현실성이 없었다. 폭탄을 어떻게 폭발시킬

39　앞서 살펴본 것처럼 이것이 '니호 연구'다. 전쟁 전에 이미 육군은 도조를 설득했다. '그렇다면 전문가에게 연구를 맡겨보라.'는 답을 얻었고 이화학연구소의 니시나에게 연구를 의뢰했던 것이다. 그런데 니시나는 1943년 5월이 되어서야 보고를 했다. 행간을 추정컨대 니시나는 시급한 중요도를 가진다고 보지 않았거나 일본의 자원으로는 불가능하다고 생각했다. 그런데도 일본에서는 이런 일에 포기하는 듯한 보고는 거의 불가능했던 모양이다. 니시나의 보고서에는 세 가지 사항이 명확히 명기되어 있었다. (1) 우라늄 1킬로그램을 분리해 폭탄을 제조하면 화약 18000톤의 위력을 가진다. (2) 우라늄 235 분리에는 열확산법이 좋다. (3) '기술적으로만 한정하면' 폭탄의 제조는 가능하다. 이 보고를 받고 도조는 전력을 다해 개발하라는 명령을 내렸다. 연구진행 과정은 사실 정상적이었다. 원폭설계에 대한 연구가 우선이었기에 우라늄의 확보는 후순위의 일이었다. 그 후 1년 이상의 시간이 지나 급박한 상황이 되자 '우라늄 우선 확보'라는 명령이 내려진 것이다. 이런 상황을 생각해보면 미국이 1942년 원폭연구 이전에 우라늄 농축을 시도했던 것은 그만큼 무리한 추진이었지만 결과적으로는 신의 한수가 되었다.

지의 문제는 고사하고 일단 우라늄-235를 농축하기 위한 설비와 기술의 확보도 쉽지 않았다. 그런데 우라늄-235를 겨우 0.7% 함유하고 있는 천연우라늄조차 가진 것이 없었다. 야마모토는 절망적이라는 것을 잘 알았다. 하지만 그는 멈출 수 없었다. 일본장교들에게 '나약한 소리'를 하는 것은 허용되지 않았기 때문이다. 일단은 천연우라늄부터 찾아야 했고 야마모토는 '일본군인답게' 그 일을 진행해갔다.

육군항공본부는 이미 1943년부터 1년간이나 우라늄 광맥채굴 조사를 하고 있었다. 그 결과 일본군이 점령중인 말레이 반도 블랙샌드 광맥에 우라늄이 있다는 것을 알아냈다. 하지만 제해권이 미군에게 넘어간 상황에서 채굴한다 하더라도 일본 본토로 이동시키는 것은 불가능하다고 판단했다. 그래서 한반도에서 광맥을 찾아보았지만 역시 가능성은 없어 보였다. 이 상황까지를 모두 확인한 야마모토는 이번엔 전국의 광산회사에 문의했다. 역시 원하는 답은 얻지 못했다. 그러나 포기하지 않고 다음에는 가이거 계수기를 들고 일본 구석구석 가능성 있는 지역을 일일이 조사했다. 그러다가 마침내 1944년 11월 말에 후쿠시마현 이시카와 군 이시카와 정에서 약간의 우라늄광을 찾아냈다. 광맥의 품질로 볼 때 야마모토의 계산으로는 '53만 톤'의 광석을 채굴하면 500킬로그램 정도의 산화우라늄을 얻을 수 있을 것으로 보았다. 그러면 산술적으로 '5킬로그램 정도'의 우라늄-235는 확보할 수 있을 것이다. 하지만 이 소읍은 인구 2만 명이 되지 않아 노동력의 여유가 없다는 문제가 있었다. 야마모토가 특유의 추진력으로 이 문제의 해결을 고민했지만 그 사이 금방 1945년이 되어버렸다.

1944년 태평양의 티니안

1944년 여름까지 일본은 점령한 태평양의 섬들을 차례차례 빼앗겼다. 미국은 이제 마리아나 제도의 섬들을 빼앗으면 전진기지로 안성맞춤이라고 봤다. 괌은 해군기지로, 사이판과 이웃섬 티니안은 새로 개발된 B-29 폭격기들의 발진기지로 사용할 계획이었다. 일본 역시 이곳의 중요도를 잘 알고 있었기 때문에 지금까지와는 다른 방어전을 준비했다. 사이판에 15000~17000명, 티니안에 1만 명 정도를 주둔시켰다. 6월 15일 2만 명의 미해병 병력이 사이판에 먼저 상륙했다. 2주 뒤 티니안에 상륙했고 이 두 섬에서의 전투는 7월 말 종결됐다. 미드웨이에서 세 척의 항모를 모두 잃었던 나구모 중장은 사이판 수비대장으로 있다가 최종적 패배 후 할복자살했다. 일본군 3만 명이 죽었다. 미군은 3000명이 죽었고 13000명이 부상당했다. 더 끔찍한 일은 사이판의 22000명 정도의 일본 민간인이 모두 절벽에서 바다로 투신한 사건이었다. 앞으로 오키나와에서 있을 일들의 예고편이었다. 사이판의 집단자살은 미군에게 공포심을 불러일으키는 것이었다. 일본 본토에 살고 있는 수천만 명이 모두 이런 식으로 나온다면 전쟁은 어떤 식으로 펼쳐지게 될까?

1944년 8월 미 공군은 일찌감치 '개발도 되지 않은, 개발될지도 알수 없는' 원폭을 투하할 특별팀을 뽑아 훈련을 시작했다. 29세의 티베츠(Paul W. Tibbets) 중령이 지휘관으로 선발됐다. 그의 어머니 이름은 에놀라 게이(Enola Gay)였다. 티베츠는 믿음직한 인물인지에 대한 꼼꼼한 테스트를 거친 뒤 제2공군사령관이 직접 자신이 맡을 임무에 대해 설명하는 것을 들었다. '귀관은 팀을 만들어 어떤 무기를 투하'해야 하

사이판과 티니안
이 아름다운 태평양의 섬들에서 1944년 수만 명의 사람들이 죽었다는 사실을 떠올리기는 힘들다. 더구나
그 중 상당수는 광적인 집단자살이었다.

는데 자신들은 그것이 뭔지 아무것도 모르고 무엇을 할 수 있는지도 모른다고 했다. "귀관은 그것을 비행기에 싣고, 전술을 결정하고, 훈련을 해야 한다." 공군에서 이 계획에 '은쟁반'이라는 암호명을 사용했다. 티베츠가 이 단어만 사용하면 모든 문제들이 해결됐다. 공군 내 최우선 순위가 부여된 암호였기 때문이다. 티베츠는 이 '은쟁반' 요술로 전 세계 최고의 조종사, 폭격수, 항해사들을 모아나갔다. '전혀 모르는 것을 위한' 225명의 장교와 1542명의 사병으로 구성된 대규모 팀이 만들어졌다. 이후 이 팀의 승무원들은 최대고도에서 지상에 그려진 작은 원을 목표로 폭격연습을 반복했다. 왜 항상 육안관측 폭격훈련을 하는지, 왜 폭격 후 현장에서 '급히 이탈하는' 이상한 비행방법만 연습하는지 아무도 알지 못했다. 하지만 운반할 폭탄의 위력이 매우 클 것이라는 것은 모두가 짐작했다. 미군은 티니안에 거대한 비행장을 건설했다. 이제 수없이 많은 폭격기들이 이곳에서 일본을 폭격하기 위해 출격할 것이다. 히로시마와 나가사키에 원폭을 떨어뜨릴 비행기도 이곳에서 출발하게 된다. 1944년 11월 24일 사이판에서 떠난 100대의 B-29들이 처음으로 일본 본토를 폭격했다. 이제 일본 민간인들도 전쟁을 직접적으로 느끼기 시작했다. 다음해가 되면 일본의 대도시들은 전율스런 융단폭격의 지옥도를 경험하게 된다.

2막

과학이 삼킨 전쟁
(1945년)

8

천년 제국의 멸망

1945년의 세계—나치 독일의 몰락

1944년 말 독일 본토 코앞까지 연합군이 진격해 오자, 독일 군부는 15세 소년부터 60세 노인까지 징병연령을 확대했다. '걸을 수 있는 남자'는 모두 군대에 끌려갔다. 그러나 국가의 가용인력을 바닥까지 쥐어짜내는 이런 발악적 노력에도 불구하고 파국을 막을 수는 없었다. 전유럽을 유린했던 막강했던 독일군의 위용은 더 이상 찾아보기 힘들었다. 막상 본토 방어전에 투입될 부대들의 전투력은 지극히 의심스러웠고, 독일의 인력과 자원 모두가 한계였다. 1945년, 유럽대륙의 동과 서와 남에서 진격해 온 천만 명의 연합군이 독일본토로 쏟아져 들어오기 시작했다. 전세를 돌이킬 만한 어떤 희망도 남아 있지 않았다. 위정자들은 이제 무엇을 해야 했을까? 마땅히 종전 협상이 필요했다. 그나마 남은 독일의 인적, 물적 자원을 미래세대를 위해 보존해야 했다. 그러

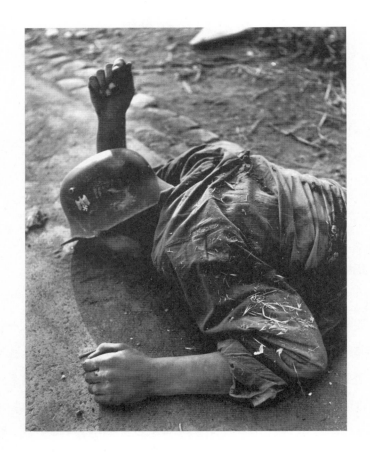

전사한 독일 소년병

1945년의 독일에는 전세를 뒤바꿀 어떤 방법도 남아 있지 않았다. 소년들까지 징집되어 연합군의 진격을 겨우 몇 초 지연시키고 압도적 화력 앞에 차례로 죽어갔다. 어리석은 명령들이 아니었다면 새로운 과학을 꽃피울 수도 있었을 누군가가 그렇게 사라져갔다. 이 전쟁에서 우리는 무엇을 잃었는지조차 알지 못한다. 이 불행한 역사의 결과물이 우리의 시대요, 우리 자신이다.

나 이 자명한 합리적인 선택은 결코 이루어지지 않았다. 최고 사령부는 '결사항전'이라는 히틀러의 명령을 앵무새처럼 반복할 뿐이었다. 서너 달의 절망적이고 불공평한 본토전투가 이어진 뒤 1945년 4월이 되자, 마침내 전선은 붕괴되었다. 독일 지휘부의 정상적인 전황파악이나 명령전달은 거의 불가능한 상황이 되었다. 이제 엉성하게 결성된 독일의 마지막 예비대들과 몇몇 광신적 부대들은 노회한 독재자의 목숨을 겨우 며칠 연장하기 위해, 잘린 도마뱀 꼬리가 꿈틀대듯 도처에서 무질서하게 뒤엉키며 무익한 전투를 치르고 있었다. 어느 날인가 괴팅겐, 뮌헨, 베를린을 거닐며 놀라운 재능을 보여줄 수 있었을 또 다른 플랑크가, 또 다른 오토 한이, 또 다른 하이젠베르크가 그렇게 죽어갔다.

1945년 미국의 전략 폭격

1945년 2월 13일, 독일의 드레스덴에 대공습이 이루어졌다. 1400대의 폭격기가 쏟아부은 65만 개의 소이탄에 드레스덴은 불바다가 됐다. 연합군 피해는 6대가 격추된 것이 전부였다. 독일방공망은 붕괴된 지 오래였다. 다음날 기차 정거장을 파괴하기 위해 2차 공격대 1350대가 투입됐으나 도시 90%를 뒤덮은 연기로 기차정거장을 찾을 수 없을 지경이었다. 드레스덴에는 변변한 군수공장조차 없었고, 전략적 요충지도 아니었다. 단지 목조건물이 많아 파괴가 쉬웠을 뿐이다. 여러 변명에도 불구하고 연합군이 이 도시를 파괴한 것은 오직 본보기를 보이기 위해서였을 뿐이다. 그간 독일에 당해온 일에 대한 복수심과 앞으로 벌어질 일들에 대한 협박, 그 이상도 이하도 아니었다. 민간인 13만 명이 그렇게 죽었다. 이제 독일이 항복하면 연합군 공군은 이 방법을 일본에

드레스덴 공습
드레스덴 시민들은 불타 죽기만 한 것이 아니었다. 너무 거대한 불 폭풍 속에 많은 사람들은 산소
부족으로 질식했다. 그 화재의 규모는 우리가 상상하기 어렵다.

집중할 것이었다.

유럽에서의 전략폭격으로 명성을 얻은 커티스 르메이(Curtis LeMay, 1906~1990) 중장은 1945년 1월 20일 태평양의 제21폭격사령부 사령관으로 취임했다. 전임자는 일본의 산업시설에 대한 공격에 집중했지만 르메이는 그럴 생각이 없었다. 르메이는 훗날 당당하게 얘기했다. "군인이라면 누구나 자신의 행동에 대한 도덕적인 면을 어느 정도 생각한다. 하지만 (어차피) 전쟁은 도덕에 반하는 것이다." "일본이 우리를 먼저 공격했다. 일본인들을 죽이길 원하는가? 아니면 미군을 죽게 할 건가?" 원폭과 관련해서도 지속적으로 듣게 될 논리였다. 1945년이 2월이 지나자 일본은 저고도용의 대공포를 가지고 있지 않은 것이 확인됐다. 독일에서와는 상황이 다른 것이다. 저고도 비행이면 연료를 절약할 수 있고, 더 많은 폭탄을 탑재할 수 있으며, 더욱 정밀한 폭격이 가능하다. 이오지마와 오키나와에서의 엄청난 피해를 목도한 미 공군은 드레스덴에서와 같은 목표, 같은 전략을 일본에 사용하기 시작했다. 첩보에 의하면 일본 전투기에는 레이더가 장착되어 있지 않았다. 밤에는 장님이나 다름없다는 얘기였다. 야간폭격전략이 추가되었다. 르메이는 폭격기 후미의 포만 남기고 모든 포를 없애버리고 더 많은 폭탄을 싣게 했다. 그리고 레이더와 전투기도 없는 무방비의 일본 도시들에 대한 무자비한 소이탄 공

커티스 르메이 장군
2차 세계대전의 영웅이자 냉전기 대표적 강경파 군인. "무고한 민간인은 없다."며 폭격으로 온몸이 불길에 휩싸여 엄마를 부르며 울부짖는 소녀의 슬픈 시선이 떠올라 고통스러울 때, "임무를 완수하고 싶다면, 그런 것은 잊어라."는 것이 르메이가 부하들에게 남긴 권고였다.

격이 전쟁의 막바지 몇 개월 동안 이어졌다. 이 시기 미국 전략 폭격의 97%가 주거지역을 목표로 했다. 제5공군 대변인은 일본정부가 미군상륙을 저지하기 위해 민간인들을 동원하므로 "일본의 모든 국민이 전쟁목표"라고 분명하게 언급했다.

1944년 10월에서 1945년 3월 사이 일본의 가미카제 출격은 900회에 이르렀다. 미 해군 장병들에게 공포심을 안겨줬고 100척 가까운 배들이 대파되거나 침몰했다. 하지만 심리적 효과 빼고는 거대한 미국 태평양 함대의 건재함에는 별 영향을 미치지 못했다. 이로 인한 실제 결과는 일본이 얼마나 절망적인지 미국이 알게 됐다는 것이다. 그리고 일본의 방공망이 훨씬 엷어지게 되었다는 것이다. 일본은 5개월 만에 조종사 900명을 '버리고' 무엇으로 자국 영공을 지킬 생각이었을까? 3월 9일 미군 폭격기 334대는 '방어무기 없이' 폭탄만 가득 실은 채 동경을 향해 날아올랐다. 3월 10일 동경 상공을 가득 메운 폭격기들은 아무런 공격도 받지 않고 가져온 소이탄들을 인구밀집지역에 모두 쏟아부었다. 바람이 불길을 몰고 다니며 빽빽이 들어선 목조건물들이 불타올랐다. 폭격지점 근처에서 물속으로 도망치려던 사람들은 개울물이 끓고 있는 것을 보았다. 상공기류의 흐름이 격렬해져서 폭격기가 뒤집어졌다는 보고까지 있었다. 열이 너무 강해 모든 승무원이 산소마스크를 썼다. 시체 타는 냄새를 폭격기에서 느낄 수 있었다. 대화재는 6시간을 휩쓸었다. 10만 명이 사망했고, 100만 명이 부상했다. 리메이는 저공공습이라는 도박에 성공했고 이 방법을 쉼 없이 밀고 나가기로 했다. 3월 11일 나고야, 3월 13일 오사카, 3월 15일 고베, 3월 18일 다시 나고야를 폭격했다. 그 시간 동안 일본은 어떠한 대공방어전략도 보여주지 못했다. 일본의 하늘은 무방비였다. 3월 대폭격 기간 미군 폭격기의 조종

동경 대공습

10만 명이 죽은 1945년 3월의 동경 대공습. 폭격기 조종사들은 공중에서 시체가 타는 격한 냄새를 맡을 수 있었다.

사들이 어떤 위협을 느꼈다면 몇 달 뒤 단 한 대의 전투기가 수억 달러가 투입된 폭탄을 싣고 호위도 없이 히로시마로 향할 순 없었을 것이다. 이제 미국은 자신들의 의도를 명확히 보여줬다. 항복하지 않는다면 이런 일이 계속될 것이다! 국가를 사랑하고 국민을 아낀다면 일본은 그쯤에서 그쳤어야 했다. 그러나 일본 위정자들의 선택도 히틀러의 독일과 별다르지 않았다.

내폭방식의 완성

핸퍼드의 장비들이 모두 정상동작하며 본격적인 플루토늄 대량생산이 시작된 것은 1944년 12월 말이었다. 핸퍼드에서는 사실상 전쟁의 막바지인 1945년이 되어서야 원폭의 원료들이 만들어졌다. 또한 팻맨 폭탄의 내폭방식도 그때가 되어서 가능성을 보이기 시작했다. 그로브스는 참모총장에게 1945년 말이면 5킬로그램 플루토늄 폭탄 18개를 만들 수 있다고 보고했다. 1945년 초의 상황분석에서 포신형 폭탄은 TNT 1만 톤의 위력을 가질 것이지만 충분한 우라늄-235를 분리해내는 것이 문제라고 봤다. 실제 전쟁이 끝날 때까지 포신형 폭탄은 단한 발만 만들어졌다. 내폭형 폭탄은 1944년 8월 조직개편 이후 진도가 빨라졌지만 충분한 성능을 보일지는 아직 불확실했다. 제대로 모든 플루토늄이 반응할 것 같지 않았다. 플루토늄 생산은 반년 뒤에는 2개의 폭탄을 제조할 수 있겠지만 폭발력은 우라늄-235 폭탄의 1/10 정도밖에 되지 않을 것 같았다. 이처럼 원자폭탄은 1945년이 되었을 때도 어떻게 결론지어질지 알 수가 없었다. 그런데 1945년 2월 7일 내폭대칭성이 확실하게 개선됐다. 계산결과 거의 균질하게 폭발파가 중앙으로 향하게 되었다. 포기하지 않고 연구를 계속한 내폭 연구팀의 놀라운 수학적 승리였다. 이제 플루토늄 폭탄도 상당한 위력을 가질 것이라 기대할 수 있었다. 3월 5일에 그때까지 만들어진 최선이었던 이 설계를 사용하기로 확정했다. 그리고 플루토늄이 아무리 귀하더라도 내폭방식은 무기로 사용하기 전 반드시 한 번의 실험을 거쳐야 한다는 데 이견이 없었다.

작지만 어려운 문제가 하나 더 있었다. 내폭형 폭탄의 기폭장치였다. 수억 달러 상당의 폭탄을 '때마침' 근처를 지나가는 중성자나 플루토늄의 자연 핵분열에 기폭을 맡길 수는 없었다. 맨 처음 충분한 수의 중성자를 정확한 시간에 방출해서 연쇄반응을 시작시켜야 했다. 마리 퀴리가 발견했던 폴로늄이 해법으로 등장했다. 내폭방식 폭탄의 중심부에는 베릴륨으로 둘러싼 폴로늄을 두고 플루토늄이 최대로 압축된 순간 폴로늄이 중성자를 방출하도록 설계했다. 원자번호 84번 폴로늄은 라듐보다 5000배나 많은 알파입자를 방출하기 때문에 파란 광채를 띤다. 하지만 폴로늄에서 방출되는 알파입자는 공기 중에서 4센티미터 정도 이동하지만 고체금속 내에서는 1밀리미터 미만만 움직일 수 있다. 폴로늄을 금속박지에 넣고 은색 베릴륨으로 둘러싸 호두알만 한 동심구를 폭탄 중심부에 만들어두면 안전하면서도 충분한 팻맨의 기폭장치가 된다. 이것이 내폭 뒤 '골고루' 뒤섞이면 10만분의 1초 사이 약 9~10개의 중성자를 방출하게 될 것이다.—이 기폭기의 설계는 21세기인 지금도 비밀로 분류되어 있다. 연쇄반응을 처음 시작시킬 중성자 10개를 만들어내기 위한 이 과정도 규모만 작았지 몇 년의 오랜 수고가 더해져야 했다. 뉴욕의 암 전문병원에서 사용 후의 라돈을 수집해 극소량의 폴로늄을 추출했고 오크리지에서는 중성자를 비스무트에 충돌시켜 폴로늄을 만들었다.—라돈은 붕괴하면 폴로늄이 된다. 몬산토에서 화학연구를 담당했던 인력들이 이 폴로늄을 정제했다. 기폭기의 실험도 지속적으로 이루어졌고 1945년 5월 1일에 가장 좋아 보이는 설계를 최종 선정했다. 이제 실험을 위한 모든 준비가 끝났다. 실제 성능은 단 한번만 시도할 원폭실험에서만 확인 가능할 것이었다. 어려운 수학의 문제도 해결해야 했지만, 수학이 과학이 되기 위한 과정들도 어느 것 하나 쉽게 이루어지지 않았다.

알소스 부대와 하이젠베르크의 만남

독일 스트라스부르를 점령한 뒤 입수한 문서들을 이틀 낮밤을 쉬지 않고 촛불을 켜놓고 읽고 분석한 하우드스미트는 명확히 결론을 내렸다. "독일은 원자폭탄을 만들지 못했고 이치에 맞는 것을 만들 수 있을 것 같지도 않다." 하지만 그로브스는 이런 종이로 된 증거들에 만족하지 못했다. 특히 1940년 독일이 벨기에에서 몰수해 간 1200톤 가량의 우라늄 행방이 문제였다. 전쟁기간 내내 요아힘스틸 광산은 계속 감시되고 있었고 벨기에령 콩고의 우라늄광은 봉쇄로 공급이 중단됐다. 따라서 이것이 독일이 사용할 수 있는 유일한 우라늄이었다. 이중 일부인 31톤은 프랑스 툴루즈 병기창에서 찾아냈다. 알뜰하게도 이 우라늄은 오크리지로 보내져 가공됐고 히로시마에 사용될 리틀보이에 그 결과물이 포함되었다.—이 우라늄은 콩고 어딘가에서 채굴되어 벨기에를 거쳐 프랑스에서 독일군 치하에 몇 년간 잠자고 있다가 미국에서 가공된 뒤 일본에서 수많은 사람을 죽이는 데 사용된 것이다. 1945년 독일로 진입한 알소스 부대가 받은 명령은 구체적이었다. "미국이 모르는 연구가 나치에 의해 수행되지 않았다는 명백한 증거가 필요하다. 또한 유명 독일 과학자들이 도망가거나 소련에 체포되어서는 안 된다." 독일군 전선이 무너지고 피아가 여기저기 뒤섞여버린 1945년 4월이 되면 알소스 부대는 때로는 지상군보다 먼저 이동하며 독일의 대학과 연구소들을 뒤지고 다녔다. 하이델베르크에서 발터 보데를 체포했다. 또 하이델베르크의 문서들을 검토하며 독일 남부 슈타틸름(Stadtilm)이 독일 원자연구의 중심임을 알아냈다. 알소스 부대는 독일 남부로 급히 이동해 소량의 산화우라늄을 슈타틸름에서 찾았지만 하이젠베르크 등은 더 남쪽으로 이동했음을 알았다.

이때 우라늄 광석을 수소문하던 팀은 슈타스푸르트에 있는 한 공장이 의심스러워졌다. 4월경에는 소련군이 이곳 근처까지 진격해 있었다. 그로브스는 영국과 연합 특공팀을 조직했다. 슈타스푸르트는 종전 시 소련 관할지역이 될 것이 분명했다. 4월 17일 연합 특공대는 슈타스푸르트로 가서 산더미 같은 서류더미에서 공장재고목록을 찾았다. 약 1100톤의 우라늄이 이 공장에 있었다. 미군은 소련군이 진주하기 전에 이 우라늄을 남김없이 빼돌리는 데 성공했다. 이제야 그로브스는 마샬 원수에게 자신 있게 보고할 수 있었다. "유럽에 있던 모든 우라늄광을 확보했으므로, 이제 독일이 원자폭탄을 만들어 이 전쟁에 사용할 수 있는 가능성은 확실하게 사라졌다." 물론 그 우라늄을 소련에 넘겨주지도 않았다는 점에서 더 큰 의미를 가졌을 것이다.

베르너 하이젠베르크

하이젠베르크는 1943~1944년 사이 겨울에 달렘의 지하실에 중수를 사용한 소형 원자로를 만들었고, 이후 비교적 안전한 헷힝겐으로 옮겼다. 새로운 우라늄 원자로는 전쟁 막바지인 1945년 2월에 하이게를라흐라는 지역에서 만들기 시작했다. 알소스 부대는 이 정보를 입수했다. 그들은 연합군 진격보다 빨리 공수부대를 낙하시켜 헷힝겐과 하이게를라흘의 과학자와 문서들을 확보해야 한다고 보았다. 하지만 하우드스미트는 그런 조치가 불필요하다며 말렸다. "독일의 계획(수준)은 연합군 병사의 뼌 발목보다 염려할 가치가 없습니다." 4월 중순 남부 독일의 독일군 전선이 붕괴된 뒤에는 헷힝겐이 프랑스군 점령지역에 포함되어버렸다는 것이 문제가 되었다. 알소스 부대는 탱크 두 대를 포함한 특공부대까지 조직해서 1945년 4월 22일 오전 8시 30분에 '프랑스군보다 먼저' 헷힝겐을 점령했다. 프랑스군의 진격 18시간 전이었다. 교전 없이 독일군이 후퇴해서 연구소는 무사했다. 그리고 독일과학자 8명을 체포하는 데 성공했다. 오토 한은 이틀 후에 찾아냈다.

　　이제 알소스 부대가 확보한 과학자 명단에는 혈안이 되어 찾던 오토 한, 폰 라우에, 바이츠체커가 포함되어 있었다. 이 정도면 하이젠베르크를 제외한 수배된(?) 모든 과학자들을 찾아낸 셈이지만 알소스 부대는 멈추지 않았다. 아직 가장 중요한 하이젠베르크가 남아 있었다. 전쟁 막바지에 가족의 상황이 걱정된 하이젠베르크는 알소스 부대가 도착하기 불과 5시간 전인 새벽 3시에 자전거를 타고 가족이 있던 오버바이에른의 웰펠트로 떠났다. 도처에서 산발적인 전투가 벌어지고 있어 위험했다. 실제로 도중에 하이젠베르크는 친위대원들에게 체포될 뻔하기도 했지만 담배를 주고 겨우 풀려났다. 비행기의 기총소사를 피하기 위해 밤에만 이동한 끝에 사흘 만에 가족을 만났다. 이 당시 하이젠베르크의 험난한 모험(?)은 그의 자서전『부분과 전체』에 잘 기록되어 있다. 근처의 친위대 잔당들 때문에 신변이 불안한 일주일가량을 보내고, 5월 4일 알소스 부대가 하이젠베르크 집에 들이닥쳤다. 독일의 공식 항복 사흘 전 가족과 함께 있던 하이젠베르크는 체포되었다. 하이젠베르크로서는 이 억류가 구원이기도 했다. 알소스 부대는 핵심목표인 하이젠베르크의 신병확보를 위해 헷힝겐에서 아직은 위험한 웰펠트의 산장까지 달려왔던 것이다. 그 사이 알소스 부대는 하이거롯 호수의 원자로를 발견해 해체했고, 우라늄과 중수를 압수하는 작업도 병행했다. 이렇게 알소스 부대는 처음 목표했던 독일 과학자들을 한 명도 남김없이 확보하는 데 성공했다. 이 활약은 놀라운 것이었지만 그렇게 집요하게 노력할 만한 가치가 있었는지는 의문일 정도로 독일의 진행상황은 초라했다. 물론 독일의 핵심 원자과학자들 거의 전부를 소련 영향권에서 빼돌린 것은 의미가 있었다. 알소스 부대는 확보한 중요한 '전리품'들을 황급히 미군지역으로 빼돌렸다. 원자무기에 대한 정보는 소련은 물론 동맹인 프랑스에게조차 철저히 비밀로 유지했다.

하이젠베르크는 하이델베르크로 연행되어 하우드스미트의 심문을 받았고, 미국에 가서 일하지 않겠냐는 제안을 받지만 이를 거절했다. 이후 파리, 벨기에 등을 거치다가 영국 케임브리지 근처의 고택에 감금되었다. 이후 하이젠베르크는 8개월간 다른 9명의 과학자와 함께 억류생활을 하게 된다. 대접은 좋았으나 모든 대화는 도청되었다. 아마도 10명의 과학자들은 이 사실을 어느 정도는 눈치 챘듯하지만 도청의 범위는 상상 이상이었다. 후일 미국의회 청문회에서 8월 6일 히로시마 원폭투하시의 도청내용이 공개되었다. 뒤에 살펴보겠지만 그 내용에 의하면 그들은 처음에 원폭투하 사실을 도무지 믿으려 하지 않았고, 자조적인 대화가 오갔었다. 독일 과학자들은 1946년 1월까지 억류되었다가 석방되었다.

과학자들의 원폭제조 반대

바이츠체커 문서 발견 후 하우드스미트는 동료장교에게 '독일이 원자폭탄을 만들지 못했으니 우리도 원자폭탄을 사용할 일이 없을 것'이라며 안도의 말을 했다. 하지만 돌아온 대답에 하우드스미트는 충격을 받았다. "어떤 무기를 가지고 있으면, 반드시 그걸 사용하게 됩니다." 마침내 알소스 부대가 하이젠베르크를 포함해 하이델베르크, 함부르크 등에서 '우라늄 협회 소속 핵심 과학자들 전체'를 체포하는 데 성공했다는 소식이 전해졌다. 알소스 부대의 조사 결과 독일은 정말 원자폭탄을 가지고 있지 않음이 분명했다. 미국은 이 의심을 독일의 항복시점까지도 거두지 않았다. 하지만 막상 독일은 원자무기 제작의 예비단계조차 구비되지 못했다. 연합국의 원자과학자들은 자신들의 연구를 시작시킨 가정들이 유효하지 않음을 깨달았다. 심리적 동요가 여기저기서 일어났다. 이제 독일이 항복한 상황에서 추가적인 원자폭탄 연구가 도덕적으로 정당화될 수 있을까? 아직 싸우고 있는 적 일본이 그런 무기를 개발할 가능성은 없었다.[40] 한편 반대급부로 새로운 연구를 자발적으로 멈추고 절반만 연구된 상태로 내버려둔다는 것도 과학의 정신에는 위배되는 듯이 보였다. 여러 입장들이 과학자들 사이에서 표출

40　　물론 미국은 소련에 그랬듯이 일본의 물리학 수준도 상당히 얕잡아보고 있었다. 실제 원자폭탄을 만들 수준은 아니었지만 일본의 수준도 미군이 예상한 것보다는 훨씬 높았다.

되었다. 이제 원자폭탄을 만들고자 하는 과학자들의 정당화 논리는 이런 것이 되었다. "만약 우리가 이 무기를 완성하지 않고 끝난다면, 근시일 내에 다른 부도덕한 국가가 그것을 비밀리에 만들려고 시도할 것이다." "인류는 새로운 에너지원이 필요하다. 군사적 연구로 시작했지만 조심만 하면 평화적 목적으로 사용할 수 있다." 특히 시카고 대학의 멤버들은 심각하게 원폭개발 중지를 생각하고 행동했지만, 로스앨러모스에서는 그런 움직임이 거의 없었다. 1944년 이후 주요 과제가 로스앨러모스, 핸퍼드, 오크리지로 넘어가서 초기단계 진행에 중요한 역할을 수행했던 시카고 그룹 쪽이 자신들의 작업을 돌아볼 시간적 여유를 갖고 있었기 때문으로 보인다. 로스앨러모스는 이제 너무 바빠져서 자신들이 하고 있는 일의 결과를 생각할 여유가 없었다. 시카고 대학 사람들은 원자력의 국제 통제와 평화적 사용이라는 개념을 원폭사용 이전에 세계 최초로 철저하게 검토했다.

보어는 덴마크 탈출 후 처칠을 만났을 때와 1944년 8월 루스벨트를 만났을 때 거듭해서 원자력의 국제 통제에 대한 아이디어를 제시했었다. 예상가능한 대로 보어는 정치인들을 설득하는 데 실패했다. 처칠은 보어의 이야기를 30분 동안 침묵하며 듣기만 하다가 내보낸 뒤 이렇게 말했다고 한다. "도대체 저분이 이야기하는 게 뭐요? 정치요, 물리학이요?" 독일의 패망이 어느 정도 분명해지고 패전의 공포로부터 벗어나게 되자 정치가들의 입장과 과학자들의 입장은 서서히 갈라지고 있었다. 당시 보어나 실라드 등을 비롯한 양심적 과학자들의 목소리는 오랜 시간이 지난 지금 다시 곱씹어볼 만한 것들이다. "현재의 지식을 비밀로 한다고 우리가 안전할 것이라고 생각하는 것은 위험한 일이다." "소련에 원폭의 존재를 미리 통보하지 않는다면 미국과 소련의 관계는 틀어지게 된다." "미국정부가 원폭에 대한 권리 일부를 포기해야 국제통제가 가능하다." 이런 생각들은 하나도 받아들여지지 않았다.

1945년 초부터 오크리지에서 만든 우라늄-235가 로스앨러모스에 공급되기 시작했다. 핸퍼드에서도 플루토늄 생산이 계속됐다. 4월 12일은 인류사에 특별한 날이었다. 독일이 멸망으로 치닫고 독일이 소유했던 우라늄을 미군이 확보해가던 시점이고, 니시나의 가스열 확산 실험실이 폭격으로 모두 전소되며 가능성이 없던 일본의 원폭계획이 현실적 종말을 맞던 날이었다. 이날 프리시는 새로운 방법을 사용해 팻맨의 효율을 극적으로 증가시키는 실험에 또다시 성공했다. 이로써 팻맨도 리틀보이 수준의 파괴력을 보여줄 수 있게 되었다.[41] 그리고 바로 그날, 13년간 미국을 이끌어온 루스벨트 대통령이 뇌출혈로 서거했다. 역사는 다시 소용돌이치며 방향을 바꾸기 시작했다.

1945년의 세계 — 베를린 함락

1945년 4월, 전의를 상실한 히틀러는 베를린의 지하벙커에 숨어서 지도판 위의 존재하지도 않는 군대를 지휘하며 환상의 세계로 도피하고 있었다. 하지만 선전상 괴벨스는 마지막까지 전선의 이곳저곳을 뛰어다니며 전투를 독려했다. 그리고 게르만적 허무주의의 절정을 보여주는 수도방어전을 계획한다. 괴벨스는 베를린을 '베를린 요새'라 칭하

41　프리시는 이모 마이트너와 핵분열을 함께 떠올리던 순간부터 6년 동안 중요 고비마다 돌파구를 만들었다. 우라늄 폭탄이 수 톤이 아니라 수 킬로그램 단위에서 가능하게 한 것과 내폭방식의 플루토늄 폭탄이 우라늄 폭탄만큼의 위력을 가지게 하는 과정 모두에 프리시의 개입은 결정적 역할을 했다.

고 다시 30만 명의 방어군을 긁어모았다. 결사항전을 독려하며 8중의 마지막 방어선을 쳤다. 하지만 수도방어에 투입된 병력의 절반 이상은 전투력이 지극히 의심스러운 청소년과 중년층이었다. 독일은 이미 청년 세대를 잃은 후였다. 괴벨스의 수도방어 결정으로 베를린은 역사상 최대 규모의 병력에게 공격받은 단일 도시가 됐다. 역사적인 베를린 입성을 앞두고 소련의 베를린 공격군은 깨끗이 세탁된 새 군복을 지급받았다.

4월 중순 소련군은 180만 발의 포탄을 쏟아부은 뒤 2000대의 전차를 앞세운 130만 명의 병력으로 베를린 공격을 시작했다. 결사적이고 치열한 저항이 없었던 것은 아니지만 독일측 방어군의 무장, 사기, 훈련도는 예전의 독일군과는 비교할 수 없을 정도로 초라했다. 병력의 거대한 파도가 밀어닥치자 괴벨스가 자랑하던 8중의 방어선은 종잇장처럼 찢겨나갔다. 소련군의 진격을 방해하는 최대 장애물은 앞서 진격한 엄청난 아군병력이었을 뿐이다. 4월 30일 소련군이 총통 지하벙커의 몇백 미터 앞까지 진격한 시점에서 히틀러는 전투종료 명령도 내리지 않은 채 자살했다. 항복 명령도 없이, 어떤 뉘우침도 죄책감도 없이. 모든 죄는 연합국과 강건하지 못한 부하들 탓으로

선전상 요제프 괴벨스
나치 수뇌부의 핵심인물 중 하나인 괴벨스는 오늘날까지 응용되는 많은 선전선동 기술의 창시자로도 유명하다. 좀 더 안전한 곳으로 이동해 전쟁을 계속하자던 주장에 반대하며 총통이 수도 베를린을 떠나서는 안 된다고 강하게 히틀러를 설득했고. 많은 측근들이 마지막 순간 살길을 찾아 히틀러를 배신하며 떠나갔을 때, 베를린에서 히틀러와 최후를 함께 했던 인물이다. 그는 스스로의 인생과 조국의 멸망조차도 극적인 장치로 배치하고자 했던 모양이다.

파괴된 독일 국회의사당

히틀러가 지킨 약속은 많지 않다. 중립인정조약, 불가침협정, 인권보호와 상호존중선언 등 그가 서명한 수많은 조약, 법령, 선언들은 휴지조각에 불과했다. 무엇보다 천년제국을 약속했던 히틀러의 제3제국은 12년 만에 역사 속으로 사라졌다. 하지만 1945년의 종말을 생각해볼 때 1933년의 두 가지 약속은 명백하게 지켜졌다. 1933년 정권을 잡고 수상 관저로 들어갈 때 히틀러는 운전사에게 이렇게 말했다. "나는 살아서는 이곳을 나가지 않을 생각이네." 그 말 그대로 그는 죽음에 이를 때까지 모든 권력을 움켜쥐고 놓지 않았다. 베를린에 포위되어 자신의 권력이 불과 몇백 미터 반경에만 미치는 순간까지, 청산가리를 먹고 숨이 멎는 순간까지도 말이다. 집권 직후 히틀러는 국민들에게 이렇게 약속했다. "내게 십년만 주십시오. 여러분의 도시와 건물들을 몰라볼 정도로 바꾸어놓겠습니다." 이약속도 비참하게 지켜졌다. 약속되지도 지켜지지도 않았다면 좋았을 약속들이었다.

돌리며 자신이 책임 있는 세계에서 도망쳤다. 천년 제국을 약속하며 그토록 많은 이들에게 죽음의 길을 강요했던 자가 마지막에 선택한 비겁한 길이었다. 그 지도자를 따라 괴벨스 부부는 자신의 6남매 모두를 독살하고―장남만 군복무중이어서 죽음을 면했다.―함께 자결했다. 무책임한 주군과 독랄한 종복의 죽음과 함께 도이치 제국의 꿈은 끝이 났다. 사실상 전 세계를 상대로, 6년을 악착같이 싸워온 제3제국은 멸망했다. 그리고 독일은 한 세대를 잃었다. 그와 함께 20세기 전반기를 눈부시게 빛냈던 독일과학의 찬란한 전통도 산산이 부서졌다. 오만한 광신자, 무책임한 군부, 굴종적인 행정관료 들에게 정권을 맡긴 결과는 참혹했다. 절망적인 베를린방어전의 종료일은 보통 독일국회의사당이 소련군에 점령당하며 이를 방어하던 마지막 독일병력이 전멸한 5월 1일을 꼽는다. 독일은 1945년 5월 8일 공식 항복했다. 유럽 곳곳에서는 아직도 간헐적 전투가 계속되고 있었고, 이후 두 달 동안 연합군은 200만 명이 넘는 독일군 잔존병력의 실제 항복을 받아내야 했지만, 그렇게 유럽의 전쟁은 끝이 났다. 하지만 태평양에서 싸우고 있는 미군의 상황은 아직도 엄중했다.

9

트리니티

1945년의 세계—야마토의 최후

1945년 4월 7일, 전함 야마토는 오전 내내 미군 항공기들의 공격을 피하며 이리저리 회피기동 중에 있었다. 하지만 육중한 전함은 항공기들의 손쉬운 목표였다. 정오가 지났을 때 결국 후부에 피탄되었고, 좌현에는 어뢰가 명중되며 속도가 22노트로 저하되었다. 오후 1시 22분 2차 공격대가 좌현에 어뢰 5발을 명중시켰고, 2시에 3차 공격대가 좌현 중앙에 폭탄 3발을 명중시켰다. 7분 뒤에는 우현과 좌현에 1발씩의 폭탄이 또 명중되었고, 속도는 12노트가 되었다. 2시 15분에 느림보가 된 야마토의 좌현에 어뢰 10발이 집중적으로 명중되었다. 적함의 빠른 침몰을 위해 일부러 한쪽만 가격한 것이다. 끝없는 공격에도 거대한 덩치로 악착같이 버티던 야마토는 2시 23분 마침내 전복됐고 뒤이어 주포의 탄약고가 대폭발을 일으켰다. 600미터 높이의 연기를 내뿜으며

야마토

야마토는 세계 역사상 최대 크기의 전함이고, 현재까지도 미국의 원자력 항공모함들을 제외하면 인류가 만든 가장 큰 배다.

야마토의 최후
야먀토는 실현 불가능한 목표를 가진 비정상적인 작전의 결과 최후를 맞았다. 일본제국의 상징이던 배는
일본제국의 모순을 적나라하게 드러내며 침몰했다.

야마토는 침몰했다. 사령관 이토 중장 이하 승무원 3000명이 전사했다. 구조된 생존자는 269명이었다. '세계 역사상 최대 전함' 야마토는 그렇게 역사 속으로 사라졌다.

오키나와에 상륙한 미군과 일본군의 전투가 맹렬히 진행되고 있을 때, 제공권을 완전히 빼앗기고 연료조차 부족한 일본연합함대는 세토나이카이에 틀어박혀 숨죽이고 있었다. 그런데 4월 5일에 돌연 남아 있는 함대를 오키나와로 보내자는 말이 나왔다. 항공부대들이 특공 중이니 해군부대도 이에 호응해 특공을 해야 하지 않느냐는 것이었다. 필요성과 성공 확률은 전혀 염두에 두지 않은 안건이었다. 기지에는 오키나와까지 편도 분량에 불과한 3000톤의 연료가 겨우 남아 있었다. 병참부서에서 문서상 기재되지 않은 연료를 이곳저곳에서 간신히 찾아내서 1만 톤을 긁어모아 간신히 왕복할 연료를 만들었다. 눈물겨운 노력이었다. 하지만 그것은 일본 연합함대의 최후를 완성했을 뿐이다. 거대전함 야마토를 포함한 10척의 함대가 4월 6일 세토나이카이에서 출격했다. 4월 8일 오키나와에 도착할 계획이었지만 이것이 가능하리라고는 지휘관인 이토 중장도 믿지 않았다. 출격 전 이토 중장은 최후로 물었다. "이것은 연합함대와 군령부 모두 동의한 것입니까?" 그것이 그가 표현한 최고의 불만 표시였다. 그렇다는 대답에 "그렇다면 가겠습니다."라는 말을 남기고 조용히 마지막 길을 떠났다. 나아가야 할 수백 킬로미터의 바닷길에는 1000대가 넘는 미군 항공기와 함정들이 득실거렸다. 모두가 죽으러 가는 길임을 잘 알았다.

함대는 출항 2시간 만에 미군 잠수함에게 발견되었고, 미군은 다음 날까지 추적을 거쳐 정확한 함대 위치를 파악했다. 4월 7일 오전 10시, 200기의 미군기가 동시 발진했다. 항공모함 한 척, 함재기 하나 없는 불운한 함대는 차례로 침몰해갔다. 야마토를 잃은 뒤, 간신히 4척의 배가 초라하게 귀환했다. 그나마 살아 돌아온 것이 기적이었다. 야마토를 포함한 6척의 배를 잃었고 3700명의 승조원이 죽었다. 처음부터 예견되어 있었던 이 상황은 은연중 그들이 바란 결과였다. 애초에 오키나와 전투의 소식들을 듣고 천황이 "우리에겐 싸울 배가 없는가?"라는 자조 섞인 한탄 한 마디를 던진 것이 상황의 시작이었다. 우리도 열심히 싸우고 있다는 것을 보여주기 위해 해군 지휘부는 무책임한 작전을 입안했다. 그것이 일본군의 동작구조였다. 작전회의 중 오자와 중장은 "이런 것을 작전이라고 할 수 있는가?"라고 강하게 항의했다. 그러자 이런 말들이 되돌아왔다.

"야마토가 이대로 남아 연합군에 넘어가는 치욕을 감내할 수 있겠습니까?"

"싸울 병력을 남긴 채 패전한다면 연합함대의 명예는 어떻게 되겠습니까?"

이 말들 안에 작전의 의미는 명확히 담겨 있다. 세계 최강의 전함 야마토도, 그 승무원들도, 모두 '장렬히' 전쟁 중에 산화해야만 했다. 수병들의 목숨은 연합함대의 명예를 위해 철저하게 도구화되었다. 가미카제를 포함한 다른 죽음들은 최소한의 '합리적 도구'로서의 역할은 있었다. 하지만, 야마토의 젊은 수병들은 오직 '죽는 것을 보여주기 위해' 죽었다. 야마토의 침몰은 수천 명의 장병들의 생명보다 자신들의 자존심이 더 중요했던 무책임한 고위 장성들의 범죄행위였을 뿐이다. 연합함대의 마지막 '전투'는 단 한 명의 적군도 죽이지 못하고 끝났다. 전쟁 초기 놀라운 전과를 보여준 일본의 항공모함들은 한 척도 남김없이 침몰했다. 최고의 파일럿들은 모두 전사했고, 조종사를 양성할 교관요원조차 부족했다. 세계 최대의 전함이던 야마토와 무사시는 꿈꾸던 함대결전 한 번 못해보고 모두 항공 공격에 의해 침몰했다. 전황을 역전시킬 어떤 카드도 일본에 남아 있지 않았다. 하지만 오키나와 함락 후에도 육군은 본토 결전을 강경하게 주장하며 종전에 반대하고 있었다. 그렇게 인류사에 기록되지 않을 수도 있었을 8월 6일이 다가오고 있었다.

다가오는 운명

1945년 4월 12일, 4선의 대통령 임기를 시작한 지 넉 달도 못 되어 루스벨트 대통령은 히틀러의 최후를 보지 못하고 서거했다. 루스벨트 대통령이 서거한 지 채 하루도 지나지 않았을 때 신임 대통령 해리 트루먼은 원자폭탄에 대한 보고를 받았다. 부통령이었던 트루먼조차도 맨해튼 프로젝트라는 것이 있다는 것 정도만 알고 있었다. 원자폭탄은 그만큼의 극비사항이었다. 전쟁부 장관 스팀슨 (Henry L. Stimson, 1867~1950)에게 '믿을 수 없을 만큼 엄청난 위력을 가진 새 폭탄을 개발하는 중'이라는 보고를 받은 트루먼은 처음에 어리둥절했을 뿐이다. 그런데도 그는 불과 3개월 뒤 이 기적의 무기 사용을 명령했다.

루스벨트가 살아서 계속 전후처리를 이끌었다면 어떻게 되었을까? 원폭이 사용되

육군장관 스팀슨
스팀슨은 1945년 당시 이미 77세였다. 1910~1920년대에 육군장관, 필리핀 총독, 국무장관까지 역임했던 인물로 루스벨트는 70세가 넘은 그를 1940년에 다시 현역으로 불러들였을 만큼 그의 역량은 믿을 만했다. 스팀슨은 육군참모총장 마셜과 함께 미 육군을 세계 최강의 군대로 만들어냈다.

었을까? 독일과 일본은 어떻게 되었을까? 정말 냉전은 피할 수 없었을까? 정답을 알 순 없을 것이다. 어쨌든 운명처럼 냉전은 트루먼으로부터 시작되었다. 미국과 소련의 반목은 공교롭게도 이 시기부터 급격히 드러났다. 주 소련대사는 소련이 계속 약속을 지키지 않고 있으며 유럽 점령을 의도하고 있다고 보고했다. 소련이 폴란드에서 자유선거를 제대로 치르지 않고 공산정권을 세우려 한다는 것도 거의 명백했다. 독일이 몰락한 시점에서 이제 다음 시대의 주도권을 누가 가질 것인지, 그리고 누가 가장 강력한 가상적이 될 것인지에 대한 생각들은 누가 먼저라고 할 것 없이 미국과 소련에서 진행되었다. 양측 정계와 군부의 속성을 놓고 볼 때 냉전은 운명적으로 예정되어 있었다. 그리고 그 세력판도의 결정적 변수가 바로 지금 만들어지고 있는 무기였다. 스팀슨은 언제 어떻게 폭탄에 대해 소련에 알릴 것인지에 대해 트루먼과 계속 논의했다. 원폭은 만들어지기 전부터 뜨거운 감자였다. 어떤 나라도 미국이 만들고 있는 이 가공할 무기를 수년 내에 손에 넣지는 못할 것이다. 하지만 영원히 이 무기를 독점하지도 못할 것이다. 수년 내 원자무기의 생산이 가능한 나라는 아마도 소련뿐일 것이다. 스팀슨의 보고와 예측은 정확한 것이었다. 이때 스팀슨은 보어가 주장했던 핵무기의 '국제적 공동 관리'도 언급했다. 트루먼은 아마 의아했을 것이다. 신무기를 다른 나라에 나누어 줘야하는 도덕적 의무가 미국에게 과연 있을까?

트루먼은 원폭개발 필요성에 동의했고, 4월부터는 아직 '개발되지도 않은' 원폭을 투하할 도시를 '선정'하기 위한 '표적선정 위원회'가 열렸다. 위원들은 수학자, 이론물리학자, 폭발효과 전문가, 기상학 전문가 등으로 구성되었다. 전제조건은 이 중요한 임무를 맡은 B-29의 비행거리는 1500마일(약 2500킬로미터) 이내여야 하고, 확실한 표적에 사용하고 사진촬영을 위해서 주간에 육안 폭격해야 한다는 것이었다. 그 결과 목표가 만족해야 할 조건이 제시되었다. 폭발로 인한 폭풍과 불에 손상되기 쉬운 밀집된 목재 건물 비율이 높아야 한다. 폭풍의 최대효과는 반경 1마일 지역에 미칠 것이므로 밀집지역은 이보다 커야 한다. 최종 목표는 일본의 도시나 산업지역이고 투하 시기는 7~9월 사이여야 한다고 정해졌다. 한 개의 주목표에 두 개의 예비목표를 추가선정하고 사전에 표적지역의 일기를 거의 실시간으로 정확히 정찰하고 있어야 했다. 성격상 군사적이면서, 일본인들의 전쟁지속의사를 꺾기 좋은 곳이고, 폭탄의 위력을 잘 검증할 수 있는 곳이며, 폭격이 쉽게 공중에서 육안으로 특정하기 좋은 독특한 표적이 있는 곳이어야 했다. 이런 조건을 만족시키는 표적은 이미 만신창이로 폭격당한 일본에 거의 없었다. 지금까지 폭격되지 않은 도시 중 가장 큰 도시인 히로시마가 바로 1순위에 올랐다. 요코하마, 나고야, 오사카, 고베, 후쿠오카, 나가사키 등 17개의 '후보' 도시가 추가로 논의되었다.

소련군이 베를린으로 진격하던 4월, 미군은 오키나와에 상륙했다. 4월 3일 고이소 내각은 책임을 지고 총사퇴했고, 4월 5일 해군 출신의 스즈키 내각이 출범했다. 소련은 이 시기 일소불가침조약 파기를 통고했다. 사할린과 쿠릴열도 영유를 조건으로 얄타협정에서 미·영과 비밀리에 약속한 대일전 참전을 위한 사전조치였다. 독일 최종 항복은 아직도 한 달이 남아 있지만 소련은 이미 많은 병력을 아시아로 이동시키고 있었다. 소련의 속내를 읽지 못한 일본은 계속해서 소련에 연합군과의 중재를 부탁하는 모양새를 취했다. 일본은 진주만 이전부터 국제정세를 읽는 눈이 거의 없었다. 시작해서 안 되는 전쟁을 시작했었고, 끝내야만 하는 전쟁을 무모하게 계속하고 있었다. 5월에 히틀러 자살

소식이 알려지고 5월 8일에 아이젠하워가 전국 라디오 방송으로 독일이 항복하고 유럽전쟁이 끝났음을 알렸다. 이제 정말 일본만 남았다.

그로브스는 원자폭탄이 준비되면 사용되리라는 것을 추호도 의심치 않았다. 이 부분에서는 군인들의 감각이 훨씬 정확했다. 정치의 동작구조는 군대와 닮았지 과학과는 닮지 않았다. 몇 년 새 그로브스의 영향력과 지위는 높아져 있었고, 그는 스스로 외교관이자 핵물리학자이자 정치가라고 생각하는 듯했다.—그가 하고 있는 일들로 볼 때 어느 정도는 사실이었다. 15만 명의 인력을 동원하고 20억 달러의 비용이 투입된 무기의 사용을 포기할 이유는 없었다. 그로브스는 폭탄이 완성되기 전에 전쟁이 끝날까 두려웠을 뿐이다. 그래서 독일 항복 후에는 오히려 "하루도 허비하지 말라."며 개발을 독려했다. 독일 항복 이후인 5월부터 로스앨러모스의 작업 속도는 오히려 더 빨라졌다. 그로브스는 시험용 원폭을 7월 중순까지, 전쟁에 사용할 두 번째 원폭을 8월까지 만들라고 지시했다. 그리고 그대로 이루어졌다.

계속된 논의 끝에 표적선정 위원회는 고려사항을 구체적인 세 가지로 압축했다. '지름 3마일 이상 크기의 도시이고, 폭풍에 의해 (뚜렷하게 많이) 파괴될 수 있으며, 8월까지 공격받지 않을 곳'이어야 한다. 군사전략적 가치가 높으면서도 가능하면 이전에 폭격이 없었던 곳이라야 원자폭탄의 효과를 확인할 수 있었다. 그러자 공군에서는 다섯 도시를 제안했다. 교토는 인구 100만의 대도시고, 심리적 관점에서 과거 천황이 있던 일본의 지적 중심지였기에 상징적 효과가 컸다. 히로시마는 군 보급창과 군사항구가 있어 찾기 쉬운 좋은 육안 및 레이더 표적인데다, 주변이 산으로 둘러싸인 분지라 수렴효과로 폭풍피해는 증가될 것이었다. 즉 모든 면에서 '효율적'인 도시였다. 거기에 요코하마, 고쿠라,

니가타를 추가적으로 제안했다. 결국 이 회의에서 요코하마만 빼고 신중하게 추려진 일본 도시 네 곳은 의도적으로 공격하지 않고 남겨놓기로 합의했다.

실라드의 반대

"1943년과 1944년에는 연합군의 유럽 진군 전에 독일이 원자폭탄을 만들지 않을까 염려했다……1945년에는 미국정부가 다른 나라들에 할 수 있는 일을 염려하기 시작했다." 실라드는 정부 고위층과 접촉할 수 없어 조바심이 났다. 1939년에는 미 정부의 원폭개발을 설득하는 데 도움을 받고자 아인슈타인을 찾아갔던 실라드는 6년 만에 정반대의 이유로 아인슈타인을 다시 찾아갔다. 아인슈타인은 전시 핵개발에서 철저하게 제외되어 있었다. 그의 성격으로 미루어 공개적으로 이 정보들을 얘기하고 다닐 것이 분명하다고 보았기 때문이다. 그리고 아인슈타인의 평화주의와 사회주의에 경도된 가치관에 대해 관료들은 적대감과 의심이 컸다. 그래서 아인슈타인은 루스벨트에게 보낸 편지 이후 원폭개발과는 전혀 연관이 없었고 미국이 만들고 있는지조차 알지 못했다. 그런 이유로 보안

노년의 레오 실라드
실라드는 원자폭탄을 시작시켰지만, 독일이 항복하자 막상 그 사용에 대해서는 악착같이 반대했다. 1945년 아인슈타인은 루스벨트 대통령에게 보내는 메시지에 또 서명을 해주었다. 이번 편지에는 원폭사용으로 발생할 일시적 군사적 이익은 중대한 정치적 불이익으로 상쇄될 것이라는 실라드의 경고가 들어 있었다. 하지만 루스벨트는 이번 편지를 보지 못했다. 실라드는 새 대통령 트루먼에게 같은 경고를 주고자 했다. 결국 실라드는 국무장관이 될 번즈를 잠시 만날 수 있었지만 소련과 미국이 우라늄 채굴을 감시하기 위해 서로의 영토를 사찰해야 된다는 실라드의 말들이 번즈에게는 망상처럼 들렸을 뿐이다.

제임스 번즈

번즈는 이미 루스벨트 대통령 시기부터 요직을 거치며 미국의 내치를 수행하고 있었던 인물이다. 그는 루스벨트가 새로운 부통령 후보로 낙점하고 있었던 인물이기도 했다. 마지막 순간 루스벨트는 선거 판세를 유리하게 만들기 위한 조치로 남부 출신인 트루먼으로 부통령 후보를 갑자기 바꿨다. 네 번째 대통령 임기 시작 몇 달 뒤 루스벨트가 사망하자 트루먼은 대통령이 되었다. 트루먼은 어쩌면 대통령이 될 수도 있었던 번즈를 국무장관으로 임명했다.

상 내용을 아인슈타인에게 설명할 수 없었던 실라드는 루스벨트 대통령을 만나야 하니 소개편지를 써달라고만 부탁했다. 루스벨트 대통령 부인에게 접근해서 5월 8일에 대통령을 만날 약속까지 받았다. 그러나 얄궂게도 루스벨트는 4월 12일 갑자기 서거했다. 실라드는 포기하지 않고 트루먼을 만나고자 했으나 트루먼은 직접 만나지 않았고 이들을 국무장관 번즈(James F. Byrnes)에게 보냈다. 번즈는 실라드가 건넨 "나는 실라드의 판단력을 믿고 있습니다."로 시작하는 아인슈타인의 편지를 읽었다. 하지만 문제는 그 아인슈타인을 번즈가 전혀 믿지 않았다. 실라드는 미국의 원자폭탄 사용 때문에 미국과 소련 사이에 이 무기의 생산경쟁이 일어날 것을 걱정했다. 선견지명이었다. 하지만 노련한 정치가 번즈를 감동시키지 못했다.

실라드가 일본에 원폭이 사용되면 소련도 곧 폭탄을 만들게 될 것을 경고하자 번즈는 "그로브스 장군은 소련에 우라늄이 없다고 했다."며 맞받았다. 사실 이런 생각에 근거해서 그로브스도 소련이 20년 내로는 원폭을 만들지 못할 거라고 추측하고 있었다. 독일에 대해 무지했던 것처럼 그들은 소련에 대해서도 무지했다. 실라드가 세계의 고품질 우라늄을 미국이 거의 확보했지만 소련의 저품질 광물로도 폭탄을 만들기에는 충분하다고 알려줬다. 또 원폭 사용이나 시험은 무기의 존재를 드러내는 것이라 현명하지 못하다고 최종적으로 경고했다. 미 수뇌부가 이 경고에 주의했다면 상황이 바뀌었을까? 하지만 번즈는 폭탄개발에 20억 달러가 소요됐고, 의회는 이 돈으로 무엇을 얻었는지 알고 싶어 할 거라면서 "이미 사용된 돈의 결과를 보여주지 않는다면 어떻게 의회에서 원자에너지 연구를 위한 돈을 얻을 수 있겠습니까?"라고 맞받았다.

구체화되는 계획

B-29 폭격기들은 끝없이 일본 전토에 전략폭격을 감행 중이었다. 계산상 1945년 내로 일본에는 더 부술 도시가 없어질 것이다. 교토, 히로시마, 니가타 3개 표적에 대한 폭격은 일단 유보됐지만 서둘러야 했다. 5월이 되자 표적선정위원회는 표적이 반드시 군사적이어야 한다는 주장을 포기하며 "조준점은 명시하지 않고 도시 '중앙'에 투하 시도한다."는 느슨한 표현을 제시했다. 도덕성을 중요시했던 국방장관 스팀슨은 도시폭격을 혐오했다. 특히 불특정 다수의 민간인을 대상으로 하는 네이팜 폭격을 싫어했다. 항공폭격은 표적 정밀폭격에만 한정해야 한다는 것이 그의 지론이었다. 하지만 미군은 그의 통제대로 동작하는 조직은 아니었다. 5월 26일에는 리메이의 폭격기 464대가 동경을 다시한 번 '쓸어'버렸다. 이 소식에 스팀슨은 분노했다. 이후 5월 30일 교토가 폭격대상에서 빠지는 데는 스팀슨이 결정적 역할을 했다. 그로브스가 폭탄효과에 대해 의문이 제기될 수 없을 정도로 '알맞은 크기'이기 때문에 교토가 적합하다고 했을 때, 일본문화의 중심지이자 옛 수도로서의 역사까지 언급하며 스팀슨은 교토 투하를 반대했다.[42] 1순위 목표

였던 교토는 이렇게 구원됐다.

5월 30일의 회의에서는 전후에도 공장을 그대로 유지하고 핵무기 원료 생산을 계속한다는 것을 결정했다. 다른 나라보다 언제나 이 경쟁에서 앞서가야 한다는 점도 언급되었다. 소련에 알리는 문제는 수뇌부에서도 혼란스러웠다. 오펜하이머와 마셜은 소련을 믿는 편이었다. 마셜은 트리니티 실험에 소련의 유명 과학자 두 명을 초청하자는 제안까지 했다. 그로브스는 끔찍했을 것이다. 비밀을 유지하기 위한 지난 몇 년간의 치열한 노력을 이 육군참모총장이 이해나 하고 있는 것일까? 그로서는 다행히도 이런 얘기들은 해프닝에 끝났다. 그리고 정작 더 중요했을 주제가 나왔다. "리틀보이를 일본에 경고 없이 투하할 것인가?" 분명히 소련에 대한 얘기보다 먼저 질문되었어야 할 중요한 문제였다. 이 질문은 곧 "경고와 시위만으로 적이 말을 들을 것인가?"라는 질문으로 환원되었다. 스팀슨은 최소의 희생을 원했다. 국무장관 번즈는 "만약 원자폭탄이 투하될 장소를 알려준다면, 일본인들은 전쟁포로로 잡혀 있는 우리 군인들을 그곳에 데려다 둘 것"이라고 생각했다. 그리고 "경고 뒤 투하한 무기가 혹시 터지지 않는다면 군국주의자들을 도와주는 꼴"이며 "이후에 우리의 어떤 항복권고도 일본인들이 믿지 않을 것이다."라고 했다. 위원들은 오후 내내 폭탄의 위력과 일본인들의 전투의지에 대한 얘기들을 했다. 그리고 '지금까지 일본인들의 반응으로 볼 때 경고는 의미 없는 것'이고, 원자폭탄의 위력과 공포를 뼛속까지 절감하게 해주어야 한다는 쪽으로 결론은 모아졌다. 회의 내내 '도덕적

---

42   스팀슨의 신혼여행지가 교토였었고, 일본의 상징도시를 파괴하면 오히려 일본의 항전의지를 불태울지 모른다는 생각 때문에 교토가 배제되었다는 설도 있다.

인' 스팀슨은 군사적 파괴이지 민간인의 생명이 목적이 되어서는 안 된다는 표현을 계속했다.

그 결과 모아진 긴 회의의 결과는 너무나 모순적이다. "일본인들에게 사전 경고하지 않고, 민간인 지역에 투하해서는 안 되지만 가능한 한 많은 일본인들에게 깊은 인상을 줄 수 있어야 한다." 그러니 '바람직한 표적'은 "(투하를 많은 이들이 목격할 수 있도록) 많은 수의 노동자들이 일하고, 그들의 주택으로 둘러싸인, 중요 전쟁물자 생산공장이다." 이런 어이없는 형용모순이 어디 있겠는가? 다음날인 6월 1일에 위원회는 결론을 명확히 요약했다. "'가능한 한 빨리 일본에 사용'하고 '노동자들의 집으로 둘러싸인 군수공장'에 '사전경고 없이' 투하한다!" 아직 만들어지지도 않은 폭탄에 대해 참 많은 것이 결정되고 있었다. 폭탄의 실패에 대해서는 거의 언급이 없었다는 것이 더 놀라운 것인지도 모른다. 모두 '과학'만은 철썩 같이 믿고 있었다.

프랑크 보고서

번즈와 만남이 무위로 돌아간 뒤에도 실라드는 포기하지 않았다. 이번에는 시카고 대학에서 '원자력의 사회적, 정치적 결과'를 논의하는 7명의 위원회가 만들어졌다. 의장은 제임스 프랑크가 맡았다. 보고서의 내용은 프랑크 외에 실라드 등도 작업했겠지만 의장의 이름을 따 프랑크 보고서로 불린다. 1945년 6월 11일 전쟁부 장관에게 제출한 탄원서 형식의 이 보고서는 새로운 무기에 대한 방어책은 과학이 제공할 수 없으며, 오직 새로운 정치기구를 통해서만 제공할 수 있다고 했다. 그 기구에서는 군비통제를 확립하려는 노력을 기울여야 한다. 보고서는 적국에게 사막이나 불모지에서 신무기의 위력을 보여주는 것이 최선의 방안이라고 제안했다. 스팀슨은 이 탄원서를 콤프턴, 페르미, 오펜하이머, 로렌스 등의 과학패널들에게 보냈다. 이들은 이 무기를 사막 위에서 마치 '폭죽처럼 폭발시키는 것'은 그다지 인상적이지 않을 것이라고 반응했다. 사실 오펜하이머와 페르미가 포함된 이 과학패널들은 원자폭탄의 사용 여부가 아니라 어떻게 사용해야 하는지에 대해서만 검토할 수 있었다. 막상 과학자들에게는 어떤 작은 선택권도 주어지지 않았다. 만들어진 순간 그것은 이미 그들의 것이 아니었다. 프랑크 보고서는 간단히 무시되었다. 트루먼에게 최종 전달된 위원회의 권고는 최대한 빨리 일본에, 사전 경고 없이, 손상에 취약한 가옥에 둘러싸인 군수시설에 사용해야 한다는 것으로 요약될 수 있었다. 그렇게 마지막 가능성은 사라졌다.

1945년 일본의 원폭개발

1945년 미국이 완성된 원폭을 일본의 어느 도시에 투하할지를 고민하던 때에, 야마모토는 이시카와 정에서의 우라늄 광석채굴을 시작할 준비를 했다. 결국 육군성은 이시카와 정의 중학생과 소학교 학생들의 근로 동원계획을 만들었다. 하지만 채굴이 시작되기 직전 3월 10일 동경 대공습으로 이화학연구소의 열확산법 개발 자재가 모두가 불탔다. 우라늄을 모으더라도 당분간 우라늄 농축단계의 진행이 불가능했다. 하지만 야마모토는 연구가 계속 진행될 것을 믿으며 이시카와 정에서의 화강암 채취를 강행시켰다. 반강제적 근로동원은 1945년 4월부터야 겨우 시작되었다. 채굴방식은 삽과 곡괭이로 캐낸 암석을 망태기와

지게로 옮긴 뒤 사금채취를 하듯 학생들이 대그릇을 흔들어 필요한 암석을 골라내는 방식이었다.

하지만 1945년 4월 추가적 동경 공습에서 니시나가 있는 리켄이 파괴되며 일본의 초보적 원폭연구는 사실상 끝났다. 이때까지 투입된 예산은 미국의 1/1000 정도였다. 두 달 뒤인 6월 28일 이화학연구소에 간 야마모토는 니호 작전이 이미 중지되었다는 말을 그제야 들었다. 니시나가 육군 고위층에 원폭제조 비용이 너무 많이 들어 미국도 이번 전쟁에서 원폭을 개발하는 것은 무리이고 따라서 일본도 개발할 필요가 없다는 요지의 말을 했다는 것이다. 물론 니시나로서는 연구소가 파괴된 상태에서 다시 처음부터 연구를 시작한다는 것은 불가능했을 것이다. 하지만 일본에서는 그런 이유로 연구중지를 선언할 순 없었다. 니시나는 단지 일본에서 가능한 방법으로 에둘러 대응했던 듯하다.

하지만 이 얘기를 전해들은 장교들 중에는 이화학연구소에 몰려가 '황국정신이 부족하다.'며 호통 치는 경우까지 있었다. 야마모토 역시 일개 과학자가 '미국도 만들 수 없으니 우리도 만들 필요가 없다'.는 주장을 하는 것은 무책임하고 오만하다고 생각했다. 야마모토는 앞으로 이화학연구소를 믿을 수 없다는 보고서와 함께 교토대의 아라카쓰 연구실과 개발을 지속해야 한다고 주장하고 우라늄 채굴을 계속해야 한다는 보고를 올렸다. 이 주장은 받아들여졌다. 곧 야마모토는 교토대 아라카쓰 교수에게 편지했다. 아라카쓰의 답신은 우라늄-235 추출을 위해 초원심분리기를 개발 중인데 이제 막 실마리만 잡았을 뿐 폭탄연구 진행은 무리라고 답했다. 일본식의 완곡한 거절 표현이었다. 그래서 아라카쓰에게 연구를 의뢰했던 해군성 함정본부의 의견을 물어보니 일본 군사조직 특유의 뻔한 답변이 나왔다. '어떤 경우에도 우리는 연구를 계속할 것'이라는 답장을 받은 야마모토는 이시카와 정의 채굴을 계속하기로 결정했다.

트리니티

————

1944년 가을부터 1945년 2월까지도 내폭방식이 가망 없어 보였다. 독일군의 전선이 사실상 붕괴된 1945년 봄이 되어서야 내폭방식의 핵심 문제가 해결됐고, 표적선정위원회가 일본 도시들에 러시안룰렛을 돌리고 있던 5월 31일에야 실험에 충분한 양의 플루토늄이 로스앨러모스에 도착했다. 이때부터 로스앨러모스는 최초의 원폭실험을 위해 바빠졌다. 6월 27일에는 원폭을 태평양으로 수송하는 회의가 열렸다. 리틀보이의 우라늄-235 포탄부는 배로, 표적부는 3대의 항공기에 나누어 운반하기로 결정했다. 혹시나 하나를 분실하거나 빼앗겨도 아무 쓸모없도록 조치를 취한 셈이다. 우라늄 표적부는 6월에, 우라늄 포탄부는 7월 3일에 만들었다. 물론 아직 한 번도 실험된 바 없었다. 실험에 성공하면 바로 사용하기 위해 동일한 폭탄을 태평양 너머로 미리 옮겨놓는 것뿐이었다. 7월 4일 미국독립기념일의 회의에서 영국은 원폭의 일본사용을 승인했다. 포츠담 회담이 7월 15일로 연기되었고, 포츠담에서 대통령이 실험의 결과를 알 수 있도록 시험일은 7월 16일로 확정했다. 뉴멕시코에서 세계에서 가장 위험한 실험이 준비되었다. 최초의 원폭실험 자체와 원폭실험 장소의 암호명은 모두 오펜하이머가 이름 붙인 '트리니티'였다. 트리니티에서 대비해야 했던 것은 '아무 일도 일어나지 않는' 실험의 실패만이 아니었다. 혹시나 폭발의 강도가 예상보다 크다면? 무언가 전혀 계산에 넣지 못한 어떤 것이 있다면? 그래서 육군 선전부 요원들은 무기고에서 대규모 폭발사건이 일어났다는 호외 문건까지 미리 만들어두었다. 대참사가 발생한다면 깨끗하게 실험을 비밀로 묻어버리려고 했던 모양이다.

시험일까지 우여곡절과 성공과 실패를 가르는 아슬아슬한 사건들이 계속해서 지나갔다. 7월 16일 새벽 2시에는 베이스캠프에 천둥번개가 치고 비까지 내려 과학자들을 긴장시켰다. 폭탄이 설치된 타워에 벼락이 쳐서 폭발하지는 않을까? 비로 시험시간이 4시에서 연기되어 5시 30분으로 결정되었다. 시간이 다가오자 로스앨러모스의 핵심 연구자들이 차례차례 모여들었다. 채드윅도 영국에서 자신이 발견한 중성자의 위력을 보기 위해 도착했다. '모래 위에 엎드려 폭풍이 불어올 방향에서 반대쪽으로 향하고 두 손으로 머리를 감싸라.'는 주의를 받았지만 아무도 이 말을 따르지 않았다. 그들 모두 이 폭발을 직접 보려고 했다. 텔러는 폭발이 예상보다 더 클 수도 있다고 생각하고 한 가지 조치를 취했다. "선탠로션을 발랐다." 그리고 사람들에게 로션을 나눠줬다. 5시 29분 짧은 사이렌이 베이스캠프에 울리며 카운트다운이 시작되자 그로브스는 "아무 일도 일어나지 않으면 내가 무엇을 해야 되나?" 하는 생각만 했고, 오펜하이머는—그답게 성경구절을 인용하며—"신이여, 이 일은 견디기 어렵나이다."라고 말했다.

5시 29분 45초, 점화회로가 연결되며 팻맨 구조 속 32개 기폭장치가 정확히 동시점화됐다. 정교하게 계산된 기폭장치들이 동시에 '안으로의 폭발'을 시작했고, 중심으로 향하는 구형의 폭발파가 만들어졌다. 이 폭발파가 두 번째 고속연소 콤퍼지션 B를 만나 가속됐다. 폭발파가 플루토늄 코어의 니켈 도금막에 도달해 플루토늄 코어를 압축시키면 플루토늄 코어는 계속 안으로 수축해서 호두알만 하게 압축된다. 가운데로 압축된 플루토늄은 초임계질량에 도달하고, 충격파가 마침내 중심의 기폭기에 도달하면 폴로늄이 든 베릴륨 구를 으깬다. 그렇게 베릴륨과 폴로늄이 혼합되고, 폴로늄에서 방출하는 알파입자가 베릴륨 원자에서 중성자를 떼어낸다. 이 중성자들이 플루토늄에 파고들며 연쇄반응이 시작된다. 100만분의 1초 동안 이 연쇄적 분열은 80세대까지 진행된다. 전체 플루토늄이 모두 분열되기에 충분한 시간이 지나갈 동안, 과학자들의 계산대로 전체 플루토늄이 핵분열을 마칠 때까지 핵원료들은 엄청난 팽창압력을 견디고 좁은 영역에 잘 모여 있었다. 그리고 이제 수천만 도의 온도가 되어 어마어마한 에너지의 팽창이 시작된다.

외관상의 폭발현상이 나타나기 전에 이미 이 엄청난 에너지는 '광속으로' 폭탄 케이스 밖으로 방출된다. 주위의 차가운 공기는 순간적으로 가열되며 고온의 중심구는 에너지를 방출한 뒤 식기 시작한다. 만분의 1초가 지났을 때 온도는 50만 도 정도로 떨어지면서 충격파가 발생한다. 충격파면이 퍼져나가고 뒤에 불투명한 등온구가 천분의 1초 동안 천천히(?) 퍼져나간다. 그리고 나서야 빛이 '출현'한다. 외부 관찰자가 실제로 볼 수 있는 것은 이렇게 갑작스럽게 만들어진 충격파의 구와 섬광뿐이다. 시간간격이 너무 좁아 관찰자는 한 번의 섬광을 보지만 사실 섬광은 두 번 생긴다. 천분의 1초 동안 첫 섬광이 발생한다. 여기까지가 천분의 1초까지 발생하는 일이다. 이후의 과정은 육안으로 보인다. 공기가 더 식으면 흰 충격파면이 투명해진다. 그러면서 화구의 더 뜨거워진 내부에서 두 번째의 긴 섬광이 방출된다. 냉각파가 등온구를 침식하며 구는 식어가서 5000도 이하가 되면 더 내려가지 않는다. 이때부터 따뜻한 화구는 부력으로 두둥실 떠오르기 시작한다. 유명한 버섯구름은 이로 인해서 생긴다. 충격파가 만든 구는 0.1초면 보이지 않고, 화구 윗부분은 2초 뒤면 떠오르기 시작해 3.5초 정도면 버섯구름에 목 부분이 생긴다. 실험 전에 이 모든 과정은 남김없이 정확하게 예측되었다. 그리고 착실하게 무서운 수학적 예상 그대로 진행되었다.

그 광경을 본 사람들은 다양한 표현을 남겼다. "터졌고, 갑작스럽게 덤벼들더니, 나를 뚫고 지나갔다." "본 사람은 아무도 그것을 잊을 수 없다." '지금까지 본 가장 밝은 빛'이자 '온몸으로 보는 광경'이고, '영원히 계속되는 것처럼' 보였으며, '누구도 경험으로 예측할 수 없는 것'이었다.

자기들 자신이 처한 상황에 대한 깨달음도 있었다. 베인브리지는 자괴감에 싸여 "이제 우리는 모두 개자식이다."라고 말했다. 그들 대부분은 처음에는 의기양양했지만 곧 피곤함을 느끼고 걱정에 휩싸였다. 처음 얼마간 서로 축하 인사를 나눴지만 곧 싸늘한 느낌이 들었다. "그것은 새벽 추위가 아니었다……수백만 명의 사람들을 생각할 때 느끼는 싸늘함이었다."

페르미는 그다운 기록을 남겼다. 폭발 40초 후 폭풍이 자신이 있는 지점에 도달하자 그는 1.8미터 높이에서 종이를 떨어뜨려 날아가는 거리를 2.5미터로 측정했고, 간단히 계산해본 후 폭탄 위력이 TNT 1만 톤에 해당한다고 추정했다. 뒤에 분석결과는 1만 8천 톤 정도였으니 참으로 놀라운 직관의 과학자다. 하지만 페르미처럼 냉정한 사람조차 친구에게 로스앨러모스로 돌아가는 길에 대신 운전해달라고 부탁했다. 그는 다른 이에게 자신의 차를 몰게 한 적이 한 번도 없는 사람이었다.

극단적 유물론자들이 대부분이었음에도 오펜하이머뿐 아니라 현장에 있었던 많은 이들이 종교나 신화적인 수사를 통해 자신의 경험을

트리니티 원폭실험 준비
세계 최초의 원폭실험 현장.

트리니티 원폭폭발

인류역사에 이토록 밝은 어둠은 없었다. "나는 죽음이요, 세상의 파괴자가 되었다." 거대한 버섯구름이 솟아오를 때 오펜하이머가 떠올린 문장만큼 상황에 어울리는 표현도 드물 것이다. 종이 위에서 계산으로만 이루어지던 핵폭발이 이날 역사상 최초로 현실세계에 모습을 드러냈다. 말로 형언하기 힘든 그 느낌은 80킬로미터 바깥에서 시각장애인 소녀가 고개를 돌리고 '무슨 일이죠?' 라고 물었을 정도였다.

표현했다. 패럴 장군조차 군인답지 않은 표현을 남겼다. "폭발……강 풍……굉음……하찮은 우리가 절대자의 힘을 건드린 신성모독죄를 저지른 느낌이었다."

사실 그 현장의 느낌을 전달하기엔 인간의 언어가 너무 부족한 도구였을 것이다.

와중에도 그로브스만 그다운 냉정한 말을 남겼다. "이제 전쟁은 끝났다. 이것 한두 개면 일본은 끝장날 거야." 과학이 정치와 전쟁의 영역에 극적으로 파고들었다.

톰슨의 전자발견으로부터 48년, 마리 퀴리가 방사능을 작명한 지 46년, 플랑크가 양자를 제시한 지 45년, 아인슈타인이 에너지와 질량을 통합한 지 40년, 러더퍼드가 원자핵을 발견한 지 34년, 모즐리가 새로운 주기율표를 만든 지 32년, 보어, 보른, 하이젠베르크, 파울리, 드브로이, 슈뢰딩거, 디랙 등의 양자역학이 태동한 지 20년, 가깝게는 채드윅이 중성자를 발견한 지 13년, 오토 한이 원자핵을 부순 지 6년, 맨해튼 계획이 시작된 지 3년, 로스앨러모스에서 작업한 지 2년이 지난 시점이었다. 그리고 정치적으로는 히틀러가 집권한 지 12년, 일본이 진주만을 공격한 지 4년 만이었다. 이중 단 한 가지만 빠졌어도 트리니티의 광채는 없었을 것이다. 과연 이런 작업이 브레이크를 가질 수 있었을까? 그리고 완성된 폭탄을 쓰지 않을 방법이 있었을까? 원자폭탄은 만들어질 수밖에 없었고, 사용될 수밖에 없었다. 이미 투자한 노력의 규모로 볼 때 누가 이 프로젝트를 감히 중지시킬 것이며, 이렇게 어렵게 만들어진 결과물을 어떻게 사용하지 않을 수 있겠는가? 많은 선택지가 있었던 듯이 느껴질 수도 있지만 원폭실험의 성공 이후 원폭은 사용하지 않는 것이 사실 불가능했다. 이 유명한 장면과 관련해서는 다방면에

박식한 오펜하이머가 남긴 말이 가장 많이 인용된다. "지극히 엄숙한 분위기였다. 우리는 세계가 전과 같지 않다는 것을 알았다. 누군가는 웃었고 누군가는 울었다. 대부분은 침묵했다." 버섯구름이 피어오를 때 그는 예전에 읽은 힌두경전을 떠올렸다. "힌두경전의 한 구절이 기억났다……이제 나는 죽음이요, 세상의 파괴자가 되었다." 하지만 폭발 전에 오펜하이머가 떠올린 『바가바드기타』의 문장은 조금 더 희망적이었다. "천 개의 태양 빛이 하늘에서 일시에 분출한다면, 그것은 전능자의 광채 같으리라."[43] 트리니티의 빛은 '천 개의 태양'보다 밝았다. 새로운 힘이 태어났다.

---

43 트리니티 그라운드 제로 폭발 전 오펜하이머가 떠올린 『바가바드기타』 구절. 오펜하이머는 대학시절 직접 이 책을 번역했었다! 신화의 실제 스토리에서 크리슈나 신이 자신의 모습을 드러내자 아르주나 왕자는 눈이 먼다. "당신에겐 무수한 팔이 있고 해와 달은 지극히 많은 당신의 거대한 눈들 중 일부일 뿐. 당신의 광채로 우주가 뜨거워집니다. 오, 강대한 힘의 소유자시여. 제게 자비를!" "죽음과 같은 당신의 불타는 얼굴 앞에서, 끔찍한 이빨 앞에서 나는 균형을 잃고……인간들은 당신의 입 속에 빨려들고……그 모습은 파멸의 불꽃으로 빠져드는 나방의 모습." 원폭의 묘사에 이보다 적절한 문장이 있겠는가. 오펜하이머는 앞으로의 자기 운명을 인도신화를 번역하며 이미 맛보았던 셈이다. 어쩌면 그는 정말 운명 지워진 사람이었는지 모른다.

10

포츠담

1945년의 세계—이오지마와 오키나와

"이제 전투는 마지막 단계에 직면했다. 17일 밤을 기하여 본관 스스로 선두에 서서 황국의 필승과 안태를 기원하면서 전원 장렬히 총공격을 감행한다. 상상할 수 없는 물량적 우세에 의한 육해공으로부터의 적 공세에 ……부하 장병의 용전은 귀신도 놀랄 정도였다. 그러나 적의 집요한 맹공에 장병들이 차례로 쓰러졌기에, 기대에 반해 이 요지를 적의 수중에 넘길 수밖에 없는 지경에 이르렀다. 참으로 송구스러울 따름이며, 거듭 사죄의 뜻을 전한다. 특히 이 섬을 탈환하지 않는 이상, 황토의 안녕은 영원히 바랄 수 없기에, 혼백이 되어서도 맹세코 황군의 권토중래에 앞장설 것이다. 이제 탄환도 없고 물도 모두 말랐다. 살아남은 자 전원은 드디어 마지막 전투를 감행하려고 한다. 곰곰이 분에 넘치는 황은을 생각하니 분골쇄신으로 보답하고 싶을 뿐이다. 후회가 남지 않도록 마지막 인사를 올린다. 나라 위한 중책을 다하지 못하고 산산이 흩어지는 슬픔이여."

—이오지마 수비군 사령관 구리바야시 다다미치 육군중장의 1945년 3월 17일 마지막 무전 내용. 3월 18일 미군은 일본군을 전멸시키고 이오지마를 완전히 점령했다.

"적의 공격은 마침내 일본 본토로 향하고 있다……그러나, 단언컨대 일본은 결코 패하지 않는다……전쟁 전체를 보면, 일본 국민의 5분의 1이 전사하기 전에 적이 먼저 손을 들 것이다……일본인 전부가 투철한 특공정신을 가지면 신도 우리 편이 될 것이다……100만의 적이 본토로 내습해 오면, 전 국민을 전력화하여 300만, 500만의 희생을 각오하고 적을 섬멸하라."

—가미카제 특공대 창설자 오니시 다키지로가 1945년 대만에서 가미카제 대원들에게 훈시한 내용. 종전까지 자살공격으로 죽은 가미카제 대원은 4000명에 육박한다. 이 공격으로 미군함정 30척이 침몰했고 350척이 피해를 입었다. 초기 공격은 무시무시했으나 미군이 대응책들을 강구해 나가자 피해는 계속 줄어들었다.

원폭은 정말 사용할 수밖에 없었을까? 다른 방법은 없었던 것일까? 이 무거운 역사적 질문은 간단히 결론내리기 어려운 문제다. 원폭의 윤리적 문제가 제기될 때마다 트루먼을 포함한 고위관료들은 일관적인 입장을 고수했다. "원폭을 사용하지 않았다면 수많은 미국 젊은이들이 전사해야 했을 것이며, 훨씬 많은 일본인들이 죽어야 했을 것이다." 반면 1945년 홀로 남은 일본의 상황이 절망적이었기에 굳이 원폭을 사용

이오지마 전투
1945년 3월, 지도에서 찾기도 힘든 태평양의 이 작은 섬에서 동서양의 젊은이들 28000명이 죽었다.

했어야만 했다는 말들은 무리한 변명이라는 주장들도 만만치 않다. 이 논쟁이 어느 쪽의 분석으로 환원될 것 같지는 않다. 하지만 이 문제를 바라볼 때 우리가 한 가지 더 숙고해야 할 것이 있다. 역사에 남은 수치 자료만으로 바라보는 결과론적 관점으로는 당시 개별 주체들의 실제 상황을 흑백논리로 단순화해버리기 쉽다는 것이다. 당시 미국 정치가들과 군부, 나아가 전장의 미군병사들의 입장을 이해해보기 위해서는 이오지마와 오키나와에서 미군이 겪었던 현실들 또한 직시할 필요가 있다.

1945년 3월의 이오지마 상륙작전은 미군이 참여한 가장 악몽 같은 전장 중 하나가 됐다. 이 섬의 비행장이 점령되면 일본본토는 완벽하게 미 공군의 제공권에 들어가게 되어 전쟁의 전환점이 될 수 있었다. 중과부적의 전투임을 잘 알고 있었던 구리바야시 중장은 최대한 오래 전투를 끌며 적의 전력을 소진시키는 작전을 펼쳤다. 그는 하급부대들에게 위험한 해안수비를 포기하게 하고 무의미한 만세돌격을 자제시켰다. 거기에 미로처럼 얽힌 땅굴을 파서 병력손실을 최소화했다. 미군이 쏟아부은 화력은 섬의 최고봉우리 높이를 1/4이나 낮춰버릴 정도였지만 상륙 후 일본군은 땅속 여기저기서 수없이 불규칙하게 '솟아나오며' 미군을 괴롭혔다. 이오지마 전투과정에서 23000명의 일본 수비대원 중 구리바야시 중장 포함 21000명이 전사했다. 미군은 7000명이 전사했고 사상자 총수는 28000명에 달했다. 압도적 화력에도 불구하고 사상자 총 수는 미군이 더 많았다. 투입된 6만 명의 미 해병 중 절반이 사상자가 된 것이다. 상처뿐인 승리였다. 오키나와 상륙작전을 앞두고는 발악적인 가미카제 공격이 본격적으로 시작되었다. '죽자고' 날아오는 적기를 보며 미군병사들은 적의 실체에 전율했다. 더욱 경악스런 결

오키나와 전투에서의 가미카제 공격

히메유리 부대

오키나와 전투 당시 여고생으로 구성된 간호부대인 '히메유리 부대'는 15세부터 19세까지의 오키나와 사범학교 여학생과 오키나와 현립 제일여자고등학교의 학생 약 300명으로 구성되었다. 전투 당시 미군에게 포위당하자 야전병원으로 이용되던 동굴에서 여학생과 교사 모두가 일본군의 강요로 자결했다. 미군에게 포로가 되면 '남자는 모두 잔인하게 죽이고 여자는 모두 강간당할 것'이라는 일본군의 선전을 오키나와의 많은 사람들은 그대로 믿었다. 오키나와에서 수많은 민간인들이 항복하지 않고 죽은 가장 큰 이유다.

과가 오키나와 상륙 후 발생했다. 오키나와에서는 미군은 상륙군 사령관의 전사를 포함해 5만 명의 사상자를 내면서, 10만 명의 일본군을 죽이고 격퇴해야 했다. 거기에 오키나와 인구의 1/4인 10만 명에 가까운 일본 민간인의 죽음이 더해졌다. 오키나와에서는 일본의 민간인들조차도 투항권고를 무시하고 절벽에서 투신하곤 했고, 간혹 아낙네들이 항복하는 척하다 수류탄을 터뜨리며 미군을 죽였다. 간호부대로 차출되었던 여고생들이 집단자결을 강요당하기도 했다. 그들 대부분은 포로가 되면 잔인한 일을 당할 것이라는 일본군부의 선전을 믿고 있었다. 질려버린 미군은 항복하는 일본인들을 그냥 죽여버리는 일도 비일비재했다. 일본 본토에 접근할수록 더욱 격렬해지는 저항에 대한 보고를 들으며 미군 지도부는 걱정이 컸다. 6월 23일 일본군 잔존부대의 사령관이 자결하며 오키나와 전투가 종료되었다. 3개월 가까운 맹렬한 전투의 결과는 끔찍한 통계수치로 나타났다. 이오지마와 오키나와처럼 일본이 본토에서도 대적해 온다면 어떻게 될까?

실라드의 마지막 노력

실라드는 트리니티 실험 소식을 듣고 최후의 노력을 시도했다. 이번에는 청원서였다. 원자폭탄의 위력을 보여주고 항복할 기회를 주기 전에 일본에 사용해서는 안 된다는 것과, 신무기의 국제통제를 확보할 방안을 마련해야 한다는 내용이었다. 맨해튼 계획에 참여한 사람들의 서명을 최대한 많이 받아내는 것이 목표였는데, 그로브스는 이 청원서가 돌아다닌다는 보고를 듣고 간단히 대응했다. 실라드의 청원서가 군사적 '기밀'이라고 선언하는 것으로 족했다. 선언서는 서명을 받더라도

'다른 장소로 돌아다닐 수 없게 되어' 간단히 해결되어버렸다. 후일 그로브스는 실라드가 전쟁 초기에 강력한 결의를 보여주었기에 미국이 원자폭탄을 가질 수 있었다고 인정했다. 하지만 "일을 시작한 뒤, 내 입장에서 그는 없는 편이 좋았다."라고 덧붙였다. 실라드의 마지막 애처로운 시도는 결국 실패로 끝났다.

지금까지 일본은 도처에서 패배했지만, 본토에는 연합군 지상군이 아직 단 한 명도 진출하지 못한 상황이었다. 일본해군은 괴멸되어 이름만 남았지만, 육군은 여전히 대다수의 병력을 온전히 유지한 채 건재했다. 태평양 전쟁이란 이름처럼 일본과의 전투는 지금까지 대부분 바다에서 이루어졌다. '최후의 일인까지. 최후의 일탄까지.' 이 구호는 군대 조직에서는 일상적이고 상투적인 표현이지만 문명국가에서 그 구호를 정말 실행하는 군대는 찾기 힘들다. 하지만 일본군은 문자 그대로 그렇게 실행하고 있었다. 일본 본토와 한반도, 만주에는 그런 일본군 수백만 명이 여전히 건재했다.[44]

미군 지휘부는 일본 본토상륙을 결행했을 때 벌어질 상황들을 거듭해서 계산해보았다. 가장 비관적인 산술상의 추정은 '100만 명의 미군이 전사하고, 2000만 명 이상의 일본인을 죽여야' 전쟁이 끝난다는 것이었다. 결코 상상하고 싶지 않은 결과였다. 어떻게든 전쟁은 일본 본토 상륙 없이 끝내야 했다. 그러자면 일본의 전투의욕을 완전히 꺾어놓

---

44 1945년 4월의 일본군은 여전히 총병력 720만 명(육군 550만 명, 해군 170만 명)에 달하는 거대한 규모를 유지하고 있었다. 그러나 병력자원 부족으로 현역 부적격자, 예비역, 지적장애인까지도 충원해야만 했다. 계속 미뤄오던 한반도에서의 징병도 시작했다. 특히 전쟁 말기에는 일선 부대에 대한 보급 중단으로 수많은 아사자가 발생했다. 영양실조, 전염병 감염 등을 포함한 넓은 의미에서의 아사자는 일본군 사망자의 60%로 전사자보다 많았다. 일본은 징병한 젊은이들 대부분을 '굶겨' 죽였다.

을 이벤트가 필요했다. 논쟁의 여지가 있으나 자국 젊은이들을 살려서 본국으로 데려올 의무가 있는 지도자라면 원폭이라는 선택지가 있을 때 이외의 다른 선택을 상상해보긴 쉽지 않을 듯하다. 트루먼 행정부에 완전한 면죄부를 줄 순 없을 것이지만 만약 이미 존재하는 이 수단을 사용하지 않았다면 트루먼은 분명 더 많은 비난에 시달려야 했을 것이다. 트리니티 실험결과 원자폭탄의 위력이 예상보다 컸지만 이후 과정은 계획대로 진행되었다. 신무기로 인해 발생할 인명손실보다 이로 인한 빠른 종전으로 쌍방의 손실을 줄일 수 있다는 명분은 마지막 검토회의에서 큰 영향력을 발휘했다. 일본 본토 결전은 끝을 알 수 없는 늪처럼 느껴졌다. 이오지마와 오키나와의 참상은 이런 명분을 강화시켜주었다. 반면에 연합군은 제공권을 완전히 장악했고 일본은 식량과 연료가 고갈된 상태에서 본토가 완전히 고립되어 있었다. 몇 주 내로 전쟁은 끝날 것이라 보는 견해도 소수지만 없지 않았다. 하지만 원자폭탄은 반드시 사용해야만 했다. 20억 달러를 소진한 프로젝트는 전후 무의미한 예산낭비로 지적당할 가능성이 컸다. 화려하게 사용하는 것이 찬사받는 유일한 길이었다. 일단 원폭이 완성된 이상 히로시마와 나가사키의 운명이 바뀔 확률은 거의 없었다.

일본군부의 본토 방어전 계획

오늘의 눈으로 바라보면 악착같이 결전병기 같은 것을 찾고 있는 일본 장교들의 모습은 매우 어리석게 느껴질 수 있다. 하지만 원자폭탄을 생각하는 야마모토 같은 장교들은 당시 일본군부 내에서 합리적인 인물에 속했다. 1945년이 되면 일본군부는 혹시라도 내각이 멋대로 종전협상을 진행시킬까봐 조바심을 내고 있었다. 그들의 입장은 명확했다. 본토 결전을 통해 적에게 결정적 타격을 입힌 뒤 유리한 상황에서 종전협상을 진행하는 것이었다. 1945년 4월 참모본부는 소책자를 전 국민에게 배포했다. 이 책자에는 미군병사와 싸우는 방법이 소개되어 있었다. '백병전을 벌일 때 죽창으로 상대의 복부를 찌를 것', '낫, 도끼, 쇠망치, 식칼, 쇠갈고리 등을 무기로 쓸 것', '비스듬한 자세로 상대의 가슴을 찌를 것' 등이 구체적으로 소개되어 있다. 총기류 사용법이나 살아남기 위해 어떻게 행동하라는 내용은 전혀 찾아볼 수 없다. 한 마디로 그 소책자는 맨주먹으로 자동화기에 맞서 싸우다 죽는 방법에 대한 책이었다.

1945년 7월 초 육군성에서는 국민의용대에서 사용할 병기를 각료들에게 전시했다. 육군뿐 아니라 수백만 국민의용대의 대군을 동원할 수 있는 본토 결전은 충분히 승산이 있다는 점을 이해시키기 위한 전시였다. 석 달 전 4월 7일에 취임한 스즈키 수상과 각료들은 전시를 보고 할 말을 잃었다. 전시된 총들은 모두 총구에 화약주머니를 꼬챙이로 밀어 넣고, 그 다음 다시 탄환을 꼬챙이로 밀어 넣어 단발 사격하는 것이었다. 나폴레옹 군대에서나 볼 법한 총이었다. 그리고 일본 전통 활이 전시되어 있고, 사거리 30~40미터, 사수 평균 명중률은 50%라는 친절한 설명을 달고 있었다. 그리고 죽창도 덤으로 옆에 놓여 있었다. 일본 육군 지휘관들의 현실감각을 적나라하게 보여주는 전시였다. 이런 발상을 자랑하고 있는 육군에게 내각은 발언권이 거의 없었다. 1945년 당시 일본군의 전투양상은 천편일률적이었다. 원시적인 지구전을 벌이며 버티다가 옥쇄로 끝나는 전투였다. 그 사이에 여러 해법을 고민해야 마땅했을 것인데 군 수뇌부는 뭔가에 홀린 듯 주문처럼 본토 결전만 외쳐대고 있었다. 그러니 이런 와중에 '과학적 결전병기'를 찾고 있는 관료들은 어쩌면 그나마 합리적인 부류였던 셈이다. 이오지마에서 구리바야시나 대만에서 다키지로가 보여준 언행은 일본군 지휘관에게는 흔하게 볼 수 있는 보편적 가치관의 발현일 뿐이었다. 어쩌면 원폭이 있었기에 일본은 최소의 희생으로 종전을 맞을 수 있었다. 그렇지 않았다면 일본인들은 여고생들에게 죽창을 들고 적진을 향해 돌격하라고 명령했을 졸렬한 정부와 함께 본토 결전을 맞아야 했을 것이다.

포츠담 회담

트루먼은 포츠담 회담의 준비기간에 베를린의 폐허들을 둘러보았다. 회고록에서 그는 이런 글을 썼다. "모든 것이 파괴되었다……이보다 슬픈 광경은 본 적이 없다……이제는 평화가 자리 잡을 때라고 생각한다. 그러나 기술은 도덕이 따라잡을 수 있는 수준을 넘어 수백 년은 더 발전한 것 같다. 아마 도덕이 기술을 따라잡을 때가 되면 더 이상 도덕이 지킬 것은 없을지도 모른다." 그런데 이 글을 쓴 바로 그가 도덕이 전혀 따라잡을 수 없는 수준의 무기 사용을 최종 명령하며 도덕과 기술의 격차를 극적으로 높여버렸다는 것은 아이러니하다. 독일항복 후 2개월이 지나 독일 포츠담에서 열린 포츠담 회담에는 미국의 대통령, 국무장관, 국방장관, 육군장관을 포함한 핵심 수뇌부가 모두 참가하고 있었다. 트리니티 실험 당일 육군장관 스팀슨은 포츠담에서 전황을 보고하며 한 가지 제안을 했다. "일본은 동맹국도 없이 홀로 싸우고 있고, 해군은 사실상 전멸되어 해안방어조차도 불가능하다. 공중공격에 대한 방어도 취약하며, 미영중소의 위협에 직면해 있고, 도덕적 측면에서도 파산상태다. 하지만 일본 특유의 산악지형과 국민들의 애국심은 큰 문제다. '현재 왕조 아래 입헌군주제'를 해도 좋다는 제안을 포함하면 그들의 항복 가능성은 높아질 것으로 보인다." '무조건 항복'과 사실상 같으니 이 부분만 추가하자는 권고였다. 하지만 천황제를 허용하는 제의를 하면 오히려 일본 군국주의자들은 연합국의 전쟁의지가 약해지는 징조로 받아들일 수 있다는 반론도 만만찮게 나왔다. 하지만 그날 밤 복잡한 정치 방정식의 조건을 일거에 변화시킬 소식이 전해졌다. 트리니티의 성공소식이었다.

"오늘 아침 작동됐음. 결과분석은 끝나지 않았으나 만족스러워 보이고 이미 예상을 넘어섰음⋯⋯" 이 소식은 상황을 완전히 바꿔놓았다. 스팀슨은 안도했다. "이 원자 모험에 사용한 20억 달러는 내 책임이었다. 이제 나는 감옥에 가지 않을 것이다." 무엇보다도 이제 미국은 무조건 항복이라는 요구조건을 바꿀 필요가 없게 되었다. 그리고 더 이상 소련의 도움도 필요가 없었다. 이제 미국의 회담전략은 소련의 도움을 요청하는 것이 아니라 그들이 대일전에 참가하지 않도록 하는 것으로 바뀌었다. 그리고 원폭의 사용을 놓고 정책결정권자들의 마지막 담판이 있었다. 마셜 원수는 후일 포츠담에서 자신의 입장을 이렇게 정리했다. "우리는 방금 오키나와에서 쓰디쓴 경험을 했다⋯⋯일본인들은 항복하지 않고 죽을 때까지 싸웠다⋯⋯일본 본토에서의 저항은 더욱 격렬할 것이다⋯⋯우리는 전쟁을 끝내야 했다. 우리는 미국인의 생명을 구해야 했다." 이것은 당시 미 수뇌부의 전형적 입장이었다. 하지만 아이젠하워 원수는 반대했다. "첫째, 일본은 이미 항복할 준비가 되어 있으니 그런 무서운 무기를 사용할 필요가 없다. 둘째, 나는 우리나라가 이런 무기를 사용한 최초의 국가가 되는 것을 원치 않는다." 대통령이 된 지 겨우 3개월을 지나고 있었지만 분명히 최종결정권은 트루먼이 가지고 있었다. 트루먼의 자신의 핵심 의도가 어디에 있는지 명확히 보여주는 반응과 함께 마셜의 의견에 동의했다. "일본인들은 소련이 들어오기 전에 손을 들 것이다." 새로 폭탄을 준비하는 데 일주일 정도 소요된다고 하자 일본에 대한 선언문 발표를 늦췄다.

　미군은 어떻게든 상륙작전 없이 전쟁을 마무리하고 싶었다. 11월 초에 일본 본토 상륙작전인 올림픽 작전이 시작된다면 상호간 막대한 피해가 발생할 것이다. 미군 수뇌부는 최소 5만에서 50만이 전사할 것이고 최악의 경우 100만 명에 육박할 수도 있다고 추정했다. 그리고 그때까지 아마도 일본인 1000~2000만 명 정도를 죽여야 할 것이다. 일본의 항전의지를 꺾기 위해 B-29 폭격기들은 7월까지 67개의 주요 도시마다 대규모 융단폭격을 감행했다. 동경 대공습에서 소이탄 공격은 6시간 동안 10만 명을 죽였다. 공중 폭격에 의한 민간인 총사망자는 수십 만 명에 달했다. 폭격부대는 '일본인 전체가 공식적 군 작전목표'임을 명백히 했다. 그런데 상황을 단번에 해결할 카드가 나왔다. 이제는 언제 원폭투하가 가능한지만 중요했다. 7월 23일 암호 회신이 왔다. "수술은 환자의 준비상태와 기후조건에 따르지만 8월 1일 이후에는 언제든 가능하다……" 표적 명단은 히로시마, 고쿠라, 니가타 순이었다. 아직 나가사키는 포함되지 않았다. 육안 폭격해야 했으므로 눈에 잘 띄는 특징을 가진 도시를 골라야 했고 일본에 폭격 받지 않고 남아 있는 도시는 몇 개밖에 없었다.

　7월 24일에 트루먼은 어떻게 하면 스탈린에게 폭탄에 관해 가능한 가볍게 얘기할 수 있을지를 토의했다. 트루먼은 스탈린이 새 무기의

포츠담 회담
이 극소수 사람들에 의해 이루어진 회담은 이후 세계의 구조와 수많은 민족과 국가의 운명을 결정했다.

위력을 알면 즉시 소련군에게 만주 진격명령을 내릴까 두려웠다. 원폭의 존재는 투하 직전인 8월까지 맥아더 원수조차 몰랐다. 그랬기에 그들은 스탈린이 이미 첩보망을 통해 모든 상황을 파악하고 있었다는 것을 상상조차 못했다. 그날 회담 뒤 트루먼은 스탈린에게 다가가 '별일 아닌 듯이' 파괴력이 큰 새 무기가 있다고 말했다. 스탈린도 '대수롭지 않게' 반가운 소식이고 일본에 대해 잘 사용하기 바란다고 말했다. 우스꽝스럽게도 트리니티의 성공 이후 미국과 소련의 회담목표는 정반대로 바뀌었다. 미국은 소련더러 천천히 참전해도 된다며 에둘러 구슬렀지만, 소련은 연합국의 일원으로 책임을 다하겠다며 참전을 확정했다. 스탈린은 소련군이 만주접경에 집결중이며 8월 '후반'에 공격준비가 완료될 것이라고 말했다. 미국 수뇌부는 소련이 기일을 '지킬까봐' 노심초사했다. 급해진 마음에 투하일은 최대한 앞당겨졌다.

트루먼은 자신의 도덕적 정당성에 대한 변명도 남겼다. "(원폭) 사용을 지시하며……여자와 아이들은 표적이 아니라고 했다. 일본인들이 야만적이고 무자비하며 미치광이라 할지라도……이 무서운 폭탄을 옛 수도나 새 수도에 투하할 수는 없다." 사실 아무리 읽어봐도 겨우 도쿄와 교토를 공격목표에서 제외한 것과 인구 수십만의 도시를 원폭으로 공격하면서 목표는 군인일 뿐이었다라고 얘기하는 정도로 자기 양심에 면죄부를 주고 있을 뿐이다. 분명히 원폭의 사용이유는 일본이 '항복'하지 않았기 때문이 아니라 '무조건 항복'하지 않았기 때문이다. 이것을 위정자들과 군사지도자들의 야합이라고만 말할 수는 없다. 진주만을 기억하고 있는 당시 미국국민들의 심리상태 역시 마찬가지였기 때문이다. 복수가 필요했다. 대부분의 인간이 가진 양심의 정도는 여기까지일 듯하다.

원폭을 싣기 위해 특별히 개조된 B-29는 이미 6월 10일에 일찌감치 티니안에 도착해 있었다. 7월 말부터 미군은 일본인들이 고공에 높이 뜬 한두 대의 B-29에 '익숙해지도록' 일본상공 연습비행을 시작했다. 7월 25일에 태평양전략공군사령관에게 다음 명령이 하달됐다. "1945년 8월 3일 이후 육안폭격 가능한 날에 다음 표적들 중 한 도시에 최초의 특수폭탄을 투하한다: 히로시마, 고쿠라, 니가타 그리고 나가사키……" 여기서 이틀 전까지 없었던 나가사키가 포함됐다.

그날 오후 7시에 포츠담 선언이 언론에 발표됐다. "우리 조건을 수락할 것……대안은 없다. 지연을 허용하지 않을 것이다……새 질서가 수립될 때까지……일본의 영토는 점령될 것이다. 일본의 주권은 혼슈, 홋카이도, 규슈, 시코쿠 그리고 우리가 결정하는 섬들로 제한될 것이다. 일본군은 완전 무장해제……모든 전쟁 범죄자들은 단호한 법의 심판을 받게 될 것……일본 국민들의 의사에 따라 평화적이며 책임 있는 정부가 수립될 것이다……무조건 항복을 촉구한다……다른 대안은 즉각적이고 철저한 파괴뿐이다." 유례를 찾기 힘든 매우 호전적이고 강력한 경고의 형태였다. 일본 수뇌부의 입장에서 가장 우려되는 문장은 '일본국민의 의사에 따라……정부가 수립될 것'이라는 부분이었을 것이다. 그들의 입장에서 천황제 폐지는 일본국체의 포기였다. 일본은 7월 27일 7시에 이 내용을 수신했다. 외무성 분석은 낙관적이었다. 소련은 아직 중립을 지키고 있고 무조건 항복이라는 조건을 (일본이 아니라) 일본군에게만 적용하고 있다는 것이었다. 다음날 일본신문들은 무장 해제된 군인들을 고향으로 돌려보낸다는 부분과 일본인들은 노예가 되거나 살해되지 않는다는 문장을 삭제하고 발표했다. 한 글자도 바꾸진 않았지만 야비한 왜곡이었다. 그리고 스즈키 수상은 결연히 전쟁을 계속할 것이라고 발표했다.

같은 날 미태평양 사령관은 이렇게 보고했다. "전쟁포로의 말에 의하면 네 도시 중 히로시마만 연합군 포로수용소가 없다." 포츠담 선언이 농담이 아니라는 것을 보일 도시가 최종 결정됐다. 트루먼은 이때의 일기에 이렇게 적었다. "우리는 인류역사상 가장 끔찍한 무기를 개발했다. 군사시설만 목표로 하고 군인이외의 여자와 아이들은 겨냥하지 말 것을 전쟁장관 스팀슨에게 지시했다." "히틀러 일당이나 스탈린이 원자폭탄을 먼저 발견하지 못한 것은 인류에게 정말 다행스런 일이다." 자문단은 일본내각에 엄청난 충격을 줘야만 그들의 방침을 바꿀수 있다고 판단했다. 실전투입만이 의미 있게 폭탄을 사용하는 유일한 방법이라고 재확인했다. "최대한 빨리 어떤 선제경고 없이 일본의 도시에 투하한다. 그리고 현재 재고분 두 발을 모두 투하한다. 하나는 원자폭탄의 위력을 알리기 위해서. 또 하나는 그런 폭탄을 미국이 더 많이 가지고 있음을 알리기 위해서."

카이로, 테헤란, 얄타, 포츠담

제2차 세계대전 후 세계의 많은 부분의 운명을 결정한 4대 회담으로 카이로, 테헤란, 얄타, 포츠담 회담은 자주 언급된다. 비슷한 사람들에 의해, 비슷한 이야기가 오간 부분도 있었지만 각 회담은 고유한 성격과 의미를 가지고 있다.

1943년 말이 되었을 때 이제 연합국은 시기는 알 수 없으나 이 전쟁에서 자신들의 승리를 충분히 예감할 수 있는 상황이 되었다. 그래서 전후

처리 문제를 놓고 연합국 거두들이 모여 세계의 운명을 결정하려 했다. 1943년 11월 22일에서 26일 사이 이집트 카이로에서 루스벨트, 처칠과 장제스가 만나 회담했다. 사실 본래 목적은 일본군과 싸우고 있는 미얀마 전선 문제 해결을 위해 만난 것이었다. 대륙 쪽에서 중국의 도움이 필요했기 때문에 장제스를 불렀다. 이 회담에서 일본 점령지 중 대만과 만주는 중국에 되돌려준다는 중요조항이 명시되었다. 그리고 장제스는 더 나아가 한국의 독립에 대한 부분을 추가시켰다. 아마도 그때까지 처칠과 루스벨트는 한국이란 나라에 대해 거의 들어본 적 없었을 것이다. 장제스의 완강한 개입으로 카이로 선언에는 명시적으로 '한국인들의 노예상태에 주목하여' '적당한 시기에 한국을 독립시킨다.'라는 문구가 들어갔다. 이것은 당시 식민지 중 국가를 명시하여 독립을 예정한 유일한 사례였다. 이미 장제스는 망명정부에 불과한 대한민국 임시정부가 중국 영토 내에서 독자적으로 광복군을 조직하는 것을 허락했었다. 사실은 이 모든 것이 이례적인 일들이다. 1932년 윤봉길의 홍코우 공원 의거는 장제스에게 그만큼 강력한 인상으로 남아 있었다. 역사의 수레바퀴

는 그런 조그마한 물줄기들에 생각보다 크게 영향 받는다.

카이로 회담이 끝나고 처칠과 루스벨트는 바로 이란의 테헤란으로 이동했다. 1943년 11월 28일에서 12월 1일 사이 테헤란 회담이 열렸다. 이곳에는 스탈린이 오고 상극인 장제스는 떠났다. 극단적 반공주의자 장제스와 세계 공산주의의 중심국가 지도자가 만나는 상황은 모두가 상상하지 않았다. 여기서 스탈린은 소련군의 부담을 덜어줄 수 있도록 빠른 시간 내에 유럽에서 제2전선을 만들어줄 것을 요구했다. 이는 곧 다음 해의 노르망디 상륙작전으로 귀결된다. 그리고 독일과의 전쟁이 끝난 뒤 대일본전에 소련이 참여하는 문제가 넌지시 제시됐다. 이때 스탈린은 몽골의 독립 문제를 제시했다. 아시아 국가들과의 사이에 완충지대를 만들고자 한 것이다. 몇 사람의 입에서 나오는 몇 마디의 말들이 여러 국가의 수많은 사람들의 운명을 결정짓고 있었다. 하지만 아직 전쟁의 끝보다는 전쟁의 수행과정이 더 중요한 시점이었기에 각 진영 간 불협화음은 표면으로 표출되지는 않았다.

그로부터 1년 이상의 시간이 흘러 독일의 패망이 기정사실화된 1945

년 2월 4일에서 11일 사이에는 소련의 알타에서 회담이 열렸다. 스탈린의 영역인 크림반도(우크라이나어: 크름반도)의 휴양도시 알타에서 테헤란 회담의 세 거두가 다시 만나 사실상 20세기 후반 전 세계의 운명을 확정지었다. 각국 국경선의 대략과 소련의 대일전 참전 시기 등에 대한 구체적이면서도 거대한 그림이 만들어졌다. 사실상 세 사람 마음대로 어마어마한 것들이 결정되었다. 연합국의 독일 분할점령, 폴란드 영토 문제, 나아가 대일전 참전 후 소련의 영역을 어느 선에서 정리할 것인지까지. 스탈린은 주도면밀하게 동유럽을 소련의 위성국으로 만들기 위한 계획들을 밀어붙였다. 독일을 과학기술을 거세한 '전원국가'로 만들고 배상을 받아내겠다는 고집도 부렸다. 소련은 프랑스가 전쟁에 기여한 한 일이 거의 없다며 반대했지만 영국과 미국은 결국 프랑스를 전승국에 추가했다. 이렇게 후일 UN안전보장위원회 상임이사국들의 윤곽도 만들어졌다. 그 외에 소련의 대일전 참전을 이끌어내기 위해 루스벨트와 처칠은 지나칠 정도의 양보를 했다. 사할린과 쿠릴열도를 비롯해서, 뤼순과 만주 일원에 대한 사실상의 영유권까지 쥐어줬다. UN이라는

기구를 만들기 위해 소련의 참가가 필요했고, 내키지 않아하는 소련에게 안전보장이사회 상임이사국 자리와 거부권을 주었다. 가히 '얄타체제'의 성립이라고 봐도 좋았다. 물론 냉전으로 빛이 바랬지만 이 이상은 그나마 이후 아슬아슬하게 대전쟁을 피하며 나름의 성과를 거뒀다.

이후 1945년 7월 17일에서 8월 2일 사이 독일의 소련 점령지 포츠담에서 열린 회담은 얄타 회담의 내용을 추인하는 자리가 되어야 했지만 분위기는 지금까지와는 미묘하게 바뀌어 버렸다. 루즈벨트가 죽어 미국의 수뇌는 트루먼이 되었고, 영국도 처칠이 선거에서 패한 뒤여서 애틀리 수상으로 대표가 바뀌어 있었다. 스탈린 만이 전쟁전반을 지휘했던 유일한 지도자로 이 자리에 참석했다. 소련 점령지인 포츠담에서 회담을 여는 것에 트루먼은 마음이 상해 있었지만 원자폭탄 실험 성공소식은 미국의 회담전략을 완전히 뒤바꿀 만큼의 희소식이 되어주었다. 그렇게 사소한 것들은 바뀌었지만, 포츠담에서는 얄타에서 세 거두가 합의한 원칙 대부분을 그대로 추인했다. 그리고 살펴본 것처럼 원폭의 이야기와 많은 것이 얽힌 회담이 되었다. 이 네 번의 회담에서 현재 우리가 살고 있는 세계의 지도가 거의 완성된 셈이다. 그래서 중등교육과정에서 학생들은 이 귀찮은 이름들을 암기해야 할 때가 많다.

11

히로시마

"네가 지음을 받던 날로부터 모든 길에 완전하더니 마침내 불의가
드러났도다."

—에스겔서 28:15

에놀라 게이

포츠담 선언 후 원폭투하를 위한 실제적 작업들이 일사천리로 진행
되었다. 8월 1일 리틀보이가 언제든지 투하 가능한 상태가 됐다. 8월 2
일에는 팻맨의 부품들이 티니안에 도착했다. 그리고 8월 4일 브리핑에
서 509부대원들은 새로운 폭탄에 대해 처음 들었다. 수수께끼의 '은쟁
반'이 뭔지 드디어 알게 된 것이다. 지름 3마일의 영역을 완전히 파괴
할 것이라는 말에 모두 놀랐고 심지어 이틀 뒤 투하한다고 했다. 그리
고 이 건에 대해 집에 편지를 쓰거나 동료끼리라도 토의하는 것은 금지

됐다. 8월 6일 아침 출발할 것이라고 했다. 브리핑의 끝에 부대장은 이 일은 명예로운 것이며 이 임무로 전쟁이 6개월은 단축된다고 말했다. 509부대장 티베스는 아직 이름이 없는 82호 폭격기에 자신의 어머니 이름인 '에놀라 게이(Enola Gay)'를 붙였다. 그래서 어느 어머니의 이름이었던 에놀라 게이는 원폭 이야기에 항상 등장하는 이름이 됐다.

8월 6일 새벽 2시 45분 에놀라 게이는 날아올랐다. 승무원들은 모두 독약 앰플을 받았다. 추락해 생포될 상황이 되면 사용하라는 것이었다. 그들은 무슨 일이 있어도 포로가 되어서는 안 됐다. 폭탄의 최종 조립은 비행 중에 진행했다. 이륙 중에 혹시라도 원폭이 폭발하면 티니안 전체가 날아갈 것이기 때문이었다. 괌을 지나 5시 22분 이오지마를 거치며 촬영용 B-29와 호위기 2대가 합류했다. 7시 30분에 리틀보이 내부배터리를 작동시켜 폭발 가능한 폭탄이 됐다. 미리 각 도시로 날아간 기상 관측기들이 날씨를 보고해왔다. 그렇잖아도 우선순위이던 히로시마 날씨가 제일 좋았다. 대공포와 일본전투기의 공격은 없었다. 일본의 하늘은 무방비였다. 히로시마에 도착하자 육안폭격에 적합한 화창한 날씨였고, 여러 번 검토한 대로 히로시마 중심부 오타강의 T 자형 다리가 목표였다. 4톤 무게의 폭탄이 투하됐다. 그리고 에놀라 게이는 급회전하며 현장에서 빠져나갔다. 곧 밝은 빛이 비행기 내에 꽉 차면서 동체가 심하게 흔들렸다. 처음에 대공포라고 생각했을 정도다. 히로시마를 보기 위해 기수를 돌리자 승무원들은 이후 시대상징이 되어버린 무서운 버섯구름을 보았다. "끓어오르는 버섯 모양 구름은 믿을 수 없을 만큼 컸다. 한동안 모두 말이 없었다." "아무도 이런 광경을 볼 줄 상상치 못했다. 2분 전 보았던 맑게 갠 도시는 더 이상 없었다." "내가 백년을 살아도 내 마음 속에서 이 몇 분 동안을 영원히 잊을 수 없을 것이

원폭을 투하한 에놀라 게이와 조종사들

다.” 이 정도가 실전 투입된 원폭을 처음 경험한 미국인들의 증언이다. 하지만 일본인들의 증언은 그것과는 차원이 달랐다.

폭발

———

히로시마는 1894년 청일 전쟁 시기부터 중요한 도시였다. 19세기 당시 일본제국군 5사단이 주둔하고 있었고 전쟁이 나자 제일 먼저 청나라 군대와 싸우러 우지나 항구에서 출전했다. 이후 우지나 항은 50년간 일본군의 주요 군사항구였다. 전쟁 초에는 40만 명 정도의 인구였지만 미군의 전략폭격 위협이 높아지자 여러 차례 교외로 소개시켰다. 1945년 시점에서 규슈 등의 남부일본을 방어하는 제2군 본부가 있었고, 통신과 보급 집결지였다. 8월 6일 당일에는 28~29만 명의 민간인과 43000명의 군인들이 있었다. 1945년 8월 6일 8시, 기온 26도, 습도 80%였고 바람은 없었다. 아침 7시 9분 미군의 기상 관측기를 발견하고 공습경보 발령했지만 7시 31분 해제됐다. 8시 15분 세 대의 B-29가 다시 나타났을 때 대피가 필요하다고 본 사람들은 거의 없었다. 8시 16분, 폭탄투하 43초 뒤 시마병원 상공 600미터 높이에서 원폭은 폭발했다. 최대 파괴력을 내기 위해 주도면밀하게 계산된 고도였다.[45]

에놀라 게이가 목표로 한 오타강 다리에서 두 블록 떨어진 후쿠야

---

45   폭발고도는 매우 중요하다. 지표면에서 폭발하면 파괴력의 상당 부분을 지표면이 흡수할 것이고 너무 높은 곳에서 폭발하면 파괴력은 형편없이 줄어들 수 있다. 그래서 이 부분은 원폭개발 이전에 정확하게 계산되어 있었다. 최적고도보다 40%정도 낮은 고도에서 폭발하면 피해면적은 24% 줄어든다. 고도가 14%정도 높으면 역시 같은 피해 면적감소가 있게 된다. 트리니티 실험 후 폭발의 위력을 확인한 뒤 '히로시마에 최대의 피해를 줄 수 있는' 최적고도는 자연스럽게 600미터라는 절댓값이 계산되어 나왔다.

히로시마 원폭폭발
"용암이 전 도시를 뒤덮은 것 같았다."—에놀라 게이 승무원

백화점 앞의 전차는 출근길 사람들로 꽉 차 있었다. 근처 도로에는 수천 명의 군인들이 상의를 탈의하고 열을 맞춰 구보 중이었다. 전날 동원된 여학생 8000여 명이 소이탄 공격에 대비해 집들을 허무는 작업을 지원하고 있었다. 이들 중 당시를 증언해줄 사람은 아무도 없었다. 그나마 증언을 남긴 사람들은 더 멀리 있었던 사람들이었다. 투하지점 수백 미터 내에 있는 발화 가능한 물질은 연기처럼 사라졌다. 화구로부터 1킬로미터 내에서 건물 밖에 있던 사람들은 내장이 기화하며 끓어올랐고 신체는 금방 숯이 되어버렸다. 이들은 도로 위에 수천 개의 작고 검은 덩어리가 되었다. 새는 공중에서 그대로 타서 사라졌다. 곤충이나 다람쥐 같은 작은 동물들도 마찬가지였다. 그들은 공간에서 말 그대로 '지워졌다.' 소리 전에 열기와 빛이 먼저 오고 시속 1300킬로미터에 달하는 폭풍이 폭심지에서 뻗어 나온다.―초속 360미터(!)의 폭풍이다. 다행히 건물 내에 있어 화상을 면한 사람들과 조금 멀리 있었던 사람들을 이 폭풍이 덮쳤다. 갑자기 기압은 치솟고 사람들의 눈과 폐와 고막은 부풀어 올라 터져버린다. 몇 초 동안 이 모든 일들이 발생한다. 이후 다시 반대방향인 폭발 중심지를 향해 기압을 맞추기 위한 폭풍이 거꾸로 몰아닥친다. 곧 집들이 무너지기 시작했지만 간발의 차이로 아비규환의 거리로 나올 수 있었던 사람들은 꽤 있었다. 이들은 그나마 후일 증언을 남길 수 있었던 부류였다.

모든 것이 죽은 듯한 무서운 적막과 비행기를 쳐다보다 망막이 타버린 사람들의 이야기는 흔한 이야기였다. 대부분 등 뒤에서 누군가 큰 망치로 때리는 느낌에, 끓는 기름에 던져진 듯하고, 폭풍에 상당한 거리를 날아가서, 동서남북이 뒤바뀐 느낌을 받았다.

전차는 모두 타 뼈대만 남았고 내부의 승객들은 까맣게 타죽었다. 남자들은 전신이 피로 범벅이 되고 여자들의 피부는 '기모노처럼' 늘어졌다. 등의 피부가 완전히 벗겨져 엉덩이에 매달린 채 도와달라는 소녀의 외침, 앞에서 보고 있는지 뒤에서 보고 있는지 알 수 없을 정도로 화상을 입은 사람들이 이리저리 뛰고 있는 모습, 간신히 정신을 차린 살아남은 이들이 눈으로 본 장면들은 평생 잊을 수 없었다.

"지구상 모든 인간이 죽은 것 같았다."

"뛰기 시작했다. 넘어지고 일어나 다시 뛰었다. 무언가에 걸려 넘어졌다. 일어나 살펴보니 사람 머리였다. '죄송합니다. 죄송합니다.'하며 울부짖었다."

무너진 집들은 불타는 사이로, 풍선처럼 얼굴이 부풀어 오른 아이들이 울며 걸어 다니고, 살갗이 감자껍질처럼 벗겨진 노인들이 기도문을 중얼거리며 탈진해 있고, 그나마 남은 힘이 있는 어느 가장은 자기 상처에서 흘러내리는 피를 제대로 지혈할 정신도 없이 미친 듯이 아내와 아이들 이름을 부르며 뛰어다니는 지옥도가 펼쳐졌다.

사람들의 피부는 화상으로 검게 변했고 '당연히' 머리카락은 없어졌다. 얼굴, 손, 몸에서 피부가 벗겨져 늘어진 사람들이 널려 있었다. 이들 대부분은 결국 길거리에서 죽었다. 섬광과 함께 수반된 열은 찰나의 순간 작용하기 때문에 냉각작용이 일어날 시간 여유가 없다. 폭심지에서 4~5킬로미터 거리정도에 서 있었던 사람의 피부는 0.001초 만에 섭씨 50도까지 올라갔다. 열파로 순간적으로 수포가 생기고 그 다음 몰아친 폭풍이 그 피부를 벗겨낸다. 열파와 폭풍에 이어 사방에 화재가 났고 움직일 수 있는 사람들만 도망칠 수 있었다. 두 달 후 히로시마 생존자들을 조사했을 때 팔다리가 부러진 사람은 극소수였다. 부상자가 없었던 것이 아니다. 그들은 모두 움직이지 못하고 그날 현장에서 불타 죽은 것이다.

턱이 떨어져 나가 혀가 늘어진 채 방황하는 여자, 발 없는 남자가 무릎으로 걷는 모습, 두 눈에 큰 나무 조각이 박혀 볼 수도 없는데도 이리저리 뛰고 있는 사람, 두 눈알이 튀어나온 남자가 자신의 이름을 부르는데도 누군지를 몰라 무섭기만 했던 소녀, "나는 그것이 인간의 얼굴이라고는 믿을 수 없었다."며 피투성이의 괴물 같은 얼굴을 보다가 타다 남은 블라우스를 보고서야 그들이 여고생들임을 알 수 있었던 기억, 도와줄지도 모른다고 생각하며 큰 기대를 가지고 쳐다보는 눈길과 마주치는 것은 너무나 어려운 일이었다며 가족들을 애타게 찾으면서 '동정심을 가지면 시가지를 걸어 다닐 수 없었다.'는 고백, 응급 처치소에 몰려온 화상환자들에게서 오징어 말리는 듯한 냄새가 나고 삶은 문어 같아 보였다는 생생한 묘사. 읽으면 며칠간 일상생활이 힘들 정도로 차마 열거하기 힘든 증언들을 어디서 끊어야 할까.

불 폭풍을 피하려고 강으로 몰려든 사람들은 비명을 지르며 강으로 뛰어 들었고 결국 이들은 모두 시체가 되어 바다로 떠내려갔다. '강은 흐르는 물이 아니라 떠다니는 죽은 시체들의 흐름'이었다. 히로시마는 그렇게 '사라졌다.' 그 말로 형언할 수 없는 느낌을 가장 단순하고 완벽하게 표현한 말은 이 증언일 것 같다. "히로시마는 존재하지 않았다……히로시마는 단지 존재하지 않았다."

수많은 책들이 묘사했고 이 책의 묘사의 수천 배에 해당하는 증언이 남았지만 이 이상의 인용이 필요치 않을 것이다. 히로시마가 존재하지 않았다는 증언은 과장이 아니다. 히로시마의 건물 76000동 중 완파된 48000동을 포함해서 7만 동 이상이 부서졌다. 모든 관공서, 경찰서, 소방서, 기차역, 우체국, 방송국, 은행, 학교, 주거시설들을 가리지 않고 하나의 역사적 공동체가 사라져 버렸다. 서로를 위해 슬퍼해줄 사람들조차 남기지 않고. 18개 병원과 함께 이 도시 의료인의 90%가 사상당해 치료조차 불가능했다. 재산과 건물을 걱정하는 사람은 아무도 없었다. 모두 자기 몸을 걱정하기도 바빴다. 그런데 그것뿐만이 아니었다. 대재앙이 지나가고 한동안 생존자들은 나아지는 듯했다. 하지만 곧 핵무기와 재래식 무기의 차이가 파괴력만이 아님을 보여주는 다음 단계의 비극이 나타났다. 생존자들은 자신들에게 이상한 형태의 질병이 나타나는 것을 알게 됐다.

아주 긴 죽음

원폭의 불길과 폭풍이 지나고 20~30분이 지난 뒤 히로시마 북서부 지역을 중심으로 많은 비가 내렸다. 비가 내리며 여름의 절정임에도 한기가 들 정도로 기온이 떨어졌다. 한두 시간 동안 계속된 비는 먼지와 그을음이 한데 뒤섞여 '검은 비'가 되어 내렸다. 엄청난 방사능을 머금은 비가 내린 뒤 강과 연못에는 죽은 물고기들이 떠오르기 시작했다. 갈증을 견디다 못해 이 물을 마신 이들은 3개월 간 설사를 계속했다. 아무 냄새도, 맛도, 촉감도 없는 방사능의 비가 내린 폐허 속에서 몇 날 며칠을 많은 이들이 가족을 찾아 헤맸고 '죽음'이 그들의 몸속에 쌓였다.

처음에는 화상자나 부상자들은 치료하면 호전될 것으로 생각했지만 회복되는 듯 보이던 사람들에게 다른 증상이 나타나기 시작했다. 어지러움, 구역질, 혈변, 설사, 고열, 무기력, 그리고 몸 곳곳의 보라색 반점. 조금 시간이 지나면 입이 붓고 헐기 시작하고, 목과 잇몸에서 피가 나고, 곧 소변에도 피가 섞여 나왔다. 몸의 털이 모두 빠지고 혈액검사를 해보면 백혈구 수가 심하게 감소해 있었다. 그들 대부분은 원인 모르게 서서히 죽어갔다. 어머니를 떠나보낸 어느 딸의 회고는 그 과정의 참상을 적나라하게 알려준다. 어머니의 머리카락이 모두 빠지고, 가슴이 곪아 들어가고, 등 뒤에 5센티미터짜리 구멍이 생겼는데 구더기가 득실거렸음에도 가족들은 아무것도 해줄 수 없었다. 원폭투하 나흘 뒤 아침에 그 어머니는 숨졌다. 너무 많은 사람들이 이렇게 죽어 "병원은 화장하는 냄새로 꽉 차 있었다……슬픔에도 불구하고 울 수도 없었다." 이런 끔찍한 묘사는 전형적인 증언일 뿐이다.

피해자들은 뇌, 골수, 눈에 박테리아 감염이 심했다. 화장장에 온 시체들은 대부분 검은 색이었고 이상한 냄새가 났다. 몸의 방어력이 없어서

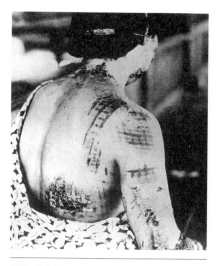

원폭 피해자

수년간 종이 위에서만 실험된 내용이었음에도 세 번의 원폭폭발은 정확히 예상한 대로의 폭발력을 보여주었다. 하지만 전혀 예상치 못한 위력을 동반했다. 수개월이 지나도 사람들은 계속 죽어나갔다. 병의 정체를 몰랐기에 의사들은 그 병을 '질병X'라 불렀다. 외관상의 상처가 전혀 없던 사람들이 남녀노소를 가리지 않고 수수께끼처럼 죽어갔다. 조사하러 온 미군과 과학자들을 봤을 때 그들은 이 무기의 창조자들이라면 이 괴상한 질병의 치료약도 가지고 있지 않을까 은근한 기대를 품었다고 한다. 원폭이 대량으로 발생시킨 감마선이 세포를 뚫고 지나가며 DNA를 파괴시킨다. 결국 세포들은 세포분열을 못해 죽어간다. 메스꺼움, 두통, 열병으로 시작되어 몸이 썩어가며 죽음에 이르는 긴 고통의 과정이 동반된다.

살아 있는 동안 이미 피부와 내장 부패가 진행됐기 때문이다. 그들은 '죽기 전에 썩고 있었던 것'이다. 원자병은 인류가 처음 직면해 보는 질병이었다. 감마선에 노출된 세포들은 DNA가 손상되어 세포분열을 멈췄다. 백혈구를 만드는 골수에 피해는 더 심했다. 결과적으로 많은 세

포가 대량으로 죽어 근육괴사가 일어났고 백혈구 부족으로 감염증상이 심하게 나타났다. 사체부검 결과 인체 전 기관에 변화가 있었다. 열과 폭풍과는 다르게 방사선은 건물 안팎은 물론 몸의 안팎도 가리지 않고 영향을 미쳤다. 앞서 설명되었던 1920년대에 라듐을 묻힌 붓끝을 혀로 세우다가 턱뼈가 괴사했던 여공들의 산업재해 이야기가 기억날 것이다. 이 경우는 라듐을 혀에 묻히는 수준이 아니라 온몸에 들이붓는 것에 비유할 수 있다. 애초에 막을 수 있는 어떤 방법도 없었다.[46] 얼마나 많은 이가 죽었을까? 사실 언제나 희생자 수는 추정치일 뿐이지만 1945년 말까지 집계된 사망자는 14만 명, 이후 5년 동안 20만 명으로 늘어났다. 6만 명 이상은 몇 년에 걸쳐 천천히 죽어갔다. 역시 핵무기 공격에서만 발생하는 수치변화다.

트루먼은 포츠담에서 미국으로 돌아가는 배 위에서 점심식사 중 원폭투하 소식을 들었다. 트루먼은 "이것은 역사상 가장 위대한 일이다. 이제 집으로 돌아갈 시간이다."라며 기쁘게 말했다. 그날 백악관 성명은 '지금까지 보지 못했던 파괴의 비가 공중에서 내릴 것'이라고 일본을 위협했다.

순양함 인디애나폴리스호의 비극

배로 옮기기로 했던 리틀보이의 우라늄 포탄부는 샌프란시스코에서 순

---

46 감마선은 이미 러더퍼드가 알아낸 대로 7미터 두께의 납이면 차단할 수 있다. 하지만 7미터 납 차폐벽 속이라는 이상적 환경에 있을 사람이 어디 있겠는가? 알다시피 막상 핵전쟁을 지휘하는 사람들만 누릴 수 있는 호사다.

순양함 인디애나폴리스

양함 인디애나폴리스에 선적되었다. 함장은 우라늄 포탄부를 부관 방
에 넣은 뒤 방문을 용접해버렸다고 한다. 그럼에도 티니안까지 열흘의
항해 기간 동안 계속 교대로 감시했다. 인디애나폴리스호는 샌프란시
스코에서 티니안 섬으로의 원폭 수송을 무사히 마쳤다. 리틀보이를 티
니안에 하역한 인디애나폴리스는 이후 괌으로 갔고 또 괌에서 호위함
없이 필리핀으로 갔다. 일본해군이 철저히 붕괴되었기에 큰 걱정은 하지
않았다. 하지만 정말 운이 없게도 7월 29일 얼마 남지 않았던 일본 잠
수함에 발견되어 어뢰를 맞고 침몰했다. 그리고 불운한 일들이 겹쳐 나
흘이 지나도록 침몰 사실을 해군 본부가 인지하지 못했다. 원폭을 옮긴
배의 선원들은 구조대가 너무 늦게 도착해서 1196명 중 316명만 구조되
었다. 500명 이상이 상어 밥이 되거나 바닷물을 먹고 죽었다. 후일 많은
이들이 원폭의 저주라며 수군거렸다. 인디애나폴리스호가 티니안에 도
착하기 전 침몰됐다면 역사는 또 바뀌었을 것이다.

나가사키

하루가 지나고 원폭투하가 분명해졌을 때 스즈키 수상을 포함한 일본의 민간 지도자들은 이 사건을 '수치심 없이' 항복할 절호의 기회로 봤다. 일부 정치인들은 8월 8일까지도 소련의 중재를 기대하고 있었다. 이 부류는 소련의 선전포고를 받고서야 미몽에서 깨어났다. 소련 정보기관이 대부분의 정보를 가지고 있었음에도 불구하고 스탈린은 히로시마의 파괴 소식에 매우 놀랐다. 아마도 파괴력이 그 정도까지는 아닐 거라고 홀로 생각했었던 듯하다. 스탈린도 일본이 '너무 빨리' 항복할까봐 서두르기 시작했다. 주 소련 일본대사는 몰로토프 외상과 8월 8일 저녁 8시에 만나기로 약속했었는데 그날 갑자기 5시로 앞당겨졌다는 소식을 들었다. 그 자리에서 몰로토프는 일본대사에게 소련은 내일부터 일본과 전쟁상태에 들어갈 것이라고 선언했다. 다음날 새벽 1시, 160만 명의 소련군이 만주주둔 관동군에 대한 공격을 개시했다.[47] 만주 전역에서 소련군은 승리를 거두며 쾌속 진격했다. 일본관동군은 독일군과 4년을 싸우며 단련된 소련군의 상대가 되지 못했다.

팻맨은 8월 11일 투하할 예정이었지만 일정이 당겨졌다. 8월 9일은 날씨가 좋지만 그 후 닷새 동안 날씨가 나쁠 것으로 예측됐기 때문이다. 티니안의 기술자들은 급하게 작업을 해서 결국 날짜에 맞춰 성공해냈다. "하루를 앞당기면 전쟁도 하루 더 빨리 끝날 것이라고 확신했다."

---

47   소련은 그래도 8시간의 여유는 줬다. 히틀러와 일본이 보인 행동보다는 신사적(?)이었다. 저녁을 굶었을 혼비백산한 대사가 본국에 보고하고 다시 이 내용이 관동군 예하부대에게 제대로 알려지기에 충분한 시간은 아니겠지만 최소한 그들은 공격 그 자체에 의해 전쟁시작을 알게 된 것은 아니었다.

나가사키 원폭

너무나 예상 밖의 공격이라 일본정부가 도대체 히로시마에서 무슨 일이 벌어진 것인지 파악할 때까지 하루종일이 걸렸다. 8월 8일이 되어서야 급히 파견된 니시나가 원폭이라고 공식확인해주었다. 동시에 소련의 선전포고문도 날아들었다. 그리고 다음날 고쿠라 시를 목표로 한 B-29가 팻맨을 싣고 출격했다. 고쿠라 시의 사람들은 운이 좋았다. 구름에 가려 고쿠라 시가 보이지 않자 폭격기는 예비된 다음 목표인 나가사키로 기수를 돌렸다. 구름 사이 잠깐 나가사키 시가가 보일 때 폭격수는 폭탄을 투하했다. 그것으로 일본의 운명은 결정되었다. 8월 15일의 항복은 일본이 얼마나 급했는지 잘 보여준다. 그 일주일간 일본국민들은 언제 내 머리 위에 그 가공할 폭탄이 투하될지 모른다는 두려움을 버텨야 했다.

이번 목표는 고쿠라의 병기창이었고 여의치 않을 때 두 번째 표적은 비교적 가까운 나가사키 항이었다. 팻맨을 실은 폭격기는 소련군의 포화가 관동군 국경병력에 쏟아져 내리고 있던 8월 9일 3시 47분에 이륙했다. 고쿠라 현장에 도착했을 때 지상안개와 연기가 표적을 가렸다. 두 차례나 선회비행을 시도했으나 목표지점을 찾을 수 없었다. 일본 측에서 전투기를 올려 보내고 대공포를 쏘기 시작했다. 약간의 위험을 느끼자 폭격기는 나가사키로 향했다.

두 도시의 운명은 이렇게 갈렸다. 폭격기가 나가사키에 도착했을 때 도시는 구름에 덮여 있었다. 이미 상당한 연료를 소모했고 시간을 낭비할 수 없었다. 폭탄을 가지고 귀환하기에도 연료가 모자랐다. 레이더에 의존해 폭격하던지 이 비싼 폭탄을 바다에 버려야 했다. 레이더 폭격 감행을 결정하고 투하비행에 들어가던 중 마지막 순간 구름사이 틈이 생겨 폭격수는 20초간 육안 조준을 할 수 있었다. 계획된 목표지점과는 조금 차이가 있었지만 다행히 몇 킬로미터 떨어진 운동장을 육안으로 보고 폭탄을 투하했다. 운동장은 근처 산의 가파른 경사면 근처에 있었다. 팻맨은 8월 9일 11시 2분 폭발했다. 산이 가로막아 상당한 폭발효과를 흡수했기 때문에 손실은 히로시마보다 적었다. 그래도 연말까지 7만 명, 이후 5년 동안 14만 명이 죽었다. 죽음과 부패의 냄새가 뒤덮인 곳에서 "감각의 느낌을 뛰어넘어……절대적인 죽음의 본질을 보고 있는 것 같다."고 9월 중순 나가사키를 방문한 미 해군장교는 말했다. 아우슈비츠, 스탈린그라드, 레닌그라드, 드레스덴 등은 희생당한 사람들의 수로 볼 때 '죽은 자들의 도시'라 불릴 만하다. 하지만 히로시마와 나가사키는 죽은 자의 도시가 아니라 '죽은 도시' 그 자체였다. 물리학은 방정식만으로 이루어진 것이 아니다.

히로시마와 나가사키의 한국인

한국인 원폭 피해자 실태를 다룬 책 『원자폭탄, 1945년 히로시마…
2013년 합천』에서는 당시 히로시마와 나가사키의 한국인 피폭 생존자
들이 겪어야 했던 인생을 이렇게 묘사했다. "운 좋게 살아남은 피폭자들
은 해방된 조국으로 돌아왔지만 어느 누구 눈길조차 주지 않았다. 화
상이 남긴 번들거리는 상처와 엉겨붙어버린 손가락은 위로가 아닌 차별
과 멸시의 낙인이 됐다……조선인 피폭자들은 2중·3중의 피해를 입었
다. 한국은 일제 식민지에서 벗어난 지 5
년 만에 또다시 전란에 휩싸였다. 미국은
이 땅에서 전쟁을 치렀고, 우리는 그들을
해방군으로 반겼다. 원자폭탄은 일제로
부터 민족을 구해낸 존재였고, 미국은 일
제로부터, 또 공산주의로부터 우리를 지
켜낸 영원한 우방이었다. 피폭자의 고통
은 이념의 굴레 속에서 철저히 배격됐다."
(머리말에서 발췌)

**히로시마에서 사망한 대한제국
왕자 이우**

이우(李鍝, 1912~1945)는 고종
황제의 다섯째 아들 의친왕(義親
王) 이강(李堈)의 차남이다. 그는
조선이 결국 독립해야 한다는 확
실한 신념을 갖고 있어 일본 육
군이 골치 아프게 생각했다. 친한
육사 동료에게는 일본군복을 입
고 있는 것이 치욕스럽다고 고백
했던 이우는 전쟁 막바지에 하필
히로시마에 배치 받아 원자폭탄
에 숨졌다.

많은 이들이 한국이 원폭의 피폭국가
라는 사실 자체를 잘 모른다. 방사능 피
폭자가 가장 많은 나라는 일본이고 그
다음은 한국이다. 실제로 실전 투입된
원자무기의 피해자를 가진 국가는 이렇
게 단 두 나라뿐이다. 일본 정부 자료로
는 70만 명이 넘는 피폭자 중 10% 이상

히로시마 조선인 위령탑
히로시마와 나가사키 원폭 피해자의 10% 이상이 한
국인이다.

인 거의 7~10만 명이 한국인으로 추정된다. 이 중 5만 명 이상이 강제 징
용자였다. 한국인들은 히로시마에서 7만 명이 피폭당하고 이중 3만 5천
명 정도가 사망했으며, 나가사키에서 3만 명이 피폭 당했고 만 오천 명
정도가 사망했다. 43000명은 한국으로 돌아간 것으로 파악했다. 3000
명 미만의 재일 한국인만이 일본 정부의 치료대상에 올라 있다. 비교적
자세한 조사내용에도 불구하고 보상은 거의 이루어지지 못했다. 원폭
사용국가인 미국정부도, 징용 당사자인 일본정부도, 피해자가 자국국
민이었던 한국정부도 이 일에 거의 무관심했다.

　사실 모든 인명 피해 수치는 추정치일 뿐이고 자료마다 꽤 차이가 있
다. 일본인 피해규모도 모두 추정치인 상황에서 조선인 피해규모는 더

더욱 알 수 없다. 한국원폭피해자협회의 설명과 일본 내무성 정보국 자료 등을 종합하여 가장 보수적인 수치를 산출하면, 1945년 8월 일본 히로시마와 나가사키에 두 차례 투하된 원자폭탄에 의해 피폭된 조선인은 최소 7만 명 정도다.[48] 물론 통계에 잡히지 않은 이들이 더 있을 것이다. 겨우 남아 있는 한 증언에 따르면 히로시마 거리에서 일하는 80명의 조선인 노동자들 중 20명 정도만 돌아왔고, 공장에서 일하던 여학생 600명은 30~40명 정도만 살아 돌아왔다고 한다. 장교로 히로시마에 있던 대한제국왕자 이우도 죽었다. 히로시마 시내 공장으로 강제 징용된 조선인 노무자들은 집단적으로 합숙생활을 했고 그들의 막사는 폭심지에서 가까웠다. 이들의 규모와 상황에 대한 정확한 정보를 알려줄 생존자는 사실상 없다. 창씨개명, 가족 단위 일본행, 징병된 일본군 내 조선인이나 조선인 군속, 일본에 정착해 귀화한 사람들의 수 등을 감안할 때 정확한 진상은 더더욱 알 수 없다. 특히 히로시마와 나가사키에는 경상남도 합천 출신이 가장 많아서 지금도 원폭 피해자는 합천에 가장 많이

---

48 일본정부는 오랜 기간 원폭피해의 실태를 조사했지만 결국 개략적인 추정치만 얻을 수 있었다. 실태파악을 위한 기초자료인 인구통계 등의 자료가 원폭폭발과 함께 소실되었기 때문이다. 따라서 여러 매체에서 주장되는 원폭 피해자 수치는 사실 모두 느슨한 추정일 뿐이다. 일본 방사선영향연구소는 원자폭탄이 터진 뒤 2개월에서 4개월 사이 사망한 피폭자를 히로시마 9만~16만 6000명, 나가사키 6만~8만 명으로 추산하고 있다. 보다시피 15만~24만 명 사이의 엄청난 오차범위를 보인다. 초기에 나온 일본자료에서는 조선인 피폭자를 히로시마 4~5만 명, 나가사키 12000~14000명, 조선인 사망자는 히로시마 5000~8000명, 나가사키 1500~2000명으로 추정한다. 즉 조선인 사망자를 최대 1만 명으로 추산했다. 1945년 9월 1일 일본 내무성 자료는 "현재 내지(일본)에 거주하는 조선인 총 수는 약 193만 명……그중 집단이입 조선인 노무자는 약 28만 명"으로 기록하고 있다. 하지만 일본이 1939년부터 1945년까지 60만 명 정도를 한반도에서 강제동원 했다는 점에 비추어 일본의 자료는 너무 적은 추정치다. 이런 자료에 기초한 추측이 신빙성을 가지기는 힘들 것이다. 반면 한국원폭피해자협회는 최저 4만 명 정도의 사망자를 추정했다.

생존해 있다. 2018년 기준으로 대한적십자사에 등록된 국내 원폭피해자는 2344명, 평균 연령은 83세였다. 어떤 자료를 신뢰하건 현재 우리들의 광범위한 무관심을 정당화하기는 힘들어 보인다.

니시나의 히로시마

8월 7일 아침 일찍 리켄에 일본육군항공대 장교가 일본군의 입장에서 원자폭탄에 대해 자문해볼 적임자를 찾아왔다. 그는 코펜하겐에서 오랜 시간 연구하며 핵심 원자과학자들과 우정을 다졌고 보어를 비롯한 전 세계의 원자과학자들이 마음으로 아끼고 사랑한 유일한 일본인 과학자라 할 수 있었다. 바로 니시나였다. 장교는 다짜고짜 참모본부로 가자고 했다. 니시나는 영문을 모르고 준비하는 사이 도메이 통신사 기자가 왔다. 히로시마에 원자폭탄을 투하했다는 미국 방송뉴스를 믿느냐고 물었다. 순간적으로 니시나는 충격을 받았다. 1939년 오토 한의 핵분열 발견 후부터 그런 무기가 만들어져 전쟁에 사용될 수도 있다는 생각을 하긴 했었다. 파괴규모도 예상해보고 임계질량도 계산해보는 등 대다수의 서양 원자과학자들이 행하는 일들을 개인적으로 모두 검토해 봤다. 정부의 원폭개발계획에 자문도 하고 초보적인 실험도 수행했다. 하지만 그러면서도 이번 전쟁에서는 불가능할 것으로 믿었다. 기자는 연합군의 거짓 선전에 불과한 것이라는 말을 니시나에게 확인받으러 왔던 듯하다. 하지만 니시나는 새파랗게 질려 더듬는 어투로 "충분히 사실일 가능성이 있습니다."라고 대답하고 황급히 장교를 따라나섰다.

재난 발생 후 몇 시간 동안 도쿄에서는 상황을 파악할 수 없었다. 히로시마의 모든 관공서와 군부대와 연락이 닿지 않았다. 오후에야 주고쿠 지방에서 온 최초의 전보는 '전혀 새로운 폭탄을 사용한 소수한 항공기에 의한 공격'을 받았다고 보고했다. 8월 7일 새벽에 가와베 참모차장이 받아든 추가보고에는 이해할 수 없는 내용이 포함되어 있었다. "단 한 발의 폭탄으로 히로시마 전체가 순식간에 파괴되었음." 이때 가와베는 간신히 예전에 니시나가 원자폭탄에 대해 했던 이론적인 말들을 떠올렸다. 그래서 급히 리켄에 장교를 파견한 것이었다. 니시나가 도착하자마자 가와베는 "6개월 안에 원자폭탄을 만들 수 있습니까? (우리가) 그 정도는 버틸 수 있을 겁니다."라고 했다. 니시나는 현재 상황으론 6년도 부족하고 일본은 우라늄조차 가지고 있지 않다는 것을 상기시켰다. 가와베는 그렇다면 원자폭탄에 대한 효과적 방어법은 없느냐고 물었다. 우리가 보기에 가와베는 물어야 할 질문의 순서가 완전히 바뀌어 있다. 그들의 사고법에는 어떻게 국민들의 피해를 최소화할 것인가는 우선순위에 들어 있지 않았다. "일본 상공에 나타나는 적기를 모두 격추시키는 겁니다." 니시나가 냉정하게 대답했다. 군부는 현실을 즉시 받아들이지 못했다. 군 '전문가'들은 그토록 위험한 장치를 미국에서 일본으로 운반하지 못할 것이라고 맞섰다. 그러자 니시나는 자신이 직접 히로시마로 가서 확인해보겠다고 제안했다. 니시나가 탄 비행기는 처음 절반쯤 비행하다 엔진 이상으로 도쿄로 귀환할 수밖에 없었다. 당시 일본은 이토록 엄중한 조사를 진행하는 일행에게 제공될 비행기조차 부족했다. 결국 하루를 더 기다려야 했다. 이때 니시나가 대기하던 중 도쿄 하늘에 B-29 한 대가 나타났다. 시민들은 대열에서 이탈한 것으로 보이는 적기 한 대에 별 감흥이 없었다. 니시나는 겁에 질려 방공호로 뛰어들면서 자신이 비겁한 겁쟁이가 된 느낌을 받았다. 저 비행기가 단 한 발의 폭탄으로 벌일 수 있는 재난을 자신은 알고 있었고 주변의 사람들은 아무도 모르고 있는 것이다. 모두에게 피하라고 외치고 싶었지만 원자폭탄에 대해서는 함구하라는 명령도 받고 있었다. 스스로에게 분노와 부끄러움과 죄책감을 느낀 그 순간을 니시나는 평생 떨칠 수가 없었다.

해프닝 속에 8월 8일에야 니시나는 자신의 논리적 추측이 틀리기 바라면서 히로시마로 출발했다. 오후에 폐허로 변한 히로시마 시가가 비행기의 시야에 들어오자 니시나는 이런 참상을 만들 수 있는 것은 원자폭탄밖에 없음을 뼈저리게 깨달았다. 일본군부는 혹시나 하던 대답을 니시나에게 들을 수 없었다. 일말의 기대조차 무너진 그날 일본군부는 소련의 선전포고 소식도 들어야 했다. 니시나는 파괴규모에서 받은 심리적 충격에도 불구하고 며칠간 히로시마 시내를 돌며 과학적 분석을 진행했다. 폭발반경 600미터 이내 집들의 기와가 0.1밀리미터 두께로 녹은 것에서 폭심부 온도를 계산하고, 주변물체의 흔적에서 폭발고도를 3% 내 오차로 계산했다. 조사를 계속 하던 중 8월 9일 나가사키에도 비슷한 대참사가 벌어졌다. 니시나는 나가사키의 벽돌 잔해들을 리켄의 연구소로 보내게 했다. 벽돌의 강한 방사선 방출을 측정한 연구원들의 보고를 받은 후, 니시나는 함께 있는 육군장교에게 말했다. "나가사키도 원폭입니다. 이 전쟁은 이제 패했습니다." 정부와 육군과 해군이 따로따로 동작하던 일본답게, 해군은 육군이 못 미더웠던지 원폭투하 4일 후 오사카 대학의 아사다 쓰네사부로 교수를 히로시마에 따로 보냈다. 아사다도 분명히 원폭이라고 재확인해줬다. 그러자 해군중장은 아사다에게 참모차장이 니시나에게 했던 것과 판박이 같은 말을 했다. "반년 안에 원폭을 만들어주십시오." 아사다는 "물리학자들은 작년에 이미 포기했습니다. 아무래도 무리입니다."라고 대답했다. 그 말을 듣고 해군중장은 그 자리에서 한 시간 동안 울었다. 일본의 육군과 해군 수뇌부의 사고구조는 판에 박은 듯 똑같았다. 몇 달 뒤 니시나는 온몸에 반점이 생겼다. 그는 방사능 피폭의 후유증이라고 생각했다. 실제로 니시나는 그로부터 6년 뒤 60세를 갓 넘은 나이에 사망했다. 히로시마 피폭자 중 하나로 봐도 무방할 듯하다.

팜 홀 과학자들의 히로시마

알소스 부대는 하이젠베르크까지 체포를 끝낸 후 확보한 독일의 핵심 과학자 10명—오토 한, 하이젠베르크, 라우에, 바이츠체커, 하르텍, 에리히 바게, 게를라흐 등—을 하이델베르크와 파리를 거쳐 영국으로 데려와 케임브리지 근처의 팜 홀(Farm Hall)이라는 고풍스런 비밀저택으로 이송했다. 호의적 대접을 받았지만 아무런 죄목도 없이 그들은 전쟁이 끝날 때까지 극비리에 구금되었다. 더구나 외부의 어느 누구와도 연락을 주고받는 것을 금지했다. 스웨덴 한림원이 그 해 노벨상 수상자로 결정된 오토 한에게 연락을 시도했는데 찾을 수가 없었을 정도로 그들은 완벽하게 사라졌다. 미국은 독일의 원폭개발이 실패했다는 것은 이미 알고 있었지만 이들을 풀어주면 역으로 미국의 핵개발 계획이 알려질 수도 있었기 때문이다. 수감자들은 미처 몰랐지만 그들의 대화는 남김없이 도청되었다. 그들은 1945년 크리스마스 무렵까지 이 사실을 전혀 눈치 채지 못했다. 그래서 역사는 이들이 1945년 8월 6일 운명의 날에 어떤 생각을 하고 무슨 말을 나누었는지 정확한 기록을 남겨두게 되었다. 후일 미국 국회청문회에서 공개된 도청자료의 일부는 당시 10명의 독일과학자들이 원폭투하를 어떻게 받아들였는지 알려준다. 8월 6일 오후 6시 라디오에서 원폭폭발 소식이 나오자—물론 반응을 보기 위해 감시자들이 일부러 들려준 것이다.—오토 한이 듣고 내려와 동료들에게 얘기해주었다. 잠깐 동안 그들 모두는 아무 말 없이, 놀라서 믿을 수 없다는 듯 앉아 있었다. 그리고 오토 한이 덧붙였다. "미국인들이 우라늄 폭탄을 가졌다면, 당신들은 모두 이류입니다. 가엾은 하이젠베르크."

그러자 하이젠베르크는 폭탄에 관한 뉴스에서 '우라늄'이란 단어를 사용했는지를 되물었다. 오토 한이 아니라고 하자 하이젠베르크는 "그렇다면 그것은 원자와 아무 관계가 없습니다."고 했다. 하이젠베르크는 미국인들이 원자폭탄을 만들었다는 말을 믿지 않았다. 무언가 전혀 다른 폭탄일 것으로 추측했다. 다시 밤 9시 뉴스에서 엄청나게 많은 사람들에 의해 이 폭탄이 생산되었다는 말이 나왔고 세부적 설명이 덧붙여졌다. 이 뉴스를 듣고서야 그들은 그 사실을 받아들일 수 있었고 큰 충격을 받았다.

하이젠베르크는 우리라면 단지 그 일만을 위해 12만 명을 고용하라고 정부에 권고할 도덕적 용기를 내지 못했을 거라 말했다. 우리가 만들지 못한 것은 '실력의 문제가 아니라' 단지 더 윤리적 태도를 가졌기 때문이라는 묘한 자기합리화가 배어 있는 말이다. 오토 한은 자신은 이 뉴스를 믿지 않지만 "우리가 성공 못한 것에 감사한다."고 했다. 그날 밤 열 명의 물리학자는 아무도 빨리 잠들 수 없었다. 새벽 1시경 라우에가 한 마디 덧붙였다. "어린 시절 난 물리학을 하고 세계역사를 체험하기를 원했지요. 한평생 물리학을 했는데 이제 이 늙은 나이가 되어 정말 세계 역사를 체험했다는 말을 하게 됐군요." 어떤 이들은 이제 최소한 연합국의 핵물리학자들이 시달리게 될 죄책감에서 독일과학자들은 벗어나 차라리 다행이라고 말했다. 핵분열의 발견자인 오토 한이 가장 걱정스러울 정도로 의기소침해져 있었다. 그의 충격은 아주 컸다. 동료들은 그가 자살할까봐 염려했다. 다음날 오후 하이젠베르크는 혼자 열심히 계산을 해본 뒤 한 마디를 덧붙였다. "(그 폭탄이) 순수한 우라늄-235라면 무게는 14킬로그램이었다……" 천상 과학자였던 사람들이 이상한 세계에 내팽개쳐진 모습들이다.

로스앨러모스의 히로시마

그로브스는 8월 6일 오후 2시에 워싱턴에서 로스앨러모스의 오펜하이머에게 전화해서 성공적 원폭투하 소식을 전했다. 오펜하이머를 비롯한 로스앨러모스의 대부분의 사람들이 기쁜 마음이었다. "누가 방문을 열고 '히로시마가 파괴됐다.'고 외쳤다……(많은 이들이) 축하를 위해 호텔에 전화예약을 하는 것을 보며 나는 불안과 어지러움을 느꼈다." 원자폭탄 폭발뉴스에 환호하는 주변의 젊은 동료들을 보고 오토 프리시가 남긴 말이다. 물론 그들은 연구 성공을 기뻐한 것이었지만, 비록 적이라 하더라도 10만 명이 갑자기 죽었는데 성공을 축하한다는 것이 그에게는 너무 잔인해 보였다. 본인 스스로 이모 마이트너와 함께 최초로 그 에너지를 계산한 뒤 6년이 흐른 시점이었다. 정말 그 수학적 괴물이 실체가 되었다. "우리는 공포보다는 안도감이 훨씬 컸다." 이제 가족과 지인들이 자신들이 왜 몇 년 동안이나 사라졌는지 정당한 이유를 알게 된 것이다. 긴 시간 동안 진행한 작업들이 헛된 일이 아니라는 것은 큰 위안이었다. 어떤 이들은 자부심을 느꼈고 어떤 이들은 죄책감과 부끄러움을 느꼈다. 또 어떤 이들은 어떤 감정을 느껴야 할지 자체가 혼란스러웠다. 아인슈타인, 프랑크, 실라드처럼 어떻게든 원폭의 사용을 막으려 했던 과학자들에게는 참담한 날이었다. 실라드는 소름이 끼쳤다. 하지만 그런 죄책감을 느낀 사람들은 극소수였다. 뒤이어 투하될 팻맨의 제작에 관여한 과학자들은 팻맨의 사용이 초래할 파괴를 생각하며 몸서리쳤지만, 동시에 이 폭탄이 예상대로 작동하는지 보고 싶었고 그 생각이 자꾸 떠오르는 걸 막을 수는 없었다고 표현했다. 강렬한 호기심의 달콤한 유혹에 맞서기는 참으로 어려웠을 것이다. 텔러처럼 강한 자부심을 느낀 유형의 인물들도 있었다. 그는 결국 수소폭탄까지 성공시키고야 만다. 메피스토펠레스의 유혹은 그런 것이다.

대중들은 어떻게 반응했을까? 아직 방사능의 위험 같은 것은 알려지지 않았을 때였다. 마냥 기뻐하기만 했을까? 8월 6일 낮의 미국 뉴스들은 사실 확인 정도였다. 하지만 저녁에 라디오 방송 아나운서들의 어조는 벌써 철학적이 되어 있었다. 프랑켄슈타인에 비유된 이 새로운 무기가 우리 자신을 위협할지 모른다는 가정들에 손쉽게 이르렀다. 원폭이 실전 투입된 그날 즉시 핵시대의 고민은 시작되었던 것이다. '과연 해낼 수 있을까'라는 가능성을 찾아 열정적으로 진행했던 연구의 끝에서 그들은 '과연 해도 되는 것이었는지'라는 새로운 질문과 마주했다. 이 불행은 과학자들에게 국한된 것이 아니다. 원폭이 투하될 때까지 자신들이 원폭개발과 관련된 일을 하는지도 몰랐던 노동자들의 충격은 더 컸다. 그들은 그 질문을 던질 기회도 제공되지 않았다. 가족을 부양하고 독일과의 전쟁에 도움을 주는 것 정도로 생각했던 일이었다. 비록 작은 작업이었지만 자신이 한 일이 어떤 일의 일부분이었는지 깨달

앗을 때 많은 노동자들은 기묘한 공포와 죄책감을 느꼈다. 하지만 다른 장면도 함께 언급하는 것이 미국인들에게 원폭의 의미가 얼마나 다층적인 것인지를 이해하는 데 도움이 될 듯하다. 원폭투하 소식이 전해지자, 일본 상륙을 준비하던 미군병사들은 안도감과 기쁨에 겨워 서로를 부둥켜안고 펄쩍펄쩍 뛰며 한참을 울었다. "살 수 있다! 살 수 있다! 무사히 어른이 될 수 있다!" 히로시마의 폭발은 불타는 얼굴로 때로는 산 자의 목숨을 거둬가지만, 때로는 죽을 이의 목숨을 빨아들여 살리기도 하는 크리슈나의 압도적 광채 그대로였다.

12

종전

일본의 항복

히로시마 원폭투하 보고를 받고 스즈키 수상은 단호하게 반응했다. "마침내 올 것이 왔다. 이번 내각에서 (전쟁을) 결말지어야 한다." 8월 8일 원폭의 파괴력에 대한 세부보고를 받은 히로히토 천황도 한계가 왔음을 알았다. "전쟁은 이제 끝났다. 그런 종류의 무기가 사용된 이상 전쟁 지속은 불가능하다." 하지만 일본군부, 특히 육군이 어찌 나올지는 알 수 없었다. 아나미 고레치카 육군대신은 히로시마에 간 니시나가 확인했음에도 원폭투하 자체를 부정했다. 원폭이라는 확실한 증거가 없다며 뭔가 다른 신형폭탄일 것이라고 우겼다. 무책임하게도 전쟁지속을 주장하기 위한 고집에 불과했다. 군령부 총장 도요다 소에무는 미국의 원자폭탄은 1~2개밖에 더 없을 것이라고 했다. 결과적으로 정확한 예측이었기에 합리적 추론으로 보일 수 있다. 하지만 사실 궁극적으

로 아나미와 같은 목적을 가진 분석에 불과
하다. 한두 발의 원자폭탄만 더 참아내면 계
속 싸울 수 있다는 논리였다. 그런 것들은 합
리적 판단이 아니라 전쟁지속을 위한 합리화
논리였을 뿐이다. 8월 9일 어전회의에서 요
나이 해군대신이 어렵게 말을 꺼냈다. "이제
항복하여 일본을 구할 것인가, 죽기 살기로
계속 싸울 것인가를 결정할 시점이 되었다."
패전의 분함이나 희망 섞인 관측은 그만두자
며 냉정하고 합리적인 현실적 판단을 내리자
고 했다. 대부분의 각료가 항복에 찬성했으
나 아나미는 끝까지 반대했다. '원자폭탄이

아나미 고레치카
아나미 고레치카 육군대신. 아나미는
끝까지 본토 결전을 주장했다. 그의
입장은 일본육군에 광범위하게 퍼져
있는 보편적 정서였다. 아나미는 결국
일본 항복 전날밤 할복자살했다.

투하되고 소련이 참전한 마당에 승산은 희박'하지만 민족의 명예를 위
해 끝까지 싸우다 보면 어떻게든 기회가 올 것이라며 "죽음으로서 활
로를 찾는 전법으로 나간다면……전국을 호전시킬 공산도 있다."고 했
다. 도대체 무엇으로? 일본 육군의 반응은 고삐를 잃어버린 말과 같았
다. 그들은 스스로의 운명을 감당할 판단력조차 잃어버린 듯했다.

아나미가 맹목적인 결사항전을 주장하던 그 시간인 오전 11시, 나가
사키에 두 번째 원폭이 투하되었다. 이 소식은 회의장에 전해졌고 상황
파악을 위해 정회되었다. 그런데도 오후 2시 30분에 속개된 회의에서
아나미는 항복에 반대했다. "만약 이대로 전쟁이 끝난다면, 일본민족
은 정신적으로 사망한 것이나 다름없다." 그날 자정에 열린 어전회의
에서도 이렇게 말했다. "적의 본토상륙을 기다려 일대타격을 가한 뒤,
호조건을 가지고 평화 교섭에 임해야 한다." 육군 출신 각료들은 이런

미주리호 함상에서 일본의 항복 조인식
8월 6일에서 8월 9일까지 일본군부는 연이은 충격에 휩싸였다. 8월 6일 히로시마에서 우라늄 원자폭탄이 폭발했
다. 일본정부는 미국 신무기의 공격으로 끔찍한 피해를 입은 것만 확실히 인지했다. 피해규모가 어느 정도 제대로
파악되는데도 며칠이 걸렸다. 하지만 상황파악이 미처 미루어지기도 전인 8월 8일 소련은 대일선전포고를 했다.
소련은 얄타 회담에서 독일 항복 후 3개월 이내 대일전에 참전하기로 했던 약속을 정확히(?) 지켰다. 다음날인 8월
9일 나가사키에는 플루토늄 폭탄이 투하되었다. 이 며칠간의 상황진행으로 일본은 전의를 상실했다. 항복은 황급
히 이루어졌다.

말에 거의 동의했다. 원폭의 투하에도 불구하고 어전회의는 이런 분위기였다. 과연 원폭 없이 일본이 항복했을까? 일본은 충분히 근면한 국민, 재능 있는 사업가, 사명감 있는 과학기술자들을 갖춘 근대국가였지만 그들의 정치와 도덕률은 결코 근대적이지 못했다.

스즈키 수상은 편법으로 천황에게 결정을 묻는 형식으로 이 난관을 헤쳐 나갔다. "이례적이지만, 전하의 의견을 여쭈어볼 수밖에 없을 것 같습니다." 히로히토 천황이 관례를 깨고 자신의 의견을 직설적으로 밝혔다. "짐의 의견을 밝히겠다……이제는 한 명이라도 더 살아남게 하여, 그들이 장래에 다시 일어서서 일본을 자손에게 물려주도록 하는 수밖에 없다……짐은 어찌되든 상관없다. 참으로 힘든 일이나, 짐은 전쟁을 중단하기로 결심했다." 너무 늦은 결정이었으나 천황의 결정으로 군부의 반대는 간신히 진정되었다.—하지만 13일까지도 육군장교들 사이에서는 항복에 반대하는 쿠데타 기도까지 있었다. 8월 10일 일본은 항복의사를 스위스를 통해 워싱턴에 전달했다. 단 한 가지 추가 조건만 달았다. '천황의 주권 통치자로서의 권리 보장만 된다면' 포츠담 선언을 수용하겠다고 했다. 트루먼은 타협안을 받아들였지만 주요조건들을 의도적으로 애매하게 만들었다. "항복하는 순간부터 천황과 일본 정부의 권위는 연합군 최고 사령관에게 귀속된다……포츠담 선언에 따라 궁극적 정부 형태는 일본 국민들의 자유로운 의사표시에 의해 결정될 것이다." 천황의 처리 문제 자체를 언급하지 않았던 것이다.

"다음엔 동경에 원자폭탄이 떨어질 것이라고들 했다……사람들은 자포자기가 되어 외려 즐거운 얼굴로 자기 일들을 했다……곳곳에 즐거운 흥분의 기분마저 감돌았다." 미시마 유키오(三島 由紀夫, 1925~1970)가 남긴 말이다.[49] 나가사키 직후 항복까지 6일간 일본인들의 반응은 공포의 극단에서 인간의 마음이 어떻게 반응하는지에 대한 좋은 자료다. 애써 무시하는 것 외에 무슨 방법이 있었겠는가. 8월 13일 저녁에는 해군참모차장이 눈물을 흘리며 5000만 명을 가미카제 특별 특공대로 동원하여 확실히 승리할 수 있다는 작전 제안을 했다. 그가 정말 그렇게 실행하고자 하는 의지가 있었는지, 실제로 가능하다고 믿었는지, 아니면 '관례상' 그렇게 말할 수밖에 없는 문화적 분위기였는지는 필자도 여전히 의문스럽다. 실존인물들의 이야기라기보다는 초현실주의 동화에 등장하는 몽상가들 같아 보인다. 우여곡절 끝에 간신히 녹음된 천황의 목소리가 8월 15일 정오 라디오에서 흘러나왔다. 대부분의 일본국민들은 그 때 처음 천황의 목소리를 들었다.

"짐은 세계의 대세와 제국의 현 상황을 감안하여 비상조치로써 시국을 수습코자 충량한 너희 신민에게 고한다. 짐은 제국 정부로 하여금 미·영·중·소 4개국에 그 공동선언을 수락한다는 뜻을 통고토록 하였다. 대저 제국 신민의 강녕을 도모하고 만방공영의 즐거움을 함께 나누고자 함은 황조황종의 유범으로서 짐은 이를 삼가 제쳐두지 않았다. 일찍이 미·영 2개국에 선전포고를 한 까닭도 실로 제국의 자존과 동아의 안정을 간절히 바라는 데서 나온 것이며, 타국의 주권을 배격하고 영토를 침략하는 행위는 본디 짐의 뜻이 아니었……그런데 교전한 지 이미 4년이 지나 짐의 육해군 장병의 용전, 짐의 백관유사의 여정, 짐의 일억 중서의 봉공 등 각각 최선을 다했음에도, 전국이 호전된 것만은 아니었

---

49   미시마 유키오는 전후에 일본정신의 부활을 부르짖었던 대표적 우파 문필가다. 노벨 문학상 후보까지 올랐던 그는 후일 일본 정신의 회복을 외치며 자위대 건물에서 할복자살했다.

으며 세계의 대세 역시 우리에게 유리하지 않다. 뿐만 아니라 적은 새로이 잔학한 폭탄을 사용하여 빈번히 무고한 백성들을 살상하였으며 그 참해 미치는바 참으로 헤아릴 수 없는 지경에 이르렀다. 더욱이 교전을 계속한다면 결국 우리 민족의 멸망을 초래할뿐더러, 나아가서는 인류의 문명도 파각할 것이다. 이렇게 되면 짐은 무엇으로 억조의 적자를 보호하고 황조황종의 신령에게 사죄할 수 있겠는가. 짐이 제국정부로 하여금 공동선언에 응하도록 한 것도 이런 까닭이다⋯⋯짐은 제국과 함께 시종 동아의 해방에 협력한 여러 맹방에 유감의 뜻을 표하지 않을 수 없다. 제국 신민으로서 전진에서 죽고 직역에 순직했으며 비명에 스러진 자 및 그 유족을 생각하면 오장육부가 찢어진다. 또한 전상을 입고 재화를 입어 가업을 잃은 자들의 후생에 이르러서는 짐의 우려하는 바 크다. 생각건대 금후 제국이 받아야 할 고난은 물론 심상치 않고, 너희 신민의 충정도 짐은 잘 알고 있다. 그러나 짐은 시운이 흘러가는 바 참기 어려움을 참고 견디기 어려움을 견뎌, 이로써 만세를 위해 태평한 세상을 열고자 한다⋯⋯이로써 짐은 국체를 수호할 수 있을 것이며, 너희 신민의 적성을 믿고 의지하며 항상 너희 신민과 함께 할 것이다. 만약 격한 감정을 이기지 못하여 함부로 사단을 일으키거나 혹은 동포들끼리 서로 배척하여 시국을 어지럽게 함으로써 대도를 그르치고 세계에서 신의를 잃는 일은 짐이 가장 경계하는 일이다. 아무쪼록 거국일가 자손이 서로 전하여 군건히 신주의 불멸을 믿고, 책임은 무겁고 길은 멀다는 것을 생각하여 장래의 건설에 총력을 기울여 도의를 두텁게 하고 지조를 굳게 하여 맹세코 국체의 정화를 발양하고 세계의 진운에 뒤지지 않도록 하라. 너희 신민은 이러한 짐의 뜻을 명심하여 지키도록 하라."[50]

1945년 8월 15일 라디오로 방송된 히로히토 천황의 종전조서는 국민에 대한 한 마디의 반성도 사죄도 없었다. 그리고 '항복'이라는 단어조차 존재하지 않았다. 말 그대로 '종전조서'였다. 교전대상국으로 미국과 영국만을 언급함으로 1941년 이후의 전쟁에만 한정하려는 명백한 의도가 드러난다. 한반도는 물론이고 중국에 대한 침략에 대해서도 전혀 언급하지 않았다. 가능하기만 하다면 일본의 영역에 한반도와 만주를 포함한 채 1941년 이후 점령한 영토만 포기하겠다는 계산이다. 침략전쟁이라는 핵심본질을 감추고 자신들 마음대로 전쟁을 끝낸다는 선언과 사실상의 천황제 지속선언이 포함되어 있다. 나머지는 구구한 변명과 적의 '잔학한 폭탄'에 대한 강조만 있을 뿐이다. 이 종전조서는 원자폭탄을 명확히 언급함으로써 역사상 가장 독특한 항복문서가 되었다. 사용된 무기가 언급된 항복선언으로는 아마도 유일할 것이다. 원자폭탄이 항복의 중요한 이유 중 하나였음을 분명히 보여준다.

8월 15일 오후 가미카제 공격을 총지휘하던 우가키 마토메 중장은 마지막 전보를 보냈다. "반세기에 걸친 분전에도 불구하고, 황국수호의 대임을 다하지 못한 것은 본관이 불민한 탓이다. 본관은……부하대원이 산화한 오키나와에 진공한다. 황국무인의 본령을 발휘하기 위해 교적 미 함정에 돌진할 것이다. 예하 각 부대는 본관의 뜻을 헤아려, 모든 고난을 극복하고 황국 재건에 매진하라. 황국은 만세무궁하다. 천

---

50   천황 종전조서 일부분. '종전'조서라는 말에서 알 수 있는 것처럼 일본 천황은 항복한 적이 없었다. 가능하기만 하다면 1941년 이후 침략한 영토에 대해서만 포기하려는 저의도 명백하다. 시종일관 침략전쟁임을 감추고 있다. '참기 힘든 것을 참아온' 것은 아시아의 다른 나라들이었음에도 일언반구의 사죄도 없었고 자신이 아니라 자신의 신민들을 향해서 앞으로 참으라고 요구할 뿐이었다. 이 종전조서는 '잔학한 폭탄'을 분명하게 언급했다.

전후의 히로히토 천황

8월 15일 천황의 '종전선언'은 '평화를 원했던' 천황이 자신의 운명을 돌보지 않고 성스러운 결정을 내려 일본국민을 구했으니 이에 감사해야 한다는 논리로 연결되었다. 그래서 놀랍게도 이는 천황의 '성단(聖斷)'으로 불리게 된다. 많은 일본인들은 천황의 항복방송을 꿇어 엎드려 사죄하며 들었다. 사죄해야 할 자가 사죄 받고, 사과 받아야 할 사람들이 사과하는 이 기묘한 장면을 어떻게 받아들여야 할까?

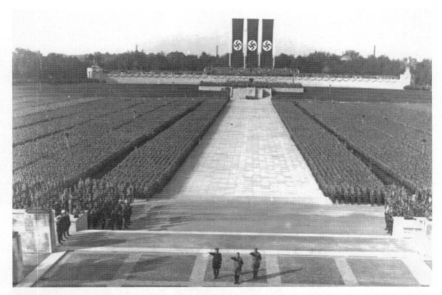

1934년의 뉘른베르크 나치당 전당대회(위)와 1945년 원폭투하 직후의 히로시마(아래).
11년의 격차를 두고 찍힌 두 장의 사진은 기이한 형태로 닮아 있다. 그것은 획일화된 평면성이라는 공통점이다. 그곳에는 개성과 다양성이 존재하지 않는다. 하나는 심은 것이고 하나는 거둔 것이다. 독일과 일본 모두 두 국가가 가졌던 뛰어난 측면들에도 불구하고, 총통과 천황이라는 정점으로부터 몰개성적인 사회가 형성되어 있었다. 다양성을 거세하며 무채색의 세계를 추구하자 가장 비참한 형태의 결과물이 나타나버렸다.

황폐하 만세!" 우가키는 미군함정 커티스 호에 9대의 전투기와 부하들을 이끌고 자살공격을 감행해 전원 전사했다. 이 마지막 공격대는 단 한 척의 미군함정에도 피해를 주지 못했다. 우가키는 정오의 천황의 종전 명령을 명백히 무시했다. 홀로 죽지도 않았다. 살아남아 일본을 위해 일해야 할 젊은이들을 죽음의 길에 대동했다. 이것은 중요한 차이다. 그가 목숨을 버려 지키고자 한 것은 일본이 아니다. 많은 이들이 그렇게 스스로를 속였다. 이번에도 그들은 자신과 병사의 생명보다도, 천황의 명령보다도, 자신의 사무라이적 자존심을 우선했다.

항복이 결정되고 난 뒤, 끝까지 항복을 반대했던 육군대신 아나미는 "죽음으로서 대죄의 용서를 구한다."는 유서를 남기고 14일 밤 할복자살했다. 16일 새벽에는 가미카제의 창시자 오니시 다키지로가 할복자살했다. 동부군관구 사령관 다나카 시즈이치 대장은 미군 상륙 전날인 8월 24일 밤 권총 자살했다. 전 육군참모총장 스기야마 하지메도 9월 12일 권총 자살했다. 남편의 자살 소식을 들은 부인도 바로 그 뒤를 따라 죽었다. 만주사변 시 관동군 총사령관 혼조 시게루 대장도 11월 21일 전범용의자로 체포명령이 내려지자 자결했다. 이외에도 수많은 고위 장교와 장성들이 항복을 전후해서 차례차례 자결을 선택했다. 맹목적 충성을 강조하던 일본의 비합리적 군사문화는 패전의 교훈을 되새기고 교육할 패장들조차 남겨두지 않았다. 더구나 이들은 대부분 전후 야스쿠니 신사에 모셔졌고 오늘날까지 일본 극우파들의 영웅이 되어 아시아의 잠재적 불안요인으로 남았다. 야마토 격침, 오키나와의 비극, 가미카제라는 광기만으로도 일본의 위정자들이 자국 젊은이들의 생명과 진정한 국익은 안중에도 없었음을 분명히 보여준다. 그들은 충성심으로 포장된 낭만주의적 명예욕과 나르시시즘적인 자존심만 앞섰을 뿐이다. 마지막까지 그들은 생각을 바꾸지 않았다. 역사책에서 보았던 일본의 많은 이해 불가능한 잔학한 행동들의 이면이 '이해되며' 겹쳐보였다. 자국 젊은이들을 아낄 줄 모르는 이들이 어떻게 식민지 여성의 인권을 돌아볼 수 있을 것이며, 부상당한 아군 병사들에게 죽음을 강요하던 자들이 적국 포로의 생명에 관심을 기울일 이유가 어디에 있겠는가? 성장하지 못한 영혼들에게 정권을 맡긴 대가는 너무도 컸다. 이 일화들에 도달했을 때, '과학사' 책을 쓰기 위한 여행은 '역사'와 마주했다. 우리 안에 이런 자기기만이 눈부신 과학의 발전과 진화의 법칙에도 불구하고 사라지지 않았음을 바라보며 움찔할 수밖에 없었다. 과학은 우리가 바라는 대로 나타나는 것이 아니라, 우리의 모습 그대로 나타날 뿐이다. 이것이 피할 수 없는 진실이기에 우리의 책임은 엄중하다.

일본 원폭개발의 마지막

이시카와 정의 우라늄 채굴을 제대로 시작한 불과 한 달여 뒤인 8월 6일, 야마모토는 상관에게 호출되었다. 그들은 아직 공식보고가 없는 와중에도 히로시마 상황이 원폭의 결과임을 직감했다. 그리고 일본이 원폭개발에 성공 못한 것은 과학자들이 '진심을 다해' 연구하지 않았기 때문이라는 얘기를 나눴다. 수많은 자료에 반복적으로 나타나듯 일본 장교단은 모든 것의 원인을 '정신력'의 문제로 귀결시키곤 했다. 급히 히로시마 현장에 투입된 니시나가 원폭이라고 확인한 뒤인 8월 9일에는 나가사키에 또 하나의 원폭이 투하되었다. 야마모토가 다시 호출되었을 때 이제 질문은 그것이 원폭인가가 아니라 또 어디에 얼마가 떨어질 수 있을 것인가로 바뀌어 있었다. "어전회의의 참고자료로 제공할 수 있도록 미국이 이런 폭탄을 얼마나 가지고 있을지 즉시 알아보라."
는 명령이 내려왔다. 야마모토는 가지고 있는 모든 정보를 동원해 계
산했다. 악티노우라늄 30킬로그램이면 폭탄 하나를 만들 수 있을 만한
양이고, 미국은 우라늄화합물을 연간 1만 톤 채굴할 수 있다고 분석했
다. 그렇다면 연 30톤 이상의 악티노우라늄 화합물을 얻을 수 있다. 분
량 면에서 원폭 500~1000개를 생산할 수 있으며 50% 정도의 실패율
을 감안해도 250~500개 정도는 보유하고 있을 것이다! 충격적인 결론
이었다.

　야마모토 자신도 망연자실한 이 숫자는 대본영에 보고되었다. 그러
나 대본영 참모들은 어전회의에 이 '너무 큰 숫자'를 보고할 수 없다며
묵살했다고 한다. 하지만 최소한 대본영 측이 어전회의에서 전쟁지속
의사를 강하게 개진하지 못하게 하는 데는 한 몫을 했을 것으로 보인
다. 육군 장성들도 내심 놀라고 있었을 것이다. 그렇다면 야마모토의
'실패한 원폭개발' 작업들은 또 하나 중요한 의미를 지닐 수 있다. 당시
미국은 3발의 가용한 원자폭탄을 모두 사용했기 때문에 남은 원폭이
없었다. 최대효율로 작업을 진행해도 1945년 11월까지 두 발 정도가
더 만들어질 것이었다. 이 사실을 일본이 알았다면 전쟁은 더 오래 지
속되었을지 모른다. 미국이 최소 250기 이상의 원폭을 보유했을 것이
라는 잘못된 정보는 일본의 빠른 항복에 어느 정도 영향을 미쳤을 것이
고, 결국 더 많은 일본인을 살린 셈이 되었을 수 있다.

　1940년대 일본의 기술력은 세계 최고의 전투기를 만들 수 있었고,
일본의 연합함대는 항모전단 중심의 선구적 해군전술을 구사할 수 있
었다. 니시나를 필두로 한 과학자들의 원자에너지에 대한 이해 역시 당
대 최고수준에 근접해 있었다. 하지만 일본은 중세적 의사결정구조를

가진 정치체계를 가지고 있었다. 그 결과 일본의 원폭개발은 전근대적 방법으로 진행되었다. 한 기이한 이미지가 이 상황을 생생히 웅변해준다. 히로시마 직후 야마모토는 이시카와 정의 우라늄 채취 중지 명령을 내렸지만, 무책임하게도 이 명령은 현장에 전달되지 않았다. 천황의 항복선언이 방송되던 8월 15일에도 이시카와 정의 구제중학교 3학년 학생들은 여전히 '조국을 위해' 삽으로 산을 파헤쳐 돌을 모아 삼태기에 담아 나르고 있었다. 여기까지가 제2차 세계대전 종전 시점의 일본 원폭개발의 현주소였다. '일본은 원자폭탄 연구를 진행했는가?'에 대한 답은 '그렇다'이다. 하지만 일본의 원폭개발은 우라늄-235 분리 단계도 아닌 천연우라늄 수집단계에 그쳤다. 종전까지 일본이 확보한 우라늄-235는 0그램이었다.

투하되어야만 했었나?

"4시간 안에 한 도시가 인간이 만든 궁극무기에 의해 말살될 운명에 놓여 있다……이제 죽음을 앞둔 가련한 악마들에게 내가 동정을 느낄 것인가? 결코 아니다. 진주만과 바탄에서의 죽음의 행진을 떠올릴 때 그런 동정 따위는 가질 수 없다."
―나가사키 원폭투하 관찰비행기에 탑승했던 《뉴욕타임스》 윌리엄 로런스 기자

"나보다 더 원폭사용에 대해 번민해 본 사람은 없을 것이다. 하지만,…… 우리가 현재 사용하는 폭격의 언어 이외의 다른 언어로는 그들을 이해시킬 방법이 없다. 짐승을 상대하기 위해서는 짐승으로

대우할 수밖에 없다."

− 원폭사용에 대해 항의하는 목소리들에 대한 트루먼의 답

　원폭투하의 필연성을 주장하는 사람들은 그것이 일본 본토상륙 없이 종전할 수 있는 유일한 방법이었다는 점을 강조한다. 간단히 요약된 태평양 전쟁사를 보면 이런 주장은 납득하기 어려울 수 있다. 1945년이 되었을 때 태평양 전선에서 일본에 대한 미국의 전력은 압도적으로 보인다. 3000대의 함재기를 가진 항공모함 50척, 순양함 50척, 구축함 300척, 잠수함 200척으로 구성된 미 함대는 세계 최대이자 역사상 최대의 해군이었다. 이 엄청난 전력 차에 의해 일본해군은 완전히 괴멸되었다. 일본은 대한해협의 작은 축선조차 제대로 방어할 수 없었다. 일본은 경제적 빈사상태였다. 곧 일본이 저절로 무너질 것으로 보일 수도 있다. 하지만 또 다른 측면에서, 태평양 전쟁은 독일을 멸망시킨 시점까지도 아직까지 작은 전쟁이었다는 점을 기억할 필요가 있다. 일본은 전쟁기간 700만 명 이상의 병력을 동원할 수 있었지만, 육군의 상당수는 본토를 지켰고, 일본 본토 밖의 일본군 5/6는 중국에 있었다. 태평양 전쟁에 동원되어 미군과 직접 조우한 일본군은 소수에 불과했다. 일본 해군은 무너졌지만 육군의 주력이 건재했고 본토에 가장 많이 남아 있었다. 막상 최대의 적 독일의 항복 이후에 태평양 전선에서 미군의 사상자는 급증했다. 일본인들이 살고 있는 오키나와 전투 이후 양상이 완전히 바뀐 것이다. 규슈 상륙전을 전개할 때 미군이 오키나와와 동일한 비율로 피해를 입을 것을 가정한다면 26만 명 이상의 전사자를 낼 것이었다. 이것은 제2차 세계대전 기간 내내 미군이 독일에게 입은 손실 전체와 같은 수치에 육박했다. 일본 본토의 수백만 명 단위의 일본군과

싸워야 하는 최전선 군사령관의 입장에서 미국은 이제 전쟁을 새로 시작하는 것이나 다름없었다. 따라서 아군의 피해를 최소화하기 위해서라는 군사적 당위성의 측면에서 원폭투하 논리를 무조건적으로 부정할 수는 없을 것이다.[51] 하지만 이 익숙한 대의명분과 함께 원폭투하의 이유에는 세 가지 맥락을 추가해 이해하는 것이 적절할 것이다.

첫째, 원폭투하는 '거대과학(Big Science)'의 일반적 특징을 그대로 보여준다. 거대과학의 결과물은 그 엄청난 투자를 정당화하기 위해서라도 사용될 수밖에 없다. 스팀슨이 "이제 나는 감옥에 가지 않게 됐다."고 한 말은 절반은 진담일 것이다. 만약 원폭이 사용되지 않는다면 전쟁에 아무런 기여도 하지 못한 기술에 엄청난 자금이 투입된 책임을 누군가는 져야 했을 것이다. 그 책임은 권력을 가진 국가의 수뇌부에 있다. 아마도 그들 중 누군가는 5월에 독일이 항복하자 '일본이 갑자기 항복해 버리면 어쩌나?' 하는 절망감에 휩싸였을지도 모른다. 그들의 입장에서 어떻게든 종전 전에 원폭은 완성되어야만 하고 사용되어야만 했다. 거대과학은 연구되고 완성되는 순간 사용될 수밖에 없는 운명이다. '사용할 수밖에 없었다.'라는 명분은 사용 뒤에 얼마든지 찾을 수 있는 법이다.

둘째, 아무리 다른 이유를 제시한다 해도 그것은 '복수'였다. 적을 죽

---

51 물론 원폭이 없었어도 종전은 쉬웠을 거라는 반대급부의 주장들도 충분히 있다. 예를 들어 일본이 주 소련 대사에게 보내는 비밀전문은 남김없이 감청되고 해독되었다. 7월 12일 전문에는 이런 문장이 있다. "전쟁을 속히 종결하고자 하는 것은 천황폐하의 염원이시다. 그러나 미국과 영국이 무조건 항복을 주장하는 한 우리는 다른 대안이 없고……" 연합군은 천황의 지위 보전 등의 한두 가지 조건만 충족시키면 일본정부가 항복할 수도 있음을 알고 있었다.

이고 부수고 싶다는 오래된 본능은 연약한 도덕률의 외피로 간신히 억제된다. 몇 가지 합리화의 기제만 있으면 그 외피는 손쉽게 벗겨진다. 교토를 목표에서 제외시키고, '민간인이 아닌 군사목표물에 투하'한다는 지켜질리 없는 가이드라인을 제시하는 노력 정도면 양심은 충분한 면죄부를 얻는다. 그 뒤 냉정한 복수심이 모습을 드러낸다. 원폭투하에는 우리를 괴롭힌 만큼 너희의 비극을 원한다는 인간 군상들의 심리가 그대로 드러나 있다. 분명히 히로시마는 '진주만'에 대한 미국의 대답이었다.

셋째, 가장 현실적이고 잔인한 이유로서 그것은 '실험'이었다. 트루먼과 군 수뇌부의 반응에서 볼 수 있듯 미국에게는 이미 끝장난 독일이나 일본보다 소련이 더 큰 문제였다. 미래전쟁에 대비하려면 새로운 무기를 사용해 '사람이 살고 있는' 도시의 실제 피해를 확인해야 했다. 전쟁이라는 특수상황이 아니라면 다시는 이런 목표물에 사용하지 못할 것이다. 미국의 수뇌부에게 히로시마와 나가사키는 다시없을 기회였고 소중한 군사적 정보의 보고였다. 정황상 동기는 차고 넘친다.

1945년 8월 30일에 그로브스에게 제출된 보고서는 이 거대과학이 나아갈 방향이 이미 결정되었음을 잘 보여준다. 보고서의 제목은 「도표로 정리한 러시아와 만주의 도시지역 전략」이었다. 소련과 만주 주요 도시들의 면적, 인구, 산업시설이 정리된 자료였다. 예를 들어 모스크바는 '인구 400만 명, 면적 284제곱킬로미터, 산업중요도 1위, 석유중요도 3위, 항공기 13%와 트럭 43% 생산 추정.'이라고 기록되어 있다. 이런 식으로 인구 2~3만 명의 도시들까지 남김없이 정리되었다. 보고서의 말미에 소련의 가장 중요한 도시 15개와 주요 도시 25개를 추렸다. 그리고 도시 명에 계산된 숫자가 하나씩 붙었다. '모스크바 6,

레닌그라드 6……' 각 숫자는 해당 도시를 완전히 파괴하는 데 필요한 원자폭탄의 숫자였다. 첫 원폭이 투하되고 한 달도 지나지 않았고, 전쟁이 끝나고 보름이 지난 시점이었으며, 아직 일본의 항복 조인식조차 열리지 않은 때였다. 아마도 원폭의 파괴력을 확인하자마자 담당자들은 이 계산에 달려들었으리라.

전쟁 직후 일본에서 미군의 반응

'니호 연구'도 실패했고, 리켄 주요시설도 불탔고, 최종적으로 일본도 패망하여 그렇게 분명히 전쟁이 끝났음에도, 니시나의 의사와 상관없이 연구소는 전쟁을 쉽게 떠나보내지 못했다. 천황의 항복선언 며칠 후에도 육군장교가 들이닥쳐서는 자신을 숨겨달라면서, 이제 함께 원자폭탄을 개발해서 전쟁을 뒤집어엎자고 진지하게 제안했다. 니시나는 한참을 이런 어린아이 같은 장교들을 달래 돌려보내야 했다. 그 후 연구소에 들이닥친 미 점령군은 니시나의 사이클로트론을 끌어내 도쿄 만에 가라앉혀버렸다. "아버지는 집에 오셔서 아무 말 없이 가만히 계셨지요. 나는 그 일이 아버지의 수명을 단축시켰다고 생각합니다." 니시나의 장남은 후일 회고했다. 물론 사이클로트론이 원폭연구에 사용될 순 있지만 사실 이 도구는 원자연구에 대한 일반적인 실험 장치에 불과하다. "당신의 친절로 만들 수 있었던 60인치 사이클로트론은 태평양 깊이 가라앉고 말았습니다. 우리의 사이클로트론은 단지 파괴되기 위해 만들어졌던 겁니다." 니시나는 로렌스에게 이렇게 편지했다. 미국과학자의 도움으로 1940년에 만들어졌던 니시나의 사이클로트론은 아이러니하게도 1945년 미군에 의해 파괴되었다. 로렌스는 이 일을 전해 듣고 육군에 강하게 항의했다. 더 나아가 얼마 후 리켄 본부는 해산 명령을 받았다. 미군에게 리켄은 일종의 전범기업 같은 것이었다. 미군의 이런 행동은 그들이 일본의 원자연구에 받은 충격의 정도와 핵 독점 의지를 명확히 보여준다.

점령군으로 진주한 미군의 원폭에 대한 대응은 크게 두 가지이다. 하나는 일본 내에서 원폭에 관한 보도를 금지하는 것이었다. 이 작업은 미국에서는 전혀 사실과 다른 정보를 제공하며 이루어졌다. "미 육군의 조사에 따르면 피폭 1개월 후 히로시마에서 방사능은 검출되지 않았다." 당시 《뉴욕타임스》 보도였다. 실제 조사관들은 강한 방사능을 지속적으로 검출했고, 원폭의 위력을 눈으로 보며 전율했다. 또 한편으로, 미군정 당국은 원폭의 인체에 대한 살상효과 자료를 얻고자 악착같이 노력했다. 히로시마 원폭투하 이틀 후부터 일본은 육군병원에서 히로시마에 대한 분석에 들어갔다. 피폭자에 대한 치료보다는 조사를 우선했다. 피폭된 어느 11세 소녀는 죽음이 임박하자 가족 모두가 소녀를 집으로 보내달라고 애원했지만, 병원 측은 '치료'하겠다며 퇴원시키지 않았다. 아는 이 한 명 없는 장소에서 고통스럽게 죽어간 소녀의 내장은 육군조사단이 슬라이드 표본으로 만들었다. 나중에 미군이 진주하자 그들은 모든 표본과 보고서를 제공하겠다고 자청했다. 그들은 심지어 교수들을 동원해서 1만 페이지가 넘는 자료를 열심히 영어로 번역까지 했다. 731부대가 면죄부를 받기를 기대한 수많은 비겁한 거래 중 하나였다. 워싱턴 부근의 군 연구소에 보관되어 있던 소녀의 슬라이드 표본은 60년 후에야 친척들에게 돌아왔다. 미군은 일본 측에서 넘겨받은 자료들 속에서 의미심장한 사망률 조사 그래프를 발견하고 흥분하기도 했다. 그것은 히로시마 소학교 학생들의 생존율을 정리한 자세한 도표였다. 예를 들어, 폭심지 780미터 지점의 학생들은 생존율 0, 즉 전원 사망했다. 1.3킬로미터 지점 학교에서는 130명 중 80명이 사망했다. 2.6킬로미터 거리의 학교에서는 175명 중 108명이 사망했다. 거리에 따른 '깔끔한' 실제 사망률 그래프가 나왔고, 이 곡선에 근거해서 미국은 냉전 시기 소련 도시들에 대한 핵 공격 효과범위를 추정하고 전략을 구상했다. 히로시마 어린이 17000명의 죽음의 대가였기에 미 정부는 오랫동안 이 자료의 공개를 꺼렸다.[52]

독일 원폭개발 실패의 교훈

제2차 세계대전 기간 독일은 원폭을 개발하지 못했다. 정확히는 원자무기 비슷한 것조차 만들어지지 않았다. 전쟁이 끝났을 때 연합군의 입장에서 이것은 의아한 일이었다. 미국에서 원폭을 개발하고 있는 핵심 과학자들 대부분이 독일의 지배지역에서 왔거나 독일에서 배웠던 사람들이었다. 전 세계에서 가장 많은 원자과학자들을 보유했고 양자역학과 원자연구의 핵심인재들이 집중되었던 독일이 왜 원자폭탄을 만들지 못했을까? 궁극병기 개발에 게걸스럽게 몰두했던 독재자 히틀러는 왜 원폭 프로젝트를 빠르게 진행시키지 않았을까? 많은 이들

---

52 이런 작업들은 미국만 진행했던 일이 아니었다. 후일 소련은 세미팔라틴스크(Semipalatinsk) 핵 실험장 주변 주민들의 암 사망 통계를 상세히 조사했다. 프랑스는 본토의 지구 반대편 식민지인 태평양상 폴리네시아 뮈뤼로아(Mururoa) 환초에서 핵실험을 한 뒤 주변 주민들에게 같은 조사를 했다. 중국은 원폭실험 직후 해당 지역에서 정상적인 군사행동이 가능하다는 선전영화를 만들기 위해 폭심지를 향해 기병대를 멋진 모습으로 돌격시켰다. 물론 이 모든 과정에서 피폭자들에게는 어떤 설명도 이루어지지 않았다. 모든 국가들이 이 궁극무기의 연구과정에서 참으로 잔인했다.

이 두루 궁금해했던 질문이고 그 답은 여러 가지를 나열할 수 있다. 하지만 가장 중요한 이유는 한 마디로 요약가능하다. 그것은 나치가 스스로 자신들의 개발역량을 거세했기 때문이다. 독일의 중요한 원자물리학자들 대부분이 나치가 집권한 지 몇 년 만에 반강제적으로 국외로 떠나야 했다. 이미 언급된 아인슈타인, 보른, 마이트너, 파울리, 슈뢰딩거, 페르미, 헝가리 4인방 등을 포함해 당시 독일과 그 동맹국의 주요 원자과학자 2/3가 독일 영향권 밖으로 탈출한 것으로 추정된다. 더구나 이들 대부분은 미국이나 영국에 정착했다. 독일은 원폭개발의 핵심인력들을 잠재적국에 고스란히 제공한 것이나 다름없었다. 연합국의 상상 이상으로 독일이 잃은 인력의 빈틈은 컸다.

다음 실패요인으로 독일의 지리적, 경제적 여건의 문제를 추가로 들어볼 수 있다. 원료 확보의 측면에서 보면 일단 독일은 보헤미아의 역청우라늄광을 손에 넣고 있었다. 마음만 먹었다면 우라늄 농축시설은 충분히 건설할 수 있었을 것이다. 하지만 독일 내 어느 곳에 이런 거대 시설을 만들었다 해도 지속적인 가동은 불가능했을 것이다. 독일 내 어딘가에 이런 시설이 만들어지고, 그것이 우라늄 농축시설임이 알려졌다면, 연합군 공군은 어마어마한 공군력을 집중해서 매일같이 이 시설들을 폭격했을 것이 분명하다. 반면 미국 본토에는 단 한 발의 추축국 폭탄도 떨어진 적이 없었다. 오크리지와 핸퍼드의 대규모 핵연료 제조공장들은 빽빽한 대공포화망 따위를 전혀 필요로 하지 않았다. 미국의 원폭개발은 거대한 대서양 자체가 미국의 자연방어망이 되어주었기에 용이했다는 것을 떠올릴 필요가 있다. 또한 이런 거대 규모의 우라늄 농축 공장은 다른 이유로 처음부터 만들어질 수도 없었다. 독일이 그럴 만한 경제적 여유를 전혀 가지지 못했기 때문이다. 그로브스는 원폭기술이 존재하지 않았음에도 천문학적 예산이 들어가는 핵연료의 농축을 시작할 수 있었다. 독일은 적국들에 비해 몇 분의 일에 불과한 인구로 광대한 유럽 점령지에 군대를 주둔시키고 동부전선과 북대서양, 아프리카에 걸친 전선을 유지해야 했다. 독일로서는 '기술개발보다 먼저 핵연료 농축'이라는 '신속하지만 경제적으로는 비효율적인' 방법을 선택하는 것은 거의 불가능했다. 다음으로, 독일은 과학과 기술과 산업이 어우러져야 하는 거대과학 프로젝트의 특성을 전혀 이해 못했고, 하이젠베르크 등의 과학자 중심의 연구팀을 가동시켰다는 점이다. 독일의 개별 과학기술은 최고였을지 몰라도 규모의 산업에서 최고의 역량들 간의 유기적 연결을 갖추지는 못했다. 원자에 대한 연구 이외에도, 그들의 연구 대부분은 분산되어 있었고, 중복투자되었으며, 전반적으로 비효율적이었다. 거기에 덧붙여 히틀러는 화려한 볼거리를 제공하는 무기들을 좋아했다. 독일의 궁극무기 개발은 거대전차, 제트기, 로켓, 대서양 장벽 등 독재자들이 흔히 즐기는 시각적 효과가 풍부한 무기에 집중됐다. 무슨 이야기인지 알 수도 없는 원자폭탄 같은 것이 히틀러의 관심을 끌 만한 상황은 일어나지 않았다.

미국은 독일의 원폭개발 가능성을 아주 높게 보았고 이를 방해하기 위해 악착같이 노력했다. 하지만 전후 알려진 사실들을 종합해보면 연합국의 방해가 없었어도 독일은 다양한 이유로 원폭을 만들 수 없었다. 하지만 원자무기의 개발 자체가 전혀 진행되지 않은 것은 아니었다. 전쟁기간 동안 원자에 대한 지식을 사용한 독일의 무기개발은 하이젠베르크를 중심으로 진행되었다. 하이젠베르크가 걸어야 했던 길은 독일의 실상과 붕괴된 유럽 과학네트워크의 현실을 적나라하게 보여주는 사례가 됐다. 전후 하이젠베르크는 일관되게 자신은 나치의 프로젝트를 지연시키기 위해 고의적인 태업을 했다는 입장을 유지했다. 하이젠베르크의 정확한 심중은 그 자신만이 알고 있을 것이다. "독재정권하에서 적극적인 저항은 정권과 협력하는 척하는 사람들만 할 수 있다." 이 하이젠베르크의 변명을 어디까지 받아들여야 할까? 플랑크와 더불어 하이젠베르크의 불명확한 태도는 여전한 역사적 논쟁거리다. 하이젠베르크가 원폭개발에 실패한 것은 의도된 것이라기보다는 무지에 기인한 것이라는 것이 학자들의 일반적 견해다. 그리고 그가 정말 '독일물리학의 생존을 위해'서만 독일에 남았는지는 그만이 알 것이다. 하지만 독일에 남은 한 무슨 선택의 여지가 있었을까? 목숨을 걸고 나치에 반대하지 않았다고 하이젠베르크를 비난할 수만은 없을 것이다. 과학과 정치의 상관관계가 커지는 오늘날 하이젠베르크의 고민과 결정은 여러 면으로 음미해볼 필요가 있다.

비효율의 첨단무기들

제2차 세계대전 시기 독일, 일본, 미국의 전쟁방식을 특징짓는 이미지가 있다면 아마도 독일은 V-2, 일본은 가미카제 특공대, 미국은 원폭이 자연스럽게 떠오를 것 같다. 하지만 그 악명 높은 유명세와는 달리 과연 이런 선택들이 각국의 이익에 부합했는지는 매우 의문스럽다. 각국의 기술과 문화를 대표하던 세 가지 공격방식은 아주 잔인하면서도 동시에 매우 비효율적인 것이기도 했다.

독일의 로켓무기인 V-2의 경우 1944년 7000기가 영국으로 발사되었다. 시민 7000여 명의 목숨을 앗아가며 런던을 공포로 몰아넣었지만 실제 효과는 미미했다. V-2의 제조과정에서 사고로 사망한 인원은 14000명이었고, 개발비를 포함한 V-2의 대당 가격은 전투기 4대의 생산비용에 육박했다. 만약 V-2 개발 및 제조비용을 전투기 생산에 투자했다면 독일은 24000기의 전투기를 추가로 만들어낼 수 있었다. 또한 V-2의 중량은 10톤이었는데, 이중 9톤이 영국까지 날아가는 데 필요한 연료고, 폭약은 전체 무게의 1/10인 1톤에 불과했다. V-2는 정확도면에서 중요 군사시설이나 전투원을 노린다는 것은 사실 불가능했다. V-2는 그냥 '런던을 향해' 날아갔을 뿐이다. 물론 상당수는 해협에 떨어졌다. 요약하면 독일은 2명의 노동력을 잃으면서 4대의 전투기를 생산할 수 있는 가격의 일회성 무기를 영국으로 쏘아 1명의 영국인을 죽인 셈이다.

V-2
V-2는 제2차 세계대전의 상징적 무기다. 하지만 극도로 비효율적인 최첨단 기술의 상징이기도 하다.

일본의 가미카제 자살공격도 V-2에 비견할 만큼 비효율성을 보여주었다. 처음 가미카제 특공 공격은 미 해군의 병사들에게 끔찍한 공포였다. 하지만 사실은 매우 어리석은 전술이라는 것이 점차 분명해졌다. 가미카제는 이미 죽고자 날아오는 비행기들인 만큼 조종사들은 적극적인 회피기동을 하지 않았다. 그래서 격추시키기 쉬운 목표물이었고, 전투가 진행될수록 일본의 숙련조종사가 급감하면서 성공률은 보잘것없는 수준으로 떨어졌다. 전쟁 초기 일본 전투기 조종사들의 공격 성공률은 50%에 육박했다. 하지만 가미카제의 경우 우수한 조종사들이 투입되었던 초기 성공률조차도 20% 미만이었다. 대전 말기로 가면 그 나마의 숙련 조종사들이 거의 사라져 미군 함대 공

가미카제 공격으로 불타는 미 함정
가미카제 공격은 심리적 위압감은 주었지만 실제 성공하는 경우는 극히 드물었다.

격에 성공한 사례는 거의 발견되지 않는다. 그 결과 오키나와 전투에서 일본은 미군의 함선 38척을 격침시켰을 뿐이며, 그 대가로 7800대의 항공기를 잃는 거의 믿기지 않는 기록을 남겼다. 가장 소중한 자원인 조종사들을 가장 값없이 소모한 어리석은 공격방법의 결과였다.

이 극단적 비효율은 미국의 원자폭탄도 마찬가지였다. 3년간 연인원 12만 5000명을 동원하고 20억 달러라는 천문학적 금액을 쏟아부은 결과 단 두 발의 원자폭탄이 실전 투입됐다. 일본의 중소도시 두 곳에 재앙적 타격을 가했던 것은 사실이지만 실제 피해규모는 일반 융단폭격에 비해 결코 압도적이지 못했다. 1945년 2월 13일 연합군의 독일 드레스덴 공습에서는 13만 명이 사망했고, 1945년 3월 10일 미군의 동경 대공습에서는 10만 명이 불타 죽었다. 드레스덴 폭격과 동경 대공습에서 보듯이 재래식 폭격만으로도 원자폭탄의 피해규모를 훨씬 상회했다. 종전 시까지 투입된 인력과 시간과 비용을 단순비교해 본다면 원자폭탄은 투자하지 않는 것이 옳았다.

적에게 미치는 심리적 효과를 제외한다면 이 세 가지 공격방법은 모

두 비효율의 전형이었다. 어쩌면 당연하게도 신기술은 당연히 비효율적이다. 기술이 안정화하고 경제성을 갖추기까지는 상당한 시간이 필요하다. 독일은 독재자가 좋아할 만한 시각적 효과와 복수심이, 일본은 사무라이 문화의 극단적인 허무주의가, 미국은 거대 관료-기업 집단 시스템의 관성이 각 계획의 추동력이 되었다. 그리고 또 하나의 아이러니가 덧붙는다. 독일의 로켓과 미국의 원폭은 후일 ICBM(Intercontinental Ballistic Missile, 대륙간 탄도 미사일)으로 결합되면서 비로소 강력한 전략적 효율성을 갖추게 되었다. 만약 사용된다면 가미카제만큼의 어리석음이 될 것이다.

어느 독일 기술자의 삶

미국이 원자폭탄 개발에 총력을 집중했다면, 독일이 가장 집요하게 개발을 추진했던 신무기는 로켓이었다. 독일 로켓개발의 주역은 우주여행을 꿈꿨던 청년 베르너 폰 브라운(Wernher von Braun, 1912~1977)이다. 우주여행을 다룬 최초의 SF 소설은 프랑스의 쥘 베른(Jules Verne, 1828~1905)이 쓴 『달세계 여행』(1873년)을 꼽는다. 이 소설에서는 대포를 사용해 달에 간다. 로켓을 사용한 우주여행이라는 개념의 기본 틀을 제공한 사람은 미국의 고다드(Robert Hutchings Goddard, 1882~1945)가 보편적으로 인정된다. 그리고 마침내 달세계 여행의 꿈을 실현시킨 사람으로 기록된 사람이 바로 폰 브라운이다. 1930년 18세의 나이로 독일 우주여행협회에 입회 신청했던 그는 후일 '로켓의 아버지'라는 영예로운 이름과 'V-2의 개발자'라는 악명을 동시에 가지게 된다.

독일 육군은 나치 집권 전인 1932년부터 이미 장거리포 대신 로켓을 사용할 목표하에 연구를 진행시켰다. 폰 브라운 등은 약관의 나이였던 이 시기 소집되어 육군 휘하에서 연구했고, 히틀러 집권 후인 1936년부터 발틱 해에 있는 페네뮌데 섬으로 연구소를 옮겼다. 그리고 10년에 걸친 연구가 성과를 보인 1942년 10월, 최

1941년 독일 고위 장성들과 함께한 폰 브라운
하이젠베르크의 생애가 20세기 전반 독일과학자의 길을 보여준다면, 이름이 같은 베르너 폰 브라운의 생애는 20세기 독일 기술자가 겪은 일들을 보여준다.

초의 V-2 로켓 시험발사에 성공했다. 그리고 페네뮌데 로켓 연구소 관할권은 1944년 9월부터 친위대 관할로 넘어갔다. 그리고 친위대장 히틀러는 전쟁 종료 시점까지 수천기의 V-2를 영국으로 발사시켰다. 심리적 공포감은 엄청났으나 전황을 역전시킬 수는 없었다. 아마도 생산량을 수십 배로 늘렸을 때에야 그나마 전술적으로 유의미한 영향을 줄 수 있었을 것이다. 3년 정도 빨리 V-2가 개발되었다면 상황은 달라졌을지도 모르지만 실전투입하기에는 너무 늦은 시점이었다.

1945년 소련군이 페네뮌데 근처로 진격해왔다. 1945년 2월 14일 마지막 V-2가 발사되었고 3일 후 전 연구원은 페네뮌데에서 철수했다. 이때 연구소 직원은 4325명에 달했으니 규모 면에서 로스앨러모스에 뒤지지 않았다. [53] 천 대의 승용차와 트럭에 분산한 대 철수 작전에 무장친위대가 경호 겸 감시를 위해 따라붙었다. 가솔린이 부족했던 상황에서 이들은 V-2연료인 에틸알코올을 승용차 연료로 사용하기도 했다. 연구진

53　이 수치도 최전성기의 1/4이었다.

은 바이에른 주 뮌헨 근처의 오버 안메르가우로 이동했고, 브라운을 포함한 100여 명의 핵심 연구원들은 다시 산속 오버요흐 촌의 스키호텔로 쫓기듯 옮겨갔다. 페네뮌데 철수 시부터 브라운을 포함한 연구소 상급간부들은 미군에 투항할 것을 몰래 합의하고 있었다. 폰 브라운의 동생 마그누스가 혼자 자전거를 타고 미군 진지로 가서 투항의사를 전했다. 연구소장이었던 도른베르그는 술에 취한 친위대 대장에게 "연합

발사되는 V-2

군이 로켓기술자를 손에 넣게 될 상황이 발생하면 당신들을 사살하라는 명령을 받았다."라는 말을 들었다. 도른베르그의 침착하고 간절한 설득으로 친위대 대장은 결심을 바꾸었고, 간신히 기술자들은 살아남을 수 있었다. 독일이 항복하자 도른베르그는 브라운 등의 70명과 바이에른에 분산되어 있는 페네뮌데 연구소 연구원 500명을 이끌고 미군에 투항했다.

이것은 아마도 미군이 독일에서 얻어낸 최고의 전리품 중 하나였을 것이다. 미군은 V-2의 설계도면과 현물까지 알뜰하게 확보했다. V-2 공장은 하르츠 산맥의 노르드하우젠으로 옮겼지만, 미군은 신속히 작전부대를 이곳에 투입해 전리품을 챙겼다. 포츠담 회담 후 페네뮌데와 노르드하우젠은 소련 점령지역으로 편입되었지만, 이미 핵심 인력과 설계도,

부품은 남김없이 미군이 챙겨간 뒤였
다. 스탈린은 이 사실을 알고 격노했
다고 전해진다. 하지만 소련 역시 확
보할 수 있었던 나머지 관련 기술자
와 가족 5000여 명을 소련으로 이송
했다. 소련은 독일로켓기술자들과
그 가족을 위해 작은 '도시'를 만들어
주며 대접했다. 소련으로 간 기술자

관제센터에서의 폰 브라운

들은 관련 기술을 모두 전수한 다음
1954년이 되어서야 독일로 돌아왔다. 이 기술로 소련은 1957년 세계 최
초의 인공위성 스푸트니크를 쏘아 올렸다.

　미국으로 건너간 폰 브라운은 처음 10년 동안은 우주개발에 대해 미
지근한 진행을 보이는 정부기관들 속에서 실망하는 과정을 거쳤다. 공
군의 아틀라스, 육군의 오비터, 해군의 뱅가드 계획이 경합했지만 뱅가
드 계획이 낙점되었다. 진행이 늦었던 공군의 아틀라스 계획과 외국인인
브라운이 개입된 육군의 오비터 계획은 탈락했다. 브라운의 실망은 컸
다. 하지만 1957년 미국의 시도들―6월의 대륙간 탄도탄 아틀라스, 9
월 인공위성 계획이었던 뱅가드 발사가 차례로 실패했다.―은 실패로
돌아갔고, 반면 8월에 소련의 ICBM이 발사에 성공해 6000킬로미터를
날아가고, 10월에 인공위성 스푸트니크가 성공적으로 지구궤도에 안착
하자 미국은 공황상태에 빠졌다. 심지어 11월에는 우주견 라이카를 싣
고 스푸트니크 2호까지 발사되었다. 명백히 소련이 우주기술에서 미국
을 앞선 것이다. 계속해서 경원시되던 브라운 팀은 스푸트니크 2호 발
사 5일 후 가능한 빨리 위성을 궤도에 쏘아 올리라는 기다리고 기다리

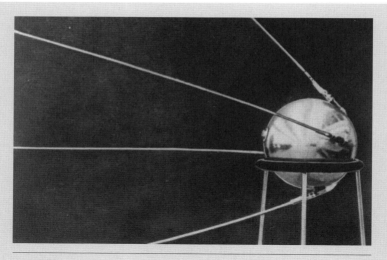

소련의 스푸트니크 1호

던 명령을 받았다. 브라운은 90일 이내 가능하다고 대답하고 84일 후
인 1958년 1월 익스플로러 1호 발사에 성공했다. 그 결과 폰 브라운은
미국 우주개발사의 주역이 되었다.

1958년 11월 미항공우주국(NASA)이 설립되었지만 소련은 저만치
앞서갔다. 1959년 1월 1일 달 위성 루나 1호를 발사했고, 2호는 9월에
달 표면 비의 바다에 명중했으며, 3호는 10월에 달 뒷면의 사진을 찍는
데 성공했다. 1961년에는 최초의 유인우주선 보스토크 1호가 유리 가
가린을 태우고 지구 궤도를 도는 데 성공했고, 심지어 그는 '살아서' 귀
환했다. 이 기간 미 정부 관료들의 스트레스와 소련에 대한 질투심은
극에 달했다. 그러자 1961년 5월 25일 케네디 대통령은 의회연설에서
'1960년대가 가기 전에' 인간을 달에 착륙시키겠다고 미국 국민들에게
유명한 약속했다. 이번에도 모든 합리적 우선순위보다 국가적 자존심
이 우선했다. 결국 1969년 7월 20일 아폴로 11호는 달에 지구인을 내려

놓았다.[54] 거대과학이 만든 또 하나의 놀랍고 상징적인 사건이었다. 세계에서 사실상 미국만이 가능했던 천문학적 자금과 자원들이 투입된 결과 이 비현실적 약속이 정말 지켜진 것이다. ―냉소적으로 표현한다면, 발자국들을 달에 남겨놓고, 돌멩이 몇 개를 주워오

아폴로 11호 달 착륙

는 계획에 27억 달러가 소비되었다. 1912년 독일의 남작 집안에서 태어나 베를린 대학에서 박사학위를 받았고, 로켓을 연구하며 페네뮌데 전쟁무기 개발자들의 일원이 되었던 사람이, 1955년 미국시민권을 얻고 1969년 달에 인간을 내려놓았다. 20세기 과학기술이 걸어야 했던 씁쓸한 영광과 모순의 상징인 폰 브라운은 1977년 지구에서 죽었다.

페이퍼클립 작전

전후 미국과 소련은 게걸스럽게 독일의 과학을 흡수하려고 노력했다. 페이퍼클립 작전(operation paperclip)은 그 대표적 사례로 제2차 세계대전 종전 후, 독일 과학자들을 미국으로 밀입국시키기 위한 비밀 작전이었다. 전범으로 기소되어야 마땅했던 사람들도 문서(paper)에 클립

---

54 아폴로 11호는 1969년 7월 16일에 발사했고, 7월 24일에 귀환했다. 달 착륙 장면은 전 세계에 중계됐다.

페이퍼클립 작전으로 미국에 온 독일과학자들
미국의 인기 만화 마블시리즈에서 히드라라는 조직은 페이퍼클립 작전의 결과 미국에 침투한 나치 조직의 후손으로 그려진다. 인상적인 규모였던 페이퍼클립 작전은 그만큼 미국인들에게 불편한 느낌을 주었다.

(clip)을 끼워 표시해두면 조용히 서류철에서 사라졌다. 작전명이 작전의 형태까지 잘 설명해준다. 미국의 국익을 위해 그들은 면죄부가 주어졌다. '히틀러의 과학자' 1600명 이상이 그렇게 미국으로 넘어갔다. 페이퍼클립 작전의 대상이 되었던 과학자들은 주로 로켓, 항공, 우주, 의학, 생화학병기 전문가 등에 집중되었다. 작전대상에는 앞서본 폰 브라운도 포함되어 있다. 그들 중 몇몇은 골수 나치당원이었다. 그럼에도 '멋모르고' 전쟁에 동원되었던 희생자라는 식의 타이틀이 붙었다. 어쩔 수 없이 전범재판을 받아야 했던 이들도 재판에서 감형되었고, 수감된 뒤에는 차근차근 가석방 과정을 밟으며 미국으로 하나둘 이동해갔다. 말로만 나치에 부역했던 문학가들도 단죄되었는데, 과학으로 나치에 협력한 과학기술자들은 융숭하게 대접받았다. 조금 양식 있는 관료들조차 그것이 차악의 선택이라고 합리화했다. 미국이 그들을 데려오지 않으면 어차피 소련이 빼내 갈 것이라는 논리였다. 페이퍼클립 작전의 직접적 결과물로 흔히 언급되는 것들은 탄도미사일, 사린(sarin) 가스. 클러스터

휘어진 시대 3

폭탄, 지하요새, 다양한 세균병기 등을 들 수 있다. 민간의 영역에서도 달 착륙, 귀 체온계 등을 남겼다. 이 모든 것들이 제3제국 과학자들로부터 원천기술이 기원했다. 그래서 이런 일들은 오늘날까지 매우 논쟁적이다. 그들의 죄를 '속죄할 기회'를 주는 것이 옳았는가? 그리고 그것이 속죄인가? 아우슈비츠의 생체실험 자료들은—직접적으로 인간을 실험했기에—의학발전에 사용된다면 충분히 유용할 자료일 수 있다. 당신이 아우슈비츠의 희생자 중 하나라면 이 자료가 모조리 사라지기를 바랄 것인가? 아니면 인류를 위해 사용되기를 바라겠는가? 사실 직접 질문 당한 유대인들은 두 경우 모두의 답이 뒤섞였었다. 병원에서 간호사가 내 귀에서 체온을 측정할 때마다 우리가 나치의 기술 일부를 사용 중이라는 생각까지는 무리겠지만, 앞으로의 과학이 다른 길을 걸을 수 있도록 노력하는 부채감은 필요하리라.

이시이 시로와 731부대

사실 일본 육군 최대 규모의 전쟁 연구는 원폭 연구가 아니라 세균전 연구였다. 일본의 세균전 연구는 가히 세계 최고 규모였다. 악명 높은 731부대장이었던 이시이 시로(石井四郞, 1892~1959)에게 소장 계급이 주어진 것만으로도 세균전에 대한 일본 육군의 관심정도를 증명한다. 그가 설립한 세균전 부대는 천황 직속으로 편성되어 있었다. 731부대 본대는 만주 하얼빈 교외에 있었고, 중국과 싱가포르 등 다섯 군데에 나눠 있었다. 전 일본에서 모집한 연구부대원의 총 규모는 1000명이 넘었다. 731부대 창설부터 사후처리까지 이시이 시로가 주도했다. 부대장 이시이 시로는 교토 대학 의학부를 수석으로 졸업했고, 일본뇌염이 모기에 의해

731부대의 생체실험
1944년에 연합군은 일본이 전 세계에서 가장 진보한 생물학 무기를 보
유하고 있다고 판단했다.

전파된다는 것을 알아낸 뛰어난 학자였다. 그는 1930년 소령으로 도쿄
육군의과대학 파견되어 '전염병 예방연구소' 책임자가 되었다가 1932년
부터 만주 하얼빈 인근에서 인체실험을 시작했다. 조국에 대한 값진 봉
사임을 내세우며 최고학자들을 끌어 모았고, 처음에는 '관동군 방역급
수부'나 '전염병 예방 연구소'라는 이름으로 위장했다. 나중에 '731부대'
로 개명했다. 이 부대 생체실험의 희생자는 15000명 정도일 것으로 추정
될 뿐이다.

　그가 만든 괴이한 부대는 비극으로 점철된 2차 세계대전 속에서도 손
꼽히는 잔혹함을 보여주었다. 실험 대상들은 중국인이 대부분이었고,
한국인, 연합국 포로도 포함되어 있었다. 포로들이나 민간인들을 사용
한 731부대의 잔학한 실험들은 한두 가지 사례만으로도 그 잔인함이
느껴져 온다. 포로들을 인격이 없는 실험체로 바라보기 위해 '마루타(통

나무)'로 불렀다. 731부대원들은 포로들
에게 수많은 세균을 투입해 죽이고 해부
하며 자신들 나름의 세균학을 '발전'시켜
갔다. 그리고 동상 연구, 총탄의 인체관
통연구 등 전쟁터에서 상상할 수 있는 모
든 상황들이 실험되었다. 물만 마시고 얼
마를 살 수 있느냐는 실험에서는 대상자
들이 수돗물로 45일, 증류수로 33일을
버티고 죽어갔다. 산 사람을 원심분리기
에 묶어 동작시키기도 했고, 모성애가 어
떤 상황까지 작용할 수 있는지 파악해보
겠다며 뜨겁게 달구고 있는 철판 위에 어
린아이와 엄마를 함께 올려놓기도 했다.
몇 도에서 엄마가 아이를 살려보려는 행
동을 포기하고 아이를 밟고 올라서는지
그들은 기록했다. 목적조차 없어 보이는
실험들이었다. 익숙해진 어느 시점부터
그들은 전쟁과 별로 상관없어 보이는 실
험을 진행했고, 단지 사람을 죽이기 위해

이시이 시로

매년 일본뇌염에 대한 주의를 당
부하는 방송을 볼 때 모기에 의
한 일본뇌염의 전파경로를 밝힌
사람의 이름을 듣는 경우는 거
의 없다. 그가 바로 731 부대장이
었던 이시이 시로다. 그는 자신
의 인체실험들이 어떤 것인지 명
확히 인식하고 있었다. 패전 직후
만주에서의 모든 자료를 체계적
으로 파기한 후 그는 부하들에게
명령했다. "보았던 모든 것을 무
덤까지 가져가고, 어떤 공직에도
나서지 말고 조용히 살아라." 뛰
어난 역량을 갖춘 의사였던 사람
이 참으로 기괴한 인생을 살았고,
어떤 처벌도 받지 않은 채 자연
사했다.

연구 질문을 억지로 만들어내고 있었다. 겨우 총알의 관통력을 시험해
보기 위해 산 사람을 일렬로 세워놓았던 그들이었다.—그 실험을 하지
않았다고 총알의 관통력을 알 방법이 없었겠으며, 그것을 알았다고 전
쟁수행에 과연 도움이 되었을까? 세균전 연구만큼은 끔찍한 효과를 발
휘했다. 1940년대 일본이 중국에 실전 투입한 인공콜레라 등의 생물학

무기로 최소 40만 명 이상이 사망했다.

  소련군이 침공하자 731부대는 본토 귀환을 서둘렀다. 대기 중이던 생체실험 대상자 400여 명을 최종 살해하고 증거를 없애기 위해 부대 전체를 불태웠다. 그 와중에도 생체실험 표본, 핵심자료와 성과물은 철저히 챙겨서 도주했다. 파죽지세로 소련군이 몰려오고 있었지만, 퇴각하는 731부대에게는 우선적으로 기차와 선박이 배정되어 이들은 아무 피해 없이 일본으로 돌아갔다. 이 이야기에서 더욱 끔찍한 것은 패전 후 최우선 순위로 안전하게 일본으로 돌아온 그들은 자신들의 실험정보를 미국에 넘기는 조건으로 모든 범죄를 묵인 받고 아무도 기소되지 않았다는 사실일 것이다. 그들은 주일미군에게 다양한 생체실험 자료를 넘겨주는 조건으로 거래했고, 그 결과 이시이 시로조차 전범으로 기소되지 않았다. 이시이 시로는 67세에 인후암으로 자연사했고, 그의 일부 부하 군의관들은 의대 교수가 되거나 일본녹십자에서 활동하기도 했다.

욱일기 아래 의학자들의 삶

"어리석고 심약한 남편에게 화내지 마세요. 나는 내 죄를 압니다." 1945년 9월, 도쿄 대학교 전염병 연구소의 콜레라균 권위자였던 오카모토 히라쿠 조교수는 아내에게 편지를 남기고 자살했다. "비겁한 아버지를 가엾이 여기고 끝까지 살아 남거라." 자식들에게는 이 문장을 남겼다. 그는 전쟁기간 세균을 인공적으로 증식시킨 다음 독성이 있는지 중국인에게 먹여보는 인체 실험에 협력했다. 손을 떼고 싶었지만 육군은 이등병으로 전선에 보내겠다고 히라쿠를 협박했었다. 미군이 연구소에 들이닥치기 직전 이미 공포에 질린 동료들로부터 당신 때문이라며 비난받은 날 그는 목숨을 끊었다. 어떤 변명을 하더라도 자신이 그들을 군 연구에 끌어들인 것이 사실이었고 가족이 있었을 중국인들을 고통스런 죽음으로 몰아넣었다. 히라쿠는 때늦은 후회 속에 스스로를 단죄했다.

요코야마 쇼마쓰는 2차 세계대전 당시 일본이 점령 중이던 베이징 대학 의학부에서 생리학을 강의하던 소화기 전문의였다. 그에게 전쟁이 거의 끝나가던 1945년 초 소집 영장이 배달되었다. 입대하자마자 부대장은 충격적인 명령을 내렸다. 중국인 포로의 배를 총으로 쏜 뒤 복막염이 생기지 않도록 치료를 해보라고 했다. 그제야 쇼마쓰는 갑작스럽게 영장이 나온 이유가 이것 때문임을 알았다. 명령을 거부하자 명령불복종으로 처벌하겠다고 위협받았다. 하지만 끝까지 버티자 결국 최전선으로 발령을 받았다. 그는 전쟁이 끝난 후 간신히 베이징까지 걸어서 돌아갔고 처자를 찾은 뒤 일본으로 복귀했다. 전후 그는 수많은 학문적 업적을 남겼고 존경받았다. 쇼마쓰는 생전에 아내에게 이런 말을 자주 했다. "내가 한 사람도 죽이지 않아서 정말 다행이야." 생전에 무심히 들었었지만 남편의 사후 아내가 다시 반추해보니 그것이야말로 남편이 자기 일생에서 가장 큰 자랑으로 생각한 행동이었다는 것을 깨달았다.

교토 대학의 이시카와 다치오마루 조교수는 731부대에 자원입대한 경우였다. 이시카와는 페스트, 콜레라, 파상풍, 이질 등 20종의 세균을 실험했고, 800명을 희생시킨 실험을 통해 8000장의 슬라이드 표본을 제작했다. 패전이 임박하자 "증거가 될 만한 것은 즉시 소각하라!"라는 이시이 시로의 분명한 명령을 어기고 표본을 빼돌렸다. 그는 그것으로 미군과 거래해서 무죄로 풀려났다. 그리고 만주에서 얻은 자신의 자료들로 강의하며 교수로 살아갔다. 후회한 자, 지조를 지킨 자, 마지막까지 인간성에 반한 자. 어디에서나 여러 종류의 삶들이 있었다.

6부

—

새로운 시대

역사가 홉스봄의 표현처럼 20세기는 극단의 시대였다. 극악한 만행과 인류 문명 최고의 결과물들이 같은 시대에 출현했다. 더욱 놀라운 것은 그 극단적 대비를 이루는 결과물들이 서로 밀접히 연계되어 있다는 사실이다. 뢴트겐의 발견부터 퀴리 부부, 러더퍼드와 제자들, 아인슈타인과 보어, 하이젠베르크에서 오펜하이머로 이어지는 이야기들을 살펴보면 과학의 영역 바깥에서 이루어진 숙명을 느끼지 않을 수 없다. 수백 년은 족히 필요했을 발전이 불과 수십 년에 이루어졌고 그것은 원자폭탄이라는 잔혹하고 거대한 힘의 해방으로 귀결되었다. 마치 역사가 하나의 생물처럼 목표물을 향해 미친 듯이 달려간 느낌을 준다. 아무도 예상할 수 없었고, 누구도 바라지 않았던 일이다. 더구나 이 아이러니의 결과는 우리가 살아가고 있는 시대다.

　한번쯤 상상해본다. 슐리크가 여전히 빈 대학에 자리를 지키고 있고 괴델이 특유의 엉뚱한 표정으로 거닐고 있을 오스트리아의 빈, 하이젠베르크가 여전히 버릇없이 보어를 '너(Du)'라고 부르며 친근한 우정을 나누는 덴마크의 코펜하겐, 아인슈타인의 귀여운 투덜거림을 웃으며 듣고 있는 한과 마이트너가 함께하고 있는 독일의 베를린을. 힐베르트가 괴팅겐에서 많은 제자들에게 둘러싸여 자신의 결과물들을 기쁜 마음으로 반추하며 편안히 숨을 거두는 장면, 플랑크가 노익장을 과시하며 다국적 과학의 네트워크를 마지막의 마지막까지 조율하는 모습, 백발의 아인슈타인과 보어와 보른이 얼굴을 마주하며 중년의 하이젠베르크가 가져다 준 커피잔을 기울이면서 함께 웃으며 물리학의 미래를 이야기하는 풍경들. 인류는 그런 장면을 볼 수도 있었다. 그런 시대가 가능했었다면, 우리는 전혀 다른 과학을 누리는 시대에 살았을지 모르며, 어쩌면 그런 역사는 지금과 전혀 다른 수준의 문명을 인류에게 선물했을 수도 있다. 하지만 그 눈부신 시대는 황혼을 맞았다. 오지 말았으면 좋았을 시대가 도래했다. 유럽과학은 자살했다. 황금의 네트워크는 붕괴되었다. 인류는 너무 많은 것을 잃었다. 다시 보지 않기를 간절히 바라는 장면들이 끝났다. 그리고 폐허에서 불안과 희망의 씨앗들이 함께 피어올랐다.

1

수소폭탄의 길

제1차 세계대전에서 독가스가 사용되자 처음에는 독일이 '문명세계의 규칙'을 위반했다며 맹렬히 비난하던 영국과 프랑스와 미국은 곧 독일의 방법을 그대로 흉내 냈다. 결국 종전 때까지 연합국의 화학무기 생산량은 독일을 훨씬 앞질렀다.[1] 2차 대전이 발발하자 루스벨트 대통령은 교전 국가들에게 "민간인과 무방비도시에 대한 폭격 자제"를 엄숙하게 호소했다. 하지만 미국이 참전한 뒤 총력전의 시대로 접어들자, 미국이 주축이 된 연합국 공군은 독일의 공중폭격을 수십 배로 돌려주었다. 함부르크, 드레스덴, 도쿄의 참상은 런던과 비교조차 되지 않았다. 이런 상황 속에서 새로운 무기가 주어졌을 때 그것을 사용해야만 하는 '도덕적' 이유는 쉽게 찾아지기 마련이다. 일찍이 하버는 독가스

---

1   이 '화학자들의 전쟁'에서 화학무기 연구자는 양 진영을 통틀어 5500명을 넘었고, 독가스에 10만 명이 죽었으며, 최종적으로 독가스에 희생된 총사상자는 100만 명을 넘었다.

가 전쟁기간을 단축시켜 더 많은 생명을 구할 것이라고 변명한 바 있었다. 같은 논리가 원자폭탄에 그대로 적용됐다. 앞으로도 신무기가 나올 때마다 빠짐없이 제시될 논리였다. 실라드를 비롯한 많은 과학자들이 개인의 양심과 애국심을 조화시켜보기 위해 무던히도 애를 썼지만 시대는 하나를 선택하라고 강요했다. 전쟁이 끝났을 때, 어떤 과학자는 양심의 고통과 싸워야 했고, 다른 어떤 이들은 거추장스런 양심 따위는 집어 던져버리고 자기합리화 속에서 궁극무기의 개발을 가속시켰다.

전후의 원자과학자들의 삶

H. G. 웰스는 오래 살아 히로시마와 나가사키 소식을 듣고 1946년에 죽었다. 웰스는 죽기 얼마 전 자신은 과학적 진보에 대한 믿음이 무너져버렸고 인류는 급속한 멸망을 맞이할 수밖에 없을 것이라고 말했다. 수많은 사람들에게 과학의 꿈을 심어줬던 SF작가가 생의 마지막에 도달한 서글픈 결론이었다. 전쟁이 끝난 후 '원자'는 그 멸망의 씨앗으로 보였다. 원자과학을 둘러싼 모든 것이 바뀌었다. 사람도, 환경도, 가치관도. 과학자들은 이제 대중이 자신들을 바라보는 시선이 전혀 다른 것이 되었음을 느꼈다. 로스앨러모스에 모였던 과학자들이건, 전시과학과 어떠한 관계도 주고받지 않았던 과학자이건 아무 차이가 없었다. 그들이 원하든 원하지 않던 대중들에게 이제 원자과학자들 모두는 뭉뚱그려져서 신적인 힘을 손에 넣은 신화적 인물처럼 느껴졌다. 과학에 대한 경외감과 공포감은 역사상 최고 수준에 도달했다. 양심의 가책을 느꼈던 일부 과학자들이 '죄'를 고백할 때마다 대중의 관심은 오히려 커져만 갔고, 양심고백에 동정적 반응을 넘어 오히려 존경하기까지 했

다. 어떤 방법으로도 이 흐름을 막을 수 없었다. 과학의 내용 자체에 대해서는 대중이나 기자들의 질문은 아직까지 "플루토늄은 무슨 색인가요?"정도를 넘지 못했다.

원폭의 시작점이었던 실라드였지만 원폭투하는 실라드를 겁에 질리게 했다. 1933년 런던에서 얼핏 생각했던 아이디어의 실행에 그는 직접 참여했다. 자신이 프랑켄슈타인 박사가 된 듯 깊은 죄의식을 느끼고 전쟁 막바지에 할 수 있는 여러 시도를 했다. 실라드는 미국이 이 폭탄의 보유로 커다란 도덕적 책무를 짊어지게 됐다고 거듭 주장했지만 물론 정치가들은 한 귀로 흘릴 내용이었다. 실라드는 죄의식 때문인지 전쟁이 끝나자마자 물리학을 떠나 생물학 공부를 시작했다. 아마도 가장 많은 오해의 대상이 된 사람은 역시 아인슈타인일 것이다. 원자폭탄이 상대성이론의 직접적 결과물이며 원폭이 아인슈타인으로부터 비롯되었다는 식의 어마어마한 왜곡은 1945년부터 지금까지 많은 이들의 머릿속에 각인되어 있다. 당시 언론은 과학 전체의 대표로서 아인슈타인을 그리고 있었고, 실제 그가 가장 유명인이라 과학에 대한 모든 관심을 홀로 받아버렸기 때문이다. 1939년의 편지를 함께 썼던 두 사람은 과한 대가를 평생토록 치렀다.

1945년 10월 16일의 로스앨러모스 연구소장 퇴임식에서 오펜하이머는 솔직한 자신의 생각을 말했다. 그것은 이후 자신의 운명과 관련될 언급이기도 했다. "만일 원자폭탄이 세계의 무기고에 새 무기로 추가된다면……인류가 로스앨러모스와 히로시마라는 이름을 저주할 날이 올 것입니다. 세계의 모든 사람들이 단결하지 않으면 우리는 멸망할 것입니다." 오펜하이머는 전쟁 직후부터 피로와 죄의식에 빠져 있었다. 이런 시각의 결과 결국 오펜하이머는 자신의 정부로부터 몰이해당하고 핍박당한 대표적 인물이 됐다. 하지만 시간이 지난 후의 일이었다. 기적의 무기로 수많은 젊은이들을 구한 오펜하이머는 전쟁 직후 갑작스럽게 대중의 엄청난 존경을 받게 됐다. '원자폭탄의 아버지'라는 명칭은 오토 한도, 실라드도, 아인슈타인도 아닌 오펜하이머의 것이 되었다. 하지만 오펜하이머는 너무 많은 것을 알고 있었기에 전후의 낙관론에 묻혀 유명인의 인생을 즐길 수만은 없었다. 원폭의 폭발은 종전이라기보다는 새로운 무기체계의 시작이었을 뿐이다. 다른 군사강국들이 결국은 미국의 핵기술을 따라잡을 것이다. 특히 소련은 원자폭탄에 바싹 다가와 있다고 본 오펜하이머의 생각은 정확했다.―그로브스의 경우 소련이 원폭을 개발하려면 60년, 아마 운이 좋다면 10~20년은 걸릴 것으로 보았다. 원폭으로 정치와 외교는 물론 물리학까지 전혀 새로운 시대로 접어들었다. 스노(C. P. Snow)가 표현했듯 "물리학자들은 하룻밤 새 국가가 소집할 수 있는 가장 중요한 군사적 자원이 됐다." 로렌스, 오펜하이머, 페르미 등은 기술자문을 넘어서 국가정책에 영향을 미치는 영향력을 가지게 됐다. 물리학 자체에 대한 대접이 완전히 달라졌다. 미 국방부는 물리학에 최우선의 지원을 하기 시작했고 원자물리학은 이후 수십 년간 가장 많은 돈이 드는 연구 분야가 됐다.

한편 전쟁기간에는 잠재되었던 과학자들과 군의 갈등도 표면화되었다. 전쟁이 끝났음에도 당분간은 시카고, 로스앨러모스, 오크리지, 핸퍼드에서 연구했던 사람들은 엄격한 비밀 준수 의무를 지키며 살아가야 했다. 일부 물리학자들은 원폭투하 시 방사능의 위험을 알리는 팸플릿을 뿌려야 한다고 간청했지만, 군은 그런 경고를 한다면 독가스 같은 비인도적 무기를 사용한다는 고백으로 해석될 것을 우려해 받아들이지 않았다. 더구나 같은 이유로 정반대의 정보를 대중에 흘리기까지 했다.

조금 시간이 지난 히로시마 폐허에는 위험한 방사능이 전혀 없다고 설명했고, 그로브스는 의회청문회에서 방사능으로 인한 죽음은 '아주 즐거운' 느낌인 것으로 들었다고 발언하기까지 했다. 이 말에 특히 로스앨러모스의 과학자들은 극도의 분노를 느꼈다. 사고로 피폭된 젊은 동료 해리 데그니언이 얼마나 끔찍한 고통 속에 죽어가는지를 직접 보았기 때문이다. 일본 항복 후인 1945년 8월 21일, 1초도 안 되는 시간 오른손에 상당량의 방사능에 피폭된 데그니언은 30분 안에 병원에 입원했지만 아무런 방법이 없었다. 처음 손가락에 감각이 상실되는 느낌이 들다가 가끔씩 따끔거리는 통증을 느꼈다. 하지만 얼마 지나지 않아 양손이 부어오르며 건강이 급속히 나빠졌다. 섬망이 생기고 심한 장기 내 고통을 호소했으며, 머리카락이 빠지고 백혈구는 빠르게 늘어났다. 끔찍한 시간을 보내고 24일 만에 데그니언은 사망했다. 이런 사고 역시 극비로 취급되었기 때문에 슬픔 속에서도 과학자들은 비밀을 지켜야 했다. 1946년까지 로스앨러모스의 인력들은 하나둘 흩어져 갔다. 베테는 코넬 대학으로, 페르미는 시카고 대학 교수로 갔다. 텔러는 수폭개발의 꿈을 연기하고 어쩔 수 없이 잠시 페르미를 따라갔다. 오펜하이머는 프린스턴 고등연구소 소장이 되어 아인슈타인 등의 한량(?)들과 어울렸다. 이시도어 라비는 컬럼비아 대학으로, 위그너는 프린스턴으로, 앨버레즈, 시보그, 세그레는 버클리로, 바이스코프는 MIT로 차례차례 돌아갔고, 채드윅 등의 영국과학자들은 원폭의 비밀을 가지고 영국으로 귀환했다. 보어는 코펜하겐으로 3년 만에야 돌아갈 수 있었다.

군산학 복합체

대중은 무관심했지만 양심적 소수는 "조국이여, 우리는 무슨 짓을 했단 말인가?"를 묻고 있었다. 하지만 들리지 않았다. 정부는 냉전 준비에 열심이었고, 독일의 병기기술자들을 착실히 미국으로 데려오고 있었다. 물론 이 작업은 소련도 동일하게 추진하고 있었다. 새로운 힘을 어떻게 통제하고 사용할 것인가에 대해 과학자들 사이에 뜨거운 논의들이 있었지만 아무것도 그대로 진행되지 못했다. 보어가 경고했던 대로, 대부분의 과학자들이 예측했던 대로, 핵 경쟁은 시작되었다. '원자'라는 말이 들어가면 기밀이 되기가 쉬워졌고 군부는 그런 상황을 잘 써먹었다. 전쟁기간 동안 대학은 군부라는 엄청난 후원자를 만났고, 전쟁이 끝나도 이 달콤함을 잊을 수 없었다. 그렇게 미국 대학들의 주요 연구계획들이 펜타곤의 영향력하에 들어갔다. 물리학자들 역시 이런 상황이 잘못된 것이고 위험하다는 사실을 알았다. 하지만, 군 조직들이 제시하는 환상적인(?) 계약을 거절하려면 '초인적 인내심'이 필요했다. 대학과 연구소로 투입되는 미군부의 연구자금은 전쟁 후에도 날이 갈수록 늘어만 갔다. 그리고 그 대가로 비밀 준수의무와 감시가 뒤따랐다. '기밀연구'라는 대의명분이 모든 것을 합리화시켰다.

2차 대전 이후 서방 과학자들의 환경은 점점 억압적으로 변해갔다. 민주주의 국가에서 도청이 일상화되었다. 아인슈타인의 대화나 전화가 도청당하고 모든 편지가 검열되었을 정도니 다른 과학자들은 오죽했겠는가? 전쟁 이전 연구비 부족에 시달렸지만 자유롭고 행복한 분위기였던 물리학 연구는 이제 엄청난 자금이 투자되면서 감시받는 가장 국가적인 학문이 되었다. 중요한 인물로 판단되면 심지어 혼자 죽도록 내버려두지도 않았다. 폰 노이만을 비롯한 많은 원자과학자들이 중환자가 되어 병원으로 실려 올 때면 무장 경비병이 병동 문을 지키고 서거나 해당 환자를 돌본 의사와 간호사는 사전에 조사라는 명목으로 사실상의 심문을 받았다. 섬망 상태의 환자가 지껄이는 어떤 말도 즉시 잊으라는 주의도 주었다. 이 경우 임종을 지킬 가족과 친구도 그의 곁에 있을 수가 없었다. 1960년 아이젠하워 대통령은 퇴임연설을 하며 미국의 정치·경제·

아이젠하워
군산학 복합체라는 말은 아이젠하워가 만들었다.

문화를 조종하고 있는 거대화한 군산학 복합체(軍産學 複合體, military-industrial-academic complex)에 대한 경고를 남겼다. 하지만 냉전기 미국에서 그 그림자는 더 커져만 갔다.

소련의 원폭개발

"모든 것이 말소됐다. 계급, 서훈, 연금, 장교견장, 알파벳 13번째 문자, 하나님, 사유재산, 심지어 한 사람이 소망하는 대로 살아갈 권리까지." 솔제니친이 남긴 볼셰비키 정권에 대한 비판이다. 분명히 러시아의 인권상황은 혁명 후 심각하게 후퇴했다. 하지만 이것이 쉽게 생각하듯 국가경쟁력의 약화 같은 것으로 연결되지는 않았다. 러시아는 소비에트 연방이 되면서 산업화에 속도가 붙었다. 이후 스탈린은 더 잔인하게 소련의 산업화를 추진했다. 엄청난 희생 속에 어느 정도의 성과를 이루었다. 독일과의 2차 세계대전의 승리가 바로 그 결과다. 소련군은 더 이상 제1차 세계대전 시기의 무능한 러시아군이 아니었다. 전쟁이 끝나자 독일을 무너뜨린 소련은 자연스럽게 미국과 자웅을 겨루는 세계 제일의 군사대국이 되어 있었다. 미소의 대립은 불가피했다. 눈앞에 닥친 미래를 예측하며 미 군부는 긴장의 끈을 놓을 수 없었다. 소련의 움직임은 이미 충분히 불안했다. 1945년 9월 중순 이미 소련군은 중요한 전략적 가치가 있는 정보와 지역들을 게걸스럽게 점거하기 시작했다. 원자연구의 역사에서 여러 번 등장했던 중부유럽 유일의 우라늄광인 체코의 요아힘스틸 광산을 소련군이 점령했다. 체코슬로바키아군 수뇌부는 과거 독일의 원자에너지, 로켓, 레이더에 관련된 모든 계획서와 부속품, 모델, 공식들을 넘기라는 압박을 받았다. 연말에는 모스크바 주재 미 대사관에서 소련이 원자폭탄을 만들려고 한다는 공식적 보고가 전달됐다. 여러 증거로 볼 때 이미 소련에서 국가 최우선 순위의 연구였다.

러더퍼드가 그렇게 되찾고자 노력했음에도 철의 장막 너머로 사라져버렸던 카피차는 어떻게 되었을까? 카피차의 목소리는 단 한 번 철의 장막 밖으로 나온 적이 있었다. 1946년 카피차는 비키니 환초 핵실험을 언급하며 서방의 동료들에게 원자력을 전쟁에 사용하는 것을 막기 위한 싸움을 계속해 나가라고 촉구했다. 그로부터 10년 동안 카피차의 근황은 아무도 모르게 되었다. 이후 카피차는 소련의 핵무기 제조에 협력하기 거부했다는 이유로 물리학연구소장 지위에서 해임되고 7년 동안 가택연금 당했다. 아이러니하게도 그가 소련에서 가장 유명한 과학자였기 때문에 이 시기 서방언론에서는 소련의 원폭개발을 카피차가 주도한다는 오보들이 계속되었다. 이외에도 핵개발에 협조하지 않아 유배형과 강제 노동형을 받은 물리학자들이 있었다. 하지만 그런

소련군

독일군과 4년을 싸우면서 소련군은 전후 세계 최강의 군대로 거듭났다. 하지만 그것은 엄청난 희생 위에 이루어졌다. 전쟁 얼마 후 소련은 2차 대전 당시 징병대상 연령의 인구를 조사했다. 남성 3900만 명, 여성 5400만 명! 1500만 명의 젊은 남자들이 전선에서 사라져버렸다. 전쟁의 승리는 1500만 명의 소련 젊은이들이 모스크바에서 베를린에 이르는 길에 쓰러져간 대가로 얻은 것이었다. 독일군 한 명을 쓰러뜨리기 위해서는 소련군인 네 명의 희생이 필요했다. 그에 비하면 미국과 영국의 희생은 미미해 보였다. 온몸으로 나치 독일의 충격을 버텨낸 소련은 정당해 보이는 자신들의 몫을 요구해야 한다고 믿었다. 미국이 핵무기를 독점하고 있는 이상 그런 요구는 불가능했다.

소련의 조 I(Joe I) 핵실험 장면
소련은 미국과 4년의 격차로 원자폭탄을 개발했다. 스탈린은 김일성에게 남침을 허락해도 좋을 만한 핵균형을 달
성했다고 판단했다.

이들은 소수였다. 대부분의 소련물리학자들은 최대의 지원 속에 열정적으로 핵무기 프로그램을 진행시켰다.

1949년 8월 말 미 공군은 극동 상공의 대기 입자 시료 채취를 통해 소련의 핵실험을 확인해냈다. 충격적인 결과였다. 소련이 아무리 빨리 원자폭탄을 보유한다 해도 1956년 이후가 될 것으로 전문가들은 예측하고 있었다. 제2차 세계대전이 시작된 이후 미국은 한결같은 실수를 반복했다. 독일의 과학기술을 과대평가하고, 소련과 일본의 과학기술을 과소평가한 것이다. 그 결과 상당히 비싼 대가를 지불했다. 독일에서처럼 소련에서도 '아인슈타인 주의'에 대한 공격이 있었다. 이상적이고 반동적이라는 것이다. 독일과 소련은 모두 상대성이론을 뜬구름 잡는 관념론으로 보았다. 하지만 차이가 있었다. 나치 독일은 자연과학을 장려하지 않았다. 그들은 오직 기술만을 원했다. 하지만 소련은 자연과학에서도 체제의 우월성을 보이기 위해 엄청난 물질적 지원을 해줬다. 소련에서 물리학자는 생활수준이 가장 높은 직업 중 하나였다. 전쟁 전부터 소련은 물리학 지원에 열정적이었고 그 결과가 나타난 것이다. 미국 원자과학자들은 소련 원자폭탄의 이름을 '조 I(Joe I)'로 지었다. 스탈린의 이름 조지프에서 딴 것이다. 미국의 핵무기 독점은 이렇게 4년 만에 끝났다. 스탈린은 자신감을 얻었다. 곧 김일성의 거듭된 남침 요청을 마침내 수락했다. 핵 균형을 달성한 이상 미국이 확전하지는 못할 것으로 판단한 것이다. 1950년 한국전쟁의 비극은 소련 원폭의 빠른 성공과도 상관있는 셈이다.

텔러와 베테의 작업들

"사람들이 모호하다고 생각하는 것을 명쾌하게 하고, 사람들이 명쾌하다고 생각하는 것을 모호하게 만드는 것" ──젊은 시절 코펜하겐 연구소에 있을 때의 텔러에게 가장 하고 싶은 일이 무엇이냐고 질문했을 때 답변

에드워드 텔러는 진주만 공격 이전부터 슈퍼무기의 선도적 주창자였다. 그리고 수소핵융합반응으로 동작하는 수소폭탄은 앞서 살펴본 것처럼 사실 1942년 여름부터 이미 가능성이 검토되었다. 아이디어로 보아 충분한 가능성이 있었음에도 수소폭탄 연구가 우선순위에 오르지 못한 것은 너무 복잡한 계산이 필요했기 때문이었다. 그리고 혹시나 전 지구적으로 막을 수 없는 연쇄반응을 일으킬지도 모른다는 불안감도 조금 있었다. 어차피 원자폭탄을 만들 수 있어야 수소폭탄의 폭발이 가능했기 때문에 먼저 원자폭탄부터 만들어보자는 쪽으로 작업이 진행되어갔다. 원자폭탄이 수소폭탄 안에 들어가야 수소폭탄의 신관으로 작용할 수 있었다. 열핵반응을 일으킬 수 있는 초기상황을 만들기 위한 초고온은 핵분열로 얻을 수 있기 때문이다. 하지만 텔러는 로스앨러모스 팀 내에서 따로 시간을 할애해 수소폭탄에 대한 연구를 지속적으로 진행했다. 다시 말해

에드워드 텔러
텔러는 원자폭탄의 폭발 이후 가장 열정적으로 다음 단계의 폭탄개발을 열망했던 과학자였다. 그리고 결국 그는 '수소폭탄의 아버지'가 됐다.

수소폭탄의 수학적 연구는 지속되었고 기술적 개발만 미뤄졌을 뿐이다. 로스앨러모스의 과학자들은 작업이 미뤄진 수소폭탄을 그냥 '슈퍼(Super)'라 불렀다.

별 내부의 열핵반응을 몇 년간 검토해온 텔러는 핵분열 폭탄 다음 단계로 핵융합 반응의 사용을 지속적으로 제안했다. 하지만 이 '슈퍼' 계획은 계속 우선순위에서 밀려났다. 텔러는 조직적 융화에는 거의 관심이 없어 로스앨러모스 연구팀 사이에서는 자주 불만을 유발했다. 다른 과학자들은 군대식의 취침기상시간 규율을 따랐지만 텔러는 늦게 일어나고 집에서 일하며 혼자 산책했다. 그러면서도 자신을 오펜하이머만큼이나 야심 있고 월등한 인재라고 생각했다. 실제 공통점이 있었던 모양이다. 한스 베테는 그 둘을 가리켜 "과학자보다는 예술가에 가까웠다."고 표현했다. 트리니티 폭발 직후 텔러는 페르미와 열핵반응 연구를 잠시 다시 시작했었다. 하지만 일본항복 후 바로 중단됐다. 텔러는 이런 상황 진행에 좌절했다. 특히 텔러는 소련과의 관계를 매우 비관적으로 생각했다. 철저한 반공주의자로 소련에 대한 적대감이 컸던 그는 처음부터 소련이 가상적이었다. 열한 살 때 텔러가 헝가리에서 경험한 공산주의는 그에게는 끔찍한 악마 같은 것이었다. 그는 수소폭탄이야말로 장차 소련이라는 새로운 적에 맞서기 위해 반드시 필요한 무기라고 확신했다.

텔러는 전쟁 후 자신의 무리한 계획이 받아들여지지 않자 시카고 대학으로 가버렸다. 하지만 다음해인 1946년 4월에 로스앨러모스에 돌아왔다. 열핵무기 제작에 대한 회의가 다시 시작됐다. 1946년 6월 미국의 핵무기는 팻맨 9기뿐이었다. 1947년이 되자 재고는 13기가 되었다. 플루토늄 대량생산이 결정적 장애요소였다. 이 시기 이미 원폭은 물리학의 문제가 아니라 공학적 문제일 뿐이었다. 반면에 수소폭탄은 이론상의 복잡성이 엄청났다. 텔러가 주도한 초기 수소폭탄 설계는 원폭과 1세제곱미터 이중수소, 그리고 '21세기가 된 지금까지도 정확한 양이 발표된 바 없는' 삼중수소로 구성되어 있다. 삼중수소는 반감기가 12년 정도로 짧아 자연에 존재하지 않기 때문에 인공적으로 만들어야 한다. 그리고 아마도 이미 만들어진 수소폭탄이 제 기능을 유지하려면 일정 기간마다 삼중수소를 보충해주어야 할 것이다.—이 설명에 '아마도'를 많이 사용하는 이유는 지금까지도 정확한 설계가 비밀로 분류되어 있기 때문이다. 어쨌든 텔러는 회의에서 '슈퍼'를 2년 안에 만들 수 있다고 호언장담했다. 후에 밝혀졌지만 이때 이 회의 내용도 클라우스 푹스는 실시간으로 소련에 넘기고 있었다. 논쟁이 계속되었다. '슈퍼'가 비록 기술적으로 실현가능하나, 그것을 만드는 것은 엄청나게 복잡하고 비경제적이었다. 군사적 관점에서도 굳이 '슈퍼'를 만들어야 할 것인가의 문제가 있었다. 모스크바와 레닌그라드 이외에 그런 규모의 폭탄을 사용해야 할 도시는 없었다. 원자폭탄이면 충분했다. 그리고 그런 무기를 개발한다면 미국의 도덕적 지위가 크게 추락할 것이다. 페르미는 이 무기의 파괴력으로 인해 그 존재 자체와 그것을 만드는 지식은 인류 전체에 중대한 위협이 될 것이라는 견해를 보였다. 하지만 수소폭탄 지지자들은 전 세계에 미국의 기술적 우위를 계속 믿을 수 있도록 만들어야 한다고 맞섰다. 제2차 세계대전에도 그랬던 것처럼 이번에도 "소련이 먼저 만든다면 어떻게 되겠느냐?"라는 논리가 역시 중요했다.

하지만 전시의 대규모 지원이 없어진 상황이라 3년간 '슈퍼' 작업은 답보상태였다. 텔러는 3년간 로스앨러모스 연구자와 시카고 대학교수 사이에서 이도저도 아닌 정체성을 가졌다. 당시 수소폭탄 프로젝트도 비슷한 운명이었다. 1949년 여름에 텔러는 시카고 대학을 휴직하고 로스앨러모스에 또다시 돌아왔다. 시기적으로 소련의 베를린 봉쇄와 중국에서 공산당이 승리하며 장제스의 국민당이 대만으로 쫓겨 가는 사건이 있었다. 거기다 텔러의 조국이었던 헝가리의 운명에 대한 소식들도 암울했다. 연합군의 통제 아래 잠시나마 자유를 누리던 헝가리는 1948년 소련군만 주둔한 상태에서 공산당이 정권을 잡았다. 텔러의 부모, 누이동생과 조카는 홀로코스트에서 다행히 살아남았지만, 헝가리 공산당 집권 뒤 다시 연락이 끊어졌다. 텔러에게 소련은 이제 악의 제국이었다. 어쨌든 텔러의 복귀 시기는 아주 적절했다. 1949년 9월 23일 트루먼은 소련의 원폭보유 사실을 대중에게 공개했다. 생각보다 빨리 미국의 핵 독점이 끝났음을 모두가 알게 되었다. 미국의 첫 대응은 우라늄-235와 플루토늄 생산량을 늘리는 것이었다. 미국은 1949년 말이 되자 원폭 200기를 보유했다. 1947년의 13기와 비교해보면 미 정부가 그간 얼마나 맹렬히 움직였는지 짐작할 수 있다.

텔러가 보기에는 이제 소련보다 수소폭탄을 먼저 만들지 못하면 미국의 안전조차 보장받기 힘들었다. 1949년 '조 I'의 폭발 덕택에 별로 지지받지 못하던 텔러의 수소폭탄계획은 탄력을 받았다. 미국의 핵 독점이 깨진 이상 이제 미국 전문가들은 빨리 '슈퍼'를 만들어야 한다고 생각이 모아졌다. 논의 끝에 1950년 1월 31일, 트루먼은 수소폭탄 개발을 공식정책으로 공포했다. 뒤이어 때마침 클라우스 푹스 사건까지 터졌다. 1950년 2월에 푹스가 1942~1949년 사이 원폭에 대한 비밀정보를 거의 고스란히 소련에 넘겼다는 사실이 알려졌고, 그것이 빠른 소련의 핵무장을 가능케 했다는 충격은 미 정계와 군부를 발칵 뒤집어놓았다.[2]

아인슈타인은 수소폭탄 개발에 대한 이야기를 듣자 강력히 반대했다. "(만약 성공한다면) 지구상 전체 생물의 전멸이 기술적 가능성의 범위에 들어오게 된다." 하지만 처음에 적극적이고 구체적으로 수소폭탄에 대해 반대했던 중심인물은 한스 베테(Hans Albrecht Bethe, 1906~2005)였다. 1933년에 독일을 떠났던 베테는 조머펠트가 후계자로 여겼던 인물이다. 전후에도 조머펠트는 뮌헨 대학의 이론물리학 학과장 자리를 맡지 않겠냐고 베테에게 물어보았다. 하지만 베테는 거절하고 미국에 남았다. 미국에 정이 들었고 무엇보다 이곳은 차원이 다른 엄청난 프로젝트들을 진행시킬 수 있었다. 베테는 코넬 대학에 유력한 핵물리학 연구소를 만들었다. 베테는 특유의 유머와 식욕으로 유명했다. 언제나 자신감이 충만했고 원폭개발 기간 내내 양심의 가책으로 고뇌하지 않았던 부류 중 하나다.

그런 그조차 수소폭탄 개발은 고민스러웠다. 베테는 원자과학자 비상위원회 활동을 하면서 핵전쟁을 막기 위해 국제적 통제를 주장한 측에 섰다. 1949년에 텔러가 '슈퍼' 개발을 함께 하자고 베테를 유혹했다.

---

2 폭스 같은 이들의 이런 행동을 어떻게 이해해야 할까? 자신의 조국도 아닌 소련을 위해 단지 사상적인 이유만으로 인생을 걸었던 것일까? 조금 더 염두에 둘 만한 것은 폭스 같은 이들의 눈에는 미국이야말로 야비한 국가로 비쳐졌을 것이라는 점이다. 제2차 세계대전 기간 소련 2000만, 800만 영국인과 유럽인, 500만 독일인, 600만 유대인까지 3900만 명이 유럽에서 죽었다. 일본이 일으킨 전쟁에서 1600만 명이 더 죽어 공식적으로 제2차 세계대전 사망자는 5500만 명이었다고 알려졌다. 독일군 한 명을 쓰러뜨리기 위해서는 네 명의 러시아인을 포함한 연합국 예닐곱 명의 희생이 필요했다. (후일 소련의 사망자는 그 두 배 이상일 수도 있다는 것이 냉전이 끝나고서야 알려졌다. 최근의 제2차 세계대전 추정 사망자는 7200만 명까지 늘어나 있고 그 이유는 대부분 소련의 추정 희생자 수가 급증했기 때문이다.) 독일의 공격을 온몸으로 막아내야 했던 소련의 희생은 실제로 엄청났다. 미국은 결코 적지 않은 희생을 치렀지만, 50만 명 미만의 미군 전사자는 소련과 유럽의 희생에 비하면 더없이 초라해 보이게 마련이다. 소련을 지지했던 사람들은 미국과 영국이 독일과 소련이 서로 지쳐 쓰러지기를 기다리며 어부지리를 노리는 것이라고 봤다.

당시 군사용으로만 사용이 제한되었던 매력적인 컴퓨터들의 도움도 받을 수 있었음에도 오랜 고민 끝에 그는 참가하지 않았다. 베테는 전후 오펜하이머의 어정쩡한 태도에는 실망했었고, 바이스코프가 내린 비관적 결론에 동의했다. "우리의 작업들로 우리가 승리하더라도 우리가 보존하기 원하는 세상은 아닐 것이다. 지키고자 했던 것을 결국 잃게 될 것이다." 텔러의 권유를 거부했던 베테는 수소폭탄 반대의 선봉에 섰다. "자유를 잃느니 생명을 잃는 게 낫다는 말에 동의한다. 하지만……(수소폭탄을 사용하는 전쟁에서는) 생명보다 더 많은 것을 잃을 것이다. 우리는 자유와 인간성도 동시에 잃을 것이다. 아주 철저하게 잃어 아주 긴 시간 동안 원상회복이 불가능할 것이다." "이 폭탄은 전쟁무기가 아니다. 전 인류의 절멸수단이다." 당시 미 정부는 '기밀'을 공개했다면서 베테의 이런 글이 실린 잡지를 압수해 폐기했다.

하지만 이런 교착상태는 오래 가지 않았다. 다음해인 1950년 6월 한국전쟁이 일어났다. 소련이 팽창에 나섰다고 생각되자 주저하던 많은 과학자들이 애국적 연구에 돌아왔다. 아이러니하게도 베테도 이때 다시 연구에 참여했다. 그는 나중에 수소폭탄을 원리적으로 만들 수 없다는 확신을 얻길 기대했다고 변명했다. 실패하기 바라며 연구를 진행했고, 모두가 만들 수 없다는 것을 알아야 궁극적으로 이 무서운 계획은 중단될 것이라고 봤다는 묘한 논리였다. 베테의 마음 속 진실이 무엇이건 수소폭탄은 수많은 과학적, 기술적, 산업적 위기를 극복하고 텔러와 베테 같은 이들의 노력에 힘입어 결국 성공해버렸다.

텔러-울람 구조

1950년 이후 경제적 지원이 원활해졌으나 여전히 텔러가 해결해야 하는 것들은 많았다. 수소폭탄은 히로시마 원폭보다 1000배 이상 더 강력한 폭탄을 만드는 것이다. 태양 내부에서 일어나는 자연스러운 현상을 지구상에서 극히 일시적으로 재현해내야 가능한 일이었다. 먼저 10만분의 1초 단위 열핵폭발 과정의 시뮬레이션은 새로운 계산도구가 필요했다. 최초의 컴퓨터로 불리는 애니악(ENIAC)이 1950년 6월부터 로스앨러모스에서 이 계산을 시작했다. 처음 탄도곡선을 계산하기 위해 만들어진 애니악은 수소폭탄의 폭발과정에 대한 복잡한 계산에도 투입되었다. 사실은 두 팀이 독자적으로 계산을 담당했다. 한 팀은 애니악을 사용했고 또 한 팀은 울람과 에버렛이 일반 계산기를 사용했다. 같은 문제를 두 팀이 따로 계산해 결과를 비교하는 이 방식은 로스앨러모스의 전통이 되어 있었다. 애니악이 계산을 훨씬 빠르고 정확히 진행할 것으로 생각되겠지만, 계산 시간 자체는 빨랐어도 기계어로 프로그래밍을 해야 하고 그 과정에서 오류가 있을 수 있었다. 전혀 관련 없는 답을 내놓지는 않는지 검증되어야 했고 그 과정에 울람이 먼저 정확한 답을 내놓는 경우가 많았다.—애니악은 생각보다 효율적이지 못한 컴퓨터였다. 그리고 울람의 계산결과들은 텔러의 계획이 불가능하거나 삼중수소의 필요량이 엄청나 그 비용이 감당할 수 없는 수준으로 늘어날 것 같았다. 울람의 계산은 1946년 텔러의 계산이 잘못됐다는 것을 분명히 보여주었다! 이 결과에 텔러는 분노했다. 텔러는 처음에 울람이 고의로 속이고 있을지 모른다고 생각했다. '슈퍼'가 불가능하다는 것이 입증되기 기대하며 연구하는 사람들이 로스앨러모스에는 꽤 있었다. 하지만 울람의 계산은 수학적으로 확실함이 분명해졌다. 수소폭탄이 현실적으로 가능한 것인지의 의문이 생겨났다.

1950년 10월에서 1951년 1월 사이 텔러는 절망적이었다. 한국전쟁에서도 중국 인민해방군의 개입으로 전쟁이 수렁에 빠지고 있는 시점이었다. 하지만 1951년 2월에 텔러는 전혀 새로운 수소폭탄 구조를 설계해내며 재기할 수 있었다. 구원자는 바로 울람이었다. '슈퍼'의 위기상황에 울람이 전혀 새로운 수학적 아이디어로 계획을 되살려냈다. 울람의 도움을 얻은 이 개념은 후일 텔러-울람 구조로 알려졌다. 텔러는 울람을 의심했던 것을 사과했다. 이 천재적 아이디어를 폰 노이만, 텔러, 베테, 페르미, 휠러, 오펜하이머 등의 최고 인재들이 모여 이틀간 회의를 거쳤고, 모두가 흥분한 채 떠났다. 혁신적 돌파구를 만나자 베테와 오펜하이머를 포함해 아무도 윤리적 문제를 제기하지 않았다. 달콤한 기술적 유혹을 어떻게 거부할 수 있을까? 그들 모두가 파우스트였다. 수소폭탄의 가능성은 커졌지만 울람이 내린 결론으로 모든 것을 처음부터 다시 시작해야 했다. 새로운 설계에는 '그린하우스(greenhouse)'라는 암호명이 붙었다. 텔러 연구팀의 실험이 착실히 준비되었다. 중수소와 삼중수소를 집적상태로 유지하기 위해 극저온으로 보관해야 했다. 새로운 실험은 이전의 원폭실험보다 훨씬 정밀한 관찰과 엄청난 속도와 정확도를 갖춘 컴퓨터가 필요했다. 카메라는 1초에 1만 장이 넘는 사진을 정확한 시차로 찍을 수 있어야 했고 이 자료들이 정확하게 실험실로 전송되어야 했다. 불과 1년 안에 그런 장비들이 준비되었다. 아직까지도 이렇게 진행된 일들의 세부적 과정과 수소폭탄의 구체적 동작구조는 극비로 분류되어 있다.[3]

폰 노이만의 구원

수소폭탄 개발과정에서 텔러의 부족한 부분은 다름 아닌 폰 노이만이 채워주었다. 폰 노이만은 텔러처럼 제1차 대전 직후 부다페스트의 공산주의 치하를 겪었기 때문에 텔러만큼이나 강력한 반공주의자였다. 그 기억 속의 공포가 평생 동안 천재 폰 노이만의 입장을 결정해버렸다. 텔러의 사무실에서 페르미, 폰 노이만, 파인만이 회의를 하면 재미있는 광경이 펼쳐졌다고 한다. 회의 중 계산을 다시 해야 하면 파인만은 탁상계산기로, 페르미는 계산자로, 폰 노이만은 머릿속으로 계산했다. 대부분의 경우 폰 노이만이 가장 빨랐다. 회의 참석자들은 폰 노이만의 재능보다는 세 답이 거의 항상 비슷했다는 것이 더 경이로웠다고 한다. 텔러-울람 구조로 개발의 방향은 열렸지만 열핵 폭발을 충분한 정확도로 계산하는 것은 거대한 난관이었다. 수많은 단계의 물리적 과정들이 극소의 시간에 발생하고 이것이 모두 정확히 계산되어야 했다. 지구에서 만들어질 것 같지 않은 무한히 복잡한 검증과 계산 장비가 필요한 듯했다. 시간적 압박은 2차 대전 때보다 심했다. 이미 트루먼 대통령이 수소폭탄을 만들라고 지시한 지 1년 반이 지났고, 소련은 전력을 다해 같은 연구를 진행하고 있을 것이다.

애니악은 빨랐지만 연약했다. 진공관이 여기저기서 꺼지고 수시로 수리해야 했다. 계산은 너무 오래 걸려 끝이 보이지 않았다. 이때 '기

---

3   이 텔러-울람 구조 수소폭탄의 기본적 작동원리는 1983년 로스앨러모스 창립 40주년 출판물에 발표됐다. 물론 여기까지 안다고 수소폭탄을 동작시킬 수는 없다. 그 이상의 정보가 필요하다. 21세기 들어 자신들의 수소폭탄 개발에 성공한 북한은 1990년대 구소련 출신 과학자들로부터 그런 정보를 얻은 것으로 보인다.

적의 박사' 폰 노이만이 또다시 구세주로 등장했다. 애니악보다 월등한 컴퓨터를 만들 수 있다고 제안했다. 그렇게 새로 만들어진 컴퓨터는 뛰어난 성능을 갖췄다. 4만 비트(!)나 되는 정보의 '저장(save)'이 가능했다.[4] 손쉽게 이 정보를 다시 '불러와(load)' 시간을 절약했고, 오류 확인 후 잘못된 지시를 수정할 수도 있었다. 처음 사용해본 사람들은 모두 경탄을 금치 못했다. 석 달 작업이 10시간의 작업으로 줄어들었다. 폰 노이만의 새 컴퓨터는 수소폭탄 개발과정에 핵심적 돌파구였으며 이후 컴퓨터의 기본 발전과정까지 결정했다. 폰 노이만이 이 컴퓨터에 붙인 이름은 '수학분석기, 수치적분 및 계산기(Mathematical Analyzer Numerical Integrator And Computer)'라는 거창한 이름이었는데 동료들은 머리글자를 따서 줄임말을 만들어보고 나서야 폰 노이만이 붙인 이름의 의미를 깨달았다. 줄임말은 '미치광이(MANIAC)'였다. 이 '미치광이'의 기본설계는 오늘날 사용되는 모든 컴퓨터의 기초가 되었다.

수소폭탄의 성공

이제 텔러는 군을 설득해 자신과 자주 마찰을 빚는 로스앨러모스를 떠나 리버모어에 수소폭탄을 연구할 새 연구소를 세웠다.[5] 1952년 7월에 텔러는 이곳으로 옮겨왔다. 그리고 텔러와 폰 노이만을 포함한 100여 명의 과학자는 최초의 수소폭탄을 만들었다.[6] 액체 이중수소와 삼

---

4 아직 바이트(byte) 단위가 아니라 비트(bit)를 쓰던 시기였다. 이 자료들을 보면서 필자는 왜 1990년대 내가 가졌던 386 PC가 '대 공산권 수출금지' 품목이었는지 명확히 느껴졌다. 불과 40년 정도 후면 개인용의 컴퓨터가 MANIAC의 성능을 훨씬 넘어섰다.
5 현재도 리버모어 연구소는 미국의 핵심적 국방 연구소다.

중수소는 극저온 상태에서 보관해야 했으므로 냉각설비가 필요했다. 그래서 최초의 수소폭탄인 이 복잡한 장치는 무게가 65톤이나 됐다. 1952년 10월 초 마셜군도의 한 섬인 에니웨톡 환초의 엘루겔라브 섬에서 최초의 수폭 '마이크(Mike)'의 실험준비를 마쳤다. 섬 주민들을 모두 대피시켰다. 안전을 위해 언제나 계산보다 10배 더 큰 폭발을 고려해 진행했다. 모두가 폭발예상지점 60킬로미터 밖으로 물러났다. 지루한 휴전협상을 하며 한국전쟁이 계속되던 1952년 11월 1일 실험이 이루어졌다. 폭발 시 돔 모양의 화염은 5.6킬로미터 높이로 치솟았다. 수백만 갤런의 바닷물이 수증기로 바뀌었다. 이후 버섯구름이 치솟을 때에야 관찰자들은 폭탄 건물이 있던 섬이 통째로 사라졌다는 사실을 알았다. 폭발 후 길이 1.6킬로미터, 깊이 53미터 구덩이가 생겼다. 마이크는 리틀보이보다 1000배 더 강력한 10.4메가톤의 폭발력을 보여줬다. 매니악의 예상결과를 뛰어넘는 것이었다.

이날 태양 내부에서 일어나는 과정이 지구상에서 발생했다. 텔러는 기뻐하며 성공을 알리는 암호를 보냈다. "아들을 낳았다." 하지만 미국의 수소폭탄 독점 기간은 훨씬 더 짧았다. 바로 다음해인 1953년 소련은 수폭개발에 성공했다. 무게 65톤의 마이크는 이후 경량화 연구를 거쳤다. 1954년 봄이 되자 15메가톤 위력의 비행기로 운반 가능한 수소폭탄이 개발되어 나왔다. 물론 소련은 이 또한 금방 따라잡았다. 소련은 1955년 11월에 항공기 투하 수소폭탄 실험을 했다. 그러자 곧 독일의 V-2 로켓에서 영감을 얻은 대륙간 탄도 미사일(ICBM)을 만들자

---

6   아직까지는 폭탄이라기보다 열핵융합 장치였다. 어느 곳에 투하할 수 있는 규모가 아니라 실험할 곳에 가져가 설치해야 하는 규모였다.

수소폭탄 실험용 설비들
트리니티 실험과 비교해보면 얼마나 거대한 실험장치였는지 짐작할 수 있다.

수소폭탄 마이크 실험
수소폭탄의 폭발력은 원자폭탄의 1000배가 넘었다. 원자폭탄은 도시를 평면으로 만들었지만, 수소폭탄
은 실험이 이루어진 섬 자체를 지워버렸다.

는 얘기가 나왔다. 처음에 많이 만들지 않은 이유는 8000킬로미터를 날아갈 때 표적지점에서 이탈하는 오차가 1% 정도, 즉 80킬로미터 정도였기 때문이다. 이후 오차는 0.2%로 줄었지만 그래도 16킬로미터 오차였다. 모스크바로 발사한다면 도시 외곽에 떨어질 확률이 높았다. 레닌그라드 비행장을 겨냥하면 바다에 떨어질 확률도 있었다. 그래서 전략적 유용성이 떨어졌다. 하지만 새로 개발된 수소폭탄은 그 정도 오차를 무시해도 될 정도의 엄청난 폭발반경을 가지고 있었다. 치유 불가능한 암이 증식 중이던 폰 노이만은 병중임에도 이 일을 해결했다.

1953년 폰 노이만의 작업들로 인해 열핵탄두가 결합된 ICBM은 표적 중심에서 13~16킬로미터 떨어진 곳에 떨어지더라도 군사적으로 만족할 수준에 도달했다. 그렇게 상황은 거듭 바뀌어 원자폭탄의 1000배 이상 파괴력을 지닌 수소폭탄을 장착하고 스스로 목표물로 날아가는 대륙간 탄도 미사일의 시대가 왔다. 1954년 3월의 수폭실험은 마이크보다 다시 7~8배 강력해졌다. 이 모든 일들이 1945년 첫 원폭의 폭발로부터 불과 10년 정도 만에 벌어진 일이었다. 이후 오펜하이머, 폰 노이만, 텔러 등의 초기 개척자들의 손을 떠난 핵무기는 군산학 복합체의 품에서 생명체처럼 스스로 성장했다. 1950년대와 60년대를 거치면서 핵무기는 지구상에서는 더 이상의 파괴력 연구가 필요 없을 만큼 강력해졌고 이후 양과 정확도의 경쟁으로 치달았다. 미소 양국의 이런 핵경쟁은 수십 년 동안 지속되며 지구촌을 불안하게 만들었다.

2

플랑크의 마지막 날들

제2차 세계대전 기간의 플랑크

제2차 세계대전 기간, 플랑크는 기회가 될 때마다 쉼 없이 강연여행을 계속했다. 행정적 권한은 사라졌지만 플랑크의 고귀한 위상은 여전히 남아 있었다. 나치는 선전가치가 있다고 판단해서 전쟁기간 플랑크의 순회강연을 방해하지 않았다. 인내의 철학은 있었지만 저항의 메시지는 없었기 때문이다. 1942년 나치는 플랑크의 기록영화를 만들었고, '이상적 독일인의 대표'라고 추켜세웠다. 하지만 동시에 나치는 플랑크가 자신들의 지지자도 아님을 잘 인식하고 있었다. 1930년대 후반 플랑크의 주요 연설에서 상대성이론은 '이론 물리학 구조의 완성'으로 자주 언급되었다. 하지만, 그는 아인슈타인의 이름은 사용하지 말라는 금지조치도 준수했다. 플랑크의 이런 타협들은 해외에서 그의 평판을 실추시켰다. 하지만, 기록을 보면 1943~1944년 사이에도 플랑크는 나치 외교관 모임에서 연설할 때 아인슈타인을 현대 사상계의 지도자이자 길잡이라고 분명하게 표현했다. 모인 관객들이 탐탁지 않아할 것을 뻔히 알았을 것임에도 말이다. 1944년의 독일에서는 이 정도 말만으로도 무사할 사람은 많지 않았다. 플랑크는 자기 존재감의 한계선 근처에서 줄타기를 했다. 나치 과학계의 고위층에서는 플랑크의 강연을 금지시킬 것을 권했다. 그들은 플랑크의 어머니가 순수 아리아인 혈통이 아니며 플랑크가 '1/16 유대인'이라고 판단했다. 괴벨스는 플랑크가 '국가에 냉담한 자'라고 했다. 괴벨스는 프랑크푸르트 시가 플랑크에게 괴테 상을 시상하는 것을 금지시켰다. 하지만 같은 시기 히틀러는 플랑크에게 80세 생일 축하 전문을 보냈다. 나치 정권의 즉흥적이고 일관적이지 못한 정책결정구조를 잘 보여주는 사례들이다.

1943년 플랑크는 코블렌츠에서 강연도중 폭격으로 연설을 중단해야 했다. 카셀에서는 폭격으로 황폐화된 지옥도를 눈으로 목격했다. 어떤 때는 방공호에서 지내기도 했다. 하지만 같은 해 85세의 나이로 3000미터의 산을 오르는 노익장을 보여주며 여전한 활력으로 낙관적인 격려와 위로를 전했다. 1944년 2월 15일 베를린 대공습에서 플랑크 생애에 또 하나의 큰 고통이 지나갔다. 그뤼네발트에 있는 플랑크의 집이 폭격으로 완전히 불타버렸다. 수십 년을 모아온 그의 서적, 일기, 편지 등 모든 유품이 일거에 소실되었다. 플랑크는 그래도 여전히 꿋꿋하게 이 상실감을 받아들였다. 뒤이어 손녀 엠마가 자살을 기도했다는 소식을 들었고, 부인 마르가가 가서 엠마를 요양소에 입원시켰다. 이 정도의 삶이라면, 그의 불굴의 정신을 시험하기에 충분해 보이는 고난이다. 그럼에도 신은 플랑크의 인생에서 아직도 '더' 요구했다.

1944년 7월 말 유명한 히틀러 암살미수 사건이 터졌다. 반란진영은 정권획득에 실패하고 모두 잔인하게 차례차례 처형당했다. 차남 에르빈은 그 동조자 중 한 명으로 체포되었다. 1944년 말, 에르빈의 죽마고우였던 에른스트 폰 하르낙이 사형을 언도받았다. 그러자 플랑크는 위기감 속에 아들의 사형만은 감형시키려고 백방으로 손을 썼다. 안면 있던 친위대장 히믈러에게도 부탁하고, 히틀러에게도 가능한 한 선을 대보려고 노력했다. 1945년 2월 18일에 히믈러의 사면언질을 받았음에도 5일 후 사전통고도 없이 아들 에르빈의 사형이 갑작스럽게 집행되었다. 플랑크의 간곡한 청원에도 불구하고 어떤 예고도 없었고, 에르빈은 단 하나의 유품도, 한 마디의 유언도 남길 수 없었다. 수용소의 말단 관리들은 친위대장의 명령 따위를 기다리지도 않았던 것이다. 나치는 멸망의 마지막 때가 다가옴을 느끼자 감옥에 있는 반체제 인사들을 빠르게 처형해 나갔다. 특별한 명령이 없는 한 사형은 표준형량 같은 것이었다. 해방을 한두 달 남겨놓고 그들은 나치의 끝을 보지 못하고 죽어갔다. 나의 끝이 오기 전에 너희의 끝을 보겠다는 저열함의 발로에 많은 이들이 희생되었고 에르빈은 그중 한 명이었다.

에르빈 플랑크

플랑크는 87세의 나이에 하나 남은 아들마저 잃었다. 조머펠트에게 보낸 편지는 그의 고통을 짐작케 한다. "나는 이 숙명에 순응할 힘을 얻으려고 날마다 싸웁니다. 매일 새로 밝아오는 아침마다, 나를 마비시키고 나의 명료한 의식을 어지럽히는 새로운 타격이 엄습합니다. 내가 다시 정신적 균형을 얻으려면 꽤 오랜 시간이 걸릴 것 같습니다. 그 아이는 내게 그만큼 가치 있는 부분이었습

히틀러 암살미수 사건

실패로 끝난 1944년 7월의 히틀러 암살미수 사건은 독일정계와 군부에 남아 있던 반나치 인사들에게 재앙이 되었다. 반란에 연루된 사람들 대부분이 처형당했고, 반란 성공 후 신정부의 요직을 얻을 예정이던 에르빈은 막스 플랑크의 끈질긴 노력에도 죽음을 피하지 못했다.

니다. 그는 나의 햇살, 자랑, 희망이었습니다. 이 상실은 어떤 말로도 형용할 수 없습니다." 낙관과 절제의 화산이었던 플랑크에게서 삶의 모든 기쁨이 빠져 나갔다. 비극의 절정에서 그의 영혼은 사실 이때 이미 죽었으리라. 이런 일이 진행되는 와중이었던 1945년 1월에도 플랑크는 베를린 의대 학생들에게 강연했다. 연합군이 독일 국내로 전진해서 패전이 임박한 즈음이었다. 참석자는 40분간의 강연시간 동안 '존경의 침묵'을 경험했다고 전한다. 플랑크의 존재 자체가 비장한 메시지였던 것이다.

전후의 플랑크

차남 에르빈의 처형 이후 87세의 플랑크는 절망의 끝에 도달한 느낌이었겠지만 그의 고난은 아직도 남아 있었다. 1945년 봄 전쟁의 막바지에 연합군이 독일영토 깊숙이 진격해 오자 작년에 집을 잃고 낙향해 있던 로개츠까지 전쟁터가 되었다. 플랑크는 이 무렵 급격한 노화로 척추가 녹아 붙어 걸을 수조차 없었다. 그럼에도 집을 떠나야 했다. 마땅히 그를 구조해야 할 국가는 산산조각 났다. 소련군이 진군해 오자 노부부는 걸어서 피난을 가야 했고, 건초더미에서 잠을 자며 버티던 플랑크는 녹아 붙은 척추의 고통을 이기지 못해 밤마다 비명을 질렀다. 겨우 도착한 마그데부르크 근처 친구 농장에서 머무르다가, 이 지역이 소련점령지역에 편입되자 또 길을 떠나서 간신히 미군 점령지역인 괴팅겐에 도착했다. 결국 미군이 플랑크를 구조해 괴팅겐의 조카딸 집에 간신히 피신했다. 플랑크는 5주간 입원해 있다가 겨우 걸을 수 있게 되었으나, 집중력과 기억력에 장애를 겪었다. 1943년까지 3000미터 산을 올라갈 정도로 건강하던 플랑크는 에르빈을 잃은 뒤 급격히 노쇠했다. 한편 가장이 미군에 잡혀간 뒤에도 웰펠트에 남아 있던 하이젠베르크 가족은 1945년 11월에 생활비가 바닥났다. 어쩔 수 없이 굶주리며 유리창 없는 만원열차에 타고 프랑스 관할지역인 헷힝겐으로 갔다. 두 달 뒤인 1946년 1월에 석방된 하이젠베르크가 간신히 가족을 찾아와 만났고, 괴팅겐으로 이사해 플랑크의 옆집에 자리를 잡았다. 88세와 45세가 된 두 노벨상 수상자는 이리저리 피난하고 억류되는 천신만고 끝에 간신히 서로를 의지하며 괴팅겐에 정착할 수 있었다. 힐베르트도, 보른도, 프랑크도 사라진 괴팅겐에서 둘은 서로에게 상당히 의지가 되었을 것이다. 패전의 슬픔보다 해방의 기쁨이 컸다고 하이젠베르크는 그때를 회고했다.

플랑크는 '뭔가 하고 있다'는 만족감에 전후에도 강연을 계속했다. 플랑크는 89세인 1947년 1월까지도 난방조차 되지 않는 열차를 타고 강연을 다녔다. 전쟁으로 늦어져버린 영국왕립학회의 뉴턴 탄생 300주년 기념행사에는 독일인으로는 유일하게 초대되었다. 그들에게 플랑크는 독일 이상의 존재였다. 당신의 영혼의 힘이 어디에서 나오느냐는 질문에, 어린 시절부터 심어진 '이 세계를 초월하는, 언제라도 우리의 피난처가 될 수 있는 다른 세계'에 대한 확고한 믿음에서 나온다고 답했다. 카이저 빌헬름 협회 산하연구소들은 파괴되었고 연구진들은 뿔뿔이 흩어졌다. 사실 마지막 몇 달의 발악적인 본토 결전만 없었다면 이런 일까지는 일어나지 않았을 것이다. 패전으로 학회자산들은 증발했다. 어떻게든 이를 복구해보고자 카이저 빌헬름 협회 서기는 괴팅겐으로 사무실을 옮긴 뒤, 플랑크에게 잠시 회장 직을 다시 맡아달라고 간청했다. 모진 시간이 지나간 1945년에도 그는 그 일을 잠시 수행했다. 그리고 1946년 영 · 프 · 미 점령지역의 연구자들이 모여 억류에서 돌아온 오토 한을 후임회장으로 선출했다.

또 하나의 문제가 발생했다. 특히 미 점령군이 카이저 빌헬름 협회의 해산을 원했다. 30년 사이 세계를 공포로 몰아간 대전쟁을 두 번이나 벌인 독일이 또다시 군국주의 냄새가 풍기는 과학협회로 어떤 엄청난 결과를 만들어낼지 모를 일이었다. '독일과학' 자체를 없애버려야 한다고 믿는 사람들은 많았다. 미군 장성들은 "독일을 농업국가로 만들어야 한다."는 말까지 나누고 있었다. 그만큼 그들에게 독일과 '독일과학'은 진절머리 나는 것이었다. 플랑크가 협상을 계속하고 영국왕립협회가 적극적으로 중재해서 간신히 해산은 막았다. 단 미군은 카이저 빌헬름 협회의 개명을 전제조건으로 달았다. 1946년 9월 11일 카이저 빌헬름 협회는 영국점령지구 내에서 '과학진흥을 위한 막스 플랑크 협회(Max-Planck-Gesellschaft)'로 이름을 바꿔 재출범했다. 적절한 개명이었다. 나치에 저항한 '막스 플랑크와 아들 에르빈의 희생'이라는 맥락이 미군을 간신히 설득시켰다. 군정이 끝나고 서독으로 독립한 뒤인 1949년 7월 서방 3개국이 막스 플랑크 협회 정관을 승인했고 막스 플랑크 협회는 지금까지 독일을 대표하는 종합학술단체로 남아 있다. 막스 플랑크는 고단했던 인생의 마지막 길에서 자신의 평생을 바친 독일과학의 올바른 재건을 기대할 수 있는 변화의 시작을 볼 수 있었다. 이 마지막 일을 마치고 플랑크는 1947년 10월 4일 뇌일혈로 사망했다.

독일과학의 아버지

막스 플랑크의 삶은 비스마르크 시대 이전에 시작해서 히틀러 시대 이후에 끝났다. 유럽과 독일의 역사에서 급박했고, 모순으로 얼룩졌고, 참담했던 시대를 살았기에 그의 인생 또한 같은 단어들로 설명될 수밖에 없다. 과학은 산업기술과 융합되며 열역학, 핵물리학, 세균학, 생화학 같은 전혀 새로운 분야들이 태동했다. 이 시기 물리학자들은 두 번에 걸쳐 크게 두 그룹으로 갈라졌다. 플랑크의 중년기에는 플랑크의 양자의 개념을 물리학에 받아들이느냐 마느냐의 논쟁이었고 플랑크는 성공적으로 물리학의 중심부를 바꿔놓았다. 이로써 일견 모순적으로 보이는 파동-입자 이중성이라는 현대물리학의 핵심적인 철학적 관점이 탄생했다. 또한 이런 작업들은 관찰 이전에 '생각'의 중요함을 다시한 번 각인시켰다. 물리학은, 나아가 과학은 이제 실험하는 것이라기보다는 생각하는 것이었다. 그 후 자신이 '만든' 양자가 양자역학을 탄생시키자 이를 둘러싼 논쟁에서 플랑크는 분명히 반대편에 섰다. 20세기의 흐름에서 플랑크는 패배한 쪽이다. 하지만 엄밀히 보면 이 분열은 지금도 봉합되지 못했다. 우리는 그가 만든 단어인 양자라는 표현을 관용적으로 사용하는 시대에 살고 있다. 그는 새로운 코페르니쿠스였다. 고전물리학 시기 아직 물리학의 위상이 높지 않던 시기에 물리학을 선택했고, 중년의 시기 이후 양자 시대의 기초를 만들어냈다. 그는 혁명을 의도하지는 않았지만 혁명을 시작시켰다는 점에서 코페르니쿠스와 참으로 비슷하다.

인생의 황혼기에 접어들었다고 할 수 있었던 1910년대, 플랑크의 삶은 더욱 비극적인 격변 속으로 내몰렸다. 70세에 노벨상을 받았던 영광스러운 장면은 〈93인 선언〉에 서명함으로써 실추된 명예와 독일제국 붕괴의 충격으로 빛이 바랬고, 더구나 세 자녀의 연이은 죽음이라는 믿기 힘든 비극도 한꺼번에 몰아닥쳤다. 비극적으로 세상과의 연을 스스로 끊었던 볼츠만도 에렌페스트도 객관적 정황은 이 정도까지는 아니었다. 플랑크에게 1910년대를 통과해 더 끔찍하면서도 찬란했던 다음 시대를 책임지게 한 힘은 과연 무엇이었을까? '포효하는 20년대'로 불린 1920년대의 베를린은 혼란한 정치와 궁핍한 경제에도 불구하고 문화적 활력은 넘쳐흘렀다. 그리고 과학도 그러했다. 그러기에 가히 황금시대라는 표현이 손색없다. 하이젠베르크와 파울리 등의 젊은 이들이 이 시기 재기발랄함을 뽐낼 수 있었던 것은 플랑크 같은 이들이 든든하게 자기자리를 지켜주었기 때문이다. 75세에 플랑크는 제3제국 시대를 맞았고 또다시 파란만장한 고난을 참아내야 했다. 아인슈타인은—어쩌면 당연하게도—플랑크의 침묵을 용서하지 않았다. 그토록 충실했던 제자 라우에조차 플랑크가 완강하지 못했다고 비판했다. 그는 그의 방식으로 최선을 다했으나, 책임과 지위를 동시에 가지고 있었기에 타협적일 수밖에 없었다. 그의 논쟁적인 노력의 뚜렷한 결실은 카이저 빌헬름 협회였고 그것이 막스 플랑크 협회가 됨으로써 인정받은 셈이다.

전기 작가 에른스트 피셔 페터는 '혼란, 모순, 재난'이라는 세 단어가 플랑크의 삶을 특징짓는다고 했다. 아마도 그 세대 유럽인 모두가 겪어야 했던 두 번의 세계대전의 재난, 그 시대 독일인 모두가 겪어야 했던 제국과 공화국 체제 속의 혼란, 그 시절 물리학자 모두가 겪었던 고전물리학과 양자역학의 모순을 일컫는 것이리라. 그 교집합에 플랑크가 있었다. 어떻게 그 오랜 시간 그토록 다양하면서도 집중이 필요한 일들을 지속적으로 수행할 수 있었을까? 그것도 고도로 높은 수준과 완결성을 유지하면서. 그 비극 속에서도 그는 과학, 철학, 교육, 행정, 정치사에 주목할 작업들을 해냈다. 단지 사명감만으로 설명 가능한 것일까

싶지만 그것이 가장 중요한 요인인 것은 분명하다. '선비' 플랑크는 수 많은 불행에도 불구하고 유년기의 믿음들을 고수했다. 1947년에도 플랑크는 '인격신'은 믿지 않는다고 분명하게 언급했다. 마르크스적 유물론 경향의 저자들은 플랑크에게 이런 '부르조아 관념론'이 남아 있음을 안타깝게 생각했고, 교회인사들은 플랑크의 이신론적 입장을 유감스러워했다. 노년기의 개인사는 참기 힘든 눈물의 길이었다. 그의 비극과 모순은 그의 성장기는 국가, 과학, 도덕이 조화를 유지했지만, 그의 만년에는 국가, 과학, 도덕이 갈가리 찢어져 각자의 길을 갔다는 데 있다. 그는 변하지 않았는데 나머지가 변해버렸다. 칸트의 나라에 히틀러만큼의 부조화가 또 있겠는가? 그리고 그 칸트와 히틀러 사이 어딘가에서 슈타르크, 레나르트, 하이젠베르크, 오토 한, 아인슈타인, 플랑크 등 다양한 인생들이 있었다. 책임, 자제, 중용, 성실, 정직 같은 교과서적 용어의 화신, 누구보다 큰 고통과의 분투에 노출된 운명, 구십 평생 동안의 일관성만으로도 플랑크는 한 인간으로서 존경받기에 충분하다.

3

마이트너의 노년

오토 한의 단독 노벨상

제2차 세계대전 기간 스웨덴은 독일세력권에 '파묻혀' 있었음에도 끝까지 중립을 유지하는 데 성공했다. 이 안정적 국가에서 마이트너는 굳이 다른 국가로 옮겨갈 필요를 느끼지는 못했다. 하지만 마이트너를 신통치 않게 평가하는 시그반이 소장으로 있는 노벨 연구소에서는 마이트너를 홀대했다. 기대한 수준의 연구시설이 전혀 주어지지 않았다. 큰 저택에 가정부를 두고 살던 유명한 교수에서 난민증서를 가지고 호텔방에서 사는 처지가 되었다. 급여는 조교 수준보다 낮았다. 스웨덴의 풍토가 맞지 않아 종종 감기에 걸렸고, 당연히 외로웠다. 마이트너는 분노, 배신감, 체념, 비참함이 겹친 몇 년을 보냈다. 그리고 이후의 여러 정황들은 한과 마이트너 사이에 잡다한 오해와 불신을 싹트게 했다. 한은 외국신문들이 연구성과를 혼란스럽게 보도해서 자신이 베를린에서

한 발견이 무엇인지조차 잘 모르게 되었다는 인상을 받았다. 오해를 야기시킨 논문 문장들에 대해서는 마이트너가 사과했다. 하지만 마이트너는 빈손으로 스웨덴으로 왔고, 한과 슈트라스만은 그녀가 없는 가운데 연구성과를 만들었다는 점에서 그녀가 한 것이 별로 없다고 보는 사람들도 있었다. '무언가 잘못된 지침과 해석을 내렸을 것으로 보이는' 물리학자가 떠난 이후에야 뛰어난 화학자들이 제대로 실험을 한 것으로 비춰지기도 했다. 3년여의 공동연구기간에 결과가 나온 것이 아니라 마이트너가 떠난 후 몇 달 뒤에야 올바른 결과가 나왔다는 유형의 해석은 그녀의 마음을 아프게 했다.

그러자 오토 한은 위로 편지를 보낸다. "시그반(마이트너가 일하는 노벨 연구소 소장)이 슈트라스만과 내가 물리학도 했다고 생각한다는데, 어떻게 그런 생각을 할 수 있는지 이해가 안 됩니다. 우리는 연구 내내 물리학은 건드리지도 않았고, 화학적 분석만 반복했습니다. 우리 한계를 잘 알고 있으니까요." 1934년부터 핵분열 유도실험을 함께 시작해서 연구는 5년차에 이르고 있었고 마지막 몇 달간만 그들은 떨어져 있었다. 그들은 영국 러더퍼드의 '아이들', 프랑스의 졸리오퀴리 부부, 이탈리아의 페르미와 당당히 경쟁하던 유력한 팀이었다. 한과 슈트라스만은 고도의 정밀한 실험을 수행했고, 마이트너와 프리시는 정확한 물리학적 해석을 내렸다. 분명히 공동연구였다. 그럼에도 1944년도 노벨 화학상은 오토 한의 단독수상으로 결정되었다. 그 이유는 여러 가지가 추정될 뿐이다. 노벨상 위원회에는 노벨 연구소 소장 시그반이 속해 있었고 시그반은 마이트너가 거의 아무것도 수행하지 않았다고 생각했다. 마이트너는 이런 분위기를 전해 들었기 때문에 결과를 예감하고 있었다. 그리고 스웨덴의 노벨상 위원회 내에도 반유대주의나 여성차별적인 생각을 가진 인물들은 충분히 있을 수 있었다. 마이트너의 내성적 성격 탓에 한의 보조적 인물로 타인들에게 보여졌던 것도 사실이다. 그리고 여성이 독자적이고 위대한 연구성과를 만들기는 힘들다는 당대의 인식도 분명히 있었을 법하다. 방사능과 원자와 관련해서는 이미 퀴리 모녀라는 훌륭한 여성의 연구업적 모델이 있었음에도. 마이트너가 노벨상을 수상하지 못한 것은 여성, 유대인, 1930~1940년대라는 시대상, 마이트너의 성향 등이 모두 영향을 미쳤을 것으로 보는 것이 적절한 분석일 것이다. 분명한 것은 오토 한이 마이트너의 노벨상을 가로챈 것은 결코 아니라는 점이다. 1939년의 오토 한은 마이트너에게만 연구결과를 통보하면서 팀원으로 인정하고 있음을 명확히 보여주었다.— 단순화된 설명들로 오토 한은 특히 이 부분에서 대중들에게 꽤 오해를 받았다.

　오토 한과 슈트라스만에 대해서라면 다음의 일화들을 추가해야 공정할 것이다. 오토 한은 나치당 입당을 단호히 거부했었고, 나치당 집회에 참석하는 의무를 지지 않기 위해 베를린 대학 교수직까지 사임했던 인물이다. 이 정도의 강단도 쉬운 일은 아니었건만 후대의 역사가들은 오토 한에 대해 그의 노벨상 수상과정을 놓고 꽤 야박한 평가를 내렸다. 팜 홀에 억울하게 연금되어 자신의 노벨상 수상소식조차 듣지 못했던 그에게 가끔씩 마이트너의 공적에 대해 왜 더 적극적으로 어필하지 않았느냐고, 혹은 노벨상을 '독점'했다는 죄까지 씌우려는 시도는 어린아이 같은 처사다. 마이트너가 여성으로서 혹은 유대인으로서 당했던 차별은 오토 한으로부터 비롯된 것이 결코 아니다. 한편 슈트라스만은 자신과 자기 가족의 목숨을 걸고 자기 집에 유대인 여성 피아니스트 안드레아 볼펜슈타인을 숨겨줬다. 그 기간 슈트라스만 부부는 볼펜슈타인에게 부족한 음식을 나눠주고 공습이 있으면 안전한 곳으로 피신시켜주며 지극정성을 다했다.[7] 이 사실은 오토 한도 알고 있었고 그역시 상당한 부담 속에서 비밀을 지켰었다. 오토 한은 평균 이상의 양심과 용기를 보여준 인물임은 분명하다.

하지만 실제 양식 있는 이들의 공분을 산 부분은 오토 한이 노벨상 수상 후에 핵분열 연구와 관련해서 죽을 때까지 마이트너를 공개적으로 거론한 적이 한 번도 없다는 것이다. 심지어 논문의 공동저자 슈트라스만의 이름조차 거의 언급하지 않았다. 마이트너는 오토 한만 노벨상을 수상한 사실을 사적으로라도 한 번도 비판하지 않았다. 한의 노벨상 수상은 당연하지만 단지 자신이 '보조연구원'이었다는 취급을 받는 것에는 화를 냈을 뿐이다. 전쟁 중인 1943년 가을에 마이트너는 오토한을 한 번 만날 수 있었다. 한이 예테보리와 스톡홀름에서 강연하러왔었고 조금은 사이가 좋아져서 헤어졌다.

그 뒤 1946년 12월에야 노벨상을 받기 위해 스톡홀름에 온 오토 한부부와 마이트너가 재회했다. 1944년도 노벨상 수상이 전쟁으로 미뤄진 것이다. 12월 10일 노벨 화학상 수상을 전후해서 전처럼 격의 없이식사를 함께했다. 그들은 불편한 말도 주고받았으나 핵분열 연구업적문제가 아니라 모두 정치적인 문제에 대한 것이었다. 나치를 경멸했던오토 한이었지만 그조차 열심히 과거의 기억을 억누르며 양심 속에서은폐하고 있었다. 마이트너는 불편한 진실을 직시하지 않는 동료의 태도에 상처받았다. 한이 독일이 러시아와 폴란드에서 한 짓과 똑같은 짓

---

7 오토 한의 핵분열 연구논문의 제2저자였음에도 슈트라스만은 노벨상을 받지 못했다. 하지만 그는 이 용감한 행동의 결과로 예루살렘 유대인 학살 기념관에 박해받는 유대인을 도운 '비유대인 의인' 중 한 명으로 기념되고 있다.

을 지금 미국이 독일에서 하고 있다고 불평하자 마이트너는 분명하게 반박했다. 마이트너는 '독일인들이 순전히 품위 때문에 원자탄을 만들지 않았다는 식의 신화가 퍼지고 있는 것'도 이해할 수 없고, 그런 옳지 않은 주장들로 독일을 도울 수 없다고 얘기했다.

오토 한은 그해 초까지도 영국의 팜 홀에 감금되어 있었다. 노벨상 위원회는 한을 노벨상 수상자로 뽑아놓고도 해가 바뀔 때까지 그가 어디 있는지조차 알 수 없었다. 억류에서 풀려난 1946년 1월이 지나서야 오토 한은 자신이 노벨상 수상자로 결정되었다는 사실을 알았다. 오토 한의 퉁명스럽기 그지없는 태도는 그 긴 시간 동안 억류되었던 그의 개인적 억울함도 함께 고려해볼 때 조금은 설명이 된다. 오토 한의 입장에서 생각해 보면 마이트너에 대한 언급을 극도로 꺼렸던 것은 홀로 연구업적을 독차지하려는 심리보다는 이런 상황의 연장선상에 있었던 것 같다.

마이트너는 생전에 한의 태도에 대해 분노에 찬 질문들을 많이 받았다. 마이트너는 한의 이상한 태도의 원인에 대해 충분한 답을 가지고 있었다. 오토 한은 모든 인터뷰에서 과거를 망각하고 독일에 가해진 가혹한 대접만 부각했다. 마이트너는 자신도 오토 한에게는 '억눌러야 할 과거의 일부'였기에, 그는 평생 동안 두 사람의 오랜 공동연구는 물론 마이트너라는 이름조차 언급하지 않은 것이라고 했다. 심지어 오토 한은 자신이 비우호적이라는 것 자체를 거의 의식하지 못했다. 마이트너의 앞에서는 순진하게도 그녀의 '위대한 우정'에 대해 고마움을 표했다. "물론 그와 동석하는 것은 종종 견디기 힘들었다. 하지만 나는 개인적 논쟁은 하지 않기로 작정했고 확고히 그 태도를 유지했다."

결론을 내려본다면, 먼저 핵분열에 대해 한은 발견의 업적이, 마이트너는 해석의 업적이 있다. 그리고 마이트너가 핵이 분열된다는 '해석'만 한 것이라면 그녀는 노벨상 수상자격이 없을 것이다. 하지만 마이트너는 30년 동안 한과 공동연구를 수행했고, 특히 핵분열은 마지막 몇 년간의 중성자 충돌에 대한 공동 연구의 결과물이었다. 마지막 몇 달 그녀가 한의 연구실에 없었다는 이유로 그녀의 업적이 축소되어서는 안 되는 것뿐이다. 어쨌든 노벨상 위원회는 마이트너도 슈트라스만도 노벨상 명단에 넣지 않았다. 많은 서적들이 이 일을 단순화하여 오토 한의 몰염치를 논하기도 한다. 하지만 마이트너가 노벨상을 받지 못한 것은 정확히 노벨상 위원회의 책임영역일 뿐이다. 마이트너는 한의 수상이 당연하다고 인정했다. 그리고 한에게는 연구와 관련된 것이 아니라 독일인의 전쟁범죄 전체와 관련된 내용을 주로 따졌고 그것이 한과 어느 정도 소원할 수밖에 없는 결정적 이유였다.

1945년 종전 후 마이트너가 오토 한에게 썼지만 전달되지는 않은 편지가 있다. 아주 급하게 편지한다며 오토 한과 라우에 같은 (양식 있는) 사람들조차 실제 상황을 잘못 파악하고 있다고 일갈한다. '당신들 모두가 정의와 공정에 대한 척도를 잃어버렸다.'면서 그것이 독일의 불행이라 했다. 모두 나치 독일을 위해서 일했고, 수동적인 저항조차도 시도하지 않았다는 것, 양심의 가책을 덜어내려 곤궁에 빠진 사람들을 돕긴 했지만, 결국 무고한 수백만 명이 살해당하는 동안 아무 항의도 없었다는 것을 조목조목 열거했다. "나는 이 말을 당신에게 해야만 합니다……(스웨덴과 연합국의 많은 이들이 말합니다.) 당신들이 처음에는 친구들을 배신했고, 그 다음 젊은이들과 어린이들의 생명을 범죄적 전쟁에 내몰아 그들을 배신했으며, 끝으로 전쟁이 가망 없는 상태에서도 독일의 의미 없는 파괴에 한 번도 저항하지 않음으로 독일까지 배반했다고." 너무 냉정하게 들리더라도 이 말을 하는 것이 진정한 우정이라는 것을 믿어주기 바란다고 썼다. "(벨젠과 부헨발트 수용소의 소식을 들었을 때) 나는 소리 내 울었고 밤새 잠들지 못했습니다······하지만 당신들은 아무것도 보려고 하지 않았고 잠 못 이룬 적도 없었습니다. 그 사실(을 직시하는 것)이 너무 불편했던 거지요." 마이트너의 편지는 악을 방관하며 나는 몰랐다고 변명하는 자기기만의 죄를 묻고 있다. 이 말을 당신에게 해야만 한다고 써놓고도 마이트너는 끝내 편지를 보내지 못했다. 고민하고 고민하다 차마 보내지 못했을 것이다. 그래서 한이 결국 읽지 못한 편지다. 이 마이트너의 편지가 한에게 전달되지 않은 것은 적절했는지 모른다. 이 편지의 수신인은 모든 독일인, 나아가 모든 인류로 보인다.

원자폭탄의 어머니

1945년 8월 6일, 마이트너는 기자의 전화로 히로시마의 사건을 처음 들었다. 언론이 마이트너에게 몰려들었다. 다른 '남자' 핵 전문가들은 모두 사라졌기 때문이다. 그들은 연합군의 핵개발에 동참하고 있거나 아니면 영국의 팜 홀에 억류되어 있거나 둘 중 하나였다.[8] 그녀는 '원자 폭탄의 어머니'라는 타이틀을 얻었다. 이런 불편한 이야기를 들을 때마다 마이트너는 자신과 오토 한 모두 원폭개발에 어떤 기여도 하지 않았다고 항상 강조했다. 1946년 겨울학기에 워싱턴의 카톨릭 대학 객원교

---

8   물론 한 부류가 더 있었는데, 일본의 핵 전문가들은 자국이 원자폭탄의 피폭국이 되었다는 사실을 목도하고 얼이 빠져 있었다.

홀로코스트의 참상

전쟁이 끝나고 나치 수용소들이 해방되었을 때, 연합군은 자신들의 눈을 믿을 수 없었다. 항상 나치는 악마라고 선전해왔지만 스스로도 필요한 정치적 수사 정도로 생각해왔었다. 하지만 눈앞에 실체화된 진짜 악마의 소행을 목도했고, 그런 일들이 같은 인간에 의해 저질러진 것이라는 사실에 전율했다.

아이젠하워 원수

유럽연합군 총사령관, 후일 미대통령(1953~1960)이 된다. 아이젠하워는 독일 수용소의 광경에 분노한 나머지 독일 민간인들에게 이 참상을 볼 것을 강제했다. 자신은 이런 일이 벌어지는 줄 몰랐다며 슬퍼하는 독일인에게 아이젠하워는 차가운 말을 남겼다. "매일 유대인들을 가득 실은 열차가 수용소로 들어갔다. 나올 때는 빈 기차로 나왔다. 그런 일들이 몇 년간이나 계속되었다. 그 안에서 무슨 일이 벌어지고 있는지는 충분히 짐작할 수 있었다. 당신들은 몰랐던 것이 아니다. 알고 싶지 않았을 뿐이다." 마이트너가 오토 한에게 남긴 편지와 같은 맥락의 말이다.

수로 초청받았는데, 9년 동안 미국에 있는 형제들과 만나지 못했기에 마이트너는 이 초청에 응했다. 1946년 1월 68세의 나이로 처음 대서양을 건너는 비행기를 탔다. 공항 도착 후부터 그녀는 언론이 자신에게 몰려들고 있다는 것을 알았다. 계속 원폭에 대한 질문이 이어지자 마이트너는 기자에게 "이곳 미국에서는 당신들이 나보다 원자폭탄에 대해 더 많이 알고 있습니다."라고 대답했다. 그리고 시시콜콜한 사생활과 주제넘은 질문에 대해서는 아무것도 답하지 않았다. 영화업자들이 그녀의 업적을 극적으로 다루려는 제안들도 거부했다. 국적에 대해서만 자신이 독일인이 아니라 오스트리아인임을 항상 강조했다. 하지만 현대인이 흔히 추정할 수 있는 것처럼 자신이 무시무시한 영광을 얻은 것에 크게 불편해했던 것처럼 보이지는 않는다. 동시대인 대다수처럼 그녀도 원폭이 2차 대전을 더 빨리 끝나게 했고, 더 많은 희생을 막았다고 믿었다. 그리고 원폭이 히로시마와 나가사키에 어떤 참상을 초래했는지는 세간에 잘 알려지지 않았을 때다. 이 시기 마이트너의 반응들은 대중들이 히로시마에 대해 아름다워 보이는 버섯구름 사진과 수치화된 통계만 알고 있던 때였음을 고려해야 한다.

1947년에는 막스플랑크 화학연구소의 슈트라스만이 마인츠 대학 물리학과 학과장으로 마이트너를 초청했다. 마이트너는 기뻐하고 고민했으나 거절했다. 결코 히틀러 통치 이전처럼 될 수 없음을 잘 알고 있었다. "난 다시는 독일에서 살 수 없을 거야……독일인들은……자신들이 개인적으로 겪지 않은 모든 잔혹한 일들을 까맣게 잊어버렸지. 이런 분위기라면 나는 숨조차 쉴 수 없을 걸."이라고 1948년 친구에게 보낸 편지에서 밝히고 있다. 이 시기 많은 독일인들이 스스로도 피해자일 뿐이라고 생각하고 그냥 히틀러 시대를 잊고 그 전으로 돌아가기만 하면 된다고 생각했다. 독일의 올바른 전후반성은 그 후에도 긴 시간의 정치적, 학술적, 대중적 논쟁을 거치고 나서야 얻어질 수 있었다. 그럴 기회 자체가 없었던 일본에 비해서는 그나마 다행한 일이었다. 마이트너는 전후 독일에서 주는 모든 영예를 거부하고 다시는 독일 땅을 밟지 않았던 아인슈타인과는 조금 다르게 행동했다. 1948년 4월 아버지처럼 존경했던 막스 플랑크의 추도식에 참석하기 위해서 10년 만에 독일 땅을 밟았다. '막스 플랑크 협회의 외부 과학자 회원' 선출도 동의했다. 그리고 이 동의가 '1933년 이전' 카이저 빌헬름 협회가 자신에게 제공한 아름다운 연구의 기간에 대한 감사표시로 해석해달라는 말을 분명하게 덧붙였다. 상처도 가끔씩, 하지만 오랫동안, 다시 또다시 터져 나왔다. 1953년 신문기사에서 '한의 오랜 연구원 리제 마이트너 여사'로 표현된 것에 마이트너는 다시 분노하고 우울해했다. 오토 한에게 보낸 편지에서 이렇게 표현했다. "나는 공식적으로 물리학 분과장이었고 21년간 그 분과를 이끌었습니다……이제는 학문적 과거도 빼앗겨야 하나요?……만약 당신이 나의 오랜 연구원으로 표현된다면 어떤 기분일까요?" 이런 일들을 75세에 당한다면 더욱 기막힌 기분일 것이다.

그나마 1946년에 방과 기기와 연구원들을 배정받고, 1947년에 스웨덴 의회가 그녀에게 적절한 급여와 연구교수직을 승인해서 재정적 격정은 없어질 수 있었다. 독일을 떠난 후 60대의 9년간이나 그녀는 조교 정도의 연봉을 받고 있었다. 1948년에는 스웨덴 국적을 받아들였다. 70대에도 마이트너는 건강했고 1952년까지도 논문을 썼다. 평생 150편에 달하는 논문을 썼다. 전후에는 친절한 사람들 속에서 좋은 대접을 받았지만 고향처럼 느낄 수는 없었다. 스웨덴 말을 제대로 배우기에는 너무 나이가 들었기에 친교에도 한계가 있었다. 한참의 시간이 흐른

1959년에는 베를린의 '한-마이트너 핵연구소' 낙성식에도 한과 함께 참석했고, 81세의 나이에도 미국에 가서 강연했다. 노년에는 독일, 오스트리아, 스웨덴의 여성학자 회의나 여성 회의에 자주 초대되는 명사가 되었다. 그리고 상징적인 대표가 되면 사양하지 않고 맡았다. 하지만 여전히 조신한 모습 그대로였고, 자신의 생각을 강하게 주장하진 않았다. 그리고 볼츠만과 플랑크에게 배운 순수과학의 이상도 확고히 간직했다. "(요즈음) 과학의 유용성이 너무 강조되어 근본적 자연법칙의 이해에 대한 즐거움을 점점 오염시키고 있다."고 자주 표현했다. 원자폭탄 제조에 참여했던 사람들이—심지어 아인슈타인까지—끊임없이 감시당하고 도청당하는 사실을 안 뒤에는 "우리가 어떤 세상에 살고 있는 건가?" 한탄하기도 했다. 1960년, 고령으로 쇠약해지자 조카 프리시가 교수로 자리 잡은 영국 케임브리지로 이사했다.—이모와 다르게 원폭개발에 엄청난 개입을 했던 프리시는 맨해튼 계획이 종료된 후 조용히 학계에 자리 잡았다. 마이트너는 귀가 잘 들리지 않게 되었지만

LISE MEITNER 1878·1968

S6

REPUBLIK ÖSTERREICH

마이트너가 그려진 오스트리아 우표

물리학에 대한 관심은 유지했고, 1963년 빈에서 강연했고, 1964년 미국의 친지들도 다시 방문했다. 1966년엔 마지막으로 적절한 영광이 주어졌다.

페르미를 기리는 엔리코 페르미 상이 비미국인 최초로 한, 마이트너, 슈트라스만에게 수여되었다. 미국에서 물리학에 수여하는 가장 명예로운 상인데, 핵분열 발견 후 거의 30년이나 지나 가장 공정하게 주어진 상이 되었다. 프리시가 이모

를 대신해 수상하러 갔다. 마이트너는 이후 2년간 천천히 쇠약해졌다. 고령으로 기억력과 판단력 쇠퇴가 자연스럽게 진행되었다. 조카부부가 찾아와 얘기하면 이해하는 듯했지만 금방 잊어버렸고, 프리시는 가슴 아팠지만 마이트너 본인은 고통 받지 않았다. 1968년 여름 오토 한이 괴팅겐에서 죽었을 때 프리시는 이모에게 알리지 않았다. 그리고 마이트너도 3개월 뒤 90세로 사망했다. 그녀는 30년간 함께 연구했던 운명적인 동료보다 몇 달 먼저 태어나고 몇 달 뒤에 사망했다. '과학의 커플'이었던 둘은 미묘한 인연으로 이어져 있었던 듯하다. 그녀의 묘비명은 이렇게 적혔다. "결코 인간성을 잃지 않았던 물리학자(A physicist, who never lost her humanity)." 독일 박물관 명예의 전당에는 1903년 개관 이래 남자들만 있었다. 1991년 여성 최초로 리제 마이트너가 들어갔다. 리제 마이트너 흉상 아래의 문장은 다음과 같다. "방사능과 방사능 화학 분야의 기초를 다졌고, 그 공로를 늦게 인정받았다. 오토 한 그룹의 핵분열 발견과 해석은 그녀의 격려에 힘입은 바가 크다." '격려' 정도의 표현이 들어간 것이 그나마 다행일까? 아쉬움일까? 흉상의 주인공은 어떻게 생각할까?

4

이렌과 졸리오의 마지막 날들

고립되는 졸리오

1945년 드골은 프랑스의 통치권을 확보한 뒤, 졸리오를 원자력 위원회 의장으로 임명했다. 졸리오는 프랑스가 원폭개발에 필요한 엄청난 자원을 당분간 확보하지 못할 거라고 봤기 때문에 드골의 원자력발전소 건설제안을 수락했다. 다음 해인 1946년 이렌은 라듐 연구소장으로 임명되었다. 졸리오는 이로부터 프랑스 원자력 계획의 입안자가 되었고 1948년까지 프랑스의 원자력 독립(?)을 실현한다. 졸리오는 이 시기 전 방위적으로 움직였다. 핵심원료인 우라늄 공급 문제해결을 위해 직원들을 교육해서 300명의 전문적인 우라늄 탐사팀을 양성해냈다. 원자력 발전소 건설부지 농민들의 격렬한 반대는 졸리오 특유의 친화력으로 막았다.

그렇게 동분서주한 결과 1948년 말 프랑스는 첫 원자로를 가동시켰다. 전쟁기간 4년의 공백기에도 불구하고 졸리오는 추진력을 발휘해서 프랑스의 핵기술을 영미권 수준에 바싹 접근시킨 것이다. 프랑스가 독자적으로 원자력 발전소 건설에 성공하자 그로브스는 '개구리들(Frogs, 프랑스인을 비하하는 호칭)'이 언제쯤 원자폭탄을 보유하게 될지 궁금해 했다. 프랑스는 소련 쪽으로 기울 확률이 매우 높은 나라라고 생각되었기 때문이다.[9] 어떻게 봐도 2~3년 내라고 판단되었다. 그러자 미국은 확실히 소련에 경도되어 있다고 보이는 졸리오가 프랑스 요직에 있는 것을 좌시하기 힘들었다. 원자력 연구에 관한 프랑스의 지원요청에 미국은 명

드골 장군
자유 프랑스군의 지도자로서 제2차 세계대전 시기 프랑스의 자존심을 지켰던 드골은 그 공적으로 전후 프랑스의 통치권을 손에 넣었다. 우파인 드골은 좌파인 졸리오를 홀대하지 않았다. 그랬기에 프랑스의 원자력 관련 계획들은 차질없이 진행될 수 있었다. 하지만 드골의 후임자들은 그런 배포가 없었다.

확히 '졸리오퀴리 부부의 존재'를 들어 거부했다. 수십 년 전 마리 퀴리를 가장 잘 지원했던 국가가 그 딸 부부에게는 상당히 박한 평가를 내리고 있었다.

1949년 소련은 원폭실험에 성공했고, 이후 1년도 되지 않아 한반도에서 북한의 남침이 시작됐다. 미국이 보기에 소련은 핵 균형을 달성하자마자 팽창주의적 의도를 명확히 한 것이었다. 트루먼은 그때까지 미적거리던 수소폭탄 제조를 지시했다. 원자폭탄보다 1000배 강한 폭탄

---

9 이것은 전혀 기우가 아니었다. 1947년 프랑스 공산당 지지율은 30%, 1948년에는 40%에 육박했다. 독일 점령기에 가장 완강하게 독일군에 맞선 것이 프랑스 공산당이었기에 그들은 도덕적 명분에서 앞서고 있었다. 미국으로서는 다행히 1949년이 되어서야 프랑스는 서방세계 편으로 남을 수 있는 분위기로 바뀌었다.

매카시 상원의원

클라우스 푹스 사건, 중국 공산화, 베를린 봉쇄, 한국전쟁, 더구나 소련의 원폭개발 등의 사건이 연이어 몰아치자 미국에서는 '공산당'에 대한 공포가 극대화됐다. 이런 분위기 속에 매카시 상원의원이 중심이 되어 '빨갱이' 사냥이 본격화됐다. 국민의 기본권과 인권이 쉽게 무시되고 제한당하는 입법조치들이 무분별하게 진행되었다. 그래서 1950년대 불어닥친 미국의 극단적 반공정책과 사회적 분위기를 매카시즘이라 부른다. 졸리오, 아인슈타인, 오펜하이머, 그리고 뒤에 살펴볼 데이비드 봄의 인생에 이르기까지 과학자들은 역사의 소용돌이 속에서 많은 모욕을 감내해야 했다.

으로 새로운 전략적 우위를 얻으려는 생각이었으나 소련은 결국 보기 좋게 수소폭탄기술 역시 순식간에 따라 잡았다. 오펜하이머, 아인슈타인 등의 반대는 무시되었을 뿐 아니라 반대자들에 대한 배제와 감시가 일상이 되어갔다. 미국은 매카시즘의 광풍이 휘몰아치기 시작했다. 이런 상황의 변화는 유럽에서도 감지할 수 있었다. 1950년 스톡홀름에 간 졸리오는 15년 전 노벨상 수상 때 묵었던 호텔에서 나가달라는 요구를 받았다. 호텔경영진은 그가 공산당원임을 알고 '빨갱이(Reds)'를 받지 않겠다고 했다. 냉전의 증오는 북유럽의 중립국에도 강하게 퍼져있었다. 졸리오는 여러 번 거절당하고서야 간신히 숙소를 잡을 수 있었고 스웨덴 언론은 그를 완전히 무시했다. 프랑스에 돌아온 졸리오는 곧 우파 정권에서 뚜렷한 사유 없이 모든 직위에서 해임 당했다.

그 소식은 1950년 4월 29일자《뉴욕타임스》의 1면을 장식했다. 제목은 "프랑스 원자력의 우두머리 졸리오퀴리 퇴출: 비도 수상에 의해 해고된 공산주의자"였다. 비도 수상은 하원연설에서 졸리오의 해고는 그의 정부 모욕 발언이나 공산당 활동 때문이 아니라 무기제작을 거부하고 인도차이나로 갈 무기선적을 거부하는 노동자들을 지지하기 때문이라고 구차하게 설명해야 했다. 졸리오의 정확한 해고이유는 특정 정파이기 때문이 아니라 프랑스의 이익을 위한 무력사용에 반대했기 때문이라는 것이었고, 그제야 하원은 정부의 졸리오 해고를 추인했다. 그만큼 졸리오의 존재감은 컸다. 하지만 다음 주 의기소침해진 졸리오가 강의실에 나왔을 때 모든 학생들은 기립박수와 〈라 마르세예즈〉를 부르며 그를 환영했다. 졸리오는 감동하여 목이 멘 목소리로 강의했다. 이렇게 정계를 떠난 졸리오는 이후 연구와 강의, 평화운동에 전념했다. 하지만 끝내 소련의 실체를 알지는 못했다. 이 시기 흘러나오기 시작한 소련의 강제수용소 이야기들을 이렌과 졸리오는 전혀 믿지 않았다. 사람은 보고 싶은 것만 보이는 법이다.

1951년 졸리오퀴리 부부는 모스크바를 방문하여 스탈린 평화상을 받았다. 이때쯤에는 '순진한' 아인슈타인조차 '순진한 졸리오'가 소련에 이용당하고 있다고 생각했다. 핵무기 폐기를 주장하는 소련이야말로 총력을 기울여 핵무기 연구를 추진하고 있다는 것은 정치적 상식이 되어가고 있었음에도 졸리오는 이를 믿지 않았다. 오랜 기간 정계에 몸담았음에도 순진무구한 과학자의 틀을 벗지는 못한 것이다. 권력을 잃고 프랑스에서 고립되자 졸리오는 더더욱 외골수가 되어갔다. 이때 졸리오는 특히 한국에서 곱지 않은 시선을 받을 만한 행동 하나를 추가했다. 미국의 수소폭탄 연구를 강력히 규탄하던 졸리오는 1952년 한국전쟁에서 미군이 세균전을 벌였다는 소련과 중국 측 주장을 사실로 믿게 된다. 그래서 졸리오는 한국전에서의 미국의 세균전을 강력히 규탄하는 성명을 냈다.[10] 미국이 졸리오의 행동들은 '과학을 팔아먹는 짓'이라고 비난하자, 졸리오는 "나로서는 히로시마와 나가사키에서 20만 명을 죽이는 것으로 원자시대를 연 자들이 과학을 팔아먹는 놈들이라 생각한다."고 응수했다. 너무 나간 것이었고 그는 고립을 자초했다. 미국의 주요 과학자들이 졸리오에게 미국에 대한 비난을 철회하라는 요구에 서명했다. 노벨상 수상자 중 이 서류에 서명하지 않은 사람은 아인슈타인뿐이었다. 아인슈타인은 "서명에 응한 과학자들은 지금껏 단 한 번도 과학의 군사적 악용에 항의한 일이 없었다. 따라서 졸리오의 행동에 도덕적 의분을 표할 자격이 없다."고 입장을 정리했다. 하지만 아인슈타인도 졸리오의 '불성실한 태도'에는 실망했다고 표현했다.[11]

퀴리 가의 삶과 죽음

1955년 후일 〈러셀-아인슈타인 선언〉으로 알려진 반핵무기 선언에 졸리오도 서명한다. 버트런드 러셀은 졸리오를 만나러 파리로 가고 있을 때 아인슈타인의 부음을 들었다. 중요인물인 아인슈타인을 잃었음에 크게 낙담했는데, 파리의 호텔에 아인슈타인의 편지가 도착해 있었다. 서명에 동의한다는 내용이었다. 아인슈타인 생의 마지막 편지는 핵

---

10 한국전에서의 세균전 이야기는 오늘날 여러 매체와 학자들에 의해 대체적으로 다음 정도로 분석되었다. 당시 엄청난 전염병 발병률에 실제 미국이 세균전을 벌이고 있다고 확신한 중국군 야전사령관들이 조작극을 벌였는데, 의혹을 사실로 만들기 위해 북한인 사형수들에게 콜레라와 페스트를 감염시켜 죽게 만들고 외부 조사자들에게 공개했다는 것이다. 당시 미국은 제공권을 완전히 장악한 상태였기 때문에 굳이 세균전을 벌일 이유가 없었고, 콜레라는 양 진영 모두에서 발생하고 있었지만 치료제가 부족했던 북한 지역에서 사망자가 압도적으로 많았을 뿐이라는 것이 일반적 분석이다. 물론 북한은 아직도 이런 분석을 인정하지 않는다. 졸리오가 20세기 내내 한국에서 거의 알려지지 않은 이유는 아마 이 일의 영향도 크지 않을까 추측된다. 최소한 필자의 유년기 경험으로는—아마 협소한 정보의 탓도 있겠지만—'퀴리 부인의 딸도 노벨상을 받았다.'라는 정보는 쉽게 얻었지만 그것이 '부부 공동수상'이었다는 것과 '졸리오'라는 이름은 어디서도 듣지 못했다.

11 졸리오가 스스로 정확성을 알 수 없는 주장을 했다는 의미다. 세균전은 분명히 의혹 수준이었는데 졸리오는 사실로 규정했던 것이 문제라는 것이다. 그리고 미 정부도 세균전 혐의에 대해 명백한 부정을 하고 있지 않을 때 미국과학자들이 분개하고 나서는 것은 더더욱 졸리오와 똑같은 행동이라는 말이었다.

무기에 반대한다는 것이었다. 아인슈타인의
마지막 행동에 감명 받고 조의를 표한 뒤 러
셀은 곧 졸리오를 만났다. "난 반공주의자입
니다. 바로 그래서 나는 공산주의자인 당신
과 함께 이 일을 하고 싶습니다."라고 밝혔
다. 졸리오는 흔쾌히 서명했다. 러셀이 많이
노력했음에도 이 선언문에 소련과 중국에서
의 서명은 한 명도 없었다. 예상 밖으로 닐스
보어와 오토 한도 서명에 거부했다. 막스 보
른과 라이너스 폴링은 서명했다. 아인슈타
인, 러셀, 졸리오 등의 노력은 라이너스 폴링
등에 의해 계속 진행되어 1960년대가 되면
지표핵 실험 금지나 핵무기 감축—폐기까지
는 아니더라도—등의 다양한 실효성 있는 조
치들을 이끌어냈다.

버트런드 러셀
상대성이론에 대한 심오한 이해, 수리
논리학에 대한 업적, 반과학주의에 대
한 투쟁, 『나는 왜 기독교인이 아닌가』
등의 논쟁적 저작들, 수많은 이야기로
유명한 철학자이지만, 그에 대해서는
세계사에 상당한 영향을 준〈러셀–아
인슈타인 선언〉도 반드시 언급되어야
한다. 그는 정치성향과 학문분야를 총
망라하는 지식인들의 핵무기 반대선
언을 이끌어내고자 했고 어느 정도 성
공했다. 이 선언은 아인슈타인, 졸리
오, 보른, 폴링 등이 서명했으나 보어,
오토 한, 공산권 국가 과학자들의 서
명이 빠져 한계가 있었다.

이후 졸리오는 1950년대 내내 프랑스 관
계와 학계에서는 계속 고립되어 있었다.
1950년대 중반 프랑스의 원자로를 방문했던 오토 한은 회의실에 자신
의 사진은 걸려 있는데 졸리오의 사진은 없는 것을 보았다. 한은 자기
사진을 떼든지, 졸리오의 사진을 함께 걸든지 하라고 요구했다. 공평하
지 못하다는 것이었다. 2차 대전 이후부터 졸리오는 정치가로 분류되
고 있었다. 그의 심신은 지쳐 있었고 간염을 오래 앓았다. 항상 자신이
먼저 죽을 것으로 생각했지만 1956년에 이렌이 먼저 사망했다. 이렌의
사인은 직업병이라 할 수 있는 백혈병이었다. 이렌은 아름다운 삶을 살

앞으므로 죽음이 두렵지 않다고 말했다.

3월 17일 58세로 이렌이 죽자 프랑스는 국민 애도일을 선포하고 국장으로 엄수했다. 퀴리 가의 가족들은 특유의 원칙주의로 장례에 임했다. 이렌이 평화주의자였으므로 군의 호위예식은 생략시켰고, 무신론자였으므로 기도예식도 없었다. 무엇하나 고만고만 넘어가지 않는 교과서적 대응들이었다. 그리고 졸리오 본인도 간염으로 얼마 못 살 것을 직감하고 아내가 원하던 오르세 연구소 설립을 지휘했다. 무엇에 쫓기는 사람처럼 깨어 있는 시간을 거의 연구로 채웠다. 1956년은 흐루쇼프(옛 표기: 후르시초프)가 스탈린 격하운동을 시작한 때이기도 하다. 스탈린 시기의 야만성과 대숙청에 대한 충격적인 이야기들

라이너스 폴링
눈부신 1925~1927년의 기간, 폴링은 괴팅겐에 있었다.(3부 참조) 그는 양자역학을 화학에 적용한 공로로 노벨 화학상을 수상했고, 지표핵실험 반대운동의 공적으로 노벨 평화상을 수상했다. 현재까지 노벨상을 단독으로 2회 수상한 사람은 폴링이 유일하다. 뛰어난 화학자였고, 아인슈타인, 러셀 등과 함께 시작했던 운동을 그들의 사후 유지를 이어 계속한 공적도 크다.

이 흘러나오자 많은 유럽의 공산당원이 당을 버렸다. 졸리오는 "소련인들은 첫 삽을 뜬 사람들이다. 그러니 결함이 있는 것이 당연하다."고 반응했다. 다음에는 인간의 평등을 위한 좀 더 올바른 시도가 가능할 것을 믿었다. 그리고 졸리오는 중국에 기대를 걸었다. 만약 그가 오래 살아 문화대혁명의 실상까지 봤다면 더 가슴이 아팠을 것이다. 1958년 오르세 연구소의 완공을 보고 난 뒤 졸리오는 사망했다. 수술 후 패혈증으로 수혈을 받아야 했을 때 수백 명이 졸리오를 위해 앞 다투어 헌혈을 했다. 하지만 살릴 수는 없었다.

죽음에 이를 때까지 정신은 명료했는데 침대 옆을 지키는 딸 엘렌과

휘어진 시대 3

실험실 문제점들에 대해 얘기했다. 이번에도 프랑스 정부는 국민애도일 선포와 국장을 진행했다. 열정적 투사였던 졸리오를 위해서 이번에는 프랑스군의 장중한 호위예식이 추가되었다. 정부 관료들 대다수가 졸리오에게 부정적이던 시기였음에도 퀴리라는 이름이 가지는 무게는 그 정도로 컸다. 소련은 그를 기리며 배 한 척과 산 하나, 그리고 루나 3호가 달 뒷면에서 발견한 분화구에 졸리오의 이름을 붙였다. 명확하진 않지만 졸리오는 폴로늄 과다노출로 인한 간경변으로 사망했다고 추정된다. 피에르, 마리, 이렌, 졸리오 4인 모두 천수를 다한 자연사로 보긴 힘들다. 그들은 말 그대로 과학의 순교자들이었다.

또 한 명의 퀴리, 이브 퀴리

과학사에는 포함되지 않지만 퀴리 가의 역사에서는 빼 놓을 수 없는 인물로 퀴리 가의 차녀 이브 퀴리(Eve Curie, 1904~2007)가 있다. 그리고 그녀 덕분에 우리는 퀴리 가문에 대해 훨씬 생생한 기록들을 살펴볼 수 있다. 이브는 어머니가 자신들에게 미친 영향을 이렇게 정리한 바 있다. "일을 향한 열정─ 이 점은 나보다 언니에게 천 배는 더 강하게 각인되었다─, 돈에 대한 무관심, 독립의 본능을 심어주었다." 마리는 "화가 나서든, 기뻐서든 목소리를 높이는 것을 용납하지 않았다." 신체적인 벌을 가하지 않았고 강인한 품성과 개인의 취향을 발전시킬 수 있도록 교육했다. 하지만 퀴리 가의 두 딸은 대조적으로 성장했다. 이렌은 물리학자가 됐고, 이브는 피아니스트이자 작가가 되었다. 어느 정도 둘의 차이는 천성의 차이기도 했다. 이렌은 수학에 재능을 보였고 이브는 선천적으로 완벽한 음감을 보여주었다. 이브는 한 번 들은 노래는 거의

이브 퀴리
과학명문가인 퀴리 가에서는 독특하게도 이브는 젊은 시절 피아노 연주자, 작가의 삶을 살았다. 가족 중에 유일하게 100세를 넘는 장수를 누렸다. 물론 미인으로도 유명해서 프랑스 사교계에서도 주목받았다. 가문의 가혹한 운명들이 미안했던지, 신은 그녀에게 많은 호의를 베푼 것 같다.

틀리지 않고 연주할 수 있었다. 하지만 다른 선택을 한 결정적 이유는 아마도 둘의 경험이 다른 것이었기 때문일 것이다.

이렌은 아버지를 잃었을 때 아홉 살이었고, 이브는 어떤 기억도 가지기 힘든 두 살이었다. 이렌은 랑주뱅과 어머니의 스캔들 때 열네 살 감수성으로 황색언론의 공포를 맛보았기에 대중을 믿지 않았지만, 이브는 당시 일곱 살로 그 일을 기억하기에는 너무 어렸다. 이렌은 상실과 배신을 일찍 배웠지만, 이브는 존경받는 어머니만 보며 10대를 보냈다. 이렌은 사람을 만날 때 인사하는 것을 배우지 못한 반면, 이브는 모든 이의 호감을 받는 존재로 성장했다. 언니가 결혼하던 1925년경 이브는 피아니스트가 되기에는 너무 늦게 시작했다고 느꼈고 대신 음악평론을 가명으로 쓰기 시작했다. 퀴리라는 이름을 팔며 시작하고 싶지 않았기 때문이다. 이 선택으로 이브는 훌륭한 전기 작가의 소양을 기를 수 있었다. 아마 처음부터 이브는 가장 가까이서 어머니의 기록을 남길 운명이었는지 모른다. 지금까지도 이브가 쓴 1935년의 마리 퀴리 전기는 표준적인 참고문헌이다.

1939년 독일과 소련의 폴란드 분할 점령 뒤 몇 달간의 '가짜전쟁' 기간 대서양에서는 해전이 있었다. 그럼에도 미국에 있던—어머니 전기의 홍보를 겸해 전쟁에 미국의 지원을 이끌어내기 위한 강연여행 중이었다—이브는 프랑스로 다시 건너갔다. 다른 가족들처럼 프랑스를 위

휘어진 시대 3

해 무언가 하기 위해. 1940년 프랑스의 패배 직후 영국에 간 이브는 영국항공전 때 런던에서 독일의 항공폭격을 경험했다. 11주간의 야간공습 기간을 포함한 6개월간 런던에 머물며 라디오에 출연하며 반나치 선전 방송을 담당했다. 그리고 망명 폴란드군 조종사들과 병사들을 격려하러 다녔다. 퀴리라는 이름은 불과 20년 만에 또다시 조국을 잃은 폴란드 병사들에게 큰 격려가 됐다. 그리고 1941년에는 미국으로 가서 대독일전을 호소하는 강연을 계속했다. 이미 독일과 야합한 비시정부는 이브를 포함한 27인의 프랑스 국적을 취소시키는 것으로 대응했다.

1942년 이브는 더 모험적인 일을 시작했다. 전선의 상황들을 직접 대중에게 전달할 계획을 세운 것이다. 신문사, 출판사와 협의해서 여행 경비는 언론사가 제공하고, 자신의 취재를 『전사들 속으로의 여행』이라는 책으로 내기로 계약한 뒤, 그녀는 지구 한 바퀴 반의 거리를 이동하며 이 일을 해냈다. 북아프리카에서 롬멜의 군대와 싸우던 연합군 조종사들과 대화했고, 소련전선에서는 영하 32도의 날씨에 얼어 죽은 독일군의 시체들을 직접 볼 수 있는 지역까지 들어갔다. 일본군과 싸우는 인도의 영국군, 마하트마 간디, 네루 등을 인터뷰하기도 했다. 제2차 세계대전 초기의 핵심 전투지역을 거의 모두 방문한 셈이다. 이런 중요한 국면 모두를 취재할 수 있었던 것은 그녀의 노력에 퀴리라는 이름이 더해졌기 때문일 것이다. 소련의 장군들과 인도의 평화주의자 간디도 그녀가 '퀴리'이기 때문에 인터뷰를 허락했을 것은 충분히 짐작가능하다. 책은 1943년 출판되어 전선의 상황을 깊이 있게 소개했다. 지금까지도 북아프리카 전투, 모스크바 공방전, 인도-버마 전투, 간디와 인터뷰 등이 담긴 역사성 있는 자료다. 1943년 크리스마스 이브에 아이젠하워가 유럽 연합군 총사령관으로 임명될 때쯤 이브는 자유프랑스군 여군으로서 런던에 있었다. 운전병으로 자원해서 일했다. 당시 인터뷰에서 이브는 이렇게 말했다. "프랑스로 돌아가게 되면 우리는 큰 부끄러움을 느끼고 그곳에 남았던 사람들에게 사죄해야 될 겁니다. 그들이 굶주릴 때 우리는 먹었고, 그들이 추위에 떨 때 우리는 따뜻했습니다. 그들이 압제 속에서 용기를 잃지 않는 동안 우리는 자유를 누렸지요." 과연 '퀴리'였다.

종전 후 이브는 졸리오와 반대로 서방으로 기울었고 1952년부터 나토 사무총장 특별보좌관으로 일했다. 하지만 그런 정치적 입장 차이가 퀴리 가를 분열시키지는 않았다. 1954년 이브는 미국 외교관 헨리 라뷔스(1904~1987)와 결혼했다. 헨리는 유엔난민구호 사업국장이 되어 57개가 넘는 난민촌을 방문하며 구호사업을 벌였다. 이브는 그때마다 항상 남편이 가는 곳에 따라가 도왔고 자신의 경비는 철저히 사비를 사용했다. 이 방문에는 1956년의 전투중인 가자 지구 방문과 1960년 콩고내전 시기 콩고 방문이 포함된다. 전시라 위험부담이 높았던 방문들이었다. 그 후 라뷔스가 유니세프(UNICEF, 유엔아동기금) 사무총장이 되었고 1965년 유니세프는 노벨 평화상을 받았다. 이브는 부모와 언니, 형부에 이어 남편이 노벨상을 받는 것까지 보았다. 이후 14년간 100여 개국 이상을 다니며 구호활동을 계속했다. 라뷔스는 1987년 83세로 죽었다. 이브는 만년에 뉴욕에 정착했고 2007년 103세의 나이로 사망했다. 오랜 장수는 가족의 요절들에 대한 보상이었는지도 모른다. 이렌과 졸리오의 딸 엘렌은 랑주뱅의 손자와 결혼한 뒤 핵물리학자가 되었고, 아들 피에르는 생물리학자(Biophysicist)로 광합성 전문가가 되었다. 이후 엘렌의 아들도 천체물리학자가 되었다. 그렇게 퀴리 가의 후손들은 과학명문가의 전통을 지켜갔다.

퀴리 가문의 시사점

퀴리 가문의 구성원들은 무엇을 해도 '대충 한다'라는 것을 배우지 못한 사람들이다. 그들은 그런 개념 자체가 없었던 것처럼 살았다. 피에르 퀴리는 시대기준으로 보아 보편적 남성상이 절대 아니다. 우리는 그가 시대성 속에서 얼마나 특이한 유형의 인물인지를 직시해야 한다. 마리의 이름은 피에르'였기에' 남을 수 있었다. 그리고 그의 부인 마리는 그보다 더 유명해졌다. 그리고 그 계보 안에서 딸 이렌과 사위 졸리오 부부, 폴 랑주뱅을 포함한 프랑스 과학의 중추가 탄생했다. 모든 유럽인에게 그러했겠지만 양차 대전은 특히 퀴리 가문의 운명과 밀접한 관계가 있다. 하지만 퀴리 가는 결코 그 운명에 휩쓸리기만 한 것이 아니다. 그들은 운명을 피하지 않았을 뿐만 아니라 스스로의 의지로 자신들의 사명을 설정하고 용감하게 그 길을 쉼 없이 개척해 나간 사람들이었다. 평화주의와 평등과 박애에 대한 퀴리 가문의 전통적 정신, 19세기 말을 살던 마리 퀴리의 식민지 여성으로서 과학자의 길, '의무의 인간'이었던 퀴리 부부가 업적에 도달하기까지의 고난, "과학적 결과물은 인류 공동의 재산"이라며 수조 원 가치의 특허를 포기하던 부부의 대화, 가문의 가치를 끝끝내 지켰던 두 딸, 퀴리 가문의 전통에 부합한 투사적 과학자였던 졸리오, 전 생애에 걸쳐 공공에의 의무를 우선순위로 삼았던 가문. 무엇 하나 빼놓기 힘든 이 가문의 이야기들은 100년이 지난 지금도 대체 불가능한 과학활동의 교과서다.

5

되돌아본 양자혁명과
코펜하겐 해석의 대안들

양자론이 나오기까지

현대 원자이론과 양자역학의 기원은 19세기 광학의 중요한 진전에서 비롯되었다고 볼 수 있다. 실험을 거듭할수록 기체가 놀라울 정도로 정확한 파장(즉 특정한 색깔)의 빛을 방출하거나 흡수한다는 깨달음에서 시작된 것이다. 우리가 무지개 혹은 프리즘 실험에서 관찰할 수 있는 스펙트럼선이 바로 그 실체다. 곧 물질에서 나오는 빛만 관찰하면 그 물질의 화학적 조성을 알 수 있고, 멀리 떨어진 천체들의 구성물질을 추정할 수 있게 되었다. 그런데 도대체 왜 그런 것일까? 왜 특정한 원소는 특정한 빛(스펙트럼선)만 방출하는 것일까? 오랜 연구와 논쟁 끝에 20세기 초가 되면 스펙트럼선이 원자 자체의 개략적 구조를 나타낼 것이라는데 어느 정도 합의가 이루어졌다. 그리고 엑스선, 음극선, 방사선 같은 새로운 현상들이 추가로 발견되면서 원자 내부의 구조를 조사할 수 있는 길이 열렸다. 러더퍼드의 실험들이 진행되자 양전하를 가진 원자핵이 마치 태양처럼 원자의 가운데 위치하고 전자가 행성들처럼 그 주위에 흩어져 있다는 것을 알게 됐다. 이론적 측면에서 당혹스러운 결과였다. 설명이 되지 않았다. 전자기학적으로는 전자가 자신의 에너지를 방출하고 핵으로 추락해야 마땅했다. 러더퍼드의 원자는 스펙트럼선의 설명은 고사하고 원자의 '존재'조차 설명이 안 되는 이상한 원자였다.

실험과 이론의 극단적 모순이라는 이 난제를 해결한 것이 보어였다. 그는 전혀 새로운 원자모형을 제안했다. 전자가 '정상상태(stationary state)'라 불리는 핵으로부터 정해진 거리에 있는 궤도만 돈다는 것이었다. 뿐만 아니라 전자는 이 정상상태의 궤도만 옮겨 다닐 수 있었고 그 중간 궤도 따위는 없었다. 전자가 한 궤도에서 다른 궤도로 옮겨갈 때, 두 궤도의 에너지 차에 해당하는 에너지의 입자가 방출 또는 흡수된다. 이것은 빛이 에너지 덩어리인 양자로 존재한다고 본 플랑크와 아인슈타인의 시각을 적용한 것이다. 1913년의 보어 원자모형은 지난 10년간 플랑크, 아인슈타인, 러더퍼드의 업적이 통합된 지점에서 만들어졌다. 그리고 보어 모형은 수소의 스펙트럼선 관찰결과와 정확히 일치했다. 하지만 이 단 하나를 제외하면 나머지 모든 것이 터무니없고 급진적이었다. 질문이 꼬리에 꼬리를 물고 이루어졌다. 왜 정상상태는 '하필' 그 위치인가? 왜 정상상태 '사이'의 궤도에 전자가 존재하는 것은 불가능한가? 전자의 이동은 무엇에 의해 왜 이루어지는가? 사실 보어 이론의 매력은 명쾌한 정답을 찾은 것이 아니라 새로운 답을 향한 이 풍성한 질문들을 만들었다는 데 있다. 보어에 의해 제시된 새로운 길로 젊은이들이 몰려들었다.

보어 모델은 수소원자 모형을 탄복할 만한 정확도로 설명할 수 있었다. 하지만 헬륨 같은 다른 원자들에는 적용하기 힘들었다. 1920년대까지의 지속적 노력으로 크기가 꽤 큰 원자들에도 어느 정도 모형화가 이루어졌다. 하지만 여전히 모든 이들을 설득할 만한 상황에는 이르지 못했다. 이 연구가 기묘한 철학적 문제들을 제시하고 있었기 때문이다. 그래서 특히 이후의 양자역학은 실험보다는 끝없는 토론으로 발전되어갔다. 보른은 지금까지 확립된 모든 물리학의 개념을 부숴버리고 바닥부터 재건해야 할 것으로 보았다. 이런 생각들을 직접 행동에 옮긴 것은 보어와 보른의 제자였던 하이젠베르크였다. 하이젠베르크의 접근은 더 충격적이었다. 하이젠베르크는 원자 내부에서 일어나는 일들을 이해하려는 시도 자체를 거부했다. 그는 오직 실험실에서 관찰 가능한 결과를 만족하는 양자이론을 만드는 것만 목표로 했다. 예를 들어 원자에서 방출되는 빛의 주파수(스펙트럼)를 연구할 수는 있지만 전자의 궤도를 연구할 수는 없다. 결코 관찰할 수 없다면, 설명할 수 없고 설명할 필요도 없으며 설명해서도 안 된다. 톰슨이나 러더퍼드처럼 시각화한 원자모델은 의미가 없고, 원자 내부의 인과관계의 묘사도 불가능하다. 원자에 대해서는 물리적 직관을 버리고 관찰을 설명할 수 있는 수학적 방법론만 있으면 된다는 식의 이런 접근은 많은 이들을 당황하게 했다. 대표적 인물이 플랑크와 아인슈타인이다. 양자역학의 핵심적 기반을 만든 이 두 사람은 평생 보어와 하이젠베르크의 해석에 반대했다.

충돌과 해석의 과정

1927년 하이젠베르크가 내놓은 불확정성 원리는 코펜하겐-괴팅겐

그룹의 '이상한' 접근법의 정점이었다. 전자의 위치와 운동량의 곱은 플랑크 상수 범위 내에서 언제나 일정한 불확실성을 가진다는 해석! 그것은 관찰행위가 관찰대상의 상태를 변화시키므로 '관찰 이전의' 관찰대상의 상태는 절대로 알 수 없다는 선언이었다. 플랑크나 아인슈타인 같은 이들은 이런 해석에 절망하거나 분노했다. 이때 슈뢰딩거가 나타났다. 슈뢰딩거는 하이젠베르크의 추상적인 방법이나 해석을 쓰지 않았다. 모두가 잘 알고 있는 고전적인 방법을 사용했다. 그러니 원자의 '시각화'도 다시 가능해졌다. 그러면서도 모든 결과를 만족시켰다. 이것은 드브로이가 제안한 물질파의 개념을 사용했기에 가능했다. 드브로이는 파동으로만 알고 있던 빛이 입자처럼 행동하기도 한다는 아인슈타인의 광양자론 착상을 뒤집어 물질입자도 파동처럼 움직일 수 있다고 주장했다. 이 주장은 전자의 정상상태 궤도가 왜 특정 위치에 존재하는지 설명할 수 있었다. 정상상태는 전자의 파동이 안정적으로 원자를 감싸는 형태라는 것이다.—모든 정상상태 궤도는 궤도길이가 전자파장의 정수배가 되는 곳에 있다. 슈뢰딩거는 전자를 물질파 개념으로 파악한 공식으로 하이젠베르크와 똑같은 결과를 도출할 수 있음을 보였다. 전자가 한 궤도에서 다른 궤도로 순간 이동한다는 이해되지 않던 설명은 파동이 우아하게 사라지고 나타나는 것으로 시각화되었다. 상황은 기묘해졌다. 전혀 다른 개념을 제시한 두 이론이 거의 동시에 나와버렸다. 하이젠베르크 진영은 불안해졌다. 슈뢰딩거는 자신들의 낯선 행렬역학 대신 모든 물리학자들이 익숙한 파동방정식으로 자신들과 동일한 상황을 설명할 수 있었다.

하지만 전자가 천천히 희미하게 사라지고 다른 곳에 천천히 파동으로 나타난다는 개념이 만족스럽지 않았던 보른은 '슈뢰딩거 방정식의 파동은 주어진 상태에서 전자를 발견할 확률을 의미한다.'고 해석했다. 그리고 하이젠베르크의 행렬역학과 슈뢰딩거의 파동역학은 수학적으로 동등함을 보였다. 간신히 분열된 물리학이 봉합되었다. 물론 슈뢰딩거가 동의한 봉합은 아니었다. 처음 새로운 결론들에 당혹하던 보어는 이 물리학적 결론에서 한발 더 나아갔다. 그가 보기에 불확정성 원리는 현실세계 자체의 더 근본적인 원리를 보여주는 것이었다. 측정의 불확실성은 인간의 오류나 한계가 아니라 자연 자체의 본성이다! 대자연은 본질적으로 확률적이며 그 무엇도 결정되어 있지 않다! 따라서 과학은 자연현상을 확률로 기술할 수 있을 뿐이다.

보어는 1927년 상보성 원리를 발표하며 1920년대 양자역학 논쟁을 철학적으로 최종 마무리했다. 빛은 전혀 다른 실험조건에서 때로는 파동의 성질을, 때로는 입자의 성질을 보여준다. 따라서 파동과 입자라는 두 모형은 상반되는 것이 아니라 상호보완적이다. 두 이론을 화해시킬 필요 없이 모두 사용하면 된다. 서로 합할 수 없는 이론이라도 서로 다른 상황에 적용하는 것이라면 두 이론을 모두 사용해도 논리적 모순이 없다는 것이었고, 어느 쪽이 참인지 궁금할 필요도 없는 것이며, 현재의 상황을 설명하는 데 적절한 이론을 선택해 설명하면 될 뿐이다. 양자역학의 폭풍이 지나가고 그 이론체계가 내포한 철학적 의미를 음미하기 시작했을 때 분명한 함축이 드러났다. 양자역학은 '측정'이라는 행위 자체가 물리세계에 미치는 영향의 중요성을 보여준 이론이다. 특정한 실험환경을 만들고 있을 때 이미 우리는 자연세계에 영향을 미치고 있다. 다시 말해 우리가 배치한 실험의 형태가 측정대상을 특정하게 변화시킨다. 결국 우리는 자연세계의 객관적 사실을 보는 것이 아니라 우리가 보고자 하는 것을 보게 된다. 이 보어의 해석을 우리는 '코펜하겐 해석'이라고 부르고 있다. 이런 보어의 해석들은 기묘한 설득력이 있었다. 그래서 보어의 상보성 원리는 물리학에서 시작했으나 일반 철학원리로 성장했고, 심리학과 문화이론에 적용되어 나갔다. 보어는 기사작위를 받을 때 가문의 문양을 태극문양으로 채택했고 자신의 상보성 원리와 동양의 음양이론의 유사성을 스스로 자주 언급했다.

남은 문제들

보어가 옳다면 전자는 측정하기 전까지 '존재'하지 않는다. 존재는 위치를 가지고, 측정해야만 '정확한 위치'를 알 수 있는 것이니까. 이런 생각은 불안감을 조성한다. 미시세계가 측정에 의존한다면 물리세계의 객관성과 안정성은 무너지는 것 아닌가? 그리고 측정의 결과는 본질적으로 확률적일 수밖에 없는가? 원자보다 작은 입자 수준에서는 엄격한 인과관계 자체가 존재할 수 없는 것인가? 그렇다면 과학의 근간인 인과율은 어떻게 되는가? 이것은 끝이 아니라 긴 논쟁의 시작이었다. 누군가에게는 아리송한 말일 뿐이었다. 실제 보어 스스로도 입장을 명확히 정리하는 데 오랜 고민이 필요했던 일이다. 아인슈타인은 죽을 때까지 이런 해석들을 받아들이지 않았다. 아인슈타인이 보기에 자연은 인간 활동과 독립적이며 엄격한 인과관계로 동작하는 객관적 세계였다. "아무도 보아주지 않는다면 달은 없는 것인가?" 그의 단호한 반대는 "신은 주사위놀이를 하지 않는다."는 말 속에 명확히 녹아 있다. 슈뢰딩거 역시 아인슈타인과 같은 입장에 있었다. 그는 코펜하겐 해석의 모순을 꼬집기 위해 유명한 사고실험을 제시했다. 일정 시간 동안 붕괴확률이 50%인 방사성 물질과 이 물질의 붕괴를 측정하면 맹독을 뿜어낼 수 있는 장치를 만들어 고양이와 함께 밀폐된 상자 안에 넣어 둔다. 일정 시간 뒤 우리가 관찰할 때까지 독극물이 방출되었는지 여부는, 다시 말해 '고양이가 죽었는지 살았는지' 여부는 파동함수 형태로 기술할 수 있다. 그렇다면 상자를 열어 측정하기 전까지 고양이는 '살아 있으면서 죽어 있는' 상태인가?—여기서 조심할 것은 절대 '살아 있거나 죽어 있는' 상태라고 표현해서는 안 된다는 점이다. 즉 삶과 죽음이 '중첩된' 상태인가? 이른바 슈뢰딩거 고양이 실험이다. 슈뢰딩거는 그런 설명이 도대체 말이 되느냐며 이 절묘한 비유를 제시했다. 하지만 보어 진영의 답은 간단했다. 고양이는 측정 전까지 죽음과 삶이 절반씩 중첩된 상태로 존재한다는 것이었다.

아이러니한 것은 슈뢰딩거는 코펜하겐 해석에 반대하며 이 사고실험을 제안한 것이었는데 오늘날 슈뢰딩거 고양이는 양자역학의 코펜하겐적 해석을 설명할 때 가장 많이 사용되고 있다. 심지어 슈뢰딩거가 코펜하겐 해석에 동의한 것으로 오해되기도 한다. 아인슈타인 역시 상보성 원리의 논리모순을 보여주기 위해 단단히 준비한 사고실험들을 여러 번 제시했다. 하나하나 모두를 긴장하게 만들었던 탁월한 사유들이었다. 하지만 다음날이면 보어는 어김없이 아인슈타인의 논리에서 허점을 찾아냈다. 제5차 솔베이 회의의 백미는 아인슈타인과 보어의 사적인 자리에서의 이런 논쟁이었다고 참석자들은 전한다. 아인슈타인은 미국에 망명간 뒤에도 1935년의 유명한 EPR 논문으로 양자역학의 불완전함을 지적했다.—논문 저자인 아인슈타인, 포돌스키, 로젠 3인의 머리글자를 딴 이름이다. 이 논문은 이후 벨의 법칙 같은 추가적인 이론전개를 낳았다. 계산할 수 있으나 이해할 수 없는 이 이상한 상황은 지금도 해결되었다고 보기 어렵다. 양자역학은 절대 모두가 동의

할 만한 명쾌한 해석을 내놓은 적이 없었다. 오히려 끝없는 떠들썩함이 양자역학의 특징이다. 양자역학은 등산, 스키여행, 산장에서의 대화로 이루어졌다. 양자론은 끝없는 대화와 논쟁의 과정을 거치며 현대과학의 발전을 선도했다.

새로운 시각들

1925년을 돌이켜볼 때 인류의 과학은 중요한 선택의 기점에 있었다. 하이젠베르크 행렬역학 발표 직후 슈뢰딩거가 파동함수를 제창하자 두 진영의 대립은 심각했다. 추상적이었던 행렬역학에 비해 슈뢰딩거 방정식은 더 사용하기 쉬웠다. 하지만 슈뢰딩거 방정식에는 허수가 포함되어 있었다. 수학적으로 두 체계는 동일했지만 철학적으로 완전히 달랐다. "(양자역학과 파동역학의 엄청난 개념적 차이를 놓고 볼 때,) 두 이론이 알려진 사실들에 대해 똑같은 결과를 얻는다는 것은……시작점, 현상 재현, 방법론, 수학적 도구들이 모두 다르기에 더더욱 놀랄 일이다." 슈뢰딩거 스스로 1926년에 했던 말이다. 이후 보른이 슈뢰딩거 방정식을 파동함수의 제곱이 입자의 확률적 위치를 나타낸다고 해석하자, 슈뢰딩거와 아인슈타인은 반대했다. 하지만 결국 보어 등이 주축이 된 코펜하겐 해석은 정통성 있는 해석이 되어버렸다. 그 결과 지금 물리학과에서는 행렬역학과 불확정성 원리를 '옳다고' 배운 뒤, '실용적인' 슈뢰딩거 파동방정식을 배운다. 그 뒤 주로 파동방정식으로 문제를 푼다. 학생들은 전혀 모순을 느끼지 못한다. 만약 슈뢰딩거의 아이디어가 조금 더 빨랐다면 상황은 어떻게 진행되었을까? 자세히 살펴보면 과학은 깔끔하게 통일된 형태가 아니다. 코펜하겐 해석이라는 현대과학의 '상징' 혹은 '굴레'를 다른 측면에서 생각해볼 힌트들은 제2차 세계대전 후 여러 측면에서 나타났다.

데이비드 봄(David Joseph Bohm, 1917~1992)은 칼텍(캘리포니아 공대)과 버클리에서 물리학을 전공했고 다름 아닌 오펜하이머에게 박사학위를 받은 인물이다. 버클리 방사능 연구소에서 맨해튼 프로젝트와 관련 있는 주제를 연구했었다. 정치적 좌파였고, 반 파시즘적 태도를 견지하며 마르크스 철학을 공부했으며, 캘리포니아 공산당의 과학기술자 조직에서도 잠시 활동했었다. 사실 자신의 스승과 비슷한 정치성향이었다고 볼 수 있다. 이후 제2차 세계대전이 벌어지자 로스앨러모스에서 연구하고 싶어했지만 미 육군은 그의 이런 정치적 성향을 파악하고 번번이 거절했다. 심지어 봄은 자신이 이미 완료한 핵물리학 관련 연구결과조차도 기밀문서로 분류되어 더 이상 볼 수 없게 되었다. 그래서 '원자'와 관련된 모든 학술적 자료까지 군사기밀이 되는 기이한 시대에 더 이상 물리 연구를 하기 힘든 지경에까지 이르렀다. 그래도 오펜하이머가 힘을 써서 다행히 봄은 졸업논문을 쓰지 않고 1943년에 박사학위를 취득할 수 있었다. 졸업 후, 봄은 맨해튼 계획과 관련해 오크리지 국립 연구소에서 우라늄 농축과정을 연구했다. 전쟁 후에 봄은 프린스턴 대학에서 조교수직을 얻었고, 아인슈타인과 공동 연구를 진행했다. 양자전기동역학과 플라즈마 물리학을 주로 연구했고, 양자역학 강의를 하며 1951년에는 『양자이론』을 출판하며 이름을 알려 나가고 있었다.

하지만 소련이 1949년 원폭을 개발하자 매카시 상원의원이 주도한 대대적인 공산주의자 숙청작업이 미국에서 진행되었다. 한 일 때문이 아니라 사상적 의심만 든다면 공개적인 모욕을 당하는 일이 곳곳에서 벌어졌다. 봄은 1949년 5월 청문회에 출두하라는 요구를 받았을 때 사상의 자유를 이유로 거부했다.[12] 실제 그는 미국에 아무런 위해를 가한 적이 없었다. 하지만 봄은 1950년에 이로 인해 체포되었고, 아인슈타인의 반대에도 불구하고 프린스턴 대학교에서 해임되었다. 1951년 5월에 석방되었으나 재임용되지 못했다. 1954년 좌익전력으로 토사구팽된 오펜하이머 사태의 예고편이었다. 규모는 작았지만 당시 미국에서 일어나고 있는 일도 1933년경의 독일과 크게 다르지 않았다. 결국 봄은 미국을 떠났다. 생업을 잃은 위기상황에서 그를 아끼던 아인슈타인과 오펜하이머의 추천을 받아 브라질 상파울루 대학 교수로 갔다. 1951년 10월 봄이 상파울루에 도착하자 미국무부는 그의 여권을 압수했다. 의심스러운 봄을 브라질에 묶어두기 위한 것이었다. 봄은 어쩔 수 없이 브라질 시민권을 획득했고, 미국 시민권을 자동 상실했다. 이렇게 봄은 브라질에 유폐되었다.

이 상황이 매우 독특한 결과로 이어졌다. 봄은 브라질에 유폐되어 주류 물리학계와 연계가 없어진 뒤 연구 스타일과 입장이 급격히 변화했다. 브라질은 봄에게 일종의 물리이론의 갈라파고스 같은 곳이 되어준 것이다. 1952년에 봄은 《피지컬 리뷰》에 보낸 논문에서 양자역학의 전통해석과 완전히 다른 해석을 제시했다. 슈뢰딩거의 파동함수에는 허수가 포함되어 있었다. 코펜하겐 학파에서는 입자의 궤적이 확률적으로만 존재하고, 슈뢰딩거 파동함수의 제곱값이 바로 이 확률의 분포를

---

12   봄이 출석을 요구받은 청문회는 미국 의회 산하의 반미국인 활동 위원회(Committee on Un-American Activities)였다. 어마어마한 이름의 공개 청문회에 봄은 자신의 활동에 대해서가 아니라 '어떤 생각을 가졌는지' 조사하겠다는 출석요구를 받았고 이는 옳지 않다고 여겼던 것이다.

데이비드 봄

브라질에서 봄의 연구는 과학자의 사회적 환경이 과학의 내용 자체에 얼마나 큰 영향을 줄 수 있는지 생생하게 알려준다.

나타낸다고 해석했었다. 코펜하겐 해석에는 입자의 확률분포, 측정 시점에서의 파동함수 붕괴, 불확정성 원리 등 분명히 비상식적으로 보이는 내용이 많았다. 하지만 1927년 솔베이 학회를 기점으로 정통해석이 되어버렸다. 봄은 마르크스 유물론과 코펜하겐 해석이 모순이라고 적시했다. 그리고 순수 유물론의 편에 섰다. 분명 아이디어의 시작은 봄의 정치적 사상과 연관 있을 수 있었다. 하지만 결과는 흥미로웠다. 슈뢰딩거의 파동함수가 빛의 속도를 넘는 향도파(Pilot wave)이고, 향도파가 물질입자를 이끈다고 가정하면, 양자역학 해석의 논란이 해결될 수 있다는 아이디어를 제시한 것이다. 파동-입자 이중성 해석, 불확정성 원리, 측정 시 파동함수 붕괴를 전혀 가정하지 않아도 되었다. 이 급진적 주장은 최근까지도 제대로 수용되지 못했지만 21세기에 들어선 이후 유력한 대안으로 부상 중이다.[13]

존 스튜어트 벨(John Stewart Bell, 1928~1990)은 영국의 물리학자이다. 그의 벨 부등식(Bell's inequality) 또는 이를 일반화한 벨 정리(Bell's theorem)는 양자역학의 표준해석이 문제가 있을 수 있다는 것을 보여

---

13 이후 봄은 1957년 영국 브리스틀 대학으로 자리를 옮겼고, 1961년에 런던 대학교 버크벡 칼리지의 이론 물리학 교수가 되었다. 결국 영국 국적을 취득했고, 긴 소송 끝에 1986년에야 미국 시민권을 되찾을 수 있었다. 봄은 1987년에 은퇴했고 1992년 10월 런던의 택시 안에서 심장마비로 사망했다.

주며 물리학과 과학철학에 깊은 영향을 미쳤다. 전후 물리학계는 코펜하겐 해석에 대한 문제제기는 쓸데없는 시간낭비로 바라봤다. 혹은 물리학에 대해 뭘 모르는 사람들이나 제기하는 과학을 떠난 형이상학 문제로만 생각했다. 1960년대에는 물리학자들 대다수가 이미 코펜하겐 학파로부터 파생된 물리학을 교육받은 뒤였다. 벨이 자신의 벨 정리를 발표하던 1964년, 코펜하겐 해석에 의문을 갖는 연구결과를 발표하는 것은 그 연구자가 고리타분하게도 고전 물리학의 틀에 갇힌 인물이라는 것을 보여주는 것으로 받아들

존 스튜어트 벨

벨은 코펜하겐 해석 전체에 대해 의문을 제기했다. 이미 승부가 난 것으로 알려진 아인슈타인과 보어 논쟁을 끄집어내서 노회한 패배자로 여겨졌던 아인슈타인의 편에 선 것이다. 벨의 제안을 따라 실험을 한다는 것은 물리학자로서 경력 전체를 포기해야 할지도 모를 모험이었다.

여졌다. 그럼에도 불구하고, 벨은 기존 권위 전체에 도전했다. 사실 그의 표현법은 제도권 물리교육을 받은 사람에게는 충격적이다. 그는 파인만, 란다우는 물론 심지어 폰 노이만에 대해서도 문제를 제기했다. "폰 노이만의 양자역학 증명은 틀렸을 뿐 아니라 멍청하다." 거기다 보어의 상보성은 자가당착이라고 했다. 벨이 보기에 '헛소리'들로부터 자유로운 물리학자는 아인슈타인뿐이었다. 아인슈타인의 맹렬한 비판에도 불구하고 코펜하겐 해석은 현대물리학의 표준 해석이 되었다. 하지만 벨은 아인슈타인이 다른 사람들은 보기 거부한 것을 명확히 본 것이라고 생각했다. 그래서 그는 아인슈타인 등이 썼던 EPR 논문에서 출발해, 국소적 실재론과 양자역학이 양립 불가한 실험을 묘사하였다. 처음 당연히 벨의 정리는 냉대 받았다.

양자역학의 개념적 기초에 대한 연구는 좋게 대접해주면 과학철학

알랭 아스페

아스페는 양자 얽힘에 대한 실험으로 유명한 프랑스 물리학자다. 이 책이 마무리되는 시점인 2022년도에 아스페는 노벨 물리학상을 수상했고, 이로 인해 필자는 원고의 완성된 부분을 계속 교정해야 했다. 이 상황 자체가 이 분야가 얼마나 급격히 변화하며 요동치고 있는지를 잘 알려주는 사례다. 양자 얽힘에 대한 연구들은 아마 몇 년 뒤가 되면 훨씬 풍성한 이야깃거리를 만들어낼 것이다.

이었고, 아니면 사이비 과학이었다. 그래서 1970년대 벨의 정리를 사용한 실험을 수행한 존 클라우저(John Clauser, 1942~)는 무시받았고 물리학자로서 경력에 이상이 생겨버렸다. 1980년대에 알랭 아스페(Alain Aspect, 1947, 2022년도 노벨 물리학상)가 기존 실험의 결점을 없앤 실험을 다시 기획하였다. 아스페가 벨을 찾아가 실험에 대해 설명하자, 벨은 아스페에게 보장된 일자리가 있느냐고 물었다. 자신이 생각한 실험을 수행한 사람들의 경력에 어떤 문제가 생겼는지 잘 알았기 때문이었다. 하지만 아스페 등의 새로운 실험은 기존의 실험에서 생겨난 결점을 극복한 결정적인 실험이 됐다. 이 실험으로 양자 얽힘(quantum entanglement) 현상이 확인되었다. 양자 얽힘이 양자 컴퓨터와 암호학에 중요하게 활용될 수 있다는 점이 알려지면서 이와 관련된 연구가 활발해졌다.[14] 벨의 정리가 주목받자 1930년대의 EPR 논문까지 양자 얽힘을 선구적으로 인식한 논문으로 새롭게 주목받았다. 그래서 아인슈타인의 이 논문은 '잠자는 숲 속의 공주' 논문의 대표적 사례로 꼽혔다. 60년 가까이 무시되다가 1990년대에 복권된 것이다. 20세기가 가기 전에 아인슈타인은 또 하나의 작은 승리를 얻었

---

14 2020년대 현재 양자 컴퓨팅은 뜨거운 유행 분야다.

다. EPR 논문과 벨의 정리는 20세기 물리학의 중요 업적으로 평가되었다.[15] 그 과정은 자기 경력에 치명적 문제가 생길지도 모를 모험에 과감히 도전한 학자들의 용기가 있었기에 가능했다.

휴 에버렛(Hugh Everett, 1930~1982)은 '아인슈타인의 생쥐' 강연에 충격을 받았던 경우다. "생쥐 한 마리의 시선이 우주에 변화를 주는 것일까?" 보어와 코펜하겐 학파의 생각은 그렇다는 것이었다. 아인슈타인은 세계에 대한 객관적 기술을 포기해서는 안 된다고 호소했다. 보어는 "양자세계는 존재하지

휴 에버렛
오늘날 유행중인 평행우주, 멀티버스 등의 개념은 에버렛의 연구에서 비롯되었다.

않는다. 양자현상이 있을 뿐이다. 즉 관찰결과만 있다."는 입장을 끝까지 고수했다. 에버렛은 후일 이 모든 경우를 화해시키는 방법을 생각해 냈다. 그 방법은 간단했다. 슈뢰딩거 고양이는 관찰하기 전에 미리 '죽거나 살아있는 것이 아니고', 관찰한 순간 '죽거나 살아 있거나가 결정되는 것도 아니며', 고양이가 죽은 세계와 고양이가 살아있는 세계가 각각의 공간구성이 서로 인식되지 않은 채 '나눠져' 존재하는 것일 뿐이라는 것이다. 이 생각은 현대의 다중우주론(多重宇宙論, multiverse) 개념으로 연결되었다. 매순간 우리의 우주는 여러 개의 우주로 분기하는

---

15   놀랍게도 EPR 논문은 아인슈타인 전기에서나 가끔 언급되던 별 볼일 없는 논문에서, 아인슈타인의 논문 중 피인용지수가 가장 높은 논문이 되어 되살아났다. 필자가 20년 전에 읽었던 글들과 최근의 자료들을 비교해보면 EPR 논문에 대한 묘사나 뉘앙스가 전혀 다른 느낌이 들 정도다. 이 또한 21세기의 물리학에 변곡점 중 하나로 보인다.'

멀티버스 개념들

수많은 SF 작품들이 휴 에버렛의 아이디어를 차용하고 있다. 마블 유니버스도 멀티버스를 차용한 대표적 세계관
이다.

것이다. 다중우주론은 "생쥐는 우주를 변화시키지 못하고 변하는 것은 오직 생쥐뿐이다."는 또 다른 결론을 내린 것이다.

다중우주론을 선택하면 많은 것이 해결된다. 다중우주론에 따르면 파동함수의 붕괴로 고양이가 살았거나 죽었거나가 결정되는 것이 아니라 언제나 두 가지 우주가 공존한다. 내가 본 순간 고양이의 운명이 결정되는 것이 아니라는 것이다. 관찰은 더 이상 결과에 간섭하지 않는다. 그러니 신은 주사위 놀이를 하지 않는다는 아인슈타인의 신념도 만족시킨다. 시간여행을 통한 부친 살해 역설도 해결된다. 내가 시간여행을 해서 과거로 돌아가 아버지를 죽이더라도 내가 존재하지 않는 모순은 발생하지 않는다. 그냥 그 우주는 내가 없는 우주로 분기해 갔을 뿐이다. 즉 나의 과거가 아니라 그냥 다른 우주다. 이것은 수많은 SF 소설들 속의 시간여행이라는 논리모순을 일거에 해결할 수 있는 아이디어다. 그래서 많은 SF 소설과 영화들이 이런 세계관을 차용해왔다. 왜 수많은 조건을 만족시키며 우주는 인간이 살 수 있는 곳이 되었는가라는 질문에 대한 답도 쉬워진다. 생명을 탄생시키는 데 실패한 수많은 우주가 있는 것이고, 인간이 살게 된 극소수의 우주가 우리 우주일 뿐이다. 무엇보다 다중우주론이 결정적으로 편리한 것은 물리적 증명이 전혀 필요 없다는 점이다. 그 가능성만 제시하면 충분하다. 이론 자체의 전제로 인해 두 분기된 우주는 서로 어떤 영향도 미칠 수 없기에 관찰할 수도 증명할 수도 없는 것이 당연하기 때문이다.

그런데 한편 생각해보자. 증명이 필요 없는 것이 과연 과학인가? 어쩌면 이 부분은 처음부터 양자역학이 의심받았던 부분을 다시 한 번 비틀어 반복한 것일 수도 있다. 또 한편 다중우주론에서는 내가 유일하지 않다. 무수한 내가 끝없이 분기한다. 유일성의 나는 존재치 않는다. 그렇다면 나의 가치는 무엇인가? 어떤 의미로는 허무한 느낌이다. 필자의 입장에서 다중우주론은 게으른 사람들에게 편안함을 제공하는 이론인 것이 사실이다. 물론 그것이 틀렸음을 의미하지는 않는다. 또 어떻게 바뀌어 갈지는 알 수 없지만 현재까지는 코펜하겐 해석이나 다중우주론이 수학적으로 검증된 상황들과 모순을 일으키지 않는 해석들이다. 다시 말해 아직까지 인류가 찾은 답은 보어의 세계처럼 아무것도 없거나(?), 에버렛의 설명처럼 모든 것이 있는(?) 우주다. 실존에 대한 깊은 철학적 물음에 겨우 이런 허망한 과학의 답변이라니.

오늘날 양자우주론에서는 에버렛의 해석을 많이 따른다. 하지만 많은 물리학자들은 여전히 미심쩍어한다. 실용성을 인정받으며 다양한 분야에 사용되고 있지만 양자역학을 둘러싼 궁극적 논쟁들은 21세기 들어 정리된 것이 아니라 더 뜨거워진 상황으로 보인다.

6

보른과 아인슈타인의 마지막 논쟁

전후의 보른

"(원자에너지를 주제로 한 영상을 봤는데) 당신 모습이 실물크기로 화면에 나왔습니다. 친근하고 사랑스런 목소리에, 반쯤은 진지하고 반쯤은 냉소적인 매력적인 웃음을 짓고 있었습니다…… 당신을 마지막으로 본 지 20년이 된다는 생각에 울컥했습니다." 1948년 3월 4일 아인슈타인에게 보낸 보른의 편지다. 결국 이들은 이후 죽을 때까지 한 번도 다시 만나지 못했다. 그들이 아무도 원하지 않았던 상황들을 시대는 강요했다. 보른은 이 시기 긴 독백처럼 아인슈타인에게 자신의 속마음을 쏟아놓았다. 우리가 바보였다며, 미국인이나 러시아인, '악취를 풍기며 민족주의적으로 변해가고 있는 다른 수많은 사람들'도 모두 이해되지 않고, 심지어 팔레스타인의 유대인들마저 대의를 저버렸다고 했다. 보른의 입장에서는 그토록 핍박받았던 자신의 동족들이 새로 만든 국가에서 팔레스타인인들에게 똑같은 폭력을 가하기 시작한 현실이 가슴 아팠다. 편지글에는 촘촘히 당시 세상사에 대한 걱정들이 배어나왔다. 유대인들이 테러를 자행하기 시작했고, 그들이 히틀러로부터 많은 것을 배웠다는 것이 너무나 애석하다며, 유대 민족주의를 포함해 모든 종류의 민족주의를 혐오한다고 말하며 덧붙였다. 아인슈타인이 어떤 행동을 취한다면 진심을 다해 돕겠다면서, 너무 늦기 전에 아인슈타인이 미 정부로 하여금 어떤 행동을 취하도록 만들 수는 없는지 묻는다. 보른은 아인슈타인이 미 정계에 영향력을 미칠 수 있을 것이라는 환상을 1948년에도 여전히 가지고 있었던 모양이다. 6월에 아인슈타인은 보른의 순박한 생각에 답을 했다. "제가 워싱턴에 영향력을 행사할 수 있을지도 모른다는 당신 생각은 너무 낙관적입니다."

1949년 장제스가 대만으로 쫓겨가고, 한국전쟁이 발발한 뒤인 1950년 9월, 보른은 미국이 부패한 아시아의 정권을 지지한다면서 미국의 정책을 열심히 힐난했다. "이곳(영국)에서는 누구도 장제스를 위해 싸우려들지 않습니다." 하지만 아인슈타인은 연합국이나 독일이나 별다를 바 없다는 유형의 뉘앙스에 대해서는 언제나 단호히 반대했다. "저의 독일인들에 대한 태도는 지금도 바뀌지 않았습니다. 이런 제 태도는 단지 나치 시기에서 유래하는 것이 아닙니다……독일인들은 문명국 중 어떤 다른 나라들에 비해서도 훨씬 더 위험한 전통을 가졌습니다." 1952년 10월에 보른은 고향에 가지 못하는 자신의 처지를 한탄했다. 단지 그가 '철의 장막 건너편'인 브레슬라우 출생이기 때문이었다. 매카시 조례가 발동된 미국에도 입국할 수 없었다. 한국전쟁이 한창이던 당시는 출생지만으로도 미국입국금지 사유가 되었다. 단지 현재 폴란드 영토에서 태어났다는 이유만으로, 보른은 멋대로 '폴란드 출신'

으로 분류되어 있었던 것이다. 그리고 함께 연구하던 중국 친구들의 이해 못할 반응들에 대해서도 덧붙였다. "지금 격렬하게 반미를 외치고 있는 중국의 선전세례를 받고 있습니다……중국으로 돌아간 후 그들은 완전히 미친 것처럼 보입니다." 냉전의 그림자가 짙게 드리운 1950년대 양진영의 상황을 짐작케 한다. 몸은 에든버러에 조용히 있었지만 보른의 마음은 파란만장한 폭풍 속에 있었다.

이 무렵 보른은 독일을 오가고 있었다. 일흔의 나이가 되어 다시 독일로 옮겨갈 채비를 한 것이다. 보른이 독일로 돌아간 이유는 더 많은 수입 때문이기도 했다.[16] 그는 1953년 에든버러 대학에서 정년퇴임했다. 보른은 1947년에 슈뢰딩거가 빈으로 돌아간 뒤 아일랜드 더블린의 고등과학원 후임으로도 거론되었으나 본인이 거부했었다. 그리고 넉넉한 월급을 주는 괴팅겐 대학 명예교수로 복권되었다. 독일의 이 제도는 당시 다른 나라에는 없었다. 독일은 전후 최악의 상황에서도 여전히 학문의 최고봉에 도달한 사람들은 최선을 다해 예우하고 있었다.[17] 이런 부분은 제2차 세계대전 후 독일의 과학과 경제가 빠르게 되살아난 이유에 대해 작은 힌트가 될 수도 있을 것이다.

보른의 독일행에 대해 아인슈타인은 그가 '우리 동족을 집단적으로 학살한 사람들의 땅으로 돌아간다는 것'에 대해 '극도의 궁핍한 생활로

---

16 이런 사실을 모른다면 보른의 독일행을 유대인 학자의 '위대한 용서'로만 바라보기 쉽다. 하지만 영국 교수는 퇴직해도 형편없는 연금이 나오기 때문이라는 아주 현실적인 이유가 있었다. 인간의 인생에 얼마나 잡다한 것들이 영향을 주는지, 그리고 단순화한 요약이 얼마나 많은 오해를 불러일으킬 수 있는지 생각해볼 수 있는 부분이다. 보른이 조금 더 일찍 노벨상 '상금'을 받았더라면 영국에 남았을 확률도 있지 않았을까.

17 심지어 독일은 전쟁 직후의 어려운 상황 속에서도 대학등록금을 폐지했다. 언제나 '교육'을 최우선 순위로 생각하는 것은 독일문화 곳곳에 배어 있었다.

유명한 당신이 귀화한 제2의 조국'이 책임져야 한다며 특유의 냉소적 표현을 했다. 영국에서의 생활이 궁금하다니 독일 따위로 돌아가지 말라고 차마 말리지는 못한다는 의미로 읽힌다. '우리 동족을 집단적으로 학살한 사람들의 땅.' 아인슈타인은 독일에 대한 이 명확한 생각을 죽을 때까지 유지했다.

에든버러 대학 은퇴식 날, 보른에게 기념논문집이 헌정되었다. 그 논문집에는 보른의 통계적 해석에 대한 반대자 4명의 논문도 포함되었다. 슈뢰딩거, 드브로이, 데이비드 봄, 아인슈타인의 논문이었다. 보른은 각자의 입장을 이렇게 정리했다. 슈뢰딩거의 관점은 가장 단순한 것으로 자신이 발전시킨 파동역학을 통해 양자의 역설들이 모두 해결되었다고 보는 것이다. 슈뢰딩거는 입자가 없기에 '양자도약'도 없는 것이고 파동만 있는 것이라고 주장한다. 보른이 보기엔 이는 폐기된 관점이다. 한편 드브로이와 봄은 양자역학의 결과만 받아들이고 통계적 해석은 받아들이지 않는 쪽이었다. 그들은 은닉된 메커니즘이 존재할지 모른다고 생각했다. 하지만 이 생각은 아인슈타인도 유치하게 보는 것이라는 간단한 평가를 덧붙였다. 아인슈타인의 경우 '미래의 물리학'에 매개시킬 수 있는 '유용한 단계'를 양자역학이 발견한 것이라고 보는 것이다. 즉 통계적 양자역학은 '틀린 것'이 아니라 '불완전한 것'으로 보는 것이다. 어쨌든 보른이 보기에 그들은 결론 나버린 것을 애써 무시하고 있는 것이었다. 이후 보른은 헌정 논문집에 실린 아인슈타인의 논문에 감사하면서도, 여전히 물리학적 해석을 놓고 티격태격 한다. 보른은 자신의 서한집 출판시점인 1968년에 가서도 "아인슈타인의 반대들은 양자역학을 그가 제대로 파악하지 못한 결과라고 생각한다."고 말했다. 그들의 편지들 속 물리학은 마지막의 마지막까지 일상적 이야기보다 훨씬 치열했다.

계속된 논쟁

1948년 초봄 아인슈타인과 보른의 편지들은 여전히 평행선을 달리는 둘의 입장차를 보여준다. 아인슈타인은 보른이 자신을 '회개하지 않는 늙은 죄인'으로 생각하는 이유를 잘 이해한다며, 하지만 자신이 어떻게 이런 외로운 길을 걷게 되었는지는 전혀 이해하지 못한다고 투덜거렸다. 보른은 답장에서 자신의 양자역학에 대한 기여가 대중들에게 거의 알려져 있지 않음에 솔직한 실망을 표현한다. 양자역학에 대한 찬사가 철저히 하이젠베르크와 슈뢰딩거에게만 돌아가고 있지만 하이젠베르크는 처음에 행렬이 무엇인지도 몰랐다며, 몇 달 전 하이젠베르크가 방문했을 때, 그가 '예전처럼 즐겁고 지적인 모습'이었지만, '나치화'되었다는 느낌을 강하게 받았다고 덧붙였다. 나치 시대를 보낸 후 절친했던 사제 간의 관계가 얼마나 멀어져버렸는지 엿볼 수 있다. 후일 보른은 이 편지 내용에 대해 "하이젠베르크에 대한 당시 내 생각은 옳지 않았다."고 덧붙였다. 서로가 서로에게 다양한 색안경을 끼고 바라보던 시기다. 하지만 긴 푸념들에도 불구하고 보른의 마지막 문장의 의도는 명확하다. "정말로 양자역학이 전부 환상이라고 믿고 계신가요?"

그러자 아인슈타인은 최근 자신이 쓴 논문을 답신에 동봉했다. 칠순이 된 시점에도 아인슈타인은 양자역학에 대한 반론 논문을 쓰고 있었다. "입자는 정확한 위치와 운동량을 갖는다." "양자역학은 실제 상황을 불완전하게 기술하는 것이다." "양자역학의 기술은 실제에 대한 불완전하고 간접적인 기술이며, 앞으로 좀 더 완전하고 직접적인 기술로 대체되어야 할 것으로 본다." 20년 이상 아인슈타인의 입장은 일관되어 있다. 하지만 보른은 요지부동이다. "당신의 예는 너무 추상적이며, 논의를 시작하기에는 엄밀함이 불충분합니다."

다음 해인 1949년에도 서로에 대한 설득(?)은 계속된다. 아인슈타인은 이제야 보른의 이론적 단서를 어느 정도 이해했지만 서로의 관심분야가 돌이킬 수 없을 만큼 다른 방향으로 나가버렸다고 했다. "제 본능은 불가항력적으로 이런 생각에 반대하고 있습니다." 보른과 직접 만나 이 문제를 논하고 싶지만 '내 희망은 아무래도 죽기 전에 이루어지지는 않을 것 같다'라며 건강이 나빠진 자신의 상태를 이야기했다. 아인슈타인은 죽음을 예감했지만 그는 6년을 더 살았다. 아인슈타인은 시간의 흐름 속에 자신이 '장님이요 귀머거리가 되어 사람들은 저를 돌처럼 굳어버린 것으로 생각'하게 되어, 이제 자신은 어떤 영향력도 없다는 것이 드러났다며 과학자로서 받아들여지지 못하는 현재 상황들에 분명한 실망감들도 표출한다. 보른은 노년에 서신집을 정리하면서도 이때 서로가 '건널 수 없는 철학적 관점 차이'에 도달했지만, "나 자신은 청년시기의 아인슈타인의 가르침을 따랐다고 믿는다."고 했다. 바뀐 것은 아인슈타인이라는 의미였다. 서로가 자신의 과학적 신념에 대해서는 참으로 단호했다.

아인슈타인은 3년 뒤(1952년)쯤 우울감이 더 심해진 모양이었다. '사랑하는 친구 대다수는 세상을 떠났고, 상대적으로 덜 사랑하는 이들 대다수는 아직 이 세상에 남아 있다'며 염세적이 된 자신의 속을 드러내 보인다. "저는 마치 제가 우연히 뒤에 남겨진 한 마리 공룡처럼 느껴집니다." 하지만 봄(David Bohm)이 양자이론을 결정론적 용어로 해석할 수 있다고 한 것에 '그의 방식은 너무 유치해 보인다.'고 분명하게 평가했다. 봄의 작업들이 자신의 생각과 맥락은 일치하지만, 세부 주장과 내용은 유치하게 보였던 모양이다. 1960년대가 되었을 때도 봄의 시도는 거의 주목받지 못했었다.

아슬아슬하게 이어지던 편지들이었다. 하지만 1953년 보른의 표현은 야멸차다고 할 정도로 강해졌다. 하이젠베르크와 자신이 세운 기초들은 굳건하다며, "이제 더 이상 다른 길은 없습니다."라고 선언했다. '보어의 표현들은 불분명하고 애매'하고, 자신이 더 단순하고 명확하다며 "저를 원망하지 마십시오."라며 보른은 이 지독한 반대자에게 아주 강한 표현을 사용했다. 하지만 1954년의 첫날 편지에서도, 죽기 불과 1년 전인 아인슈타인은 여전히 물러서지 않았다. "당신의 생각을 절대 지지할 수 없습니다……이후의 어떤 논의도 참여하고 싶지 않습니다." 1948년부터 1954년까지 6년간의 기나긴 편지왕래에도 불구하고 아무것도 바뀐 것이 없는 느낌이다. 과연 그럴 만한 것이었을까?

파울리의 중재

1954년 1월 12일에 아인슈타인은 보른이 뭔가 자신의 입장 일부를 오해하고 있음을 감지한 표현을 남겼다. 왕립학회에 보낼 논문을 자신에게 보내주어 고맙다며, "그 논문을 통해 당신이 제게 가장 문제가 되는 점을 완전히 간과했다는 사실을 알게 되었습니다."라고 했다. 하지만 이후 보른은 여전히 아무것도 눈치채지 못했다. "제게 화내지 말아주십시오……또 당신에 대한 제 존경심은 비록 당신과 다른 의견을 가지고 있음에도, 전혀 줄어들지 않았습니다." "당신을 다시 한 번 만나고 싶다는 마음이 간절합니다……이런 제 마음은 우리의 일시적 의견 차에 의해서 결코 흔들리지 않습니다." 보른에게는 당시 버클리에서 초청장이 왔기 때문에 미국에 갈 기회가 있었다. 하지만 보른은 가지 않았다. 보른은 자신이 미국에 가지 않은 중요한 이유가 에드워드 텔러와 조금도 관계 맺기 싫어서였다고 썼다. 1950년대가 되면 텔러는 주요 과학자들에게 이런 느낌의 사람이 되어 있었다. 어쨌든 보른과 아인슈타인은 그렇게 마지막 만날 기회를 놓쳤다. "우리 둘은 자신이 옳고 상대방이 틀렸다고 확신했다." 보른은 당시 상황을 이렇게 표현하며 그때 파울리가 중재자로 개입한 것이 불행 중 다행이라고 보았다.

1954년 3월부터 파울리가 이들의 논쟁에 개입해 중재를 시작했다. 1954년 3월말 파울리가 보른에게 편지했다. 아인슈타인이 마음 상하지 않았고, 보른의 편지들도 자신에게 보여주었다는 내용으로 시작한다. 그리고는 보른이 '아인슈타인이라는 인형을 세워놓고 화려한 기술로 두들겨 패는 것처럼' 보인다고 파울리답게 표현했다. 파울리는 먼저 아인슈타인은 자주 얘기되는 것처럼 '결정론' 개념을 기본적인 것으로 간주하는 것이 아니라고 했다. 아인슈타인이 여러 차례 자신에게 이것을 강조했다는 것을 밝히면서, 아인슈타인의 입장은 '결정론적'이라기보다는 '실재론적'이라고 했다. "선생님의 논문은 아인슈타인이 관심을 가지고 있는 문제들을 완전히 간과하고 있습니다." 파울리의 명쾌한 표현을 보고 그제야 보른은 편지로 아인슈타인과 주고받던 논쟁에서 자신이 조금 핀트를 잘못 맞췄음을 깨달았다. 4월 중순 편지에서 파울리는 아인슈타인의 형이상학을 '결정론적'이 아니라 '실재론적'이라 부르고 싶지만, '아인슈타인이 자신의 형이상학에 갇혀 있다.'라는 보른의 의견에는 전적으로 동의한다고 했다. "그는 언제나……양자역학을 교수형 시키고자 합니다. 즉……(아인슈타인의 입장은) 그런 해법은 단지 실재에 대한 '불완전한' 기술일 뿐이라는 주장입니다."고 최종 정의했다. 아인슈타인의 주장의 핵심이 '결정론의 옹호'가 아니라 '양자역학의 불완전함'에 있다는 것은 오늘을 사는 우리들조차 파울리의 냉정한 분석이 없다면 쉽게 깨닫기는 힘든 부분이다. 보른은 파울리의 편지들을 보고서야 자신이 아인슈타인의 정확한 입장을 미묘하게 오해하고 있었음을 깨달았다. "나는 아인슈타인이 문제 삼는 것을 이때까지 이해하지 못했다." 보른은 파울리가 아인슈타인만큼의 명성을 얻지는 못했지만, '순수한 과학적 관점에서 볼 때 그는 심지어 아인슈타인보다 더 위대했다'고 평했다. 그나마 파울리 덕에 그 정도까지 두 사람의 생각을 정리할 수 있었다. 불행일까? 그나마 다행일까? 아인슈타인이 죽기 1년 전에 두 사람은 파울리 덕분에 몇 년간이나 제자리걸음하던 논쟁을 간신히 조금 진보시켰다. 내용들로 미루어 아무리 생각해도 얼굴을 맞대고 만날 수만 있었다면 두 사람은 훨씬 수월하게 논쟁을 진행할 수 있었을 것이다.—아마도 몇 년이 아니라 몇 시간에 끝날 일일 수 있었다. 히틀러가 과학에 행한 만행이 어떤 것인지 어렴풋이 짐작만 할 일화 중 하나다.

보른의 노벨상

한편 보른은 한적하게 살고자 1954년 독일로 이사 왔는데 그만 노벨상을 덜컥(?) 받아버렸다. 결국 노년의 보른에게는 새로운 사회적 책임이 부여되었다. 후일 독일연방공화국의 핵 재무장에 반대하는 '괴팅겐 18인 선언'에는 오토 한, 막스 폰 라우에, 폰 바이츠제커, 발터 게를라흐 등과 함께 막스 보른도 참여했다. 늦은 노벨상이 보른에게 위로가 되었을지는 모르겠다. 1953년에도 보른은 '하이젠베르크가 지금 행렬 이론을 통해 얻은 명성을 누리는 것은 정당하지 않다.'고 표현했다. 당시 하이젠베르크는 실제로 행렬이 무엇인지 전혀 몰랐는데도, 함께 연구한 것에 대한 모든 보상들을 거둬들인 사람이 되었다는 이야기를 반복했다. "저는 지금 털끝만큼도 그를 시기하고 있는 것은 아닙니다."라고 단서를 달았지만, 지난 20년 동안 자신의 기여가 제대로 평가받지 못해 불쾌한 감정을 떨치지는 못했다고 고백했다. 긴 시간이 지났지만 보른은 노벨상 위원회에 섭섭함을 표했다. 20여 년 전으로 거슬러 올라가는 이 회한에는 여러 상황이 개입되어 있다.

1928년 아인슈타인은 보어와 하이젠베르크의 결론에는 분명히 반대하고 있었음에도 하이젠베르크, 슈뢰딩거, 보른, 요르단을 노벨상 후보로 추천했다. 사실 같은 업적에 대해서라면 가장 적절한 안배였다. 그리고 1931년에 아인슈타인은 하이젠베르크와 슈뢰딩거의 공동 수상을 제안했다. 당시 대부분 학자들의 시각도 유사하다. 이때쯤 사람들은 두 사람의 충돌국면으로 양자역학을 바라보는 시각이 강해졌다. 하이젠베르크와 슈뢰딩거는 서로가 서로를 유명하게 만들었다. 결국 하이젠베르크는 단독으로 1932년도, 슈뢰딩거는 디랙과 함께 1933년도 노벨상 수상자로 결정됐다. 1933년 12월 스톡홀름에서, 하이젠베르크는 1932년도 노벨상을, 슈뢰딩거와 디랙은 1933년도 노벨상을 받기 위해 함께 모였다. 연초의 히틀러 집권만 없었다면 이 행사는 양자역학의 위대한 승리를 자축하는 행사가 되었을 것이다.

이때의 노벨상 수상 한 달 후 하이젠베르크는 보어에게 편지를 보냈었다. "노벨상에 관해 말씀드리자면 저는 슈뢰딩거, 디랙, 그리고 보른에게 마음이 편치 못합니다." 슈뢰딩거와 디랙은 단독으로 상을 받을 자격이 충분한데도 자신과 다르게 공동수상했고, 자신은 보른과 공동수상을 했다면 훨씬 좋았을 거라고 했다. 솔직한 심정이었을 것이고, 하이젠베르크는 보른에게도 당연히 위로 편지를 보냈었다. 보른은 당시 어떤 기분이었을까? 보른은 솔직한 심경을 피력했다. "1932년 하이젠베르크와 공동으로 노벨상을 수상하지 못했다는 사실은 하이젠베르크의 위로 편지에도 불구하고 당시 내게는 큰 상처로 남았다." 보른은 자신이 기여한 바가 20년이나 흐른 뒤 인정된 이유는 양자역학 초창기에 위대한 인물들 대부분이 통계적 해석에 반대했기 때문이라고 판단했다. 자신이 진행했던 연구가 보어나 그의 코펜하겐 학파로부터 유래한 것이 결코 아님에도, "오늘날 거의 모든 곳에서 내가 만들어낸 생각에 닐스 보어와 코펜하겐 학파의 이름이 따라다니고 있다."고 했다. 보른이 '코펜하겐'이란 단어에 대해 가지는 시니컬한 반응이 느껴진다. 왜 아니겠는가. 보른은 자신의 제자 하이젠베르크가 자신과 함께한 작업으로 상을 받은 지 21년이 지난 1954년에야 노벨상을 수상했다. 보른이 노벨 물리학상을 받을 때 1920년대 괴팅겐에서 자신의 강의를 듣던 폴링이 노벨 화학상을 받았다. 1954년 11월 보른은 노벨상을 받으러 간다고 아인슈타인에게 연락했다. 이 편지에서 보른은 폴링과 자신의 완전히 이론적이고 평화적인 업적에 대해 유난히 강조했다. 노벨상이 제대로 본래 목적을 이룬 상을 주었다고 말했다. 보른은 자신이 전쟁과 완전히 무관하게 살았음에 자부심을 가졌다. 받지 못한 것보다는 좋았지만 어쨌든 너무 늦은 노벨상이었다. 당시는 보른과 부인 헤디 모두 심장병을 앓고 있었고, 아인슈타인도 크게 아픈 상황이었다.

7

아인슈타인의 길

아인슈타인의 유산

"오늘날 과학자들은 두 가지 기본 이론으로 우주를 설명한다. 일반 상대성이론과 양자역학이 그것이다. 불행히도 이 두 이론은 서로 양립할 수 없다. 현재 물리학자들의 노력은 대부분 중력과 양자이론을 동시에 포괄할 단일 이론에 대한 탐구로 집약되고 있다." ─스티븐 호킹, 『시간의 역사』 중에서

아인슈타인은 노년에 이르러서도 마지막까지 양자역학의 확률론적 결론에 대해 단호히 반대했다. 통계적 접근이 상당한 타당성을 가지고 있다는 점은 인정하지만 그것을 진정으로 믿을 수는 없다고 했다. 왜냐하면 '물리학이라는 학문은 시공간 안에 위치한 실재를 재현해야 한다는 생각과 조화를 이루지 않기 때문'이었다. '아직까지 이런 확신을 논

리적인 이유로 제시할 수 없지만', 단지 이를 증명하기 위해 '작은 손가락을 움직일 따름'이라고 했다. 앞서 많이 살펴본 보른에게 보낸 편지들에도 그의 명확한 태도들은 잘 드러나 있다. 물론 다른 이들에게도 거침없이 이런 이야기를 계속했다. "슈뢰딩거, 자네는 물리학자들 중 실재에 대한 가정을 피할 수 없다는 것을 아는 유일한 사람일세. 물리학자들 대부분이 위험한 방법으로 실재를 가지고 유희를 하고 있다는 것을 모른다네. 그들은 멋대로 양자이론이 실재를 완전하게 설명할 방법을 알려주리라 믿지. 우리가 아직 유아기에 머물러 있음을 인정하자니 무척 괴롭다네." 1950년 연말에 슈뢰딩거가 받은 편지다. 드브로이에게는 "내가 악마 같은 양자를 보지 않으려고 상대성 모래에 영원히 머리를 처박고 있는 타조처럼 보일 게 분명하네."라고도 썼다.

아인슈타인이 1905~1920년 사이에 엄청난 업적을 남긴 이후에는 물리학에 거의 기여한 바가 없다는 식의 생각은 꽤 광범위하게 퍼져 있다. '올바른' 양자이론에 대해 시비나 걸고 새로운 정보에 문을 닫아버린 노회한 학자의 이미지는 많은 출판물들에서도 흔히 보여주는 시각이다.—물론 아동용 서적들에서는 그조차 사라지지만. 하지만 세부적인 그의 노년의 삶을 돌아보면 이런 이미지들은 전혀 사실이 아니다. 보른 등의 동료들과 나눈 편지를 보면 그는 여전히 최신의 핵심 정보들을 놓치지 않고 있었다. 몸은 은둔했을지언정 그의 두뇌는 세상에, 특히 물리학에 열려 있었다. 자주 아인슈타인을 방문했던 파울리와 폰 노이만이 보기에도 그는 현대물리학에 대한 관심을 놓은 적이 없었다. 통일장이론도 결코 홀로 고립되어 추진해 진도가 늦어진 것이라고 봐서는 안 될 것이다. 1950년대까지 이어지는 보른과의 서신 내용만으로도 아인슈타인이 마지막까지 물리학적 최신 문제에 집중하고 있었음은 여실히 드러난다. 편지들 전반에서 아인슈타인과 보른의 훌륭한 인품에도 불구하고 양자역학의 물리학적 해석에는 첨예한 대립의 흔적이 남아있다. 보른은 양자적 무작위성을 인간 자유의지의 문제까지 연결하며 극단적인 열광을 보여줬고 아인슈타인의 반발 역시 만만치 않았다. "어떻게 당신이 역학적 우주와 윤리적 개인의 자유를 결합시킬 수 있는지 이해할 수 없습니다." "복사에 노출된 전자가 자신의 자유의 지대로 튀어나오는 것을 결정하고 심지어 그 방향까지 결정한다는 식의 생각은 참을 수가 없습니다." "(그것들이 사실이라면) 나는 물리학자보다는 구두수선공이나 노름꾼이 되겠습니다." "우리는 과학적 목표를 가운데 두고 반대편에 서버렸습니다." "당신은 주사위 놀이를 하는 신을 믿고 있고, 나는 객관적 세계의 완전한 법칙과 질서를 믿고 있습니다." 이 감정과 열정으로 가득 찬 문장들을 보고 어떻게 아인슈타인이 노회했다거나 지쳐버렸다는 표현이 가능하겠는가?

1955년 1월 17일 편지가 보른이 아인슈타인에게 받은 마지막 편지가 되었다. 1955년 1월 29일 보른은 답장을 보냈고 그것이 아인슈타인이 받은 보른의 마지막 편지가 되었을 것이다. 보른은 이 편지에서 과학이 다른 이에 의해서 악용되었어도 그 과학의 원 생산자는 책임에서 벗어날 수 없다고 했다. 아인슈타인은 답신하지 못하고 4월 18일 사망했다. 보른에게 답장은 보내지 못했지만 죽기 일주일 전 아인슈타인은 러셀이 진행하는 선언에 공동 서명할 것을 동의하는 편지는 보냈다. 그 행동 자체가 보른의 편지에 대한 답신인 셈이다. 1955년 4월 18일 발표된 〈러셀-아인슈타인 선언(Russell-Einstein manifesto)〉은 세계 각국이 핵무기를 포기해야 한다는 평화주의 선언이었다. 아인슈타인이 인류를 위해 남긴 마지막 작업이었다.

괴델과 아인슈타인
아인슈타인은 괴델과의 산책을 즐겼다.

　아인슈타인과 보른, 절친했던 그들은 서로 다른 곳으로 망명한 후, 다시는 보지 못하고 평생에 걸쳐 편지만 주고받았다. 나치가 갈라놓은 것이었다. 그 결과 20여 년간 편지 왕래만 했었기에 서로의 입장이해가 쉽지 않았다. 나치에 의해 단절된 네트워크가 알지 못하는 부분들에서 어떤 결과를 초래했을지 어렴풋하게나마 추정해볼 수 있는 사례다. 두 사람이 주고받은 편지는 그대로 20세기 역사의 요약본인 느낌이다. 이들이 얼굴을 맞대고 대화할 시간이 좀 더 길었다면 많은 것이 바뀔 수 있었을 것이다.

　아인슈타인은 사실상 홀로 상대성이론을 만들었고, 양자론의 기초도 다졌다. 그런데 얄궂게도 두 이론은 양립불가능하다. 양자역학에서 시공간은 수동적이다. 입자들의 운동을 기술할 때 그저 있을 뿐이다. 하지만 일반상대성이론에서 시공간은 입자들에 의해서 생겨나고,

입자들 없이는 존재하지도 않는다. 이런 결정적 개념 차이만으로도 두 이론은 결코 양립할 수 없다. 문제는 위대한 두 이론 중 어느 것이 틀린 것인지, 혹은 둘 다 틀린 것인지 아무도 모른다는 것이다. 이 모순적인 상황은 지금까지 해결된 바 없다. 그리고 위대한 두 이론은 각각의 영역에서 잘 쓰이고 있다. 상대성이론은 주로 우주론 분야에서 광대한 시공간, 어마어마한 속도와 질량을 논할 때 많이 사용된다. 반면 양자역학은 극미의 세계에서 극소의 입자들을 기술할 때 주로 사용된다. 그래서 대부분의 경우 큰 충돌은 일어나지 않는다. 하지만 극소의 세계에서 엄청난 질량을 다루고자 하면 두 이론은 다른 값들을 내놓기 시작한다. 대표적인 것이 '블랙홀 내부에서 어떤 일이 벌어질까?' 같은 질문들이다. 아무도 블랙홀 내부에 다녀온 바 없기 때문에 실험적 결과는 존재하지 않는다. 끝없는 수학적 사유의 향연 속에서 현재도 많은 과학자들이 이 패러독스를 넘어 통일장이론이나 만물의 이론이라 부를 만한 새로운 역학체계를 만들어보기 위해 연구하고 있다. 만약 '다음' 이론이 만들어진다면 인류의 과학은 또 한 번의 대도약을 경험하게 될 것이다. 그것은 결국 아인슈타인이 꿈꿨던 통일장이론의 완성에 해당할 것이다.

만물이론의 꿈

아인슈타인의 통일장이론의 꿈은 어떻게 진행되고 있을까? 아인슈타인 사후 몇몇 주목할 만한 시도들이 있었다. 초끈이론(superstring theory)은 1984년 마이클 그린(Michael Green)과 존 슈워츠(John Schwartz)가 제시했다. 만물의 궁극요소는 입자가 아닌 '진동하는 끈'이라는 탁월하

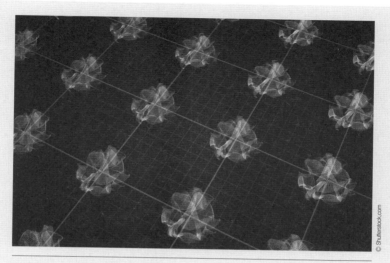

초끈이론과 M-이론을 상징하는 그림

고 매력적인 새로운 개념을 도입해 물리현상들을 설명했다. 이 이론에서 우리가 아는 수많은 입자들은 그것보다 훨씬 작은 크기에서 동일한 끈의 다른 진동형태로 해석된다. —물론 이 이론에서는 그 끈이 가장 작은 것이기에 그것이 다시 무엇으로 만들어져 있는지는 물을 필요가 없다. 초끈이론에서는 중력을 매개하는 중력자가 자연스럽게 예견되기에 당시 물리학자들의 기대는 컸다. 하지만 이 끈이 존재하는 시공간은 4차원이 아닌 10차원이고, 가능한 끈 이론의 모델도 5가지나 됐다. 다섯 중 무엇이 진실인지 알 길도 없고, 일반상대성이론의 난이도를 한참 상회하는 수학이 필요한데다, 발견된 적 없는 무수한 입자도 무더기로 예측되니 결국 신뢰성을 잃어갔다.

하지만 1995년에 돌파구가 나타났다. 에드워드 위튼(Edward Witten)을 위시한 물리학자들이 5종류 초끈이론을 하나로 통일하는 M-이론을 만들어냈다. 이번에는 11차원이론이었으며 끈도 1차원적인 끈이 아니라 다차원 객체(membrane; 그래서 한때 면 이론이라고도 불렀다.)였다. 상상을 초월하는 수학적 난이도로 악명 높았지만 초끈이론의 아이디어를 따라간 새로운 희망이었다. 그리고 너무나 수학적으로 아름다운 이론이었다. 하지만 검증 가능한 특별한 예측을 아무것도 내놓지 못했다. 틀렸음을 주장할 근거도 없지만, 그것이 옳다는 근거도 없는 채로 20여 년을 보내는 사이 현재는 힘이 많이 빠져 보인다. 무언가 있을 듯 없을 듯한 느낌 속에 불행히도 초끈이론과 M-이론은 아직까지 에딩턴의 탐험대 같은 것을 만나지 못했다.

아인슈타인의 죽음

전후 아인슈타인은 10년을 더 살았다. 통일장이론의 연구를 쉼 없이 계속했고, 보른과 나눈 편지에도 나타나듯 코펜하겐 해석에 대한 반대도 계속했다. 그리고 과학의 평화적 이용에 대해 기회가 있을 때마다 목소리를 내고 힘을 보탰다. 아인슈타인은 동맥류로 사망했다. 처음 동맥류가 터졌을 때 의사들은 확률은 낮다고 밝히며 수술을 권하자 아인슈타인은 거절했다. 삶을 억지로 연장하는 것은 품위가 없고 '나는 내 몫을 했고, 이제 떠날 시간'이라며, "(사람은) 언젠가 죽어야만 하고, 언제 죽는지는 정말 문제가 되지 않는다."고 했다. 그렇게 그는 조용히 죽음을 기다리기로 했다. 죽기 하루 전날인 4월 17일에 잠을 깬 그는 상태가 조금 좋아졌는지 자신의 안경과 종이와 연필을 가져다 달라고 했다. 그리고 몇 가지 식을 적었다. 자신의 방정식을 가리키면서 임종을 지키러 온 장남에게 "내가 수학을 조금 더 알았더라면."이라고 반농담

조의 말을 했다. 1955년 4월 18일 오전 1시, 간호사가 알아들을 수 없는 몇 마디 독일어를 중얼거린 뒤 아인슈타인은 76세로 사망했다. 잠들기 전까지 여러 방정식을 지우고 수정하기를 반복한 12페이지짜리의 빽빽하게 쓴 메모가 침대 옆에 남아 있었다. 마지막의 마지막까지 그는 포기하지 않았고, 그렇다고 서두르지도 않으며 통일장이론을 향해 묵묵히 나아갔다. 아인슈타인은 자신의 묘지가 '숭배의 대상' 따위가 되지 않도록 유골을 화장해 뿌려달라고 했다. 그래서 그의 묘지는 없다.

《타임》지 표지의 아인슈타인

하지만 그의 유언은 정확히 지켜지지 못했다. 그의 시신 중에서 화장을 하지 않았던 부분이 있었다. 의사는 천재성의 화신인 그의 뇌가 인류를 위해 연구되어야 한다고 유족을 설득했고, 유족들은 마지못해 동의했다. 그렇게 아인슈타인의 뇌는 연구용으로 적출되었다. 사실 이것은 아인슈타인이 절대 원하지 않았던 것이다. 이후 아인슈타인의 뇌는 적절히 보관되지 못해 연구자료로서의 가치는 거의 없었다. 그 뇌는 아인슈타인이 일반인보다 훨씬 많이 뇌를 썼다는 증거를 찾았다는 식의 전혀 비과학적인 뜬소문들의 출처가 되었을 뿐이다. 혹은 세르토닌 함량이 높다든가 주름이 많다는 정도의 별의미도 신빙성도 가지지 못하는 연구들이 약간 있었다.—사실 노인의 뇌는 본래 주름이 많다. 그리고 수십 년간에 걸쳐 아인슈타인 뇌의 많은 부분들은 유실되었다. 일부가 수집가들의 손에 들어갔을 것으로 추정할 뿐이다. 한 마디로 아인슈타인의 뇌는 슬라이스 조각이 되어 전 세계에 흩어져 있을 것으로 추정된다. 우리가 연구해야 할 것은 그의 뇌보다는 그의 인생과 그의 이론이다. 그는 이혼과 재혼을 겪었고, 결혼제도에 부정적인 언급들을 많이 남겼다. 첫딸은 죽었거나 입양되었고, 둘째아들은 조현병(당시 표현으로 정신분열증)으로 정신병원에서 죽었다. 나치시대에 먼 미국으로 망명을 떠나야 했고, 결국 이국땅에서 죽었다. 하지만 물리학자로서 그는 너무나 행복했던 사람이다. 놀라운 이론을 사실상 홀로 완성했고, 자신의 생애 내에 전 세계로부터 이를 확실하게 인정받았으니 말이다.

FBI의 아인슈타인 파일

놀랍게도 미국정부는 아인슈타인을 블랙리스트에 올려 지속적으로 감시했었다. FBI는 아인슈타인을 공산주의자 혹은 친 소련파로 간주했다. 이런 의심의 씨앗은 보통 많은 양심적 지식인들의 20세기 초 공산주의에 대한 낙관에서 비롯됐다. 양심적이고 불평등에 저항하고 약자에 대해 옹호하는 감정이 강한 지식인들일수록 소련의 새로운 실험에 대한 연모가 강했다. 뒤에서 볼 오펜하이머의 좌익전력도 이런 연장선상에서 보아야 했다. 아인슈타인도 미국 좌익잡지 《먼슬리 리뷰》 창간호(1949년 5월호)에 '왜 사회주의인가'라는 글을 기고했고 지금도 읽히고 있다. 이 글에서 아인슈타인은 자본주의의 문제에 대해서는 사회주의가 대안이라고 보았다. 하지만 그렇다고 소련이 그 이상을 올바로 구현하고 있다고 볼 정도로 순진하지는 않았다.—사실 그 정도의 순진성을 가진 것은 졸리오 정도였다. 하지만 아인슈타인이 미국에 망명할 당시 미행정부는 사상문제에 아주 민감해져 있었다. 특히 FBI 국장 에드거 후버가 아인슈타인을 강하게 의심했다. 그는 아인슈타인에 대한 도청과 편지검열을 10년 이상 계속했다. 아인슈타인에 대한 FBI의 감시는 매카시즘이라는 마녀사냥이 미국에서 어느 정도의 수준에 이르렀었는지를 잘 보여주는 사례다. FBI는 1932~1950년 사이 기간에 아인슈타인을 조사한 1800쪽 분량의 비밀문서를 작성했다. 더 놀라운 것은 사실확인이 제

FBI 국장 에드거 후버
네 명의 미국 대통령 시기를 지내며 미국첩보기관의 수장이었던 에드거 후버는 광적으로 '잠재적' 스파이 색출에 집착했다. 그에게는 아인슈타인도 의심의 대상이었을 뿐이다.

대로 된 것이 거의 없다는 것이다. 이 FBI 보고서는 대부분 엉터리였다. 1920년대 아인슈타인의 베를린 자택은 공산주의자들이 회합하던 장소였다라거나 소련에 숨겨둔 아들이 살고 있다는 식의 근거 없는 헛소문들이 기록되어 있다. 사실 이런 소문은 시작은 아인슈타인에 대한 독일의 흑색선전에서 비롯된 것으로 보인다. FBI는 어리석게도 이런 가짜뉴스들을 신빙성 있는 것으로 받아들였다. 기타 스페인 내전 때 인민전선을 지지하거나 1947년 프랑스공산당 옹호발언 등을 시시콜콜하게 정리했다. 4년간은 육군 정보부와 협력해서 집중 조사도 벌였다. 우편물을 허락 없이 사전 검열했고, 장거리 도청도 진행했다. 심지어 수사관이 아인슈타인을 방문해서 직접 인터뷰도 했다. 아인슈타인도 이런 일들이 있다는 것을 잘 알고 있었다. 그리고 자신의 말이 도청될 것이라고 손님들에게 귀찮다는 투로 여러 번 말했다. 더 놀라운 것은 FBI는 코넨코바

라는 소련 KGB의 여성 스파이가 1935~1945년 사이 10년간 실제로 아인슈타인에게 접근했었던 사실은 전혀 알지 못했다. 이 기간은 FBI가 아인슈타인을 감시하던 때다. 이것은 러시아에서 구소련 시기 활약한 여성 스파이의 활약상을 전시한 1990년대에야 밝혀졌다. 물론 그 스파이는 아인슈타인에게 쓸모 있는 정보를 얻은 것이 별로 없었을 것이다. FBI의 아인슈타인 감시야말로 세금낭비의 대표사례로 볼 수 있는 첩보 활동이었다.

다른 혁명가들의 마지막 날들

페르미는 이탈리아로 돌아가지 않고 전후에도 미국에 남았다. 페르미는 1953년 전미 물리학회 회장이 되었고, 1954년 봄에는 매카시즘 광풍 속에 모욕당하고 있는 오펜하이머를 위해 증언했다. 페르미는 1954년 가을 자신의 몸 곳곳에 암이 전이되어 있음을 알았다. 병문안 온 사람에게 담담하게 자신이 몇 달 살지 못할 것이라는 말을 들었다고 얘기했다. 그래서 퇴원 후 한두 달 안에 핵물리학에 관한 책을 탈고하겠다고 덧붙였다. 페르미는 결국 그 일을 하지 못했다. 이 병문안 3주 후인 1954년 11월 29일 페르미는 쉰넷의 나이로 사망했다.[18] 원자번호 100번 페르뮴, 페르미온, 페르미-디랙 통계, 페르미상에 이르기까지 페르미의 이름은 도처에 남아 있다. 페르미가 이름붙인 뉴트리노는 수

---

18 3년 뒤 폰 노이만도 같은 병으로 죽었다. 암은 원폭개발자들의 천형이었다. 리처드 파인만까지 원폭개발과의 인과관계를 논하기는 어렵겠지만 20대 나이로 함께 원폭을 개발했던 그 역시 1988년 암으로 죽었다.

십 억 개가 지금도 매순간 우리 몸을 꿰뚫고 지나간다.

화려했던 유럽물리학의 황금시대에 뮌헨이라는 물리학의 또 다른 중심축에는 언제나 조머펠트가 있었다. 독일 출신 원자과학자 1/3은 조머펠트의 제자라는 말은 크게 과장된 것이 아니다. 하이젠베르크, 디바이, 파울리, 베테 등 그의 제자 7명이 노벨상을 수상했고 수십 명의 핵심 원자과학자들을 제자로 키워냈다. 그는 나치 집권 후 동료와 제자들이 하나둘 떠나가는 것을 지켜보며 절망감에 빠졌다. 어린 시절의 친구들인 요절한 민코프스키와 전쟁 중 쓸쓸히 임종을 맞은 힐베르트를 생각하면 우울감은 더 컸을 것이다. 조머펠트는 1917년부터 30년이 넘는 기간 동안 계속해서 84차례(!)나 노벨상 후보로 지명됐지만 끝끝내 수상하지 못했다. 그는 1951년 4월 손자들을 데리고 산책을 나갔다가 교통사고로 사망했다. 귀가 잘 들리지 않아 조심하라는 고함 소리를 듣지 못해서 달려오는 트럭을 피하지 못했다. 83세였다. 그는 쾨니히스베르크의 세 천재 소년 중 가장 오래 살았다.

1946년 60대가 되어 3년 만에 조국으로 돌아온 보어는 피폐해진 유럽의 과학을 부흥시키기 위해 노력했다. 독일과학의 후퇴도 눈에 띄었지만 사실상 유럽과학의 시대 자체가 저물고 있었다. 미·소의 경쟁 속에 과학은 거대과학의 시대로 접어들었고, 늘어난 지원금과 그에 맞춰 강화된 감시 분위기는 어쩌면 2차 세계대전 전보다 더 국가적 과학을 요구했다. 보어가 향유했

아인슈타인과 보어

덴마크 화폐의 보어

던 과학이상향의 황금시대는 돌아오지 않았다. 하이젠베르크와는 전후 학회에서 간간이 얼굴을 마주쳤지만 어색한 인사를 나누는 사이가 되어버렸다. 1920년대에 덴마크의 성을 거닐며 진지하게 과학과 역사를 논하던 그들의 우정이 다시 복구되기는 쉽지 않았다. 보어는 미국에 갈 때마다 아인슈타인을 만났다. 양자역학의 철학적 해석을 둘러싼 두 사람의 단호한 의견차에도 불구하고 그들의 우정은 지속되었다. 보어는 언제나 생각에 잠길 때면 "아인슈타인……아인슈타인……아인슈타인……"이라고 혼잣말을 중얼거리는 버릇이 생겼다. 생각이 진행되면 언제나 가상의 적(?) 아인슈타인이 이 생각에 어떻게 반응할까를 생각하며 자신의 아이디어를 정돈했던 것이다. 1955년 아인슈타인이 죽은 뒤에도 보어의 이 버릇은 여전했다. 그의 머릿속 아인슈타인은 항상 그와 함께 있었다. 끝까지 핵무기 생산에는 반대했고 유럽입자물리연구소(CERN)를 설립하는 데 이바지했다. 평생 그랬듯이 마지막까지 건강했다. 1962년 오후 일정이 있어 점심식사 뒤 잠깐 자리에 누워 쉬었다. 그리고 다시 깨어나지 못했다. 열정적인 삶이었고, 위대한 업적이었으며, 차분한 죽음이었다.

조머펠트, 보른, 보어 모두로부터 배웠고 그들의 애제자였던 하이젠베르크. 하이젠베르크의 말년은 그 청년기의 화려함에 비하면 빛이 바래 보일 수도 있다. 하지만 전쟁이 끝났을 때도 그는 아직 45세였고 많

휘어진 시대 3

CERN 연구소

CERN은 1949년 12월 드브로이가 미시세계를 함께 연구할 국제적인 유럽연구소 설립을 제안하며 설립계획이 시작되었다. 그리고 보어나 하이젠베르크 등의 정성이 함께했다. 1954년 12개국이 설립한 유럽입자물리학연구소(CERN)는 현재 21개 회원국으로 구성되어 있다. 2000명 이상의 직원이 있고, 매년 12000명 이상의 과학자들이 방문해서 작업한다. 예산은 연 1조 원 이상으로 알려져 있고, 단일 연구소 중 세계 최대 규모를 자랑한다. 세계 최대 크기의 입자가속기인 거대강입자충돌가속기(LHC; Large Hadron Collider)가 유명하다. 흔히 가장 작은 것을 찾는 가장 큰 실험장치로 불린다. 1989년에 이곳에서 월드와이드웹(World Wide Web)이 처음 개발되기도 했다. 스위스와 프랑스 국경지역에 있는 이 연구소는 초기 원자과학의 선구자들이 꿈꾸던 국제적 연구의 이상이 가장 잘 실현된 공간이다.

은 일들을 감당해 나가야 할 주요 과학자였다. 유럽 국가들은 소립자 연구에 필요한 대형 입자가속기를 한 국가 단독으로 설치하는 것은 무리가 있으므로, 여러 국가가 공동으로 유럽공동원자력 연구소(CERN)를 스위스 제네바에 설치하기로 합의했고 하이젠베르크는 이 기간 상당히 힘을 보탰다. 연구소 완성 후 하이젠베르크는 5년 임기의 연구소장직을 제의받았지만 거절했다. 독일 물리학의 부흥이 더 중요한 일이라고 여겼기 때문이다. 이후 하이젠베르크는 막스 플랑크 연구소장, 1953년 알렉산더 폰 훔볼트 재단 총재직을 수락했다. 나치 부역에 관한 이야기들은 계속해서 그를 따라다녔고 하이젠베르크는 다양한 방법으로 거듭 자신의 입장을 변명해야 했다. 하이젠베르크는 유대인 친구들이 자신보다 훨씬 쉬운 선택권을 가졌다고 주장하기도 했다. 그들은 떠날 수밖에 없었지만, 자신은 떠나느냐 남느냐 사이에서 고통 받았다는 것이다. 그들이 당한 일에 진정 감정이입할 수 있었다면 이런 표현은 감히 하지 못했을 것이다. 후일 한국에서도 유명해진 자서전 『부분과 전체』를 출간해 지금까지도 많이 읽힌다. 하이젠베르크는 1976년 사망했다.

8

현대과학의 원죄

오펜하이머의 추락

"오피가 애치슨 국무차관을 '딘'이라 부르고, 마셜 장군을 '조지'라고
부르기 시작했을 때, 나는……서로가 갈라설 때가 되었다는 것을 알았
습니다." —오펜하이머의 제자

오펜하이머는 대중의 인기가 높아짐과 동시에 그를 우상처럼 여겼
던 과학자들로부터 멀어져 갔다. 전후 오펜하이머는 과학자들의 입장
을 대변하기보다는 관료로서 움직이는 느낌이 강해졌다. 1945년 10월
에 로스앨러모스 최고 책임자 자리에서 사임한 오펜하이머는 아주 큰
성공을 거둔 조직가이자 정치인이 되었다. 그는 이제 정부 부처 사무
실에 나타나는 사람이지 연구실과 강의실에서 볼 수 있는 사람이 아니
었다. 머리를 짧게 깎고 군인처럼 단호하게 움직였다. 단조롭던 목소리

오펜하이머
원폭개발의 영웅이었던 그는 점차 염세적 철학자 같은 이미지로 변해갔다. "우리는 악마의 일을 했다." 이런 표현들은 소련과 핵무기 경쟁을 치르고 있는 트루먼이나 아이젠하워와 같은 정치인들의 심기를 불편하게 하는 것이었다. 자신이 세상을 바꿔놓고, 그 바뀐 세상을 관리하는 사람들에게 갑작스런 참회자의 모습으로 나타난다면 위선적으로 보였을 것이다.

톤도 분노표출, 신중한 사색, 따뜻한 감정의 발현 등의 어조를 낼 수 있었다. 의도적으로 연습한 것이 분명했다. 그는 점점 더 정치인이 되어갔고, 펜타곤의 숨은 실력자이자 외교관들의 제사장 같은 존재가 되어갔다. 우쭐해져버린 오펜하이머는 오만해진 것 같았다. 몇 년간 미국 지식인들 사이의 정신적 지도자로서 위상도 높았고 대부분의 과학자들과 다르게 그는 엄청난 인문학적 지식으로 무장한 장엄한 연설능력을 갖추고 있었다. 그리고 수많은 명예학위와 훈장, 감사장들을 받았다. 35개나 되는 정부 위원회 위원이었다. 그는 그런 명성을 즐겼다. 동시에 과학계와는 멀어졌다. 1943년에서 1953년까지 그는 별 영향력 없는 논문 5편을 썼을 뿐이다.

그런데 1952년 7월 오펜하이머가 원자력위원회 산하 자문기관인 일반자문위원회 의장 자리에서 물러나면서 그는 미 정부에서 영향력을 잃어갔다. 수소폭탄 개발을 둘러싼 텔러와의 내분에서 수폭개발에 미온적 입장이던 오펜하이머가 패배한 결과 그가 미 정부에 자문하는 횟수는 급격히 줄어들었다. 그래도 핵무기 개발 극비 정보에 계속 접근 가능한 'Q 기밀취급인가' 자격은 계속 유지했다. 1953년 아이젠하워 행정부가 들어서자 정부일은 더 줄어들었다. 그러자 해외여행을 자주 했고 전 세계를 돌며 연설했다. 아인슈타인의 경우처럼 결국 이번에도 FBI 국장 에드거 후버의 의심병이 시작됐다. 그는 아이젠하워를 설

득했다. 1953년 12월 오펜하이머는 아이젠
하워의 명령으로 모든 정부기밀 접근을 차단
당했다. 이후 치욕적인 일들이 진행되었다.
12월 21일 그에 관한 적대적인 내용을 담은
군 보안 보고서가 발표되었다. 과거 공산주
의 활동 경력, 소련 간첩 명단 제출 지연, 수
소폭탄 제조 반대 등의 의심스러운 행동들이
나열됐다. '수소폭탄 개발에 강하게 반대'했
던 인물로 진실성과 충성심이 의심되는 자로
낙인찍혔다.

트루먼 대통령
"내 손에 피가 묻어 있다."고 오펜하
이머가 말하자 트루먼은 "피는 내 손
에 묻어 있을 뿐이오."라고 대꾸했
다.(원폭투하의 명령자는 자신이라
는 말) 트루먼은 오펜하이어가 떠난
뒤 "저 개자식을 다시는 보고 싶지 않
다."라고 말했다.

　결국 1954년 4월에 청문회에 불려나가는
처지가 됐다. 먼 과거의 일인 '공산주의자와
의 연관성'이 다시 소환되었다. 원폭개발을 진행하기 전부터 미국정부
가 이미 다 파악한 뒤 용인했던 것들이고, 그 결과 원폭개발 책임자로
임명했던 일이었다. 10여 년 전의 망령이 수소폭탄 개발에 반대해 국
익을 훼손하려 한 자라는 추정과 연결되었다. 청문회는 3주간이나 계
속되었다. 재판이 아니라 행정부 차원의 조사라는 점을 분명히 밝혔지
만, 절차는 심문과 반대심문 같은 재판절차처럼 진행되었다. 화려한 언
변으로 다른 이들을 휘어잡는 연설을 했던 오펜하이머가 청문회에서
는 소심하고 불분명한 대답으로 일관했다. 이 모욕적인 대우에 그는 고
분고분했다. 고고하지만 유약한 심성의 소유자라는 인상을 줬다. 이로
인해 정부명령에 순종적이거나 여러 사안에 오락가락했던 오펜하이머
는 평화를 위해 섬세하게 사려했던 과학자의 이미지도 덧씌워졌다. 후
세인들이 그를 부도덕하게 보지 않고, 내면의 갈등 속에 괴로워하는 인

오펜하이머와 아인슈타인

1947~1966년 사이의 오랜 기간 오펜하이머는 프린스턴 고등연구소 소장으로 재직했다. 로스 앨러모스에서 젊은 학자들과 원자폭탄을 만들던 그는 전후 아인슈타인과 괴델 같은 인물들을 관리하는 일을 맡았다.

상으로 바라보게 된 것은 분명 청문회가 영향을 미쳤다. 사실 진실은 그 어느 쪽도 아닌 듯하고, 무릇 많은 얘기들처럼 아마도 그 사이 어디쯤에 있을 것이다.

어쨌든 50세의 나이에 당한 이 추락을 오펜하이머가 어떻게 받아들였는지 알기는 쉽지 않다. 보안 청문회는 오펜하이머의 군 기밀에 대한 접근을 완전히 금지시켰다. 그 결과 원자력위원회와의 계약이 취소되었다. 원자력위원회는 오펜하이머의 항고를 4대 1로 각하했다. 이때부터 오펜하이머는 프린스턴 고등연구소 관리에 몰두하며 금욕적 철학자의 이미지가 강해졌다. 오펜하이머는 1956년 "우리는 악마의 일을 했습니다."라고 언급했다. 물론 그런 그를 이번에는 성인과 순교자 역할에 몰입한 것으로 보는 사람들도 많았다. 대중적으로 오펜하이머는 과학적 발견으로 야기된 도덕적인 문제들의 해결을 애써 시도하다 '마녀사냥'의 희생양이 된 과학자의 상징이 되었다. 1963년에야 린든 존슨 대통령이 오펜하이머에게 '엔리코 페르미 상'을 수여하면서 공식적으로 복권될 수 있었다. 1966년 프린스턴을 퇴직한 오펜하이머는 다음 해에 후두암으로 죽었다.

한편 수소폭탄 개발과정에서 과학자 중에는 '홀로 악착같이' 오펜하이머에게 불리한 정보만 쏟아내며 자신의 경쟁자 몰락에 기여한 텔러에 대한 과학자들의 혐오감은 더 깊어졌다. 그는 자신의 동료를 배신했을 뿐 아니라 과학의 이상을 배신한 사람으로 취급되었다. 텔러는 이후 자신의 이런 정체성을 계속 유지했다. 자신은 무기를 좋아하지 않고 평화를 원하지만, "평화를 위해서는 무기가 필요합니다. 나는 내 견해가 비뚤어졌다고 생각하지 않습니다. 나는 평화로운 세계에 기여했다고 믿습니다."라고 입장을 정리했다. 텔러는 수소폭탄의 개발에 그치지 않고 평생 동안 미 국방계획의 자문역을 맡았다. 1980년대 텔러는 스타워즈(star wars) 계획의 아이디어를 레이건 행정부에 제공했다. 날아오는 소련의 핵미사일들을 인공위성과 추적미사일들로 요격하는 전략이었다. 이 아이디어는 결국 현재 미국의 MD(missile defence) 전략으로 진화되었다. 헝가리 4인방의 영향력은 21세기인 지금도 계속되고 있다.

전후 독일의 선택

제2차 세계대전 종전 후 독일은 미, 영, 프, 소의 4개국에 의해 분할되어 군정이 이루어졌다. 수도 베를린은 소련 관리지역이었으나, 수도의 특수성을 감안해서 다시 베를린만 4개국이 분할 점령했다. 미, 영, 프 3개국 점령지는 서 베를린이 되어 냉전 기간 동안 공산진영 안에 섬처럼 떠 있는 상징적 존재가 되었다. 1948년 한반도가 남북한으로 분단된 데 이어, 1949년 독일이 독일연방공화국(서독, 5월 8일 건국)과 독일민주공화국(동독, 10월 7일 건국)으로 분단되어 독립한다. 뒤이어 중국에서는 장제스의 국민당 정부가 마오 쩌둥의 홍군을 피해 대만으로 탈출하면서 긴 국공 내전이 끝났다. 이렇게 이후 수십 년을 지속할 냉전의 상징으로서 세 개의 분단국가가 만들어졌다. 다음 해에 한반도

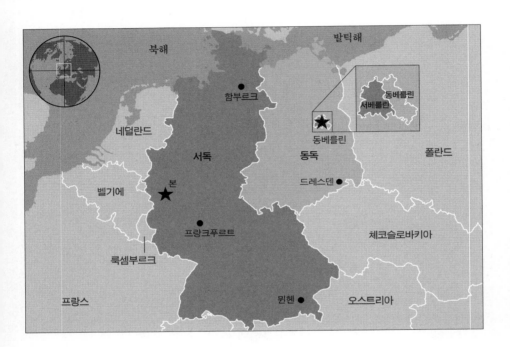

전후 독일 지도
동독 안의 베를린은 다시 동베를린과 서베를린으로 나눠지는 특이한 구역이 되었다. 그래서 서베를린은 공산진영 내부의 자본주의 진영의 섬처럼 느껴지며 냉전의 상징으로 자리 잡았다.

에서는 전 인구의 10% 이상이 사망한 끔찍한 동족상잔의 비극이 벌어졌다. 냉전이 절정을 향해 진행됨에 따라 각국은 살아남기 위해 어느 진영인가를 선택해야 했다. 1955년 독일에서 연합군의 군정은 최종 종료되었고 독일은 10년 만에 주권을 되찾았다. 이후 서독의 아데나워 수상(Konrad Hermann Joseph Adenauer, 1876~1967, 수상 재임기간 1949~1963)은 종종 핵무장을 주장했다. 1957년 독일의 핵무장에 관한 이야기가 나왔을 때, 막스 보른, 오토 한, 라우에, 바이츠체커 등 18명의 독일 원자과학자들은 4월 12

아데나워

서독의 초대수상인 콘라트 아데나워는 동구권의 위협에 대처하려면 독일의 핵무장이 필요하다고 봤다. 하지만 독일 주요 과학자들의 반대는 단호한 것이었고 이 정책은 결국 실행되지 못했다.

일의 괴팅겐 선언문을 발표했다. "여기 서명한 사람들 중 누구도 원자무기의 제조, 실험, 비축에 어떤 방식으로든 참여하지 않을 것이다." 특히 한은 적극적으로 핵무기의 공포를 방송에 나와 표현했다. 독일의 지도적 과학자들의 분명한 반대 속에, 독일은 비핵국가로 남는 데 성공했다. 전통적 경쟁국가인 영국과 프랑스가 모두 핵무장을 한 상황에서 독일의 선택은 어찌 보면 신선했다.

핵 경쟁

20세기 들어 인간에 의한 인간의 죽음은 최초로 전염병에 의한 죽음을 능가했다. 추산 1억 명 이상의 사람들이 20세기 전쟁에서 죽어갔다. 인류역사에서 대학살은 언제나 있었고 전쟁은 본질적으로 비도덕적이었다. 제2차 세계대전에서도 규모만의 변화였지 이 양상이 특이하게 변형되거나 하지는 않았다. 하지만 1945년 이후는 무언가 변했다. 전통적 전쟁은 권력의 바깥에 배제된 젊은 남성 집단을 집중적으로 죽음의 위협에 노출시킴으로 이루어졌다. 하지만 핵무기 이후의 죽음은 놀랍도록 평등하다. 인종, 성별, 연령, 계층을 가리지 않는다. 비극의 기억을 전달할 목격자조차 남겨두지 않는다. 이제 상호 확증 파괴(MAD: Mutual Assured Destruction)에 기반한 기묘하고 불안한 평화의 시대가 도래 했다. 한쪽이 핵무기로 공격하면 상대도 핵무기를 사용해서 상호 멸망을 불러올 것이라는 점이 명백해졌다. 원자무기의 파괴력이 역설적으로 전쟁을 억제했다. 미 정부는 1000번 이상의 원폭실험을 했다. 소련도 못지않았다. 그 결과물로 지구인 모두는 일정량 이상의 방사성 물질을 체내에 축적하고 있다. 우리는 이미 1945년 이전과 다른 종류의 사람들이 되었다. 미국, 영국과 소련의 뒤를 이어 프랑스, 중국, 인도, 파키스탄 등이 차례로 핵보유국이 되었다. 이후 핵 확산을 막기 위한 국제적 감시가 지속되었지만, 이스라엘과 북한 등으로 핵무기 보유국은 계속해서 조금씩 늘어났다.[19] 평화적으로 이 에너지를 사용해보려는 노력도 여러 번 재앙에 부딪쳤다. 스리마일, 체르노빌, 후쿠시마 등 핵발전소 사고는 핵에너지가 결코 안전하고 싼 에너지원만은 아니라는 것을 주기적으로 알려주었다.

근대 이후 공화정과 민족주의라는 가치가 퍼져나가자 정치적 자유는 증진되었지만 동시에 다수의 다른 이들을 배제시키는 기조가 동작

---

19   이스라엘은 공식적으로는 핵보유국이 아니다. 하지만 대부분의 군사전문가들은 이스라엘이 충분한 수의 핵무기를 보유하고 있다는 것을 기정사실로 본다.

중국의 핵실험

1949년 소련이 원폭개발에 성공한 이후 경쟁은 치열해졌다. 1950년대 중반이면 돈과 자원만 갖춘 국가라면 언제든지 원자폭탄을 개발할 수 있을 것이라는 것이 분명해졌다. 프랑스, 중국, 인도, 파키스탄 등으로 핵보유국은 차례차례 늘어갔다. 전 세계의 핵무기는 냉전이 최고조일 때 6만 기 이상이었고, 지금도 15000기 이상이 존재한다. 모두 히로시마 원폭과는 비교할 수 없을 정도로 강력하다.

했다. 이는 결국 대량학살의 시대를 열었고 민족국가 자체가 그 학살조직이 되었다. 이제 인류는 더 이상 권력자만을 탓할 수 없는 시대를 살고 있다. 스스로가 권력의 일부가 되었기 때문이다. 리처드 로즈는 "핵에너지의 방출로 마침내 과학은 자신이 속해 있는 정치체제와 정면 대결하게 됐다. 1945년 과학은 민족국가 그 자체에 도전하기에 충분히 강한, 최초의 살아 있는 유기적 구조가 됐다."고 원폭의 의미를 부여했다. 핵무기의 출현으로 세계는 국가 간 갈등을 전쟁으로 해결할 수 없는 상황에 처음으로 봉착했다. 서로가 무기를 만들어낼수록 서로는 취약해진다. 서로 상대방 국가의 국민들을 인질로 잡고 있다. 방어방법은 아무것도 없다. 가득 쌓아둔 무기들 속에서, 복수가 복수의 연쇄를 부르리라는 공포가 1945년 이후의 평화를 간신히 유지시켰다. 1945년 이후도 충돌은 계속됐지만 세계적 규모의 전쟁은 더 이상 발생하지 않았다. 어쩌면 대화가 강제된 시대랄까? 역사적으로 존재하지 않았던 이 이상하고 특이한 시대의 끝에는 무엇이 있을까? 이런 시대에 태어나 믿을 수 없이 수많은 일을 해낸 폰 노이만은 1957년 아직 한참을 일할 수 있는 나이에 사망했다. 컴퓨터의 아버지, 신무기 발명가, 과학적 전략가로서 소비된 천재 폰 노이만의 이야기를 우리는 어떻게 받아들여야 할까? 우리 행성은 이 인물을 다르게 사용할 방법은 전혀 없었던 것일까? 끝나지 않은 핵시대 속에 한번은 물어봐야 할 질문이다.

운명을 만든 우연들

1942년 맨해튼 프로젝트의 시작과 1945년 히로시마의 비극으로 이어져간 숨 가쁜 과정은 우연으로 보기에는 너무나 운명적이었다. 20세기의 시작 시점에서야 뢴트겐, 톰슨, 베크렐, 퀴리 부부의 연구과정에서 전혀 새로운 무한해 보이는 힘의 방출이 알려졌다. 아인슈타인의 공식에서 그 힘이 질량으로부터 나오는 것이라는 추측을 해냈다. 러더퍼드를 주축으로 한 맨체스터와 캐번디시의 원자 구조 연구, 독일을 중심으로 유럽 전체를 아우르는 양자역학 연구를 거치며 상상조차 못했던 미시세계의 모습이 드러났다. 특히 1932년의 중성자 발견과 1939년의 핵분열 발견은 결정적이었다. 핵분열 발견 후에도 원자폭탄은 이론적인 얘기에 불과했었다.

중요한 분기점은 프리시와 파이얼스가 원자폭탄을 만들 수 있는 임계질량을 계산한 것이었다. 그 양이 10킬로그램 정도에 불과한 것이 확인되자 공학적 연구의 대상이 되어버렸다. 만약 1톤 이상의 우라늄이 필요한 것으로 판명되었다면 원자폭탄 개발은 시도되지 않았을 확률이 높다. 3년간 미국이 만든 원자폭탄이 단 3개였다는 점을 생각해보면 자명한 결론이다. 로렌스가 우라늄-238로 플루토늄을 만들 수 있음을 보이자 원폭의 가능성은 크게 높아졌다. 이제 천연우라늄의 99.3%를 차지하는 우라늄-238을 원폭개발에 사용할 수 있게 되었으므로. 아인슈타인의 편지를 받고 위원회가 만들어진 것은 사실이지만 거의 예산배정이 없었다. 로렌스의 발견을 보고받자 전쟁 중 원폭개발이 가능하다고 보고 정치권을 설득해서 1942년 가을에야 개발이 시작된 것이다. 로렌스의 발견 후 사실 계획 실행에는 2년 반의 시간밖에 걸리지 않았다. 돌이켜보면 로렌스의 연구도 원폭개발의 중요한 전환점이었다.

1945년 5월 거의 원폭이 완성될 즈음에 독일은 항복해버렸다. 원폭은 1944년 가을경부터는 반드시 개발될 필요가 없는 것이기도 했다.

최근의 자료들은 미국 정치권은 원폭이 어느 정도 궤도에 올랐을 무렵부터—거의 1944년부터—일본에 사용하는 것을 염두에 둔 것으로 보인다. 진주만 기습과 아시아인에 대한 인종적 편견이 합쳐지면서 '일본이라면' 원폭을 사용해도 될 만한 만만한 지역으로 본 것이다. 또 1944년 말부터는 이미 소련이라는 라이벌을 의식하고 있었다. 소련의 대군에 비교우위를 가지려면 강력한 무기가 반드시 필요해 보였다. 즉 원폭개발은 전쟁 후를 생각한 투자라는 시각이 설득력이 있고, 그렇다면 일본은 실전 테스트용의 잔인한 실험장이었던 셈이다. 어느 한쪽으로 결론내리기는 힘들겠지만 엄청난 미군의 희생을 막기 위한 합리적 대응이라는 관점과 본보기를 보이며 실험데이터를 축적하겠다는 냉혹한 정치논리라는 두 시각 사이의 어딘가에 진실이 흩어져 있다고 봐야 할 것이다. 1945년 5월에 표적선정위원회는 분명히 원폭을 군사시설과 노동자 밀집 지역에 경고 없이 투하해야 된다는 잔인한 조언을 했다.

너무 늦었지만 마지막 몇 달간 실라드를 비롯한 몇몇 과학자들은 자신들이 너무 일찍 해방시킨 힘을 제어해보려고 심각하게 노력했다. 시카고에서 실라드는 원폭개발을 중단하자는 편지를 루스벨트에게 썼지만 루스벨트의 사망으로 편지는 전달되지 않았다. 지난 10여 년간 목표해왔던 일을 스스로 파기하는 결단을 내린 시점 얄궂게도 그는 자신을 거의 모르는 새로운 대통령 트루먼의 시대에 살게 됐다. 시카고의 과학자들은 프랑크 위원회를 만들어 일본 대표 앞에서 시연해서 항복을 받아내자고 제안하고 방사능 물질을 민간에 관리를 위탁하자고도 주장했다. 이 내용은 6월 12일에 워싱턴에 전달되지만 기존의 투하 결정이 재확인되었을 뿐이다. 다음으로 실라드는 70인 과학자의 청원문을 트루먼에게 보냈지만 역시 전달되지 못했다. 워싱턴의 정치인들에게는 이 모든 시도가 어린아이 같은 생각으로 치부되었을 뿐이다.

가장 많은 사람들이 일했던 로스앨러모스는 막상 이런 윤리적 문제에 대한 고민이 거의 없었다. 1944년 여름부터 로스앨러모스는 본 궤도에 오르며 바빠졌었다. 아무런 선례도 없었고, 임계질량도 이론에 불과했으며, 플루토늄을 사용하는 내파 폭탄은 이론과 실험 모두에서 전인미답의 영역이었다. 연구의 긴장이 최고조에 이른 흥분되는 상황 속에서 몇 사람을 제외하면 윤리적 문제는 거의 생각해보지 못했다. 로스앨러모스에서는 로트블랫 같은 극소수의 사람들만 독일 항복 후 맨해튼 프로젝트를 떠났다. 연합국의 과학자들은 이 전쟁이 절대악 히틀러와의 전쟁이었고, 전쟁을 빨리 끝내는 것이 선이

조지프 로트블랫
폴란드 출신 영국 과학자 조지프 로트블랫(Sir Joseph Rotblat, 1908~2005, 1995년 노벨 평화상)은 맨해튼 프로젝트 중 히틀러가 원폭개발을 하지 않음에도 연구가 계속된다는 사실에 괴로워하다가 로스앨러모스를 떠난 거의 유일한 경우다. 전후 반핵운동을 주도하며 〈러셀-아인슈타인 선언〉을 기획했다. 이후 원자무기에 반대하는 전 세계 과학자 조직인 퍼그워시 회의를 만들어냈다. 로트블랫과 퍼그워시 회의는 핵무기 감축에 기여한 공로로 1995년도 노벨 평화상을 수상했다.

라는 긍지 속에 연구했다. 히로시마에 원폭이 성공적으로 폭발했다는 소식에 과학자들은 축배를 들었고, 파인만은 신명나서 드럼을 쳤다. 이때 사이클로트론 팀의 리더였던 로버트 윌슨만 한구석에서 울고 있었다고 한다. 파인만이 왜 우냐고 물으니 "우리가 끔찍한 것을 만들었어." 라고 대답했다. "당신이 시작한 것 아닙니까, 당신이 우리 모두를 끌고 오지 않았습니까?" 파인만이 의아해하며 냉정하게 반문했다. 그 때의 로스앨러모스는 파인만이 폰 노이만에게 배웠다는 무책임의 철학이 지배하고 있었을지 모른다. "우리는 세계에 대해 모든 것을 책임질 필

요가 없다." 로스앨러모스에서 윌슨에 동조자는 별로 없었지만, 시카고에서 실라드에게 동조한 사람은 많았다. 차이는 무엇이었을까? 로스앨러모스의 연구자들이 훨씬 비윤리적인 것은 아니었을 것이다. 이 차이는 연구자들에게 자신의 연구를 돌아볼 시간적 여유의 가치를 알려준다.

1945년 5월 10일과 11일 사이 일본 내 공격 대상 도시를 결정하는 회의를 로스앨러모스에서 진행했었다. 독일 항복 불과 이틀 뒤의 일이었다. 1949년에는 소련이 원폭을 개발하자 수폭을 개발하자는 요구가 바로 튀어나왔다. 반대하던 오펜하이머는 비밀문서취급 인가가 취소되는 수모를 겪어야 했다. 국가주의에 기반한 현대문명은 과학에 언제나 '그 다음'을 요구했고, 지치지 않고 '조금 더'라고 말했다.

하이젠베르크는 전후에 무엇이 잘못된 것인지 고민해봤다. 과학과 과학자들과 자기 자신까지 이렇게 된 이유는 도대체 무엇인가? 1920~30년대 물리학자들은 원자의 비밀에 어린아이처럼 흥분하고 호기심에 충만 되어 친구처럼 연구했었는데, 어느 순간 그것은 대량살상무기에 사용되는 지식이 되어버렸다. 분명 1930년대까지 1945년의 히로시마와 나가사키를 상상할 수 있었던 과학자는 아무도 없었다. 하이젠베르크는 그것이 '원자 스스로 자신의 모습을 인간에게 드러낸 것'이라고 결론지었다.

하이젠베르크의 표현은 이 여행을 마무리하는 데 적절한 통찰이 아닐까 싶다. 어쩌면, 우리가 자연의 모습을 알아낸 것이 아니라 자연이 스스로의 모습을 우리에게 알려온 것일지 모른다. 그리고 그 결과 결코 확인하기 싫었던 우리자신의 적나라한 모습까지 드러나 버렸다. 이제 과학은 우리를 비추는 거대한 전신거울이 되었다. 이 우연찮은 역사적 시점에 서서 우리가 할 일과 우리의 미래를 물을 곳은 어디인가? 과학인가, 역사인가, 인간성에 대한 믿음인가.

나가는 글

||||||||||||

길었던 단일한 작업을 마치면서, 책을 써나가는 과정에서 흩날렸던 생각의 파편들을 몇 가지 모아본다.

먼저 이 책의 특성에 대한 설명을 조금 덧붙이고자 한다. 현대과학은 철저한 수학의 기반 위에 세워져 있다. 그래서 그 수학적 설명을 제외하면 과학 본연의 모습을 설명하는 데는 엄청난 왜곡이 발생할 수 있다. 극미와 극대에 다가선 과학연구는 우리의 일상 언어로 풀어내기 힘든 고도의 수학분야가 되었다.—아마도 수학적 접근을 거의 하지 않았던 패러데이는 오늘날이라면 더 이상 과학자로 분류될 수도 없을 것이다. 반면 과도한 수학적 설명은 독자들을 지치게 만들고 과학에서 멀어지게 하는 부작용이 나타날 수 있다.

실제 수식이 조금씩 추가될 때마다 과학대중서의 예상 독자 수는 기하급수적으로 줄어든다. 스티븐 호킹은 『시간의 역사』를 쓸 때 수식이 책에 하나 추가될 때마다 판매부수는 반으로 줄어들 것이라는 조언을 들었다. 결국 과학 대중서에 있어서 좋은 설명이란 사실 수학적 설명에 있어 어느 정도 중용을 찾아내는 것이기도 하다. 유명한 경구를 패러디해서 표현해본다면, 수식 없는 과학은 공허하고, 수식뿐인 과학은 맹목적인 법이다. 그렇다면, 일단 이 책은 공허하다. 나는 공허하더라도 수식이 배제된 현대과학의 이야기를 썼다. 과학자들과 그들의 시대를 이야기하고자 했고, 일반 대중을 독자로 하는 책을 쓰고자 했다. 그래서 내 생각에 이 책은 전작인 『태양을 멈춘 사람들』에 비해 오히려 과학은 줄어들고, 과학자와 시대상에 대한 묘사가 강화되었다. 따라서 책에 등장하는 설명 틀을 최종적인 현대과학적 해석을 모두 제대로 갈무리하여 설명한 것으로 생각하지는 않기 바란다. 수학이 빠진다면 그 과학적 설명은 이미 어느 정도의 왜곡을 함축하고 있음을 분명히 밝혀둔다.

필자가 보기에 대한민국의 과학 대중서 시장에서 초보자용과 고급독자용의 책들은 그리 부족하지 않다고 생각된다. 하지만 초보과학도들을 고급독자로 이끄는 중급자용 책은 언제나 부족하다는 느낌이다. 그래서 '혁신과 잡종의 과학사' 시리즈는 시종일관 중위권 난이도의 책을 목표로 했다. 하지만 그럼에도 20세기 전반 물리학의 역사를 다룬 이 스토리는 중심인물만 삼국지 수준으로 많다. 처음 이 길을 걷는 독자들이 길을 잃지 않고, 무력감을 느끼지 않도록 스토리를 진행시키는 일은 만만치 않은 도전이었다.

가장 어렵고 중요했던 문제는 주인공을 선정하는 것이었다. 너무 많은 사람들을 등장시키면 독자들이 지칠 것이고, 그렇다고 빼버리기에는 매력적인 인물들이 너무 많았다. 최대한 전체 흐름을 잘 소개해줄 수 있는 인물과 일화를 따라 스토리를 배치해보기로 했다.—물론 선택된 일화들은 아마 내게 가장 인상적이었던 일화들일 확률이 높다. 그래서 또 하나 고백하자면 매력적인 사람들 상당수를 다루지 못했다. 특히 이론과 실험이 어우러진 과학의 역사에서 이론물리학자들에 원고가

치중된 감이 없지 않다. 과감히 생략된 수많은 실험물리학자들의 이야기는 그래서 많이 아쉽다. 독자들이 실험으로서의 과학을 소홀히 생각하도록 만들지 않기를 바라며, 좀 더 정확히는 이 책을 읽고 그들의 이야기가 궁금해지길 바란다. 자료를 정리하고 책을 쓰면서 지은이가 스스로 느꼈던 기이하고 감동적이었던 맥락들이 잘 전달되어 독자들에게 즐거운 여행이 되길 바란다.

• • •

중학생 시절 필자는 그 또래 많은 소년들처럼 프라모델 조립을 좋아했었다. 특히 2차 세계대전 시기의 독일군 장비들이 가장 마음에 들었다. 영화 속 독일군의 세련된 군복, 철의 군율, 위풍당당함은 사춘기 소년이 감정이입하기 아주 좋은 대상이었다. 타이거 전차를 조립하며 독일의 과학 기술력에 탄복했었고, 세계대전 초 독일의 기념비적 전투들에 대한 몰입은 내가 세계사에 입문하는 중요한 계기들이 되어주었다. 그 시기 내게 독일은 '과학기술'이었고, '역사'였다.

고등학생이 되었을 때, 또 다른 경험이 더해졌다. 어느 날 서점에서 익숙한 2차 세계대전의 사진이 표지에 실려 있는 책을 발견하고 자연스럽게 펼쳐보았다. 그 책은 나치의 유대인 학살에 대한 사진자료집이었다.—아마 현재라면 너무 잔인한 사진자료라 분명히 비닐포장이 되어 유소년 층이 책장을 함부로 넘겨보지 못하도록 조치가 되어 있었을 것이다. 그 책 속에서 '날것의 사진'으로 만났던 홀로코스트의 충격은 지금도 생생하다. 독일의 유대인 학살에 대한 이야기는 내게 낯선 것은 아니었다. 그러나 글과 숫자로만 만나던 그 사건은 내게 별로 중요한 것이 아니었고 한번 읽고 지나치는 문장에 불과했다. 하지만 시각적 디테일 속에 전개되는 홀로코스트의 참상 앞에서 10대 고등학생은 충격에 빠졌다. 인간이, 국가가, 그런 일들을 조직적으로 진행시킬 수 있었음이 믿어지지 않았다. 그 충격은 메스꺼워 토할 것 같았으며, 며칠간의 일상에서 떨쳐내기 힘들었다. 왜 신은 이따위 행성을 멸망시키지 않느냐며 분노도 했고, '신은 무능하거나 선하지 않다.'며 그맘때 생각할 만한 제법 치기어린 결론들도 내렸다. 그 강한 감정이입은 아마도 '나의 타이거 전차'와 이런 대학살이 모두 같은 '독일'에 의해 만들어졌다는 사실에 대한 경악과, 그리고 그런 '독일'에 열광했던 나의 기억들이 뒤섞이며, 묘한 죄책감을 함께 제공했기 때문이었던 듯하다.

시간이 한참 지난 어느 날 아우구스티누스의 경구를 만났다. "신은 악이 '없는' 세상을 만들 수도 있었으나, 우리가 선을 '선택'할 수 있는 세계가 더 낫다고 생각하신 듯합니다." 이 말은 내겐 참으로 전복적인 위안과 고무였다. 신은 무능하지도 않고, 악하지도 않으며, 이 우주는 우리가 자유의지로 '선택'할 수 있는 곳일 수 있었다. 그렇기에 우리는 단순한 관찰자가 아니라 엄중한 책임을 진 행위자였다.

나이가 들어 '과학기술의 역사'를 공부하게 되었다. 그리고 결국 그 '독일'과학과 다시 마주했다. 어린 시절 읽었던 아인슈타인과 퀴리 부인, 좀 더 나이가 들어 알게 된 플랑크, 하이젠베르크, 보어, 오펜하이머 같은 이들이 모두 연결되며 또 다른 모습을 보여주었을 뿐만 아니라, 여기에는 나의 유년시절에 적잖은 영향을 미쳤던 시대가 겹쳐 있었다. 그리고—아마도 보어는 나의 이 표현을 싫어할지 모르겠지만—양자역학이 제시한 세계상은 분명 내가 선호하는 아우구스티누스의 표현에 가까워 보였다. 아마도 그런 모든 흐름이 뒤섞이며 자연스러운 나

휘어진 시대 3

의 '결정된 선택'으로 이어졌던 듯하다. 그리고 이제 30여 년 전의 '독일', '전쟁', '과학', '역사'까지 그 모든 기억의 편린들이 함께 수렴된 주제의 책을 펴내게 되었다. 그래서 마치고 보니 못내 감개무량하나 너무 '여러 명'의 내가 다투며 말한 느낌이다. 정리되지 못한 혼란에 대해서는 그렇게 변명해둔다.

• • •

영원한 생명을 구하기 위해 끝없는 모험을 계속하던 영웅 길가메시에게 한 주점의 여주인이 충고한다. "길가메시여, 그대는 언제까지 방황하고 돌아다닐 작정인가요. 그대가 구하려는 생명은 아마도 찾지 못할 것입니다. 신들이 인간을 창조했을 때, 인간에게는 죽음이 예정되었던 것입니다……그대의 머리를 감고 목욕을 하세요. 그대의 손을 잡는 아이들을 귀여워하고, 그대의 가슴에 안긴 아내를 기쁘게 해주세요." 그러나 길가메시는 단념하지 않았고 여행은 계속되었다. 고대 메소포타미아 문명의 전설 『길가메시 서사시』의 한 장면이다.

괴테의 역작 『파우스트』에서 주인공 파우스트는 시대학문의 궁극에 도달하고도 만족을 얻지 못한 학자의 고뇌를 절절히 표현한다.

"나는 이제 철학, 법학, 의학, 심지어 신학까지 온갖 노력을 기울여 속속들이 연구했다. 하지만 지금 여기 서 있는 나는 가련한 바보에 지나지 않고, 과거보다 더 나아진 것 아무것도 없구나!……우리가 아무것도 알 수 없다는 것만 알게 되었다!……내가 너를 어디서 잡을 수 있겠느냐, 무한한 자연이여!"

그는 만인 속에 있는 두 마음 사이의 갈등도 가감 없이 솔직히 고백한다.

"내 가슴 속에 두 마음이 깃들어 있으니, 하나가 다른 하나와 떨어지기를 원하고 있다. 하나는 음욕의 쾌락 속에 휘감는 관능으로 현세에 매달리고, 다른 하나는 억지로라도 속세의 때를 털고 숭고한 선조들의 광야에 오르려 한다."

고뇌하고 번민하고 절규하는 파우스트에게 악마 메피스토펠레스가 제안한다.

"나는 여기 이승에서 당신의 시중을 들고, 당신의 지시에 따라 쉼 없이 일하겠소. 만약 우리가 저기 저승에서 다시 만나면, 당신은 내게 같은 일을 해주셔야 합니다." 온 세상의 지식과 자신의 영혼을 놓고 저울질하던 파우스트는 우리가 짐작 가능한 선택을 했다.

메소포타미아 주점의 여주인과 메피스토펠레스는 현대의 파우스트들 앞에도 어김없이 나타났다.

때로는 히틀러, 스탈린, 천황이라는 우상의 이름으로.

때로는 민족주의, 자본주의, 공산주의라는 신념의 형태로.

어떤 경우는 연구비, 명예, 대중적 인기라는 모습으로.

그들은 때에 맞춰 이름과 형상을 바꾸었다.

많은 이들이 그들의 달콤한 말에 이끌렸다. 하지만 누군가는 길가메시의 길을 갔고, 누군가는 파우스트의 고뇌를 함께하며 운명에 맞섰다. 그리고 그랬기에, 인류는 새로운 비밀을 손에 넣을 수 있었다.

· · ·

원자의 증거를 보이라는 압박감에 못 이겨 휴가지에서 자살한 볼츠만, 양자역학에 절망한 뒤 죽음을 택한 에렌페스트, 민족과학이 아닌 보편과학을 주장했다는 이유로 제자의 총에 죽은 슐리크. 그들에게 과학은 무엇이었을까. 폭풍우 속 바다에 빠진 아들을 찾으며 울부짖는 보어, 유품조차 남기지 못하고 사형당한 아들의 소식을 듣는 플랑크, 그리고 무엇보다 황망한 사고로 남편을 잃고 난 뒤 마리 퀴리의 슬픔도 잊기 힘들 것 같다. 너무나 슬프고 찬란하게 휘어진 시대. 희로애락의 물리세계 내에서 녹록지 않은 삶을 살았던 그들이었다. 그러기에 그들의 업적은 더욱 빛난다. 만난을 무릅 쓰고 그들을 과학으로 이끈 것은 무엇이었을까? 그 많은 일들을 겪고도, 척추가 녹아 붙은 몸을 차디찬 열차 칸에 의탁한 채, 옛 동료들이 모두 사라져버린 멸망한 국가의 파괴된 도시들을 돌며 치유의 강연을 계속했던 구순의 노인 플랑크를 움직인 힘은 도대체 무엇인가?

이 책의 1부와 2부의 소제목들은 사람들의 이름이었다. 하지만 5부로 오면 인간의 이름은 찾아볼 수 없다. 이 사실 자체가 현대과학이 걸어온 슬픈 길을 보여준다. 제2차 세계대전 이후 과학은 더 이상 과학자들의 것이 아니게 되었다. 낯선 시스템이 과학을 디자인하고 나아갈 길을 제시하기 시작했다. 어찌할 수 없는 것인가? 이대로 내버려둘 것인가?

우리는 과학이라는 언어로 자연과 대화한다. 자연의 허락하에, 조금씩 우리의 시야는 넓어졌고 한계는 줄어들었다. 여전한 한계에도 불구하고 20세기의 과학적 성취는 분명 눈부신 것이었다. 하지만 잔인한 전쟁, 물리적 환경파괴, 과도한 대량소비라는 악습도 과학의 도움으로 극적으로 확대되었다. 이제 우리는 자연이 이 배신을 언제까지 허용할 것인지 전율하며 두려워하는 21세기에 이르렀다. 우리는 이 소중한 대화를 계속해 나갈 수 있을 것인가? 문제가 과학에서 발생했다면 해법도 과학에 있을 것이다. 파우스트의 고민은 계속될 것이다. 문제가 우리의 태생적 근원에 있다 해도 우리의 진화도상에서, 깨달음의 과정에서 해법이 출현할 수 있을 것임을 믿어보자.

삶과 죽음의 경계, 확률의 안개 속에서,

고양이는 미소 짓고, 신은 역사의 주사위를 던지고 있다.

슈뢰딩거의 표현처럼 우리는 '사라져 가는 것들'일지라도,

플랑크가 확신한 '결코 사라지지 않을 물리법칙의 세계'가 있다.

얼마나 아름다운 우주인가.

과학의 구원을 믿으며.

남 영

더 읽을거리

||||||||||||

전기

데니스 브라이언 저, 전대호 역, 『퀴리 가문』, 지식의숲, 2008.
퀴리 가문에 대한 표준적 전기. 마리 퀴리에 집중된 우리의 생각을 퀴리 가문 전체로 확장시켜준다. 그리고 역설적으로 그제야 마리 퀴리가 제대로 보이기 시작한다.

마리 퀴리 저, 금내리 역, 『내 사랑 피에르 퀴리』, 궁리, 2000.
마리 퀴리는 자신의 남편에 대한 짧은 전기를 서술한 바 있다. 마리 퀴리에 가려진 피에르 퀴리가 궁금하다면 마리 퀴리 스스로에 의해 만들어진 이 전기를 일독해보면 좋을 것이다.

이브 퀴리 저, 조경희 역, 『마담 퀴리』, 이룸, 2006.
이브 퀴리 저, 안응렬 역, 『퀴리 부인』, 동서문화사, 2012.
1937년 이브 퀴리는 《마리안느》지에 어머니의 생애를 연재했고 다음해 책으로 출판했다. 마리 퀴리 사후 3년 정도의 시간밖에 지나지 않았을 때 마리 퀴리의 딸에 의해 만들어진 생생한 전기다. 출간 즉시 베스트셀러가 되었으며, 지금도 마리 퀴리에 대한 핵심적 전기 자료가 되었다. "이 책을 읽는 독자들에게 바라는 것이 있다면, 마리 퀴리의 짧은 생애와 빛나는 업적 뒤에 숨겨진 확고한 인품과 지식을 향한 끝없는 열정, 대가를 바라지 않는 희생정신, 그리고 화려한 명성이나 쓰라린 역경조차도 변질시키지 못했던 순수한 영혼을 눈여겨봐주었으면 하는 것이다. 그런 영혼을 지니고 있었기에 마리 퀴리는 천재라 불리는 사람들이 손쉽게 얻을 수 있는 부귀영화를 거부할 수 있었다. 그녀는 세상 사람들의 기대를 부담스러워했다. 명성을 얻은 사람들에게서 흔히 볼 수 있는 무례

한 태도나 가식적인 미소, 지나친 엄격함, 또는 남에게 보이기 위한 겸손은 전혀 찾아볼수 없었다. 타인에게는 너그럽고 자신에게는 엄격한 천성 때문이었다. 그녀는 유명해지는 방법을 알지 못했다. 나는 어머니가 서른일곱 되던 해에 태어났다. 그래서 내가 어머니를 어느 정도 이해할 수 있을 만큼 자랐을 때 어머니는 이미 유명인사가 되어 있었다. 하지만 나는 어머니에게서 유명한 과학자라는 느낌을 전혀 받지 못했다. 자신이 '유명한 과학자'라는 생각이 마리 퀴리의 머릿속에 입력되어 있지 않았기 때문이다. 나는 오히려 내가 태어나기 훨씬 전에 꿈을 쫓던 가난한 소녀 마리아 스클로도프스카와 함께 산 느낌이다." "작가로서의 재능이 부족한 내 자신이 아쉬울 뿐이다."로 끝나는 『마담 퀴리』는 이브 퀴리의 작가로서의 탁월한 재능을 보여주었다. 마치 마리 퀴리의 전기를 쓰게끔 훌륭한 전기 작가가 둘째 딸로 태어난 것 같다. 읽어보면 여태까지 읽었던 여러 마리 퀴리의 전기들이 바로 이 책에서 제공된 이미지들의 변주라는 사실이 느껴진다. 모든 전기 작가와 과학사학자들이 퀴리 가를 살펴볼 때면 필수적으로 읽었을 책이다. 한국어 번역본이 두 가지가 있으니 마음에 드는 것을 찾아 읽으면 된다.

박민아 저, 『(퀴리 & 마이트너) 마녀들의 연금술 이야기』, 김영사, 2008.
국내 여성과학사학자가 마리 퀴리와 리제 마이트너를 비교하며 여성과학자로서의 서사로 풀어낸 책.

월터 아이작슨 저, 이덕환 역, 『아인슈타인: 삶과 우주』, 까치, 2007.
전문적 전기 작가가 쓴 균형이 잘 잡힌 아인슈타인 전기.

데니스 브라이언 저, 승영조 역, 『아인슈타인 평전』, 북폴리오, 2004.
아인슈타인에 대해 정리해볼 수 있는 아주 자세한 자료 단 한 권을 원한다면 이 책이 적당하다.

프랑수아즈 발리바르 저, 이현숙 역, 『아인슈타인』, 시공사, 1998.
작지만 알차게 정리된 아인슈타인 전기.

짐 브리숍트 저, 이영아 역, 『30분에 읽는 아인슈타인』, 랜덤하우스중앙, 2004.
쉽고 빠르게 아인슈타인과 상대론 전반을 소개받고 싶을 때 읽을 만한 책.

데이비드 보더니스 저, 김민희 역, 『E=mc²』, 생각의나무, 2005.
데이비드 보더니스의 대표작. 방정식의 역사를 따라가는 방식으로 설계된 독특한 상대
론과 아인슈타인 이야기.

실번 S. 슈위버 저, 김영배 역, 『아인슈타인과 오펜하이머』, 시대의창, 2013.
아인슈타인과 오펜하이머를 비교하는 형식으로 서술된 두 학자의 전기.

김원기 저, 『폰 노이만 VS 아인슈타인』, 숨비소리, 2008.
폰 노이만과 아인슈타인의 삶을 비교하는 형식으로 서술된 두 학자의 전기.

이현경 저, 『지식인마을 시리즈 5: 아인슈타인과 보어』, 김영사, 2006.
아인슈타인과 보어를 비교하는 형식의 청소년용 전기.

구스타프 보른 저, 박인순 역, 『아인슈타인 · 보른 서한집』, 범양사, 2007.
아인슈타인과 막스 보른의 40년에 걸친 서신 모음집. 과학 발전과정의 내면을 보여주
는 공신력 있는 자료이기도 하지만 아인슈타인과 보른이라는 두 과학자의 섬세한 심리
변화의 과정을 느껴볼 수 있다는 점에서 더 큰 의미가 있다. 이제 서로를 친근하게 '너
(Du)'로 호칭하자고 하거나, 양자역학을 둘러싸고 한 치의 양보 없는 감정적 설전을 벌
이거나, 각각 미국과 영국에 자리 잡은 뒤 이제는 영어로 편지를 주고받자고 하는 내밀
한 이야기들을 읽다보면 두 과학자가 아주 생생하고 가깝게 다가온다.

데산카 트로부호비치-규리치 저, 모명숙 역, 『아인슈타인의 그림자, 밀레바 마리치의
비극적 삶』, 양문, 2004.
국내에 출판된 유일한 밀레바 마리치의 전기. 마리치에 대해 많은 것을 알게 해주지만
사전지식을 어느 정도 가지고 읽지 않으면 여러 오해를 불러일으킬 수 있다. 한 마디로
마리치에 대한 추가적 이해를 돕는 탁월한 자료지만 아인슈타인에 대해 처음 읽는 책으
로 적합하지는 않다. 일단 이 책은 마리치가 숨겨진 과학자이자 아인슈타인의 창조성의
원천이라는 소문의 주요 근거로 보인다. 이 책에서 시종일관 마리치는 아인슈타인의 그
림자가 되고 만 불행한 여성으로 묘사된다. 하지만 책의 내용은 결코 아인슈타인의 업
적 일부에 대한 영예가 마리치에게 주어져야 한다는 주장을 뒷받침하지는 못한다. 그럼

에도 이 책에서 저자는 마리치를 '숨겨진' 대단히 재능 있는 수학자이자 물리학자로 소
개하며, 마리치는 아인슈타인의 과학적 업적에 특별한 기여를 했고, 아인슈타인이 노벨
상 상금을 마리치에게 양도했다는 것이 그 직접적인 증거라는 식으로 언급했다. 한 예
로 아인슈타인의 편지에 나온 '우리의 연구'라는 표현을 두 사람의 공동 연구를 의미한
다고 볼 수도 있다고 해석한다. 두 사람의 관계에 대한 문헌자료 자체가 많지 않기 때문
에 많은 서술은 추측에 근거한다. 마리치의 행적에 대한 추적은 흥미진진하고 인정할
만하나 마리치에 대한 연민과 감정이입으로 객관적 신뢰성은 많이 떨어진다.

에른스트 페터 피셔 저, 이미선 역, 『막스 플랑크 평전』, 김영사, 2010.
플랑크 전기. 플랑크의 긴 삶을 사건보다는 철학, 과학, 행정 등의 여러 측면으로 나누어
굵은 맥락을 파악해보는 형식의 전기.

존 L. 하일브론 저, 정명식 · 김영식 공역, 『막스 플랑크 : 한 양심적 과학자의 딜레마』,
민음사, 1992.
1990년대 출간된 플랑크 전기. 피셔의 책과 또 다른 인간 플랑크의 여러 측면들이 나타
나 있다.

데이비드 린들리 저, 이덕환 역, 『볼츠만의 원자』, 승산, 2003.
볼츠만 전기. 볼츠만과 마흐 논쟁, 그리고 19세기 말 원자론과 열역학이 처한 상황을 잘
알려준다.

낸시 포브스 · 배질 마혼 공저, 박찬 · 박술 공역, 『(전자기 시대를 연, 물리학의 두 거
장) 패러데이와 맥스웰』, 반니, 2015.
패러데이와 맥스웰 전기. 두 사람의 인생과 함께 19세기 전자기학의 초기 발전과정을
살펴볼 수 있다.

레베카 골드스타인 저, 고중숙 역, 『불완전성』, 승산, 2007.
괴델 전기. 불완전성 이론과 괴델에 대한 자세한 정보를 제공한다.

카이 버드 · 마틴 셔윈 저, 최형섭 역, 『아메리칸 프로메테우스』, 사이언스북스, 2010.
'아주 자세한' 오펜하이머 전기. 너무 방대한 내용이라 오펜하이머에 대해 처음 읽는다면 다른 책부터 시작할 것을 권한다.

제레미 번스타인 저, 유인선 역, 『베일 속의 사나이 오펜하이머』, 모티브북, 2005.
적당한 분량의 오펜하이머 전기. 저자 번스타인은 이론물리학자이면서도 탁월한 작가로 평가받는 사람이다. 무엇보다 저자가 오펜하이머와 프린스턴 고등연구소에서 함께 했던 인물이라는 점에서 의미가 있다.

아르민 헤르만 저, 이필렬 역, 『하이젠베르크』, 미래사, 1997.
하이젠베르크의 짧은 전기.

베르너 하이젠베르크 저, 김용준 역, 『부분과 전체』, 지식산업사, 1995.
베르너 하이젠베르크 저, 유영미 역, 『부분과 전체』, 서커스, 2016.
1970년대부터 계속해서 한국어로도 재출간되고 있는 유명한 하이젠베르크의 자서전. 오랜 기간 한국어로 출간되어 이제는 3대가 읽은 경우도 있을 정도. 양자역학을 만들어 낸 인물이 직접 들려주는 양자역학의 역사.

월터 무어 저, 전대호 역, 『슈뢰딩거의 삶』, 사이언스북스, 1997.
슈뢰딩거에 대한 유일한 한국어 전기다. 많은 책에서 파동역학 발표를 전후한 슈뢰딩거의 모습들은 쉽게 찾아볼 수 있다. 파동역학에 대한 물리학적 이해는 그 정도 자료면 충분하겠지만 슈뢰딩거에 대한 인식은 상당히 왜곡될 확률이 높다. 특히 슈뢰딩거의 성장 과정을 제외하면, 그의 철학적 관점들과 '왜 파동역학이었나?'에 대한 중요한 질문을 간과하게 되고 슈뢰딩거의 여성 편력이나 '슈뢰딩거 고양이' 정도에 대한 단편적인 내용에 치우칠 여지가 있다. 그의 전 생애에 대한 그림을 그리려면 이 책을 읽어봐야 한다.

에르빈 슈뢰딩거 저, 전대호 역, 『생명이란 무엇인가 · 정신과 물질』, 궁리, 2007.
슈뢰딩거의 저작 『생명이란 무엇인가』와 『정신과 물질』의 합본. 두 책 모두 복수의 한국어 판본이 있다. 특히 『생명이란 무엇인가』는 슈뢰딩거가 아일랜드에 망명해 있을 때 쓴 것이며 DNA 구조 발견 경쟁을 시작시켰던 책으로 유명하다.

이강영 저, 『스핀』, 계단, 2018.

한국 물리학자가 쓴 파울리 전기를 겸한 양자역학의 역사. 저자가 물리학자인 만큼 물리학의 내적 흐름에 대한 묘사가 충실하고 양자역학의 역사에 대해서도 탁월한 요약을 제공한다. 파울리의 업적을 대중서로 정리하기는 매우 어려운데 저자는 그 힘든 작업을 훌륭히 소화했다. 본서의 파울리에 대한 설명들도 이 책에서 많은 도움을 얻었다.

댄 쿠퍼 저, 승영조 역, 『현대물리학과 페르미』, 바다출판사, 2002.

적절하게 요약된 엔리코 페르미 전기.

지노 세그레 · 베티나 호엘린 저, 배지은 역, 『엔리코 페르미 평전』, 반니, 2018.

21세기 이후 희소했던 페르미 전기가 늘어났다. 이 책의 저자 지노 세그레는 다름 아닌 페르미의 동료인 에밀리오 세그레의 조카다.

데이비드 N. 슈워츠 저, 김희봉 역, 『엔리코 페르미, 모든 것을 알았던 마지막 사람』, 김영사, 2020.

엔리코 페르미 전기. 저자는 1988년도 노벨 물리학상 수상자 멜빈 슈워츠의 아들이면서 MIT에서 정치학 박사를 받은 독특한 경력의 소유자다. 앞의 페르미 평전과 비교하며 읽어볼 만하다.

그레이엄 파멜로 저, 노태복 역, 『폴 디랙』, 승산, 2020.

국내에서 거의 찾아볼 수 없었던 폴 디랙의 전기. 물리학에서 디랙의 중요도에 비해 그의 한국어판 전기 출간은 너무 늦은 감이 있다.

짐 오타비아니 저, 릴런드 퍼비스 그림, 김소정 역, 『닐스 보어』, 푸른 지식, 2015.

그래픽 노블로 만든 닐스 보어 전기. 만화라 쉬울 것 같지만 그리 친절한 설명형식으로 되어 있지는 않다. 그래서 오히려 보어에 대한 정보들을 조금 습득한 뒤 정리하는 형태로 읽는 쪽을 추천한다.

J. L. 헤일브른 저, 고문주 역, 『러더퍼드』, 바다출판사, 2006.

러더퍼드 전기.

샤를로테 케르너 저, 이필렬 역, 『리제 마이트너』, 양문, 2009.
마이트너 전기.

윌리엄 크로퍼 저, 김희봉·곽주영 역, 『위대한 물리학자 1~7』, 사이언스북스, 2007.
7권으로 구성된 주요물리학자들의 전기. 갈릴레오와 뉴턴을 빼면 거의가 현대물리학자
들을 다루고 있다.

여인형 저, 『공기로 빵을 만든다고요?』, 생각의힘, 2013.
한국 화학자의 프리츠 하버 전기.

존 콘웰 저, 김형근 역, 『히틀러의 과학자들』, 웅진씽크빅, 2008.
나치 시대 독일과학자들의 운명에 대한 종합적 역사서.

테드 고어츨·벤 고어츨 저, 박경서 역, 『라이너스 폴링 평전』, 실천문학, 2011.
톰 헤이거 저, 고문주 역, 『화학 혁명과 폴링, 바다, 2003.
라이너스 폴링 전기.

폴 스트레턴 저, 예병일 역, 『멘델레예프의 꿈』, 몸과마음, 2003.
멘델레예프 전기.

콘스탄스 리드 저, 이일해 역, 『(현대수학의 아버지) 힐베르트』, 사이언스 북스, 2005.
힐베르트 전기.

아포스톨로스 독시아디스·크리스토스 H. 파파디미트리우 저, 전대호 역, 『로지 코믹
스』, 알에이치코리아, 2011.
버트런드 러셀의 인생을 통해 바라본 현대 수학의 역사. 그래픽 노블이지만 내용은 깊
이 있다.

상대성이론

산더러 바이스, 김혜원, 『특, 특수상대성이론 아인슈타인, 도해로 풀다』, 에코리브르, 2008.
사진 한 장 없이 오직 다이어그램과 그래프만으로 특수상대성이론을 재미있게 소개하는 독특한 형식의 책.

과학동아 편집부 저, 『아인슈타인 뛰어넘기』, 아카데미서적, 1998.
10대 독자층을 염두에 두고 상대성이론 전반에 대해 쉽고 자세히 설명한 책.

정재승 기획, 김제완 외 14인 저, 『상대성이론, 그 후 100년』, 궁리, 2005.
한국 연구자들이 주제별로 소개한 상대론과 아인슈타인에 대한 안내서. 상대성이론 100주년 기념작.

페드루 G. 페레이라 저, 전대호 역, 『완벽한 이론: 일반상대성이론 100년사』, 까치, 2014.
'일반상대성이론 100년사'라는 제목처럼 아인슈타인의 작업뿐 아니라 아인슈타인 사후 일반상대성이론과 관련된 진행 상황들을 충실히 정리한 책. 현재 상대성이론과 관련된 담론들이 어디에 도달해 있는지 전반적인 상황들을 알려준다.

브라이언 그린 저, 박병철 역, 『엘러건트 유니버스』, 승산, 2002.
스티븐 호킹을 이어 트리니티 칼리지의 루카스좌를 이어 받은 브라이언 그린의 상대론에서 끈 이론까지의 안내서. 필자가 읽은 상대론에 대한 방정식 없는 설명 중 가장 자세한 설명이 실려 있다.

레너드 서스킨드 저, 이종필 역, 『블랙홀 전쟁』, 사이언스북스, 2011.
블랙홀과 관련된 현대물리학 이론의 발전과정과 오늘날의 연구 상황.

피터 갤리슨 저, 김재영 · 이희은 역, 『아인슈타인의 시계, 푸앙카레의 지도』, 동아시아, 2017.

과학사학자 피터 갤리슨의 대표작. 시공간에 대한 생각의 발전이 19세기 말 사회변화와 얼마나 밀접한 관련이 있는지 분석한 책. 특히 아인슈타인의 특허업무와 상대성이론의 관계성에 대한 분석은 탁월하고 신선하다.

양자역학

만지트 쿠마르 저, 이덕환 역, 『양자혁명』, 까치, 2014.

'양자물리학 100년사'라는 부제가 보여주듯 플랑크에서 시작해서 에버렛에 이르는 20세기 내내 진행된 양자역학의 치열한 논쟁의 역사를 정리한 책. 양자역학과 관련된 세부 주제는 거의 빠짐없이 망라되어 있다.

짐 배것 저, 박병철 역, 『퀀텀 스토리』, 반니, 2014.

전문적 과학저술가의 빠른 진행이 돋보이는 양자역학의 역사. 쿠마르의 책과 다루는 시기가 거의 그대로 겹친다. 쿠마르의 책이 진중하다면 이 책은 경쾌하다.

루이자 길더 저, 노태복 역, 『얽힘의 시대』, 부키, 2012.

양자역학과 관련된 주요 과학자들의 '있음 직한' 대화 형식으로 구성된 양자역학의 역사. 특히 코펜하겐 해석 이후의 변화상에 많은 분량을 할애하고 있다. 무엇보다 이 책의 가장 중요한 특징을 들자면 물리학과를 졸업한 저자가 염소농장에서 젖 짜기와 치즈 만들기를 하면서 8년 반 동안 자료를 수집하며 써낸 책이라는 것이다.

존 그리빈 저, 박병철 역, 『슈뢰딩거의 고양이를 찾아서』, 휴머니스트, 2020.

1984년의 작품이지만 최근에야 번역된 이 책은 탁월한 과학저술가로 평가받는 존 그리빈의 작품이다. 양자역학의 이론적 측면에 대해 충실하면서도 쉬운 대중적 설명을 제시한다.

데이비드 린들리 저, 박배식 역, 『불확정성』, 시스테마, 2009.
앞의 책들의 절반 분량인 양자역학의 역사. 그리고 불확정성 개념의 과학철학적 요소
분석에 상당한 부분을 할애하고 있다는 것이 특징.

G. 가모브 저, 김정흠 역, 『물리학을 뒤흔든 30년』, 전파과학사, 2018.
제7차 솔베이회의에 참석한 뒤 미국으로 망명해버렸던 소련의 물리학자 가모브가 이
책의 저자다. 실제 당시 과학의 최전선에 있었던 인물의 작품이라는 측면에서 의미가
있고, 오늘날처럼 정리되지 않은 '날 것의 양자론'을 느껴볼 수 있다. 더 잘 정리된 최근
의 많은 책들이 있지만 책 자체가 역사 사료라 할 수 있기에 색다른 측면이 있다. 중년
의 독자들이라면 역자의 이름도 반가울 것이다. 한국의 1세대 물리학자이자 과학 대중
화를 위해 많은 일을 했던 김정흠 교수다. 초판이 1975년인데 전파과학사가 개정판(?)
을 2018년에 내 놓았다. 책 말미의 파우스트를 패러디한 양자역학에 대한 희곡은 가모
브 특유의 해학이 잘 드러난다. 더구나 반세기 전 양자역학에 대한 글을 읽는 재미와 함
께 역시 반세기 전 한국어 번역본의 문체를 즐기는 재미도 있다.

J.P. 메키보이 저, 오스카 저레이트 그림, 이충호 역, 『양자론』, 김영사, 2001.
만화삽화로 정리된 양자론의 짧은 역사.

티보 타무르 저, 『양자세계의 신비』, 거북이북스, 2018.
양자론의 역사에 대한 그래픽 노블.

후쿠에 준 저, 목선희 역, 『만화 양자역학 7일 만에 끝내기』, 살림, 2016.
제목처럼 만화형식을 사용한 양자역학의 쉬운 안내서. 일본 작가들의 작품답게 시시콜
콜한 세부내용까지 자세히 정리하며 'X일 만에 끝내기'라는 목표를 제시하고 있다.

곽영직 저, 『양자역학으로 이해하는 원자의 세계』, 지브레인, 2016.
한국 물리학자가 쓴 원자물리학의 역사와 현재.

케네스 W. 포드 저, 김명남 역, 『양자세계 여행자를 위한 안내서』, 바다출판사, 2008.
양자역학을 쉽게 소개하는 책.

리처드 로즈 저, 문신행 역,『원자폭탄 만들기 1, 2』, 사이언스북스, 2003.
원자폭탄이 만들어지기까지의 과정에 대한 표준적 역사가 생생한 사례들로 정리되어
있다. 과학사 책으로는 드물게 퓰리처상을 수상했다.

리처드 로즈 저, 정병선 역,『수소폭탄 만들기』, 사이언스북스, 2016.
『원자폭탄 만들기』의 속편 격으로 전후 수소폭탄 개발과정을 추적한 책.

로베르트 융크 저, 이충호 역,『천 개의 태양보다 밝은』, 다산사이언스, 2018.
'우리가 몰랐던 원자과학자들의 개인적 역사'라는 부제가 붙어 있다. 1956년 작품으로
원폭개발에 관련된 오래된 고전이다. 이 책의 출간 이후 수십 년간 많은 사실들이 추가
적으로 밝혀졌고, 책의 일부 내용은 사실에 부합하지 않음도 어느 정도 알려졌다. 한 예
로 이 책에서 하이젠베르크의 인터뷰에 기반한 내용들은 오늘날 하이젠베르크의 주관
적 입장에 불과하다는 평가가 일반적이다. '분명한 반나치적 신념에 기초해 잔혹한 무기
의 개발을 막기 위해서' 독일의 원폭개발을 고의적으로 지연시켰다는 하이젠베르크의
입장이 그대로 표현되어 있다. 실제 당시에도 하이젠베르크 등의 독일과학자들에게 면
죄부를 주는 내용이라 비판받기도 했다. 오늘날 이 내용을 그대로 믿는 역사가들은 별
로 없다. 자료상 한계도 있다. 이제는 기밀에서 해제된 많은 자료들을 이후의 연구자들
이 인용할 수 있다. 특히 이 책을 쓰던 냉전시기에는 접근 불가능했던 동구권의 정보가
오늘날에는 엄청나게 추가되어 있다. 하지만 이런 한계에도 불구하고 어떤 경우에도 이
책 저자보다 많은 생생한 인터뷰가 가능했던 경우는 없었다. 관련 당사자들이 모두 생존
해 있었기 때문이다. 융크는 원자폭탄 개발과 관련된 60명 이상의 과학자들을 포함해 약
100명에 달하는 쟁쟁한 관계자들을 인터뷰했다. 인터뷰 대상자들 목록에는 보어, 졸리
오퀴리, 오토한, 하이젠베르크, 파울리, 보른, 파인만, 가모브, 실라드, 텔러, 오펜하이머
에 이르는 굵직한 역사적 이름들이 모두 포함되어 있다. 그래서 내용은 역동적이다. 지
금까지 원폭과 관련된 이야기를 이해하려면 반드시 일독해볼 만한 책으로 남아 있다.

다이애나 프레스턴 저, 류운 역, 『원자폭탄 : 그 빗나간 열정의 역사』, 뿌리와이파리, 2006.

마리 퀴리부터 시작하는 원자폭탄 탄생의 역사. 특히 자세한 과학기술적 과정에도 상당한 분량을 할애하고 있다.

스티브 셰인킨 저, 신근영 · 최유미 · 소하영 역, 『원자폭탄 : 세상에서 가장 위험한 프로젝트』, 작은길, 2014.

제2차 세계대전 시기 몇 년간의 원폭개발과정을 미국, 소련, 독일 등의 주요 주체들을 오가며 핵심사건 위주로 정리한 책. 대화 위주로 진행되는 쉬운 서술이 특징.

스티븐 워커 저, 권기대 역, 『카운트다운 히로시마』, 황금가지, 2005.

1945년 7월과 8월의 사건으로만 한 권의 책을 채웠다. 그래서 히로시마 원폭투하 당시의 정치사회적 정황이 아주 자세히 기술되어 있다.

김기진 · 전갑생 저, 『원자폭탄, 1945년 히로시마…2013년 합천』, 선인, 2012.

히로시마 이후 60년간의 한국 원폭 피폭자들의 삶과 고통, 진실을 알리기 위한 과정들이 상세하게 정리된 책.

조너선 패터봄 저, 이상국 역, 『트리니티』, 서해문집, 2013.

맨해튼 계획 진행과정을 효과적으로 압축한 그래픽 노블. 원자폭탄의 역사가 궁금하지만 1000페이지에 달하는 『원자폭탄 만들기』를 읽어볼 엄두가 나지 않는다면 이 책으로 시작해볼 것을 권한다.

과학사 일반

이완 라이스 모루스 외 저, 임지원 역, 『옥스퍼드 과학사』, 2019.

옥스퍼드 대학에서 출판한 통사적 과학사.

토마스 뷔르케 저, 유영미 역, 『물리학의 혁명적 순간들』, 해나무, 2010.
물리학의 혁명적 변화과정에 집중한 물리학사.

이종필 저, 『물리학 클래식』, 사이언스북스, 2012.
20세기 물리학에서 중요한 10편의 논문에 대한 설명 형식으로 구성된 현대물리학 소개서.

장회익 외 저, 『양자 · 정보 · 생명』, 한울아카데미, 2015.
한국 학자들의 양자론에 대한 과학철학적 분석서.

박성근 편역, 『시간의 의미를 찾아서』, 과학과 문화, 2006.
시간론에 대한 거의 모든 분석이 총망라되어 있다.

홍성욱 저, 『홍성욱의 STS, 과학을 성찰하다』, 동아시아, 2016.
과학기술학적 관점으로 현대과학 전반을 성찰하는 책. 핵무기 개발의 이면들에 대한 정보도 있다.

데이비드 에저턴 저, 정동욱 · 박민아 역, 『낡고 오래된 것들의 세계사 : 석탄, 자전거, 콘돔으로 보는 20세기 기술사』, 휴머니스트, 2015.
20세기 현대기술의 역사를 흥미로운 사례 위주로 서술한 책.

오진곤 편저, 『과학자와 과학자집단』, 전파과학사, 1999.
과학자 집단의 전반적 특성에 대한 한국 연구자의 분석서.

애덤 하트데이비스 저, 『강영옥 역, 슈뢰딩거의 고양이』, 시그마북스, 2017.
고대부터 현대까지 결정적 실험들의 역사로 과학발전의 과정을 설명한 책.

게오르크 포일네르 저, 윤진희 역, 『물리학의 역사』, 혜원출판사, 1997.
인물사 중심으로 짧게 정리된 물리학의 역사.

이강영 저, 『불멸의 원자』, 사이언스북스, 2016.
현직 물리학자가 쓴 원자물리학의 에피소드들. 완독하고 나면 현대물리학이 아주 가깝고 '따뜻하게' 느껴진다.

고토 히데키 저, 허태성 역, 『천재와 괴짜들의 일본 과학사: 개국에서 노벨상까지 150년의 발자취』, 부키, 2016.
근현대 일본과학의 발전과정을 인물들의 스토리를 중심으로 쉽게 풀어쓴 책.

제2차 세계대전

제2차 세계대전에 대해 정리된 자료는 참으로 많다. 존 키건의 표현처럼 제2차 세계대전을 한두 권으로 '적절히' 정리해보려는 시도는 실패하게 되어 있다. 꼬리에 꼬리를 무는 수많은 자료들 중 다음 자료들은 단지 필자가 참조한 자료일 뿐이다.

존 키건 저, 류한수 역, 『제2차 세계대전』, 청어람미디어, 2007.
군사사학자 존 키건이 한 권으로 엮은 제2차 세계대전.

윌리엄 L. 샤일러 저, 유승근 역, 『제3제국의 흥망 1~4』, 에디터, 1993.
1930년대 독일특파원이었던 미국기자가 쓴 나치시대 독일과 제2차 세계대전에 대한 오래된 고전.

이대영 저, 알기 쉬운 세계 『제2차세계대전사 1~6』, (주)호비스트, 1999.
풍부한 사진자료로 전투에 집중하여 6권으로 쓴 제2차 세계대전사.

크리스 비숍·데이비드 조든 저, 박수민 역, 『제3제국』, 플래닛미디어, 2012.
상당한 컬러사진자료들이 포함된 제3제국의 역사.

리처드 오버리 저, 류한수 역, 『스탈린과 히틀러의 전쟁』, 지식의 풍경, 2003.
한 권으로 요약된 독소전쟁사. 독일과 소련 간의 전쟁은 실화가 아니라면 무협지에 불과한 것으로 치부되었을 이야기로 가득 차 있다. 독소전쟁은 그 규모와 잔학함에 있어 인류사의 어떤 기록도 뛰어넘는다는 것을 명확히 보여주는 책.

안토니 비버 저, 안종설 역, 『여기 들어오는 자, 모든 희망을 버려라』, 서해문집, 2004.
스탈린그라드 전투에 대한 역사서.

마틴 폴리 저, 박일송·이진성 역, 『제2차 세계대전』, 생각의 나무, 2008.
도표와 지도 위주의 제2차 세계대전 개설서.

알레산드라 미네르비 저, 조행복 역, 『사진으로 읽는 세계사2: 나치즘』, 플래닛, 2008.
사진자료로 보는 나치 시대에 대한 역사서.

안인희 저, 『게르만신화·바그너·히틀러』, 민음사, 2003.
한국 연구자의 게르만 신화로부터 제3제국에 이르는 역사성 속의 독일 문화 연구. 나치
시기 독일인들의 심층적 심리구조를 이해하게 해준다.

안진태 저, 『독일 제3제국의 비극』, 까치, 2010.
한국 연구자의 제3제국에 대한 연구 분석서.

김태권 저, 『히틀러의 성공시대1』, 한겨레출판, 2012.
김태권 저, 『히틀러의 성공시대2』, 한겨레출판, 2013.
제3제국 초기 히틀러의 정권획득과정을 쉽고 재미있게 만화로 정리한 책.

호사카 마사야스 저, 정선태 역, 『쇼와 육군』, 글항아리, 2016.
히로히토 천황 시기 일본군의 역사.

박재석·남창훈 저, 『연합함대 그 출범에서 침몰까지』, 가람기획, 2005.
일본 연합함대의 역사.

이창위 저, 『일본제국 흥망사』, 궁리, 2005.
메이지 유신으로부터 제2차 세계대전 패망까지의 일본사.

칼 스미스 저, 김홍래 역, 『진주만 1941』, 플래닛 미디어, 2008.
진주만 공격과 이를 둘러싼 아시아-태평양 지역의 전반적 정치 상황들.

마크 힐리 저, 김홍래 역, 『미드웨이 1942: 세계사의 균형추를 움직인 사상 최대의 해전』, 플래닛미디어, 2008.
미드웨이 해전에 대한 전반적 분석서.

트레이시 D. 던간 저, 방종관 역, 『히틀러의 비밀무기 V-2』, 일조각, 2010.
V-2에 대한 기술적, 역사적 분석서.

애니 제이콥슨 저, 이동훈 역, 『오퍼레이션 페이퍼클립』, 인벤션, 2016.
페이퍼클립 작전은 나치 독일의 전쟁과학에 동원되었던 과학자들을 미국으로 '이주'시키는 작전이었다. 끔찍하면서도 기이한 독일의 전쟁과학의 규모와 이를 게걸스럽게 흡수하려는 전후 연합국의 각축전이 잘 드러나는 책.

마이클 돕스 저, 홍희범 역, 『1945: 20세기를 뒤흔든 제2차 세계대전의 마지막 6개월』, 모던아카이브, 2018.
어떤 전투보다도 더 많은 것을 바꾼 것은 얄타와 포츠담에서의 회담이었다. 제2차 세계대전에서 과학을 이용한 것은 전투 속의 군인들만이 아니다. 치열한 외교전 속의 정치가들도 마찬가지였다. 이 책은 포츠담 회담이라는 역사적 운명으로 흘러가는 정치사를 보여주며 원자폭탄의 의미도 다시 되새기게 해준다.

하세가와 쓰요시 저, 한승동 역, 『종전의 설계자들』, 메디치, 2019.
일본의 항복이 원자폭탄보다는 소련의 참전 때문이었다는 해석에 힘을 싣는 자료다. 포츠담 회담을 둘러싼 스탈린과 트루먼 등의 정치가들에 집중하면서 제2차 세계대전이 얼마나 다층적으로 해석될 여지가 있는지 보여주는 책. 필자의 생각과 이 책의 결론이 정확히 일치하는 부분을 고백한다면 이 한마디의 요약은 가능할 것 같다. "아주 작은 다른 선택만으로도, 결과는 크게 달라질 수도 있었다." 그러니 우리는 필연과 운명이라는 변명으로 역사적 책임을 회피할 수 없는 것이다.

존 톨런드 저, 박병화 · 이두영 역,『일본제국 패망사』, 글항아리, 2019.
1936~1945년 사이 일본제국이 걸어간 길을 최근에 알려진 자료들까지 동원해 1300쪽이 넘는 분량으로 사례를 통해 섬세하게 서술한 책.

크리스 윌리스 · 미치 와이스 저, 이재황 역,『카운트다운 1945』, 책과함께, 2020.
트루먼이 대통령이 된 시점부터 히로시마 원폭투하까지 4개월 동안 있었던 사건들을 특히 원자폭탄의 사용 여부에 대한 고뇌와 논쟁들을 중심으로 다룬다.

존 허시 저, 김영희 역,『1945 히로시마』, 책과함께,
피해자들의 관점에서 본 히로시마의 상황을 자세히 기술한 책.

기타

에드윈 A. 애벗 저, 서민아 · 강국진 역,『주석달린 플랫랜드』, 필로소픽, 2017.
『평면세계(플랫랜드)』의 한국어 번역판은 이외에도 윤태일, 신경희 등에 의한 번역본이 더 있다. 에드윈 A. 애벗(Edwin A. Abbott, 1838~1926)이 지은 수학소설이자 SF소설인 이 책은 기하학적 차원 개념을 활용한 독특한 작품이면서 19세기 영국의 빅토리아 시대를 풍자한 비판문학이다. 차원에 대한 쉬운 설명으로도 유명하지만 사실은『걸리버 여행기』처럼 풍자문학의 백미다.『걸리버 여행기』가 소인국과 거인국의 사례를 빙자해 18세기 당시 영국사회를 풍자했듯이『평면세계』는 1차원 세계와 3차원 세계가 19세기 영국사회에 대해 같은 의미로 사용되고 있는 것이다. SF 팬들 사이에서는 유명한 작품이며, 많은 작가들이 이 소설의 속편(sequel)을 창작했고, 영화, 애니메이션, 드라마, 다큐멘터리, 뮤지컬, 컴퓨터게임 등의 문화 콘텐츠로 변형되어 만들어지며 현대에도 많은 영감의 원천이 되고 있다

앨런 재닉 · 스티븐 툴민 저, 석기용 역,『빈, 비트겐슈타인, 그 세기말의 풍경 :합스부르크 빈의 마지막 날들과 비트겐슈타인의 탄생,』이제이북스, 2005.
오스트리아-헝가리 제국 말기 빈에 대해서.

조엘 코드킨 저, 윤철희 역, 『도시의 역사』, 을유문화사, 2007.
주요 현대도시들의 발전사.

제바스티안 하프너 저, 안인희 역, 『비스마르크에서 히틀러까지: 독일제국의 몰락』, 돌베개, 2016.
제목 그대로 독일역사에서 가장 논쟁적이면서 치열했던 기간에 대한 역사서다. 개별 정치적 사건이나 전쟁 자체가 아니라 거시적 맥락에서 독일이 걸었거나 걸어갈 수밖에 없었던 길들을 조망한다.

한스-울리히 벨러 저, 이대헌 역, 『독일 제2제국』, 신서원, 1996.
독일 제2제국 기간에 대한 역사서.

오인석 저, 『바이마르공화국의 역사 : 독일 민주주의의 좌절』, 한울아카데미, 1997.
오인석 저, 바이마르공화국 : 격동의 역사, 삼지원, 2002.
바이마르 공화국의 역사.

디오세기 이슈트반 저, 김지영 역, 『모순의 제국: 오스트리아-헝가리 제국의 외교사』, 한국외국어대학교 출판부, 2013.
오스트리아-헝가리 제국의 흥망사.

이상욱 · 홍성욱 · 장대익 · 이중원 공저, 『과학으로 생각한다』, 동아시아, 2007.
현대 주요 과학사상의 맥락을 청소년용으로 쉽게 설명한 책.

샘 킨 저, 이충호 역, 『사라진 스푼 : 주기율표에 얽힌 광기와 사랑, 그리고 세계사』, 북하우스, 2011.
현대화학의 역사를 주기율표에 읽힌 일화들을 섬세하게 버무려 재미있게 설명한 책.

과학철학교육위원회 편, 『과학기술의 철학적 이해』, 한양대학교 출판부, 2002~2022.
과학기술과 관련된 다양한 주제들을 담고 있는 국내 대학 교재. 20년에 걸쳐 여러 판을 거치며 수정보완되어온 책이다.

닐스 보어 연구소의 닐스 보어 자료 및 사진
(https://nbi.ku.dk/english/www/niels/bohr/barndom/)
닐스 보어와 코펜하겐 닐스 보어 연구소의 역사와 업적에 대한 자세한 자료를 얻을 수 있다.

닐스 보어 아카이브(https://www.nbarchive.dk/)
코펜하겐 대학에서 관리하는 독립기관이다. 보어에 대한 다양한 자료가 있다. 특히 논쟁적인 1941년 보어와 하이젠베르크의 만남에 대한 보어의 편지자료도 공개되어 있다.

스탠포드 대학교 철학 백과사전(http://plato.stanford.edu)
막스 플랑크 협회 공식 웹 사이트(https://www.mpg.de)
캐번디시 연구소 공식 웹 사이트(http://www.phy.cam.ac.uk)
닐스 보어 연구소 공식 웹 사이트(http://www.nbl.dk)
아인슈타인 아카이브(http://www.albert-einstein.org/)
위의 사이트들에서 양자론, 상대성이론, 아인슈타인 등에 대한 상당한 자료를 찾아볼 수 있다.

참고문헌

||||||||||||||

본 권의 각 장은 다음 문헌들을 참고하여 작성되었다.

5부 천개의 태양 ————————————

1막 과학을 삼킨 전쟁

1장 원자폭탄 만들기 혹은 방해하기

· 스티브 셰인킨 저, 신근영 · 최유미 · 소하영 역,『원자폭탄 : 세상에서 가장 위험한 프로젝트』, 작은길, 2014.
· 데이비드 보더니스 저, 김민희 역,『E=mc^2』, 생각의나무, 2005.
· 샘 킨 저, 이충호 역,『사라진 스푼 : 주기율표에 얽힌 광기와 사랑, 그리고 세계사』, 북하우스, 2011.
· 이필렬 · 최경희 · 송성수 공저,『과학 : 우리 시대의 교양』, 세종서적, 2004.
· 리처드 로즈 저, 문신행 역,『원자폭탄 만들기 1, 2』, 사이언스북스, 2003.

2장 1939년: 폭풍전야

· 존 키건 저, 류한수 역,『제2차 세계대전』, 청어람미디어, 2007.
· 크리스 비숍 · 데이비드 조든 저, 박수민 역,『제3제국』, 플래닛미디어, 2012.
· 윌리엄 L. 샤일러 저, 유승근 역,『제3제국의 흥망』, 에디터, 1993.
· 이대영 저,『알기 쉬운 세계 제2차세계대전사 1』, (주)호비스트, 1999.
· 알레산드라 미네르비 저, 조행복 역,『사진으로 읽는 세계사2: 나치즘』, 플래닛, 2008.
· 리처드 로즈 저, 문신행 역,『원자폭탄 만들기 1』, 사이언스북스, 2003.
· 로베르트 융크 저, 이충호 역,『천 개의 태양보다 밝은』, 다산사이언스, 2018.
· 다이애나 프레스턴 저, 류운 역,『원자폭탄 : 그 빗나간 열정의 역사』, 뿌리와이파리, 2006.

· 스티브 셰인킨 저, 신근영 · 최유미 · 소하영 역, 『원자폭탄 : 세상에서 가장 위험한 프로젝트』, 작은길, 2014.

· 짐 배것 저, 박병철 역, 『퀀텀 스토리』, 반니, 2014.

· 짐 오타비아니 저, 릴런드 퍼비스 그림, 김소정 역, 『닐스 보어』, 푸른 지식, 2015.

· 데니스 브라이언 저, 전대호 역, 『퀴리 가문』, 지식의숲, 2008.

· 월터 아이작슨 저, 이덕환 역, 『아인슈타인: 삶과 우주』, 까치, 2007.

· 데니스 브라이언 저, 승영조 역, 『아인슈타인 평전』, 북폴리오, 2004.

· 프랑수아즈 발리바르 저, 이현숙 역, 『아인슈타인』, 시공사, 1998

3장 1940년: 구대륙의 난파

· 존 키건 저, 류한수 역, 『제2차 세계대전』, 청어람미디어, 2007.

· 크리스 비숍 · 데이비드 조든 저, 박수민 역, 『제3제국』, 플래닛미디어, 2012.

· 윌리엄 L. 샤일러 저, 유승근 역, 『제3제국의 흥망』, 에디터, 1993.

· 이대영 저, 『알기 쉬운 세계 제2차세계대전사 1』, (주)호비스트, 1999.

· 리처드 로즈 저, 문신행 역, 『원자폭탄 만들기 1』, 사이언스북스, 2003.

· 로베르트 융크 저, 이충호 역, 『천 개의 태양보다 밝은』, 다산사이언스, 2018.

· 다이애나 프레스턴 저, 류운 역, 『원자폭탄 : 그 빗나간 열정의 역사』, 뿌리와이파리, 2006.

· 스티브 셰인킨 저, 신근영 · 최유미 · 소하영 역, 『원자폭탄 : 세상에서 가장 위험한 프로젝트』, 작은길, 2014.

· 짐 배것 저, 박병철 역, 『퀀텀 스토리』, 반니, 2014.

· 짐 오타비아니 저, 릴런드 퍼비스 그림, 김소정 역, 『닐스 보어』, 푸른 지식, 2015.

· 데니스 브라이언 저, 전대호 역, 『퀴리 가문』, 지식의숲, 2008.

· 고토 히데키 저, 허태성 역, 『천재와 괴짜들의 일본 과학사: 개국에서 노벨상까지 150년의 발자취』, 부키, 2016.

· 호사카 마사야스 저, 정선태 역, 『쇼와 육군』, 글항아리, 2016.

· 오동훈 저, 『니시나 요시오(仁科芳雄)와 일본 현대물리학』, 서울대학교 대학원: 과학사 및 과학철학 협동과정 박사학위논문, 1999.

4장 1941년: 신대륙의 참전

· 리처드 오버리 저, 류한수 역, 『스탈린과 히틀러의 전쟁』, 지식의 풍경, 2003.

· 호사카 마사야스 저, 정선태 역, 『쇼와 육군』, 글항아리, 2016.

· 박재석 · 남창훈, 『연합함대 그 출범에서 침몰까지』, 가람기획, 2005.

· 이창위 저, 『일본제국 흥망사』, 궁리, 2005.

· 존 키건 저, 류한수 역, 『제2차 세계대전』, 청어람미디어, 2007.

· 크리스 비숍 · 데이비드 조든 저, 박수민 역, 『제3제국』, 플래닛미디어, 2012.

· 알레산드라 미네르비 저, 조행복 역, 『사진으로 읽는 세계사2: 나치즘』, 플래닛, 2008.

· 윌리엄 L. 샤일러 저, 유승근 역, 『제3제국의 흥망』, 에디터, 1993.

· 이대영 저, 『알기 쉬운 세계 제2차세계대전사 2, 3』, (주)호비스트, 1999.

· 칼 스미스 저, 김홍래 역, 『진주만 1941』, 플래닛 미디어, 2008.

· 리처드 로즈 저, 문신행 역, 『원자폭탄 만들기 1』, 사이언스북스, 2003.

· 로베르트 융크 저, 이충호 역, 『천 개의 태양보다 밝은』, 다산사이언스, 2018.

· 다이애나 프레스턴 저, 류운 역, 『원자폭탄 : 그 빗나간 열정의 역사』, 뿌리와이파리, 2006.

· 스티브 셰인킨 저, 신근영 · 최유미 · 소하영 역, 『원자폭탄 : 세상에서 가장 위험한 프로젝트』, 작은길, 2014.

· 만지트 쿠마르 저, 이덕한 역, 『양자혁명』, 까치, 2014.

· 짐 배것 저, 박병철 역, 『퀀텀 스토리』, 반니, 2014.

· 루이자 길더 저, 노태복 역, 『얽힘의 시대』, 부키, 2012.

· 짐 오타비아니 저, 릴런드 퍼비스 그림, 김소정 역, 『닐스 보어』, 푸른 지식, 2015.

· 아르민 헤르만 저, 이필렬 역, 『하이젠베르크』, 미래사, 1997.

· 에른스트 페터 피셔 저, 이미선 역, 『막스 플랑크 평전』, 김영사, 2010.

· 존 L. 하일브론 저, 정명식 · 김영식 공역, 『막스 플랑크 : 한 양심적 과학자의 딜레마』, 민음사, 1992.

· 남영, 「공학소양교육 모델로서의 막스 플랑크」, 《공학교육연구》 제24권 제6호, 한국공학교육학회, 2021, 67~78쪽.

· 베르너 하이젠베르크 저, 김용준 역, 『부분과 전체』, 지식산업사, 1995.

· 베르너 하이젠베르크 저, 유영미 역, 『부분과 전체』, 서커스, 2016.

· Finn Aaserud, *Redirecting Science: Niels Bohr, Philanthropy and the Rise of Nuclear Physics*

(Cambridge: Cambridge University Press, 1990).

· 닐스 보어 연구소 공식 웹 사이트 (http://www.nbl.dk)

· 막스 플랑크 협회 공식 웹 사이트(https://www.mpg.de)

5장 1942년: 전환점

· 존 키건 저, 류한수 역, 『제2차 세계대전』, 청어람미디어, 2007.

· 크리스 비숍 · 데이비드 조든 저, 박수민 역, 『제3제국』, 플래닛미디어, 2012.

· 윌리엄 L. 샤일러 저, 유승근 역, 『제3제국의 흥망』, 에디터, 1993.

· 알레산드라 미네르비 저, 조행복 역, 『사진으로 읽는 세계사2: 나치즘』, 플래닛, 2008.

· 이대영 저, 『알기 쉬운 세계 제2차세계대전사 3』, (주)호비스트, 1999.

· 리처드 오버리 저, 류한수 역, 『스탈린과 히틀러의 전쟁』, 지식의 풍경, 2003.

· 마크 힐리 저, 김홍래 역, 『미드웨이 1942: 세계사의 균형추를 움직인 사상 최대의 해
전』, 플래닛미디어, 2008.

· 호사카 마사야스 저, 정선태 역, 『쇼와 육군』, 글항아리, 2016.

· 박재석 · 남창훈 저, 『연합함대 그 출범에서 침몰까지』, 가람기획, 2005.

· 이창위 저, 『일본제국 흥망사』, 궁리, 2005.

· 마틴 폴리 저, 박일송 · 이진성 역, 『제2차 세계대전』, 생각의 나무, 2008.

· 안토니 비버 저, 안종설 역, 『여기 들어오는 자, 모든 희망을 버려라』, 서해문집, 2004.

· 김종환 저, 『스탈린그라드 전투』, 세주, 1995.

· 리처드 로즈 저, 문신행 역, 『원자폭탄 만들기』, 사이언스북스, 2003.

· 로베르트 융크 저, 이충호 역, 『천 개의 태양보다 밝은』, 다산사이언스, 2018.

· 다이애나 프레스턴 저, 류운 역, 『원자폭탄 : 그 빗나간 열정의 역사』, 뿌리와이파리,
2006.

· 스티브 셰인킨 저, 신근영 · 최유미 · 소하영 역, 『원자폭탄 : 세상에서 가장 위험한 프
로젝트』, 작은길, 2014.

· 데니스 브라이언 저, 전대호 역, 『퀴리 가문』, 지식의숲, 2008.

· 댄 쿠퍼 저, 승영조 역, 『현대물리학과 페르미』, 바다출판사, 2002.

· 지노 세그레 · 베티나 호엘린 저, 배지은 역, 『엔리코 페르미 평전』, 반니, 2018.

· 데이비드 N. 슈워츠 저, 김희봉 역, 『엔리코 페르미, 모든 것을 알았던 마지막 사람』,
김영사, 2020.

· 아르민 헤르만 저, 이필렬 역,『하이젠베르크』, 미래사, 1997.
· 고토 히데키 저, 허태성 역,『천재와 괴짜들의 일본 과학사: 개국에서 노벨상까지 150
  년의 발자취』, 부키, 2016.

6장 1943년: 총력전

· 존 키건 저, 류한수 역,『제2차 세계대전』, 청어람미디어, 2007.
· 크리스 비숍 · 데이비드 조든 저, 박수민 역,『제3제국』, 플래닛미디어, 2012.
· 윌리엄 L. 샤일러 저, 유승근 역,『제3제국의 흥망』, 에디터, 1993.
· 이대영 저, 알기 쉬운 세계『제2차세계대전사 4』, (주)호비스트, 1999.
· 리처드 오버리 저, 류한수 역,『스탈린과 히틀러의 전쟁』, 지식의 풍경, 2003.
· 리처드 로즈 저, 문신행 역,『원자폭탄 만들기』, 사이언스북스, 2003.
· 로베르트 융크 저, 이충호 역,『천 개의 태양보다 밝은』, 다산사이언스, 2018.
· 다이애나 프레스턴 저, 류운 역,『원자폭탄 : 그 빗나간 열정의 역사』, 뿌리와이파리,
  2006.
· 스티브 셰인킨 저, 신근영 · 최유미 · 소하영 역,『원자폭탄 : 세상에서 가장 위험한 프
  로젝트』, 작은길, 2014.
· 조너선 패터봄 저, 이상국 역,『트리니티』, 서해문집, 2013.
· 카이 버드 · 마틴 셔윈 저, 최형섭 역,『아메리칸 프로메테우스』, 사이언스북스, 2010.
· 제레미 번스타인 저, 유인선 역,『베일 속의 사나이 오펜하이머』, 모티브북, 2005.
· 홍성욱 저,『홍성욱의 STS, 과학을 성찰하다』, 동아시아, 2016.
· 짐 배것 저, 박병철 역,『퀀텀 스토리』, 반니, 2014.
· 짐 오타비아니 저, 릴런드 퍼비스 그림, 김소정 역,『닐스 보어』, 푸른 지식, 2015.
· 닐스 보어 연구소 공식 웹 사이트 (http://www.nbi.dk)
· 닐스 보어 아카이브 (https://www.nbarchive.dk)

7장 1944년: 무너지는 추축국

· 존 키건 저, 류한수 역,『제2차 세계대전』, 청어람미디어, 2007.
· 크리스 비숍 · 데이비드 조든 저, 박수민 역,『제3제국』, 플래닛미디어, 2012.
· 윌리엄 L. 샤일러 저, 유승근 역,『제3제국의 흥망』, 에디터, 1993.
· 이대영 저,『알기 쉬운 세계 제2차세계대전사 5』, (주)호비스트, 1999.

· 리처드 오버리 저, 류한수 역, 『스탈린과 히틀러의 전쟁』, 지식의 풍경, 2003.
· 리처드 로즈 저, 문신행 역, 『원자폭탄 만들기 1』, 사이언스북스, 2003.
· 로베르트 융크 저, 이충호 역, 『천 개의 태양보다 밝은』, 다산사이언스, 2018.
· 다이애나 프레스턴 저, 류운 역, 『원자폭탄 : 그 빗나간 열정의 역사』, 뿌리와이파리, 2006.
· 스티브 셰인킨 저, 신근영 · 최유미 · 소하영 역, 『원자폭탄 : 세상에서 가장 위험한 프로젝트』, 작은길, 2014.
· 구스타프 보른 저, 박인순 역, 『아인슈타인 · 보른 서한집』, 범양사, 2007.
· 아르민 헤르만 저, 이필렬 역, 『하이젠베르크』, 미래사, 1997.
· 베르너 하이젠베르크 저, 김용준 역, 『부분과 전체』, 지식산업사, 1995.
· 베르너 하이젠베르크 저, 유영미 역, 『부분과 전체』, 서커스, 2016.
· 데니스 브라이언 저, 전대호 역, 『퀴리 가문』, 지식의숲, 2008.
· 짐 오타비아니 저, 릴런드 퍼비스 그림, 김소정 역, 『닐스 보어』, 푸른 지식, 2015.
· 호사카 마사야스 저, 정선태 역, 『쇼와 육군』, 글항아리, 2016.
· 이창위 저, 『일본제국 흥망사』, 궁리, 2005.
· 고토 히데키 저, 허태성 역, 『천재와 괴짜들의 일본 과학사: 개국에서 노벨상까지 150년의 발자취』, 부키, 2016.
· 오동훈 저, 『니시나 요시오(仁科芳雄)와 일본 현대물리학』, 서울대학교 대학원: 과학사 및 과학철학 협동과정 박사학위논문, 1999.
· Finn Aaserud, *Redirecting Science: Niels Bohr, Philanthropy and the Rise of Nuclear Physics* (Cambridge: Cambridge University Press, 1990).

2막 과학이 삼킨 전쟁(1945년)

8장 천년제국의 멸망

· 존 키건 저, 류한수 역, 『제2차 세계대전』, 청어람미디어, 2007.
· 마틴 폴리 저, 박일송 · 이진성 역, 『제2차 세계대전』, 생각의 나무, 2008.
· 크리스 비숍 · 데이비드 조든 저, 박수민 역, 『제3제국』, 플래닛미디어, 2012.
· 윌리엄 L. 샤일러 저, 유승근 역, 『제3제국의 흥망』, 에디터, 1993.
· 이대영 저, 『알기 쉬운 세계 제2차세계대전사 6』, (주)호비스트, 1999.
· 리처드 오버리 저, 류한수 역, 『스탈린과 히틀러의 전쟁』, 지식의 풍경, 2003.

· 아르민 헤르만 저, 이필렬 역, 『하이젠베르크』, 미래사, 1997.

· 베르너 하이젠베르크 저, 김용준 역, 『부분과 전체』, 지식산업사, 1995.

· 베르너 하이젠베르크 저, 유영미 역, 『부분과 전체』, 서커스, 2016.

· 리처드 로즈 저, 문신행 역, 『원자폭탄 만들기』, 사이언스북스, 2003.

· 로베르트 융크 저, 이충호 역, 『천 개의 태양보다 밝은』, 다산사이언스, 2018.

· 다이애나 프레스턴 저, 류운 역, 『원자폭탄 : 그 빗나간 열정의 역사』, 뿌리와이파리, 2006.

· 스티브 셰인킨 저, 신근영 · 최유미 · 소하영 역, 『원자폭탄 : 세상에서 가장 위험한 프로젝트』, 작은길, 2014.

· 하세가와 쓰요시 저, 한승동 역, 『종전의 설계자들』, 메디치, 2019.

· 크리스 윌리스 · 미치 와이스 저, 이재황 역, 『카운트다운 1945』, 책과함께, 2020.

· 마이클 돕스 저, 홍희범 역, 『1945: 20세기를 뒤흔든 제2차 세계대전의 마지막 6개월』, 모던아카이브, 2018.

9장 트리니티

· 호사카 마사야스 저, 정선태 역, 『쇼와 육군』, 글항아리, 2016.

· 이창위 저, 『일본제국 흥망사』, 궁리, 2005.

· 박재석 · 남창훈 저, 『연합함대 그 출범에서 침몰까지』, 가람기획, 2005.

· 존 키건 저, 류한수 역, 『제2차 세계대전』, 청어람미디어, 2007.

· 리처드 로즈 저, 문신행 역, 『원자폭탄 만들기』, 사이언스북스, 2003.

· 로베르트 융크 저, 이충호 역, 『천 개의 태양보다 밝은』, 다산사이언스, 2018.

· 다이애나 프레스턴 저, 류운 역, 『원자폭탄 : 그 빗나간 열정의 역사』, 뿌리와이파리, 2006.

· 스티브 셰인킨 저, 신근영 · 최유미 · 소하영 역, 『원자폭탄 : 세상에서 가장 위험한 프로젝트』, 작은길, 2014.

· 조너선 패터봄 저, 이상국 역, 『트리니티』, 서해문집, 2013.

· 스티븐 워커 저, 권기대 역, 『카운트다운 히로시마』, 황금가지, 2005.

· 마이클 돕스 저, 홍희범 역, 『1945: 20세기를 뒤흔든 제2차 세계대전의 마지막 6개월』, 모던아카이브, 2018.

· 하세가와 쓰요시 저, 한승동 역, 『종전의 설계자들』, 메디치, 2019.

· 존 톨런드 저, 박병화 · 이두영 역, 『일본제국 패망사』, 글항아리, 2019.
· 크리스 윌리스 · 미치 와이스 저, 이재황 역, 『카운트다운 1945』, 책과함께, 2020.

10장 포츠담
· 호사카 마사야스 저, 정선태 역, 『쇼와 육군』, 글항아리, 2016.
· 이창위 저, 『일본제국 흥망사』, 궁리, 2005.
· 박재석 · 남창훈 저, 『연합함대 그 출범에서 침몰까지』, 가람기획, 2005.
· 존 키건 저, 류한수 역, 『제2차 세계대전』, 청어람미디어, 2007.
· 리처드 오버리 저, 류한수 역, 『스탈린과 히틀러의 전쟁』, 지식의 풍경, 2003.
· 리처드 로즈 저, 문신행 역, 『원자폭탄 만들기』, 사이언스북스, 2003.
· 로베르트 융크 저, 이충호 역, 『천 개의 태양보다 밝은』, 다산사이언스, 2018.
· 다이애나 프레스턴 저, 류운 역, 『원자폭탄 : 그 빗나간 열정의 역사』, 뿌리와이파리, 2006.
· 스티브 셰인킨 저, 신근영 · 최유미 · 소하영 역, 『원자폭탄 : 세상에서 가장 위험한 프로젝트』, 작은길, 2014.
· 조너선 패터봄 저, 이상국 역, 『트리니티』, 서해문집, 2013.
· 스티븐 워커 저, 권기대 역, 『카운트다운 히로시마』, 황금가지, 2005.
· 마이클 돕스 저, 홍희범 역, 『1945: 20세기를 뒤흔든 제2차 세계대전의 마지막 6개월』, 모던아카이브, 2018.
· 하세가와 쓰요시 저, 한승동 역, 『종전의 설계자들』, 메디치, 2019.
· 존 톨런드 저, 박병화 · 이두영 역, 『일본제국 패망사』, 글항아리, 2019.
· 크리스 윌리스 · 미치 와이스 저, 이재황 역, 『카운트다운 1945』, 책과함께, 2020.
· 마이클 돕스 저, 홍희범 역, 『1945: 20세기를 뒤흔든 제2차 세계대전의 마지막 6개월』, 모던아카이브, 2018.

11장 히로시마
· 리처드 로즈 저, 문신행 역, 『원자폭탄 만들기』, 사이언스북스, 2003.
· 로베르트 융크 저, 이충호 역, 『천 개의 태양보다 밝은』, 다산사이언스, 2018.
· 다이애나 프레스턴 저, 류운 역, 『원자폭탄 : 그 빗나간 열정의 역사』, 뿌리와이파리, 2006.

· 스티브 셰인킨 저, 신근영 · 최유미 · 소하영 역, 『원자폭탄 : 세상에서 가장 위험한 프로젝트』, 작은길, 2014.

· 스티븐 워커 저, 권기대 역, 『카운트다운 히로시마』, 황금가지, 2005.

· 김기진 · 전갑생 저, 원자폭탄, 『1945년 히로시마⋯2013년 합천』, 선인, 2012.

· 조너선 패터봄 저, 이상국 역, 『트리니티』, 서해문집, 2013.

· 존 키건 저, 류한수 역, 『제2차 세계대전』, 청어람미디어, 2007.

· 이창위 저, 『일본제국 흥망사』, 궁리, 2005.

· 호사카 마사야스 저, 정선태 역, 『쇼와 육군』, 글항아리, 2016.

· 오동훈 저, 『니시나 요시오(仁科芳雄)와 일본 현대물리학』, 서울대학교 대학원: 과학사 및 과학철학 협동과정 박사학위논문, 1999.

· 아르민 헤르만 저, 이필렬 역, 『하이젠베르크』, 미래사, 1997.

· 베르너 하이젠베르크 저, 김용준 역, 『부분과 전체』, 지식산업사, 1995.

· 베르너 하이젠베르크 저, 유영미 역, 『부분과 전체』, 서커스, 2016.

· 마이클 돕스 저, 홍희범 역, 『1945: 20세기를 뒤흔든 제2차 세계대전의 마지막 6개월』, 모던아카이브, 2018.

· 하세가와 쓰요시 저, 한승동 역, 『종전의 설계자들』, 메디치, 2019.

· 존 톨런드 저, 박병화 · 이두영 역, 『일본제국 패망사』, 글항아리, 2019.

· 크리스 월리스 · 미치 와이스 저, 이재황 역, 『카운트다운 1945』, 책과함께, 2020.

· 존 허시 저, 김영희 역, 『1945 히로시마』, 책과함께,

12장 종전

· 존 키건 저, 류한수 역, 『제2차 세계대전』, 청어람미디어, 2007.

· 호사카 마사야스 저, 정선태 역, 『쇼와 육군』, 글항아리, 2016.

· 박재석 · 남창훈 저, 『연합함대 그 출범에서 침몰까지』, 가람기획, 2005.

· 이창위 저, 『일본제국 흥망사』, 궁리, 2005.

· 데이비드 에저턴 저, 정동욱 · 박민아 역, 『낡고 오래된 것들의 세계사 : 석탄, 자전거, 콘돔으로 보는 20세기 기술사』, 휴머니스트, 2015.

· 애니 제이콥슨 저, 이동훈 역, 『오퍼레이션 페이퍼클립』, 인벤션, 2016.

· 트레이시 D. 던간 저, 방종관 역, 『히틀러의 비밀무기 V-2』, 일조각, 2010.

· 리처드 로즈 저, 문신행 역, 『원자폭탄 만들기』, 사이언스북스, 2003.

· 로베르트 융크 저, 이충호 역, 『천 개의 태양보다 밝은』, 다산사이언스, 2018.
· 다이애나 프레스턴 저, 류운 역, 『원자폭탄 : 그 빗나간 열정의 역사』, 뿌리와이파리, 2006.
· 스티브 셰인킨 저, 신근영 · 최유미 · 소하영 역, 『원자폭탄 : 세상에서 가장 위험한 프로젝트』, 작은길, 2014.
· 고토 히데키 저, 허태성 역, 『천재와 괴짜들의 일본 과학사: 개국에서 노벨상까지 150년의 발자취』, 부키, 2016.
· 마이클 돕스 저, 홍희범 역, 『1945: 20세기를 뒤흔든 제2차 세계대전의 마지막 6개월』, 모던아카이브, 2018.
· 하세가와 쓰요시 저, 한승동 역, 『종전의 설계자들』, 메디치, 2019.
· 존 톨런드 저, 박병화 · 이두영 역, 『일본제국 패망사』, 글항아리, 2019.
· 크리스 윌리스 · 미치 와이스 저, 이재황 역, 『카운트다운 1945』, 책과함께, 2020.

6부 새로운 시대

1장 수소폭탄의 길
· 리처드 로즈 저, 정병선 역, 『수소폭탄 만들기』, 사이언스북스, 2016.
· 리처드 로즈 저, 문신행 역, 『원자폭탄 만들기』, 사이언스북스, 2003.
· 로베르트 융크 저, 이충호 역, 『천 개의 태양보다 밝은』, 다산사이언스, 2018.
· 다이애나 프레스턴 저, 류운 역, 『원자폭탄 : 그 빗나간 열정의 역사』, 뿌리와이파리, 2006.
· 카이 버드 · 마틴 셔윈 저, 최형섭 역, 『아메리칸 프로메테우스』, 사이언스북스, 2010.
· 제레미 번스타인 저, 유인선 역, 『베일 속의 사나이 오펜하이머』, 모티브북, 2005.
· 김원기 저, 『폰 노이만 VS 아인슈타인』, 숨비소리, 2008.
· 윌리엄 어스프레이 저, 이재범 역, 『존 폰 노이만 그리고 현대 컴퓨팅의 기원』, 지식함지, 2015.

2장 플랑크의 마지막 날들
· 에른스트 페터 피셔 저, 이미선 역, 『막스 플랑크 평전』, 김영사, 2010.
· 존 L. 하일브론 저, 정명식 · 김영식 공역, 『막스 플랑크 : 한 양심적 과학자의 딜레마』,

민음사, 1992.

· 남영, 「공학소양교육 모델로서의 막스 플랑크」, 《공학교육연구》 제24권 제6호, 한국 공학교육학회, 2021, 67~78쪽.

· 막스 플랑크 협회 공식 웹 사이트(https://www.mpg.de)

3장 마이트너의 노년

· 샤를로테 케르너 저, 이필렬 역, 『리제 마이트너』, 양문, 2009.

· 데이비드 보더니스 저, 김민희 역, 『E=mc²』, 생각의나무, 2005.

· 막스 플랑크 협회 공식 웹 사이트(https://www.mpg.de)

4장 이렌과 졸리오의 마지막 날들

· 데니스 브라이언 저, 전대호 역, 『퀴리 가문』, 지식의숲, 2008.

· 데니스 브라이언 저, 승영조 역, 『아인슈타인 평전』, 북폴리오, 2004.

· 샘 킨 저, 이충호 역, 『사라진 스푼 : 주기율표에 얽힌 광기와 사랑, 그리고 세계사』, 북 하우스, 2011.

5장 되돌아본 양자혁명과 코펜하겐 해석의 대안들

· 만지트 쿠마르 저, 이덕한 역, 『양자혁명』, 까치, 2014.

· 짐 배것 저, 박병철 역, 『퀀텀 스토리』, 반니, 2014.

· 루이자 길더 저, 노태복 역, 『얽힘의 시대』, 부키, 2012.

· 브라이언 그린 저, 박병철 역, 『엘러건트 유니버스』, 승산, 2002.

· 레너드 서스킨드 저, 이종필 역, 『블랙홀 전쟁』, 사이언스북스, 2011.

· 리 스몰린, 김낙우 역, 『양자중력의 세 가지 길』, 사이언스북스, 2007.

· 브라이언 그린, 박병철 역, 『우주의 구조』, 승산, 2005.

· 티보 타무르 저, 『양자세계의 신비』, 거북이북스, 2018.

· J.P. 메키보이 저, 오스카 저레이트 그림, 이충호 역, 『양자론』, 김영사, 2001.

· 후쿠에 준 저, 목선희 역, 『만화 양자역학 7일 만에 끝내기』, 살림, 2016.

· 곽영직 저, 『양자역학으로 이해하는 원자의 세계』, 지브레인, 2016.

· 케네스 W. 포드 저, 김명남 역, 『양자세계 여행자를 위한 안내서』, 바다출판사, 2008.

· G. 가모브 저, 김정흠 역, 『물리학을 뒤흔든 30년』, 전파과학사, 2018.

· 존 그리빈 저, 박병철 역, 『슈뢰딩거의 고양이를 찾아서』, 휴머니스트, 2020.

· 데이비드 린들리 저, 박배식 역, 『불확정성』, 시스테마, 2009.

· 닐스 보어 연구소 공식 웹 사이트 (http://www.nbi.dk)

6장 보른과 아인슈타인의 마지막 논쟁

· 구스타프 보른 저, 박인순 역, 『아인슈타인 · 보른 서한집』, 범양사, 2007.

· 데니스 브라이언 저, 승영조 역, 『아인슈타인 평전』, 북폴리오, 2004.

· 만지트 쿠마르 저, 이덕한 역, 『양자혁명』, 까치, 2014.

· 짐 배것 저, 박병철 역, 『퀀텀 스토리』, 반니, 2014.

· 루이자 길더 저, 노태복 역, 『얽힘의 시대』, 부키, 2012.

7장 아인슈타인의 길

· 월터 아이작슨 저, 이덕환 역, 『아인슈타인: 삶과 우주』, 까치, 2007.

· 데니스 브라이언 저, 승영조 역, 『아인슈타인 평전』, 북폴리오, 2004.

· 프랑수아즈 발리바르 저, 이현숙 역, 『아인슈타인』, 시공사, 1998

· 구스타프 보른 저, 박인순 역, 『아인슈타인 · 보른 서한집』, 범양사, 2007.

· 브라이언 그린 저, 박병철 역, 『엘러건트 유니버스』, 승산, 2002.

· 레너드 서스킨드 저, 이종필 역, 『블랙홀 전쟁』, 사이언스북스, 2011.

· 이고르 보그다노프 · 그리슈카 보그다노프 저, 허보미 역, 『신의 생각』, 푸르메, 2013.

· 댄 쿠퍼 저, 승영조 역, 『현대물리학과 페르미』, 바다출판사, 2002.

· 지노 세그레 · 베티나 호엘린 저, 배지은 역, 『엔리코 페르미 평전』, 반니, 2018.

· 데이비드 N. 슈워츠 저, 김희봉 역, 『엔리코 페르미, 모든 것을 알았던 마지막 사람』, 김영사, 2020.

· 아르민 헤르만 저, 이필렬 역, 『하이젠베르크』, 미래사, 1997.

· Finn Aaserud, *Redirecting Science: Niels Bohr, Philanthropy and the Rise of Nuclear Physics* (Cambridge: Cambridge University Press, 1990).

· 닐스 보어 연구소 공식 웹 사이트 (http://www.nbi.dk)

8장 현대과학의 원죄

· 카이 버드 · 마틴 셔윈 저, 최형섭 역, 『아메리칸 프로메테우스』, 사이언스북스, 2010.

· 제레미 번스타인 저, 유인선 역,『베일 속의 사나이 오펜하이머』, 모티브북, 2005.

· 리처드 로즈 저, 문신행 역,『원자폭탄 만들기』, 사이언스북스, 2003.

· 리처드 로즈 저, 정병선 역,『수소폭탄 만들기』, 사이언스북스, 2016.

· 로베르트 융크 저, 이충호 역,『천 개의 태양보다 밝은』, 다산사이언스, 2018.

· 다이애나 프레스턴 저, 류운 역,『원자폭탄 : 그 빗나간 열정의 역사』, 뿌리와이파리,
  2006.

찾아보기

||||||||||||